战略性新兴领域"十四五"高等教育系列教材

轧钢机械装备及其智能化技术

主　编　马立峰　黄志权
副主编　杨　霞　江连运　王荣军
参　编　姬亚锋　马立东　邓高旭
　　　　张　阳　石慧婷　刘鹏涛

机械工业出版社

本书以轧钢机械装备为主线，较全面地介绍了轧钢机械装备的工作原理和设计原理、先进的板厚板形控制技术、智能化检测技术和智能化技术集成应用等内容。本书共10章，内容包括绪论，轧辊与轧辊轴承，轧辊调整、平衡及换辊装置，轧钢机主传动装置，轧钢机机架与工作机座，板厚板形控制与智能化技术，剪切机，飞剪机，矫直机，卷取机与开卷机。

本书可作为高等院校冶金机械、轧钢机械、轧制工程等相关专业的教材，也可供钢铁企业、设计院所等从事冶金机械设计和制造工作的工程技术人员学习参考。

图书在版编目（CIP）数据

轧钢机械装备及其智能化技术 / 马立峰，黄志权主编. -- 北京：机械工业出版社，2024.11. --（战略性新兴领域"十四五"高等教育系列教材）. -- ISBN 978-7-111-77173-9

Ⅰ. TG333

中国国家版本馆 CIP 数据核字第 20249TD274 号

机械工业出版社（北京市百万庄大街22号　邮政编码100037）
策划编辑：徐鲁融　　　　　责任编辑：徐鲁融　戴　琳
责任校对：潘　蕊　王　延　封面设计：王　旭
责任印制：常天培
北京机工印刷厂有限公司印刷
2024年12月第1版第1次印刷
184mm×260mm・21.5印张・530千字
标准书号：ISBN 978-7-111-77173-9
定价：78.00元

电话服务　　　　　　　　　网络服务
客服电话：010-88361066　　机　工　官　网：www.cmpbook.com
　　　　　010-88379833　　机　工　官　博：weibo.com/cmp1952
　　　　　010-68326294　　金　书　网：www.golden-book.com
封底无防伪标均为盗版　　　机工教育服务网：www.cmpedu.com

前言

钢铁工业是国民经济的重要基础产业,是建设现代化强国的重要支撑,是实现绿色低碳发展的重要领域。国家高端制造业战略规划将提高国家制造业创新能力列为实现制造强国的首要战略任务。随着轧钢机械的新设备、新技术的快速发展,以及智能制造技术应用的日益广泛,国家钢铁行业急需一批懂设备、会技术、有智能制造技术应用能力的人才。

本书的主要编写目的是介绍轧钢机械装备的基本组成、设计原理、板厚板形控制技术与轧制过程智能化技术,为冶金机械、轧钢机械、轧制工程等相关专业的学生提供关于轧钢机械装备及智能化技术的知识内容。本书具有以下特点:

1)内容体系完整。本书内容涵盖了轧钢机主机、剪切机、飞剪机、矫直机、卷取机、开卷机等轧钢机械装备的设备类型和设计原理,以及板厚板形控制技术、智能化检测技术和智能化技术集成应用等。

2)技术先进。书中关于轧制过程控制、检测和智能化技术集成的模型、技术等来源于当前最新的资料或研究成果,能为读者提供轧制智能化技术发展现状与未来发展方向的参考。

本书由太原科技大学的马立峰教授和黄志权教授任主编,杨霞教授、江连运教授和王荣军教授任副主编。编写分工如下:马立峰教授编写第1章,黄志权教授和刘鹏涛副教授编写第7章和第8章,杨霞教授编写第2章和第5章,江连运教授编写第4章和第10章,王荣军教授编写第3章和第9章,姬亚锋教授编写第6章的板厚板形控制部分,马立东教授和邓高旭博士编写第6章的轧件智能化检测技术部分,张阳副教授和石慧婷副教授编写第6章的轧钢机械智能化技术集成应用部分。全书由秦建平教授进行审查和修改。

本书的编写参考了本书参考文献所列各作者的研究成果,在此对他们表示衷心的感谢。由于编者水平有限,加之时间仓促,书中难免存在不足之处,恳请读者批评指正。

编　者

目 录

前 言

第1章 绪论 / 1
  1.1 轧钢机械及其分类 / 1
    1.1.1 轧钢机械的定义 / 1
    1.1.2 轧钢机的分类 / 1
    1.1.3 辅助设备的分类 / 10
  1.2 轧钢机械发展概况 / 11
    1.2.1 轧钢机械装备发展概况 / 11
    1.2.2 轧制过程智能化技术发展概况 / 15
  思考题 / 17

第2章 轧辊与轧辊轴承 / 18
  2.1 轧辊 / 18
    2.1.1 轧辊的结构与基本类型 / 18
    2.1.2 轧辊的尺寸参数 / 19
    2.1.3 轧辊的材料 / 22
    2.1.4 轧辊的强度校核 / 23
    2.1.5 轧辊的变形计算 / 29
  2.2 轧辊轴承 / 31
    2.2.1 轧辊轴承的工作特点及类型 / 31
    2.2.2 滚动轴承 / 32
    2.2.3 液体摩擦轴承 / 34
  思考题 / 38

第3章 轧辊调整、平衡及换辊装置 / 39
  3.1 轧辊调整装置的类型 / 39
  3.2 电动压下装置 / 41
    3.2.1 快速电动压下装置 / 41
    3.2.2 慢速电动压下装置 / 43
    3.2.3 双压下装置 / 46
    3.2.4 压下螺丝和压下螺母 / 48

3.3 全液压压下装置 / 53
　　3.3.1 液压压下装置的特点 / 53
　　3.3.2 液压压下控制系统的基本工作原理 / 54
　　3.3.3 压下液压缸在轧机上的配置 / 55
3.4 轧辊平衡装置 / 57
　　3.4.1 轧辊平衡装置的作用和特点 / 57
　　3.4.2 重锤式平衡装置 / 58
　　3.4.3 弹簧式平衡装置 / 59
　　3.4.4 液压式平衡装置 / 59
　　3.4.5 平衡力的选择与计算 / 63
3.5 轧辊轴向调整及固定 / 64
　　3.5.1 轧辊轴向调整的作用及其结构 / 64
　　3.5.2 轧辊的轴向固定 / 65
3.6 换辊装置 / 67
　　3.6.1 一般换辊装置 / 67
　　3.6.2 快速换辊装置 / 70
思考题 / 76

第4章 轧钢机主传动装置 / 77

4.1 主传动方案与组成 / 77
4.2 联轴器选型与强度校核 / 78
　　4.2.1 联轴器的类型与特点 / 78
　　4.2.2 联轴器的选型与计算 / 78
　　4.2.3 弧形齿联轴器 / 84
　　4.2.4 联轴器的平衡 / 86
4.3 齿轮机座和主减速器的选型与设计 / 89
　　4.3.1 齿轮机座的选型与设计 / 89
　　4.3.2 主减速器的选型与设计 / 91
思考题 / 91

第5章 轧钢机机架与工作机座 / 92

5.1 机架的类型及主要结构参数 / 92
　　5.1.1 机架的类型 / 92
　　5.1.2 机架的主要结构参数 / 94
5.2 机架的结构特点 / 95
　　5.2.1 闭式机架 / 95
　　5.2.2 开式机架 / 96
　　5.2.3 组合式机架 / 97
　　5.2.4 轨座的结构 / 97

5.3 机架的倾翻力矩 / 98
　　5.3.1 传动系统加在机架上的倾翻力矩 / 98
　　5.3.2 水平力引起的倾翻力矩 / 99
　　5.3.3 轨座支座反力及地脚螺栓的强度计算 / 101
5.4 机架的强度和变形计算 / 102
　　5.4.1 开式机架的强度计算 / 103
　　5.4.2 闭式机架的强度计算 / 105
　　5.4.3 机架的弹性变形 / 108
　　5.4.4 机架材料和许用应力 / 110
5.5 工作机座刚度的测定与计算 / 110
　　5.5.1 工作机座的刚度 / 110
　　5.5.2 工作机座刚度的测定 / 113
　　5.5.3 不同因素对工作机座刚度的影响 / 113
　　5.5.4 工作机座刚度的计算 / 114
　　5.5.5 提高工作机座刚度的措施 / 118

思考题 / 121

第6章　板厚板形控制与智能化技术 / 122

6.1 厚度控制的基本原理 / 122
　　6.1.1 轧件厚度波动的原因 / 122
　　6.1.2 轧制过程中厚度变化的基本规律 / 122
　　6.1.3 板厚控制的基本原理 / 125
　　6.1.4 液压压下轧机的当量刚度 / 126
　　6.1.5 自动厚度控制的基本类型 / 128
　　6.1.6 带钢厚度预测与诊断 / 129
6.2 板形控制的基本原理 / 131
　　6.2.1 板形的基本概念及其表示方法 / 131
　　6.2.2 板形控制方法 / 135
　　6.2.3 带钢板形预测与诊断 / 145
6.3 轧件智能化检测技术 / 147
　　6.3.1 轧件平直度检测技术 / 147
　　6.3.2 轧件表面缺陷检测 / 150
　　6.3.3 轧件形状尺寸测量 / 154
　　6.3.4 轧件无损检测 / 156
6.4 轧钢机械智能化技术集成应用 / 157
　　6.4.1 轧钢机械装备状态监测技术 / 157
　　6.4.2 轧制过程智能优化技术 / 158
　　6.4.3 轧钢机械装备数字孪生技术 / 161
　　6.4.4 钢铁工厂工业互联网技术 / 163

思考题 / 167

第7章 剪切机 / 168

7.1 剪切机的用途及分类 / 168
7.2 剪切机结构参数选择 / 169
7.2.1 平行刃剪切机结构参数选择 / 169
7.2.2 斜刃剪切机结构参数选择 / 171
7.2.3 圆盘剪结构参数选择 / 172
7.2.4 滚切式剪切机结构参数选择 / 173
7.3 剪切机力学性能参数计算 / 175
7.3.1 剪切理论 / 175
7.3.2 平行刃剪切机的剪切力与剪切功 / 181
7.3.3 斜刃剪切机的剪切力与剪切功 / 184
7.3.4 圆盘剪的剪切力与剪切功 / 188
7.4 剪切机的结构 / 190
7.4.1 剪切机结构方案的确定 / 190
7.4.2 平行刃剪切机 / 192
7.4.3 斜刃剪切机 / 196
7.4.4 滚切式剪切机 / 201
7.4.5 圆盘剪 / 208

思考题 / 214

第8章 飞剪机 / 216

8.1 概述 / 216
8.2 飞剪机定尺长度调整 / 219
8.2.1 飞剪机工作制度 / 219
8.2.2 启动工作制定尺 / 220
8.2.3 连续工作制定尺 / 222
8.2.4 空切定尺 / 222
8.2.5 调整转速定尺 / 225
8.3 飞剪机的设计计算 / 233
8.3.1 基本参数的选择 / 233
8.3.2 剪切力计算 / 236
8.3.3 电力功率计算 / 238
8.4 飞剪机的结构 / 242
8.4.1 切头飞剪机 / 242
8.4.2 IHI 摆式飞剪机 / 245
8.4.3 曲柄摆式飞剪机 / 251
8.4.4 热轧薄带高速飞剪机 / 260

思考题 / 261

第 9 章 矫直机 / 262
9.1 矫直机的用途及分类 / 262
9.2 矫直理论 / 263
9.2.1 弯曲矫直理论 / 263
9.2.2 拉弯矫直理论 / 272
9.3 辊式矫直机力能参数计算 / 273
9.3.1 平行辊矫直机 / 273
9.3.2 斜辊矫直机 / 279
9.4 辊式矫直机的基本参数 / 281
9.4.1 钢板矫直机的基本参数 / 282
9.4.2 型钢矫直机的基本参数 / 283
9.5 矫直机的结构 / 285
9.5.1 板材辊式矫直机 / 285
9.5.2 型材矫直机 / 292
9.5.3 拉弯矫直机 / 295
9.5.4 斜辊矫直机 / 298
思考题 / 304

第 10 章 卷取机与开卷机 / 305
10.1 热带卷取机 / 305
10.1.1 地下式卷取机的布置及卷取工艺 / 305
10.1.2 地下式卷取机的设备构成 / 306
10.1.3 卷筒传动功率的计算及电动机功率的选择 / 313
10.2 冷带卷取机 / 314
10.2.1 冷带卷取机的类型及工艺特点 / 314
10.2.2 冷带卷取机的结构 / 315
10.2.3 冷带卷取机的设计计算 / 320
10.3 热卷箱 / 325
10.3.1 热卷箱的作用 / 325
10.3.2 热卷箱的工作原理及结构组成 / 325
10.4 冷带开卷机 / 327
10.4.1 双锥头开卷机 / 327
10.4.2 双柱头开卷机 / 327
10.4.3 悬臂筒开卷机 / 329
思考题 / 332

参考文献 / 333

第1章 绪论

1.1 轧钢机械及其分类

1.1.1 轧钢机械的定义

轧钢机械或轧钢设备主要是指完成由坯料到成品整个轧钢生产工艺过程所使用的机械设备,一般包括轧钢机及一系列辅助设备组成的若干机组。通常把使轧件产生塑性变形的机器称为轧钢机主机,也称轧钢车间主要设备。主机类型和特征标志着整个轧钢车间的类型及特点。除轧钢机主机以外的各种设备,统称轧钢车间辅助设备。辅助设备数量大、种类多。随着车间机械化程度的提高,辅助设备的质量所占的比例越来越大。例如 1700mm 热轧带钢厂,设备总质量为 51000t,其中辅助设备的质量在 40000t 以上。

轧钢机标称的许多习惯称谓,一般与轧辊或轧件尺寸有关。

钢坯轧机和型钢轧机的主要性能参数是轧辊的名义直径,因为轧辊名义直径的大小与其能够轧制的最大截面尺寸有关,所以钢坯及型钢轧机是以轧辊名义直径标称的,或用人字齿轮节圆直径标称。当成品轧钢车间中装有数列或数架轧机时,则以最后一架精轧机轧辊的名义直径作为轧钢机组的标称。

钢板轧机的主要性能参数是轧辊辊身长度,因为轧辊辊身长度与其能够轧制的钢板最大宽度有关,所以钢板轧机是以轧辊辊身长度标称的。

钢管轧机则是直接以其能够轧制的最大成品钢管外径来标称的。

应当指出,性能参数相同的轧钢机采用不同布置形式时,其轧钢产品、产量和轧制工艺则不同。因此,上述轧钢机标称方法还不能全面反映各种轧钢设备的技术特征,还应考虑轧钢机的布置形式。例如,250 半连续式线材轧机中,"250"是指机组最后一架精轧机轧辊名义直径为 250mm,而"半连续式"是指轧钢机的布置形式。

1.1.2 轧钢机的分类

1. 按用途分类

轧钢机按用途可分为开坯轧机、型钢轧机、板带轧机、钢管轧机和特殊用途轧机等,其主要技术特性见表 1-1。

表 1-1　轧钢机按用途分类及主要技术特性

轧机类型		轧辊尺寸/mm		最大轧制速度 /m·s^{-1}	用　途
		直径	辊身长度		
开坯轧机	方坯初轧机	750~1500	约3500	3~7	用1~45t钢锭轧制120mm×120mm~450mm×450mm的方坯及(75~300mm)×(700~2050mm)的板坯
	板坯初轧机	1100~1370	约2800	2~6	
	方坯板坯联合初轧机	—	—	—	将钢锭轧制成大方坯或板坯
	钢坯轧机	450~750	800~2200	1.5~5.5	将大钢坯轧成55mm×55mm~(150mm×150mm)的方坯
型钢轧机	轨梁轧机	750~900	1200~2300	5~7	边长或直径为38~75kg/m的重轨以及高240~600mm甚至更大的其他重型断面钢梁
	大型轧机	500~750	800~1900	2.5~7	边长或直径为80~150mm的方钢和圆钢,高120~300mm的工字钢和槽钢,18~24kg/m的钢轨等
	中型轧机	350~500	600~1200	2.5~15	边长或直径为40~80mm的方钢和圆钢,高120mm的工字钢和槽钢,50mm×50mm~100mm×100mm的角钢,11kg/m的钢轨等
	小型轧机	250~350	500~800	4.5~20	边长或直径为8~40mm的方钢和圆钢,20mm×20mm~50mm×50mm的角钢等
	线材轧机	250~300	500~800	10~102	边长或直径为$\phi5$~$\phi9$mm的线材
热轧板带轧机	厚板轧机	—	2000~5500	1~3	边长或直径为(4~50mm)×(500~5300mm)的厚钢板,最大厚度可达300~400mm
	宽带钢轧机	—	700~2550	8~25	边长或直径为(1.2~16mm)×(600~2300mm)的带钢
	叠轧薄板轧机	—	700~1200	1~2	边长或直径为(0.3~4mm)×(600~1000mm)的薄钢板
冷轧板带轧机	单张生产的钢板冷轧机	—	700~2800	0.3~0.5	—
	成卷生产宽带钢冷轧机	—	700~2500	6~40	边长或直径为(1.0~5mm)×(600~2300mm)的带钢及钢板
	成卷生产窄带钢冷轧机	—	150~700	2~10	边长或直径为(0.02~4mm)×(20~600mm)的带钢
	箔带轧机	—	200~700	—	边长或直径为0.0015~0.012mm的箔带
热轧无缝钢管轧机	400自动轧管机	690~1100	1550	3.6~5.3	边长或直径为$\phi27$~$\phi400$mm的钢管,扩孔后钢管最大直径达$\phi650$mm或更大的无缝钢管
	140自动轧管机	650~750	1680	2.8~5.2	边长或直径为$\phi70$~$\phi140$mm的无缝钢管
	168连续轧管机	520~620	300	5	边长或直径为$\phi48$~$\phi168$mm的无缝钢管

轧机类型		轧辊尺寸/mm		最大轧制速度 /m·s^{-1}	用 途
		直径	辊身长度		
热轧无缝钢管轧机	LG60 周期轧管机	375	180	—	—
	114 二辊穿孔机	620~680	450	1	边长或直径为 φ90~φ140 的钢管，壁厚 15~35mm，长度 3000~6000mm
	150 三辊穿孔机	500~580	480	0.6	边长或直径为 φ130~φ150 的钢管，壁厚 5~25mm，长度 1500~5000mm
冷轧钢管轧机		—	—	—	主要轧制 φ5~φ500mm 的薄壁管，个别情况下也轧制 φ400~φ730mm 的大直径钢管
特殊用途轧机	车轮轧机	—	—	—	轧制铁路用车轮
	圆环-轮箍轧机	—	—	—	轧制轴承环及车轮轮箍
	钢球轧机	—	—	—	轧制各种用途的钢球
	周期截面轧机	—	—	—	轧制变截面轧件
	齿轮轧机	—	—	—	滚压齿轮
	丝杠轧机	—	—	—	滚压丝杠

2. 按轧辊在工作机座中的布置形式分类

根据轧辊在机座中的布置形式不同，轧钢机可分为具有水平轧辊的轧机、具有垂直轧辊的轧机和万能轧机、轧辊倾斜布置的轧机及其他布置形式的轧机。

1）具有水平轧辊的轧机轧辊布置形式、机座名称、特点及用途见表 1-2。

表 1-2 具有水平轧辊的轧机

轧辊布置形式	机座名称	特点	用途
	二辊轧机	两个轧辊上下布置在同一垂直平面内，分可逆式轧机和不可逆式轧机	可逆式轧机，轧制大截面方坯、板坯、轨梁异型坯和厚板
	三辊轧机	三个轧辊布置在同一垂直平面内，轧件在两个方向轧制，而轧辊不反转	轧制钢梁、钢轨、钢坯、方坯等大截面钢材及生产率不高的型钢
	具有小直径浮动中辊的三辊轧机（劳特轧机）	与三辊轧机相同，中辊直径较小	轧制中厚板，有时也轧薄板

（续）

轧辊布置形式	机座名称	特点	用途
	四辊轧机	由四个位于同一垂直平面内的水平轧辊组成，轧制在两个工作辊中间进行。支承辊用来增大辊系的刚度	冷轧及热轧板、带材
	具有小弯曲辊的四辊轧机（偏五辊轧机），也称 CBS 轧机（即接触-弯曲-拉直轧制）	轧制过程具有接触-弯曲-拉直综合作用，小直径的空辊起到弯曲轧件的作用，由于轧辊的线速度不同而构成异步轧制	冷轧难变形的合金带钢
	S 轧机	由于轧辊的线速度不同而构成异步轧制	冷轧薄带材
	五辊轧机（泰勒轧机）	采用异径组合的工作辊，上工作辊直径小，易发生水平弯曲，可通过控制系统改变辊子的转矩分配，来调节辊形和板形	轧制不锈钢和有色金属带材
	FPC 平直度易控轧机	上工作辊直径减小，可实现异步轧制	冷轧薄带钢
	六辊轧机	1-2 型六辊轧机，上、下各有一个工作辊和左右布置的两个支承辊	热轧及冷轧板带材

（续）

轧辊布置形式	机座名称	特点	用途
	HC 轧机	通过移动中间辊或工作辊来改善板形	冷轧碳素钢及合金钢带材
	偏八辊轧机（MKW 轧机）	工作辊中心线相对上下支承辊中心线有较大偏移，出口方向设有侧中间辊和侧支承辊	冷轧板带材
	十二辊轧机	上下三层轧辊对称布置，由两个工作辊、四个中间辊和六个支承辊组成，驱动中间辊，工作辊不承受转矩	冷轧板带材
	二十辊轧机	塔形辊系，有两层中间辊，支承辊由一组外圈加厚的背衬轴承和安装在心轴上的鞍座组成	冷轧板带材
	复合式十二辊轧机	下辊系为塔形辊系，两工作辊直径不同，可实现异步轧制	冷轧板带材
	Dual Z 型轧机（1-2-1-4 型）	多辊轧机的一种变形，可大幅度改变工作辊辊径，具有良好的板形控制能力	高强度合金带材

(续)

轧辊布置形式	机座名称	特点	用途
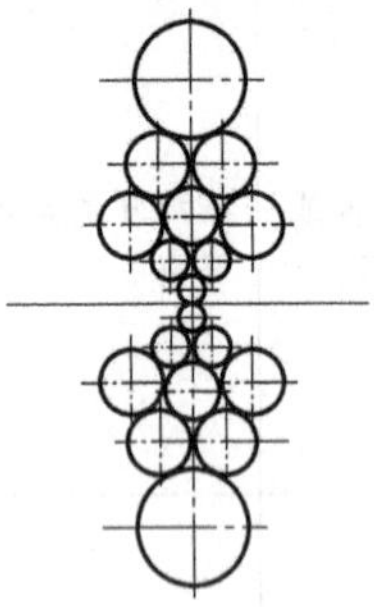	十八辊 Z 型轧机（1-2-1-4-1 型）	与 Dual Z 型轧机相比，上下各多了一个支承辊	高强度合金带材
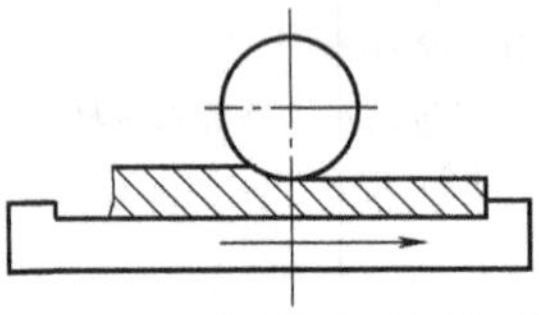	在平板上轧制的轧机	由一个轧辊和一个运动的平板组成，平板为压模，在其上放置轧件	轧制长度不大的变截面轧件
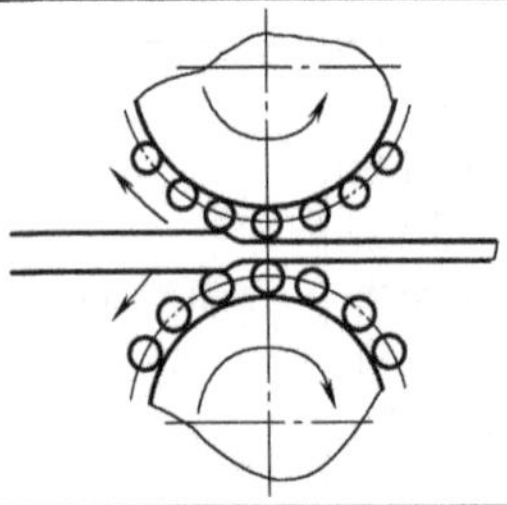	行星轧机	有两个传动的支承辊和两组绕支承辊运动的工作辊系。工作辊的轴承固定在分离器上，分离器相互之间用齿轮连接	热轧及冷轧带钢与薄板坯
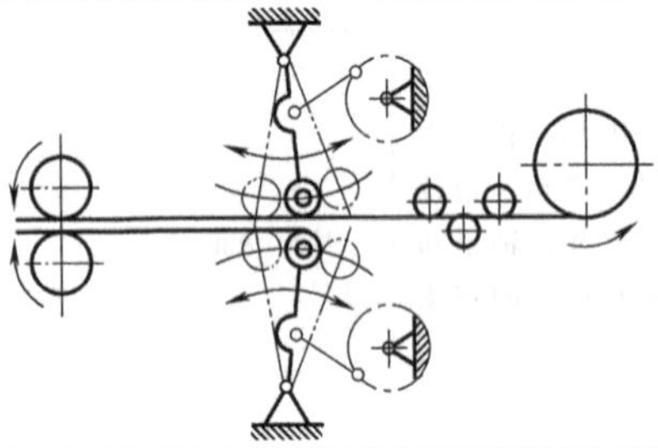	摆式轧机	空转的工作辊安放在摆动杠杆的端部，工作辊随摆动的杠杆往复摆动过程中，对由送料辊送入的轧件进行轧制	冷轧带钢及钛、铜、黄铜等有色带材，尤其适用于冷轧难变形材料

2）具有垂直轧辊的轧机和万能轧机的轧辊布置形式、机座名称及用途见表 1-3。

表 1-3　具有垂直轧辊的轧机和万能轧机

轧辊布置形式	机座名称	用途
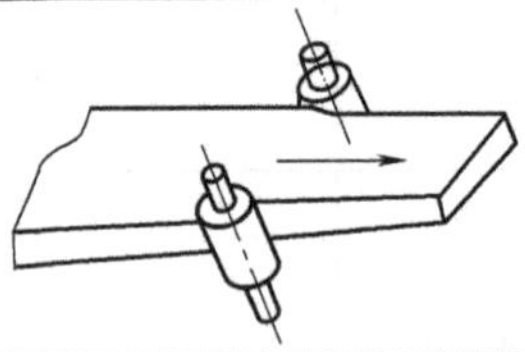	立辊轧机	轧制金属侧边
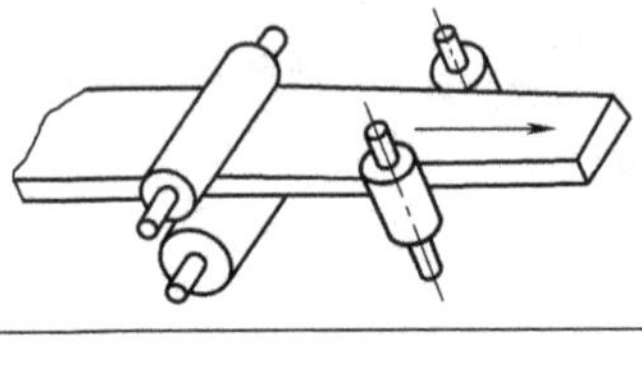	四辊万能轧机（有一对立辊）	轧制宽带钢

(续)

轧辊布置形式	机座名称	用途
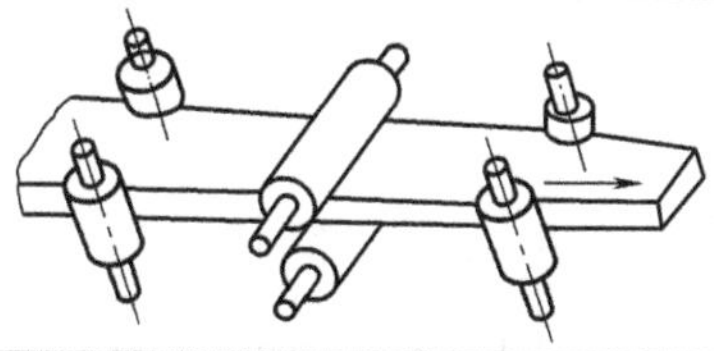	六辊万能轧机(有两对立轧辊)	轧制宽带钢
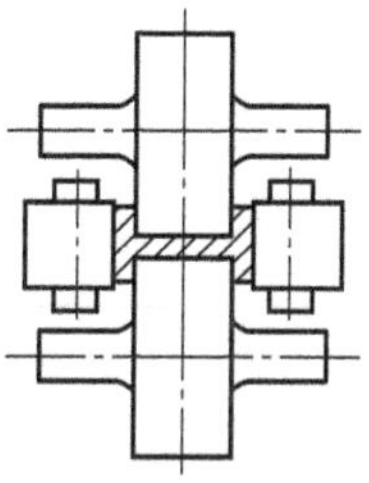	万能钢梁轧机(立辊与水平辊的中心线在同一个平面内)	轧制高度为300~1200mm的宽边钢梁、H型钢
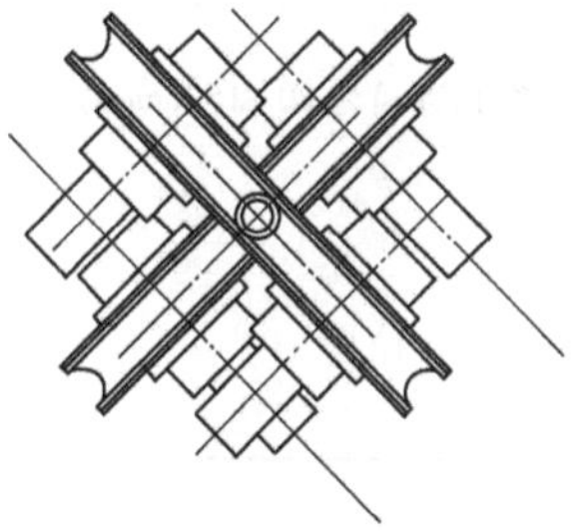	二辊式连轧管机(相邻机架辊缝互错90°)	轧制无缝钢管
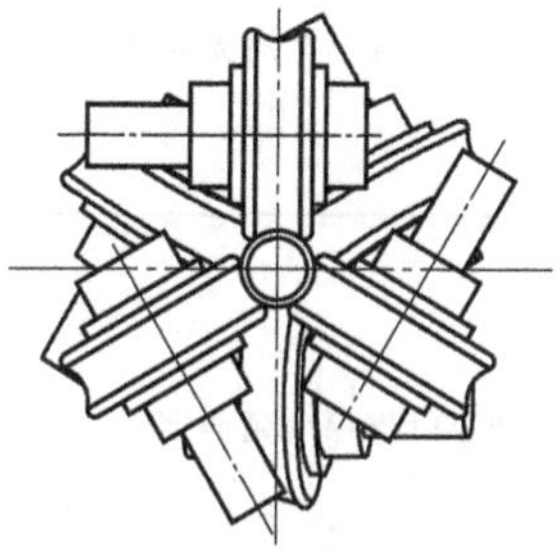	三辊式连轧管机(相邻机架辊缝互错60°)	轧制无缝钢管

3) 轧辊倾斜布置的轧机的轧辊布置形式、机座名称及用途见表1-4。

表1-4 轧辊倾斜布置的轧机

轧辊布置形式	机座名称	用途
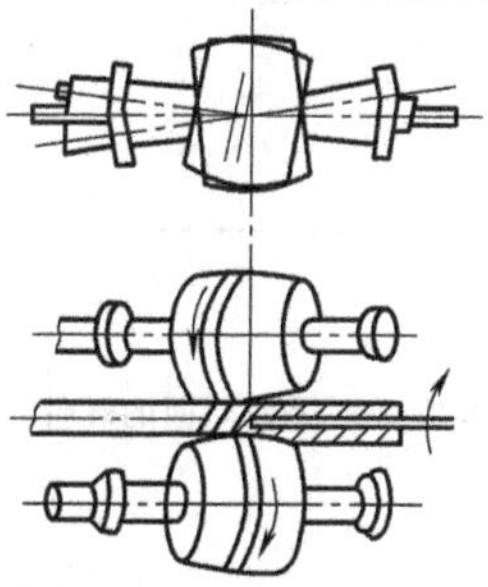	桶形辊穿孔机	穿孔直径为60~650mm的钢管

（续）

轧辊布置形式	机座名称	用途
	菌式穿孔机	穿孔直径为 60~200mm 的钢管
	盘式穿孔机	穿孔直径为 60~150mm 的钢管
	三辊穿孔机	穿孔难变形金属无缝管材
	三辊延伸轧机	减小管壁厚度延伸钢管
	钢球轧机	轧制直径为 18~60mm 的钢球
	三辊周期断面轧机	轧制圆形周期断面的轧件

4) 轧辊具有其他布置形式的轧机　主要用于盘环件的轧制，轧辊布置形式、机座名称及用途见表 1-5。

表 1-5　轧辊具有其他布置形式的轧机

轧辊布置形式	机座名称	用途
	车轮轧机	由主轧辊、斜辊、导辊和压紧辊组成，用于轧制铁路机车整体车轮
	齿轮轧机	用于热轧、冷轧或冷精轧齿轮
	轧环机	由芯辊、主轧辊、导向辊和测量辊组成，主要用于轧制轴承环、套、盘类环件

3. 按轧钢机的布置形式分类

轧钢机的布置形式是依据生产产品及轧制工艺要求来确定的，分为单机架式、双机架式、横列式、二列横列式、三列横列式、集体驱动连续式、单独驱动连续式、半连续式、串列往复式和布棋式等。轧钢机工作机座布置形式如图 1-1 所示。

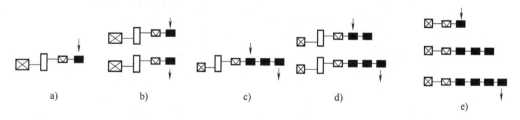

图 1-1　轧钢机工作机座布置形式

a) 单机架式　b) 双机架式　c) 横列式　d) 二列横列式　e) 三列横列式

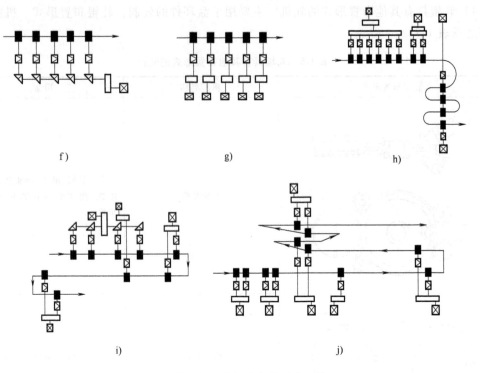

图 1-1 轧钢机工作机座布置形式（续）

f）集体驱动连续式　g）单独驱动连续式　h）半连续式　i）串列往复式　j）布棋式

1.1.3 辅助设备的分类

轧钢车间辅助设备的特点之一是种类繁多，这些设备担负着完成不同工序的任务。轧钢车间辅助设备按用途分为加热设备、剪切设备、矫直设备、卷取设备、运输翻转设备、打捆包装设备和表面清理加工设备，其具体分类见表 1-6。

表 1-6 轧钢辅助设备的分类

类别	设备名称	用途
加热设备	坑式均热炉	加热特厚板坯、大钢锭
	推钢式加热炉	加热中厚板坯
	步进式加热炉	加热长材钢坯、板带钢坯
	管坯加热炉（斜底炉、环形炉、感应炉）	加热无缝钢管坯
剪切设备	平行刀片剪切机	剪切钢坯、管坯
	斜刀片剪切机	剪切钢板、带钢
	圆盘式剪切机	纵向剪切钢板、带钢
	飞剪机	横切运动轧件
	热锯机	锯切型钢
	飞锯机	锯切运动的焊管

(续)

类别	设备名称	用途
矫直设备	压力矫直机	矫直型钢、钢管、钢板
	辊式矫直机	矫直型钢、钢板
	斜辊矫直机	矫直圆钢、钢管
	张力矫直机	矫直有色板材、薄钢板(厚度小于0.6mm)
	拉伸弯曲矫直机	矫直极薄带材、高强度带材
卷取设备	带钢卷取机	卷取钢板、带钢
	棒线材卷取机	卷取线材、棒材
运输翻转设备	辊道	轴向输送轧件
	推床	横向输送移动轧件
	冷床	冷却轧件并使轧件横移
	回转台	使轧件水平旋转
	悬挂输送机、输送链	输出钢管、盘卷
	翻钢机	使轧件按轴线方向旋转
打捆包装设备	打捆机	将线材、带卷打捆
	包装机	将板材、钢材包装
表面清理加工设备	修磨机	修磨坯料表面缺陷
	火焰清理机	清理坯料表面缺陷
	酸洗镀锌(锡)机组	酸洗轧件表面镀(锡)
	清洗机组	对轧件表面清理、洗净、去油

1.2 轧钢机械发展概况

1.2.1 轧钢机械装备发展概况

1. 带钢热连轧成套设备的技术发展特点

（1）不断改善产品质量　具体技术主要有：

1）精轧机组采用液压自动厚度控制（AGC）技术，使带钢厚度精度提高到±30μm。

2）精轧机组采用板形控制技术，使带钢横截面凸度、平坦度和边部减薄量精度指标不断提高。

3）精轧机组采用液压自动宽度控制（AWC）技术，使带钢的宽度精度不断提高。

4）采用新的除鳞、层流冷却、全液压卷取机等新技术，不断提高带钢表面质量和力学性能。

（2）发展连铸热轧连续化生产　通过采用较厚中间坯、保温罩、热卷箱、局部加热等新技术，有效实现节能降耗和节省投资，优化加热和废气利用，进一步发展节能技术。

(3) 发展无头轧制技术　带钢热连轧采用无头轧制技术是20世纪90年代发展起来的全新技术，也是当代最先进的热轧带钢生产技术。

(4) 采用多级计算机控制　大力提高全线自动化水平。

2. 宽厚板轧制技术的发展特点

(1) 高尺寸精度轧制技术　近年来用户对钢板尺寸精度、板形、表面质量、材质性能提出了更高的要求，如板厚公差为0.4~0.8mm，板宽公差为4~6mm，钢板的旁弯要求全长小于5mm，从而推动了以厚度、宽度、板形控制为主的高精度轧制技术的进一步发展。

1) 厚度控制：在靠近轧机处设置γ射线测厚仪，使监控及反馈控制能快速应答，从而提高钢板全长的厚度精度。

2) 宽度控制：设置了液压AWC系统，宽度控制精度已达5.7mm。

3) 板形控制：以往厚板轧机以辊形和弯辊装置作为凸度和平坦度的基本控制方法，现在的厚板轧机采用工作辊移动配合强力弯辊、成对交叉辊轧机和连续可变凸度轧机的方法，其全宽度的凸度控制值已达40μm。

(2) 平面板形控制技术　厚钢板在成形轧制和展宽轧制阶段的不均匀变形，使轧制后的钢板增加了切头、切尾和切边的损失，此项金属损失在以往的常规轧制方法中占5%以上。为此，先后开发出厚边展宽平面形状控制法、狗骨轧制法和无切边轧制法技术。

(3) 控制轧制和控制冷却技术　将钢板的控制轧制和随后的加速冷却工艺过程统称为控轧控冷（TMCP）工艺，可以生产综合力学性能和焊接性均优良的高强度结构钢板。

(4) 厚板轧机技术发展方向　厚板轧机技术发展方向主要是围绕提高产品尺寸精度及表面质量，提高产品力学性能及焊接性，提高产品的成材率及直行率，提高自动化程度和操作可靠性等方面进行的。需求技术及发展方向如下：

1) 高尺寸精度轧制工艺技术，即厚度、宽度、板形（平坦度、凸度）控制技术。

2) 为满足TMCP轧制工艺的低温大压下、大功率、高转矩和高刚性的四辊可逆式轧机技术和厚板轧后加速冷却技术。

3) 提高产品成材率的平面形状控制技术。

4) 提高产品直行率，即降低离线的表面修磨量和冷矫直量的技术。在厚板生产中的关键工序为高压水除鳞、轧制、加速冷却、热矫直、冷床等。

5) TMCP工艺的板坯加热温度为950~1150℃，出炉温度虽低于常规轧制，但对板坯温度的均匀性要求高（温差30℃），大量采用热装板坯对提高出炉温度均匀性有利。

6) 厚钢板生产特点是品种多（钢种多，用途广）、规格范围大，因而板坯库、成品库由计算机管理更显得必要。

3. 冷连轧成套设备的技术发展特点

(1) 扩大产品品种规格　由于市场对冷轧带钢品种规格的需求不断扩大，特别是IF钢的应用增加，冷连轧的产品规格也在不断增加，从而使涂镀层深加工产品产量迅速增加。

(2) 改善产品质量，提高带钢尺寸精度和力学性能　为此，从冶炼到热轧、冷轧，采用了一系列技术措施，发展了许多新工艺和新设备。对于冷轧带钢来说，表面质量是一个极其重要的参数，为了对缺陷进行自动检测和分类评价，需研究多种表面检测系统。

(3) 提高生产能力　生产能力取决于轧制速度、轧制的装备水平、操作水平等诸多因素，且与机架数量、轧机规格、轧件品种、冷却润滑条件、轧辊轴承性能、弧形齿联轴器的应用有关。

(4) 增大卷重　增大卷重可以提高轧速,增加产量,提高成品率和操作效率。但是鉴于大卷重和大卷径要增加设备的承载能力和操作难度,目前卷重一般采用 25~40t。

(5) 合理分配压下率　冷连轧机压下率的分配,前面机架较大而后面机架较小,以控制板带平直度。五机架连轧机的总压下率为 80%~90%,六机架为 90%~94%。

(6) 增大主传动电动机功率　轧制速度和产量的提高,使轧机的电动机功率呈上升趋势。目前单位带宽装机容量普遍提高。

(7) 大力提高全线电气控制和自动化水平　高压供配电系统采用集中监视技术,传动采用同步机交-交变频和 PWM 交流变频调速技术,并采用了新型开放性能量控制系统 (PCS),其能力和可靠性大大提高。仪表控制系统全部采用 PLC、分布式控制系统,各种控制仪表大多数采用带微机的智能仪表,并应用了宽范围温度和压力补偿、在线自诊断、双向通信、远方检查和调整等技术,极大地提高了测量控制精度和可靠性,大幅度减少了设备故障维护工作量,增强了产品质量的在线检测。如针孔仪、激光表面缺陷检测仪和电磁感应带钢内部缺陷检查仪等在线检测仪表的应用,从更高的层次上保证了产品质量。

4. 中小型型钢连轧机的装备技术

(1) 主要设备方面

1) 为减少道次、提高效率,在粗轧机组中采用大压下量轧机。

2) 提高产品精度,采用高刚度轧机。这类轧机型式较多,如悬臂式轧机、短应力轧机、短应力线-预应力复合轧机等。

3) 为进一步提高产品精度,许多轧机设置了高精度定径机,其型式有 VH 式、组合式、多辊式等,其特点是结构紧凑、占地面积不大,但使用效果明显,可使棒材全长方向上偏差稳定控制在 ±0.1mm,椭圆度在 0.15~0.2mm。

4) 采用高强度耐磨轧辊,提高轧辊使用寿命。有的厂使用高强度耐磨复合轧辊,有的厂精轧机组使用碳化钨轧辊,也有的厂使用合金钢辊片组成的复合轧辊。

5) 改进轴承结构,延长轴承使用寿命。实现导卫滚动化,保证轧件表面质量,减少轧废的情况。

6) 使用新型联轴器。例如,用十字轴式万向联轴器传递动力,具有承载能力大、传动平稳可靠、倾角大、噪声低、传动效率高等优点。

7) 采用轧辊快速更换装置,缩短了轧辊换辊时间,提高了轧机作业率。在实际使用中有的采用轧辊成对更换,也有的采用机架整体更换。此外,为进一步提高效率,有的厂还配备了快速更换导卫、快速更换轧槽、快速装拆管头、快速接手对中装置等,保证了轧件零部件的更换。

(2) 辅助设施方面

1) 应用高压水除鳞机,保证小型钢材(特别是优质钢和合金钢小型材)的表面质量。常用的水压达 20~30MPa。为保证除鳞速度(通常控制在 0.8~1.5m/s)不受粗轧机咬入速度的限制,在近来新建的小型轧机平面布置的安排上,采用适当增大加热炉至粗轧机组距离的方法。

2) 采用嵌条式步进冷床,实行长尺冷却。嵌条式冷床具有分钢、矫直、齐头、冷却和编组的功能。采用长尺冷却完全是为了适应现代化轧机高速轧制和采用大坯重、长轧件生产的需要。

3)应用新式高产量的小型轧机,其在冷床后都设有在线多条矫直机和定尺飞剪机,对长度为整个冷床长度的轧件进行多条矫直,然后用飞剪将轧件切成用户要求的长度。这种先进工艺和设备的使用,使轧件头部咬入次数大为减少,既减少了事故的发生,又提高了效率,并能提高机械化和自动化程度,减少精整作业区面积和操作人员数量,为国内外许多厂家所采用。

4)应用自动堆垛机及其他辅助装置,如卷取大直径棒材的强力卷取机、强力剪切机、自动打捆机、在线自动计量磅秤等。这些装置都极大提高了机械化、自动化程度,改善了劳动条件。

5)配置了具有不同用途的在线检测装置。例如,安装在精轧机组出口处的激光测径仪,可将测试结果直接显示或贮存在计算机系统中。操作人员可根据显示结果及时进行调整,以减少废品,测试精度可达到±0.04mm。

5. 高速线材轧机的技术发展特点

一般将轧制速度大于40m/s的线材轧机称为高速线材轧机。高速线材轧机的技术进步体现于普遍采用全连续高速无扭线材精轧机组和控制冷却技术作为线材生产的主要工艺装备手段,其特点是高速、单线、无扭、微张力、控制冷却、组合结构、碳化钨辊环和自动化,采用快速换辊和导卫装置。其产品特点是盘重大、精度高、质量好。

目前高速线材轧机的轧制速度一般在 80~140m/s,盘重达 2~3t,单线生产能力已达每年 $4\times10^5 \sim 4.5\times10^5$ t,轧机的机架数已增加到 28 架,实现了单线布置、粗中精轧全线无扭悬轧机制、生产的线材质量更高。

(1) 轧制工序中质量的改善

1)采用 AGC 技术生产精密线材,产品尺寸极限偏差为 ±0.2~0.3mm,高级别可达 ±0.1mm。

2)采用控轧控冷技术提高产品冶金性能,同一盘线材的强度和金相组织比较均匀,强度相差 ±3% 以内,线材在深加工时的一次减面率可达 85%,二次氧化皮仅为 0.2%~0.8%。

3)采用倾斜轧制技术轧制难加工钢材。

4)采用在线热处理技术,以满足用户简化工序的要求。

(2) 轧制工艺的进步

1)轧制速度进一步提高。

2)采用减定径机组进行精密轧制。

3)预精轧机采用微型无扭轧机。

4)以连铸坯为原料并采用热装工艺。

5)粗中轧机组采用全平立布置实现全线无扭轧制。

6)采用低温轧制技术。

7)采用重负荷及超重负荷无扭精轧机组。

8)采用控制轧制和控制冷却。

9)合金钢采用高速无扭轧制和控制冷却已趋成熟。

10)无头轧制。

11)广泛采用在线测径及涡流探伤仪。

(3) 机械设备的改进

1) 采用新型粗轧机。
2) 改进飞剪设计。
3) 采用高速切头尾飞剪。
4) 改进吐丝机性能。
5) 集卷筒内设线圈分配器。

6. 钢管轧机的发展概况

近年来，钢管连铸坯逐步取代了轧制管坯，使金属收得率提高了 10%~15%，能源费用节省 40% 以上，成本大大降低。20 世纪 80 年代以来，普遍采用了锥形辊穿孔机、限动（半限动）芯棒连轧管机组等高效先进的轧管设备。限动（半限动）芯棒连轧管机可生产直径达 508mm、长度达 50m 的钢管，生产率高，单机最大产量可达每年 8×10^5~1×10^6t，产品质量好，外径偏差可达 $\pm(0.2\%$~$0.4\%)$，壁厚偏差在 $\pm(3\%$~$6.5\%)$ 范围内。在二辊式限动芯棒连轧管机的基础上，又研制出了三辊可调的限动芯棒连轧管机。

目前各主要产钢国的焊管产量都超过了无缝管产量，随着长距离工业输送线路的开发，大直径焊管比重不断增加。UOE 成形焊管最大外径增至 1626mm，最大壁厚增至 40mm，年生产能力为每年 1.1×10^6t。螺旋焊管采用一台成形机使带钢成形后马上进行双面"预"焊，切定尺后再送往数台焊接机上进行双面"精"焊，大大提高了生产率。同时，对精密、薄壁、高强度特殊钢管的需求不断增长促使冷轧冷拔管生产迅速发展。

冷轧管机有周期式、多辊式、立式、行星式和连续式等，其中以周期式冷轧管机应用最普遍。冷拔是生产精密钢管的主要方式，有摆式、转盘式和卷筒式三种冷拔管机。卷筒式冷拔管机因其占地面积小、拔制速度高，正被推广应用。

1.2.2 轧制过程智能化技术发展概况

1. 轧制过程智能化技术

轧制过程智能化技术的发展为钢铁工业带来了巨大的机遇和挑战，通过引入自动化控制系统、智能化模型预测、实时监测与优化、远程监控与管理及智能化设备与机器人应用，可以实现生产率的提高、产品质量的优化和生产成本的降低。20 世纪 50~60 年代，轧制过程主要依赖于人工操作和传统的机械控制系统。操作人员需要凭经验手动调整来确保产品质量。随着电子技术和自动化控制系统的发展，传感器和控制器在 1970 年开始被引入轧制生产线，实现了对轧机参数的自动调整和监控，提高了生产率和产品质量。20 世纪 90 年代，计算机技术和数据分析技术迅猛发展，智能化模型预测也随之发展。基于历史数据和机器学习算法，可以建立预测模型，识别和预测轧制过程中可能出现的问题，并提出解决方案。2010—2020 年，传感器技术和实时数据分析技术有了长足进步，实时监测与优化开始成为轧制过程智能化的重要组成部分。通过实时监测轧制过程中的各项参数，并利用数据分析和优化算法进行实时调整和优化，可以提高产品质量和生产率。2020 年以后，物联网技术作为互联网技术的延伸引发了新的科技浪潮，远程监控和智能化设备开始在轧制过程中得到广泛应用。通过远程监控系统，轧制厂可以实现对设备状态、生产数据和环境条件进行远程监测和管理。同时，智能化设备和机器人技术的应用也将进一步提高轧制生产线的自动化程度和智能化水平。

2. 智能化检测技术

(1) 板形检测技术发展现状　瑞典 ASEA 公司研制的 ASEA 应力计（压磁式力传感器）在测量辊宽方向分出许多区段，并在每区段圆周上装四个压磁式力传感器，通过测定带材张力的径向分力，从而测得板材的平整度，并有数-模输出，可供板形控制之用。德国 Hoesch Hittenwerke 公司开发的接触式板形仪，也是在测量辊宽度方向分若干个区段，用测力传感器测定径向力，再根据带宽方向张力分布测量带材的平整度。美国开发的气动式（空气支撑式）板形仪是在测量辊的固定轴和转子间输通压缩空气，根据上、下侧气孔压力差测得带材张力的径向分力，从而确定带宽方向的张力分布，其转子宽为 40~140mm，直径为 145~210mm。日本开发的弹性振动式板形仪，采用涡流法测定带材宽度方向因张力分布不均匀而引起的带材不规则振动，并通过测定距离测得带材的平整度。德国开发的 BFI 接触辊式（压电晶体式）板形仪，用压电晶体作为传感器，检测测量辊张力的径向分力，其辊径为 200~350mm，每个宽为 25mm，接触角为 10°。国内主要是燕山大学研究了整辊式带钢板形仪通道间信号耦合系数的精确获取方法，通过标定试验得到较精确的耦合系数，从而得到准确的板形测量结果。

非接触测量法首先由日本新日铁（株）生产技术研究所的北村公一等人开发并用于热轧带钢板形测量。采用激光位移法测量板形的典型方案有比利时冶金研究中心开发的 ROM-ETER-5 型板形仪，德国的 PSYSTEME 公司开发的 BPM-100 型板形仪，日本三菱电机公司开发的双光束板形仪。三种方案的区别主要在于位移传感器种类（单束、双束）、布局（沿带钢宽度方向 3 点、5 点、10 点等），以及可适应不同宽度带钢采用的测量点移动（宽度方向）对策（固定、移动反射镜、移动传感器）等。国内的东北大学开发了激光条纹图像特征、自适应 ROI（感兴趣区域）、翘曲特征提取等算法，研制了宽厚板板形在线检测装置，实现了板形的高精度检测；北京科技大学采用激光器和线阵 CCD（电荷耦合器）组成的位移测量装置，同时测量带钢操作侧、中心和传动侧的纤维长度，得到平坦度和非对称度信息，实现了带钢的准确测量。综上可知，快速、高精度的板形测量是实现板材高质量生产的重要保障。

(2) 轧件表面缺陷检测技术发展现状　目前轧件表面缺陷检测技术主要有人工目视、自动化检测（涡流、红外、激光）和机器视觉检测三种，其中机器视觉检测是表面缺陷智能检测的主要手段。东北大学在带钢表面缺陷检测系统中引入人类视觉特性，可以较为准确地检测出图像中存在的低对比度及微小缺陷，得到区域焦点位置坐标；南京钢铁股份有限公司采用"线阵 CCD+自适应 LED 光源"拍摄系统，通过 YOLOv4 优化算法，实现热轧钢板上下表面在线缺陷检测，准确率达到 90% 以上；天津大学、华南理工大学、南京理工大学、北京科技大学等均采用深度学习方法提高钢材表面缺陷检测的精度，缺陷分类准确率达到 92% 以上。德国 Isra Vision Parsytec 公司研制的 HTS-2W 热轧钢板表面检测系统，利用图像分析技术，能够在线实时探测和分类毫米级的缺陷；Omron 公司采用高分辨率相机结合可控光源的图像采集方法，借助深度学习算法，能够识别裂纹、腐蚀、疤痕等不同类型的缺陷；Neuhauser 公司运用迁移学习技术进行钢板表面缺陷检测，提高了检测精度并显著缩短了学习时间，其缺陷识别准确率超过 94%。表面缺陷检测是一个重要且被广泛关注的问题，高精度的缺陷检测对保证轧件质量具有至关重要的作用。

（3）轧件表面轮廓检测技术发展现状　在钢板轮廓检测技术中，因平面轮廓更能反映钢板在轧制生产后的性能质量，故将其定义为钢板轧制产线的重要参数和指标。可以将钢板轮廓检测仪按检测方式分为两种：接触式检测方式和非接触式检测方式。基于光学成像的非接触式检测方式有着检测速度快、零部件寿命长、精度高等优点，因此逐渐代替了接触式检测方式，成为当前行业主导的检测方法之一。目前已经研发出了成熟的轮廓检测技术，其中具有代表性的分别是 KELK 公司和 IRM 公司研制的激光测宽仪。在国内，目前比较知名的带钢轮廓检测仪厂家有金自天正智能控制股份有限公司和大连亚泰华公司。其中金自天正研制的 GCK-Ⅲ型测宽仪的响应时间小于 10ms，精度达到了 0.1%。而亚泰华公司研制的 WG2000 系列测宽仪，其扫描周期为 5~10ms，精度能够达到 0.03%。综上可知，轮廓检测仪在可靠性和稳定性方面与实际需求仍存在一定的差距。

思考题

简述不同类型轧机的标称尺寸。

第 2 章 轧辊与轧辊轴承

2.1 轧辊

2.1.1 轧辊的结构与基本类型

1. 轧辊的结构

轧辊由辊身、辊颈和轴头三部分组成。辊身位于轧辊中间部分,直接与轧件接触并辗压轧件。辊颈位于辊身两侧,安装在轴承中,并通过轴承座和压下装置把轧制力传递给机架。轴头位于轧辊两端,和联轴器相连,传递轧制扭矩。此外,还有在轧辊制造、安装时所需的辅助表面,如中心孔、紧固和吊装用的沟槽与螺孔等。图 2-1 所示为轧辊轴头的型式,一般根据轧机的结构型式和传递扭矩的大小,选择不同型式的轧辊轴头。实践表明,带双键槽的轴头在使用过程中键槽容易崩裂。目前常用易加工的带平台的轴头代替带双键槽轴头。

2. 轧辊的基本类型

1) 按照轧机类型,轧辊可分为板带轧机轧辊(平辊)和型钢轧机轧辊(型辊)两大类。板带轧机轧辊的辊身呈圆柱形。热轧板带轧机轧辊的辊身微凹,轧辊受热膨胀时可得到良好的板形;冷轧板带轧机轧辊的辊身微凸,轧辊受力弯曲时可改善板形。型钢轧机轧辊的辊身有轧槽,根据型钢轧制工艺要求来确定孔型位置及尺寸。

2) 按照轧辊的功用,轧辊常分为工作辊和支承辊两种。工作辊与轧件接触,对轧件进行轧制,并提供轧件前进的动力。当轧制工艺需

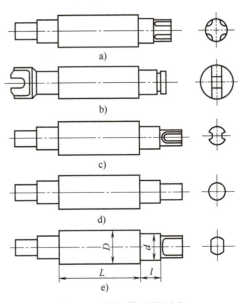

图 2-1 轧辊轴头的型式
a) 梅花轴头 b) 万向轴头 c) 带双键槽轴头
d) 圆柱形轴头 e) 带平台轴头

要采用小直径工作辊时,为了保持工作辊的稳定,并能够传递轧制扭矩,则采用支承辊。支

承辊承受着全部的轧制力，由于受轴承尺寸的限制，辊颈不能做得太大，辊身与辊颈的直径差比较大，在过渡区段产生很大的应力集中，因此过渡区段是受力的危险截面，需要合理地选定过渡区段的结构。工作辊辊颈除承受平衡力外，在四辊轧机上，还要承受调节板形用的较大弯辊力，因此，工作辊过渡区段的应力集中问题也应加以考虑。实践证明，轧辊辊身边缘的尖角处也有应力集中，因而尖角处必须倒钝。

3）按照轧辊结构，轧辊分为实心辊、空心辊、组合辊和组合预应力辊。空心辊的内孔有平滑内孔、阶梯内孔和带腹孔的内孔。组合辊和组合预应力辊的目的是提高使用寿命和降低辊耗成本。

2.1.2 轧辊的尺寸参数

轧辊的基本尺寸参数有辊身直径 D、辊身长度 L、辊颈直径 d 和辊颈长度 l 等。

1. 辊身直径 D 和辊身长度 L

（1）初轧机和型钢轧机轧辊　初轧机和型钢轧机的轧辊辊身是有孔型的，其辊身直径一般分为公称直径和工作直径。通常，型钢轧机以齿轮机座的中心距作为轧辊的公称直径。初轧机一般以轧环外径作为公称直径。为了避免轧槽切入过深，辊身公称直径与工作直径之比一般不大于 1.4。

辊身直径主要是根据轧辊强度及允许咬入角 α 来确定的。即在保证轧辊强度的前提下，同时满足咬入条件：

$$D_1 \geq \frac{\Delta h}{1-\cos\alpha} \tag{2-1}$$

式中，D_1 是轧辊的工作直径（mm）；Δh 是压下量（mm）；α 是咬入角（rad）。

初轧机和型钢轧机辊身长度 L 主要取决于孔型配置、轧辊的抗弯强度和刚度，其与公称直径 D 的关系如下：

初轧机　　　　　　　　　$L = (2.2 \sim 2.7)D$
型钢粗轧机　　　　　　　$L = (2.2 \sim 3.0)D$
型钢精轧机　　　　　　　$L = (1.5 \sim 2.0)D$

（2）板带轧机轧辊　设计板带轧机轧辊尺寸时，应先确定辊身长度 L，再根据轧辊的强度和有关工艺条件确定辊身直径 D。

辊身长度 L 应大于所轧钢板的最大宽度 $b_{\max}$，即

$$L = b_{\max} + a$$

式中的 a 值视钢板宽度而定。一般情况下，当 $b_{\max} = 400 \sim 1200\text{mm}$ 时，$a \approx 100\text{mm}$；当 $b_{\max} = 1000 \sim 2500\text{mm}$ 时，$a \approx 150 \sim 200\text{mm}$；当钢板更宽时，$a \approx 200 \sim 400\text{mm}$。

辊身长度确定后，对于二辊轧机可根据咬入条件及轧辊强度确定其工作辊直径。对于四辊轧机，为减小轧制力，需尽量使工作辊直径小些，但工作辊最小直径受辊颈和轴头的扭转强度和咬入条件的限制。支承辊直径主要取决于刚度和强度的要求。

四辊轧机的辊身长度 L 确定后，可根据表 2-1 确定工作辊辊身直径 D_g 和支承辊辊身直径 D_z。

表 2-1　各种四辊轧机的 L/D_g、L/D_z 及 D_z/D_g

轧机名称		L/D_g		L/D_z		D_z/D_g	
		比值	常用比值	比值	常用比值	比值	常用比值
厚板轧机		3.0~5.2	3.2~4.5	1.9~2.7	2.0~2.5	1.5~2.2	1.6~2.0
宽带钢轧机	粗轧机座	1.5~3.5	1.7~2.8	1.0~1.8	1.3~1.5	1.2~2.0	1.3~1.5
	精轧机座	2.1~4.0	2.4~2.8	1.0~1.8	1.3~1.5	1.8~2.2	1.9~2.1
冷轧板带轧机		2.3~3.0	2.5~2.9	0.8~1.8	0.9~1.4	2.3~3.5	2.5~2.9

注：此表是根据辊身长度在 1120~5590mm 范围内的 165 台四辊轧机统计而得。

（3）轧辊的重车率　在轧制过程中，轧辊辊身表面因工作磨损，需进行多次重车或重磨。轧辊辊身表面的每次重车量为 0.5~5mm，重磨量为 0.01~0.5mm。轧辊直径减小到一定程度后，不能再使用。轧辊从开始使用直至报废，其全部重车量与轧辊辊身直径的百分比称为重车率。

初轧机轧辊的重车率受咬入能力和辊面硬度的限制，板带轧机轧辊的重车率只受表面硬度的限制。表 2-2 所列为各种轧机轧辊的重车率。

表 2-2　轧辊的重车率

轧机名称	最大重车率(%)	轧机名称	最大重车率(%)
初轧机	10~12	四辊热连轧机工作辊	3~6
型钢轧机	8~10	四辊热连轧机支承辊	6
中厚板轧机	5~8	四辊冷连轧机工作辊	3~6
薄板轧机	4~6	四辊冷连轧机支承辊	10

2. 辊颈直径 d 和辊颈长度 l

辊颈尺寸与所用的轴承形式和工作载荷有关。由于受轧辊轴承径向尺寸的限制，辊颈直径 d 比辊身直径 D 要小很多。辊颈与辊身过渡处，是轧辊强度最差的位置，因此，辊颈与辊身过渡圆角半径 r 应尽量选大一些。

如果选取滚动轴承，由于其径向尺寸较大，辊颈尺寸不能过大，一般按下式选取：

$$d = (0.5 \sim 0.55)D$$

$$\frac{l}{d} = 0.83 \sim 1.0$$

如果选取滑动轴承，则允许辊颈直径 d 大一些。表 2-3 列出了各种轧机使用滑动轴承时的辊颈尺寸。

表 2-3　各种轧机使用滑动轴承时的辊颈尺寸

轧机类别	d/D	l/d	r/D
三辊型钢轧机	0.55~0.63	0.92~12	0.065
二辊型钢轧机	0.6~0.7	1.2	0.065
小型及线材轧机	0.53~0.55	1.0	0.065
初轧机	0.55~0.6	1.0	0.065
中厚板轧机	0.67~0.75	0.83~1	0.1~0.12
二辊薄板轧机	0.75~0.8	0.8~1	r = 50~90mm

3. 轴头尺寸

轴头尺寸指的是轧辊传动端的尺寸。

（1）万向轴头（扁头）尺寸　带有整体扁头的轧辊尺寸如图2-2所示，各部分尺寸关系如下：

$$D_1 = D_{\min} - (5 \sim 15)\,\text{mm}$$
$$S = (0.25 \sim 0.28)D_1$$
$$a = (0.50 \sim 0.60)D_1$$
$$b = (0.15 \sim 0.20)D_1$$
$$c = (0.50 \sim 1.00)b$$

式中，$D_{\min}$是轧辊经多次重车后的最小辊身直径（mm）。

为了装卸轴承方便，万向轴头还可采用可拆卸的动配合扁头，如带双键槽的结构（见图2-3）或带扁头的结构（见图2-4），相较而言，第二种较好，第一种在键槽端部极易崩碎。

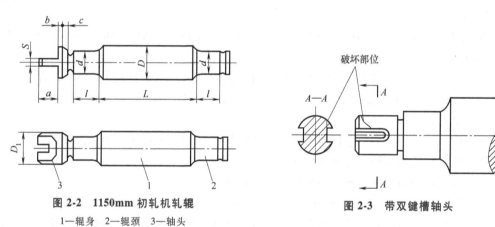

图2-2　1150mm初轧机轧辊　　　　图2-3　带双键槽轴头
1—辊身　2—辊颈　3—轴头

对于带扁头的轴头，扁头厚度h为

$$h = \frac{3}{4}d_1$$

（2）梅花轴头尺寸　梅花轴头的结构如图2-5所示，其外径d_1在各种轧机上有不同的选择方式，它与辊颈直径d的关系大致如下：

三辊型钢与线材轧机　　　　$d_1 = d - (10 \sim 15)\,\text{mm}$

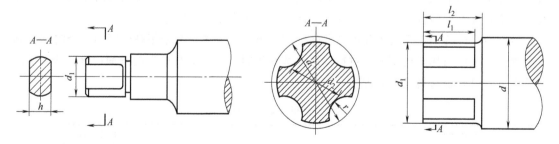

图2-4　带扁头轴头　　　　　　　图2-5　梅花轴头的结构

二辊型钢（连续式）轧机 $\quad d_1 = d - 10\text{mm}$
中板轧机 $\quad d_1 = (0.9 \sim 0.94)d$
二辊薄板轧机 $\quad d_1 = 0.85d$

2.1.3 轧辊的材料

1. 常用的轧辊材料

常用的轧辊材料有合金锻钢、合金铸钢和铸铁等。

(1) 合金锻钢　机械行业标准JB/T 6401—2017《大型轧辊锻件用钢 技术条件》列出了用于热轧轧辊和冷轧轧辊常用的合金锻钢材料牌号。

热轧工作辊材料牌号有：55Cr、50CrMnMo、60CrMnMo、50CrNiMo、60CrNiMo、60SiMnMo、60CrMoV、70Cr3NiMo等。

冷轧工作辊材料牌号有：8CrMoV、86Cr2MoV、9Cr、9Cr2、9Cr2Mo、9Cr2W、9Cr3Mo、60CrMoV等。

支承辊材料牌号有：60CrMnMo、60CrMoV、75CrMo、70Cr3NiMo、9Cr2、9Cr2Mo、9CrV、55Cr、42CrMo、35CrMo等。

(2) 合金铸钢　用于轧辊的合金铸钢是一种成分在共析钢及过共析钢范围，合金含量（质量分数）大于0.8%，碳含量（质量分数）一般在0.4%~1.3%，并含有一些铬、镍、钼、钒等合金元素。

(3) 铸铁　国家标准GB/T 1504—2024《铸铁轧辊》列出了用于轧辊的冷硬铸铁、无限冷硬铸铁、球墨铸铁和高铬铁等材料。

冷硬铸铁有：铬钼冷硬铸铁、镍铬钼冷硬铸铁等。

无限冷硬铸铁有：铬钼无限冷硬铸铁、镍铬钼无限冷硬铸铁、高镍铬钼无限冷硬铸铁等。

球墨铸铁有：铬钼球墨半冷硬铸铁、铬钼球墨无限冷硬铸铁、珠光体球墨铸铁、贝氏体球墨铸铁等。

2. 轧辊材料的选择

轧辊材料的选择与轧辊工作特点及损坏形式有密切关系。

初轧机和型钢轧机轧辊受力较大且有冲击载荷，应具有足够的强度，而辊面硬度可放在第二位。初轧机常采用高强度铸钢或锻钢，型钢轧机多用铸钢。

带钢热轧机的工作辊选择轧辊材料时以辊面硬度要求为主，多采用铸铁轧辊，或在精轧机组前几架采用半钢轧辊以减缓辊面的糙化过程。支承辊在工作中主要受弯曲作用，且直径较大，要着重考虑强度和轧辊淬透性，因此，多采用含铬合金锻钢。

带钢冷轧机的工作辊对辊面硬度及强度均有很高的要求，常采用高硬度的合金铸钢。其支承辊工作条件与热轧机相似，材料选用也基本相同，但要求有更高的辊面硬度。表2-4列出了部分轧机轧辊材料及辊面硬度。

表2-4　部分轧机轧辊材料及辊面硬度

轧机类型	轧辊材料	辊面硬度
方/板坯初轧机	合金锻钢或球墨铸铁	HS<35~50

(续)

轧机类型	轧辊材料	辊面硬度
大型轧机的粗轧机座	高强度铸钢或合金锻钢	HS<35~40
型钢粗轧机	合金铸钢	HS<35~40
带钢热轧机支承辊	合金锻钢	HS=45~50
带钢冷轧机支承辊	合金锻钢	HS=50~65
带钢热轧机工作辊,型钢轧机成品机架	冷硬铸铁	HS=58~68
带钢热轧精轧机组后机架	无限冷硬铸铁	HS=75~83
带钢冷轧机工作辊	合金锻钢或碳化钨	HS>90~95

3. 轧辊材料的许用应力

为了充分利用轧机能力，不考虑疲劳因素，轧辊的安全系数 $n=5$，许用应力 R_b 为

$$R_b = \frac{\sigma_b}{n}$$

式中，σ_b 是轧辊材料的强度极限（MPa）。

轧辊材料的许用应力可参考以下数据：
1) 对于碳素铸钢轧辊，当 $\sigma_b = 600 \sim 650 \text{MPa}$ 时，$R_b = 120 \sim 130 \text{MPa}$。
2) 对于铸钢轧辊，当 $\sigma_b = 500 \sim 600 \text{MPa}$ 时，$R_b = 100 \sim 120 \text{MPa}$。
3) 对于铸铁轧辊，当 $\sigma_b = 350 \sim 400 \text{MPa}$ 时，$R_b = 70 \sim 80 \text{MPa}$。
4) 对于合金锻钢轧辊，当 $\sigma_b = 700 \sim 750 \text{MPa}$ 时，$R_b = 140 \sim 150 \text{MPa}$。

2.1.4 轧辊的强度校核

轧辊是轧机的加工工具，直接承受轧制力。轧辊的破坏取决于其所承受的各种应力，包括弯曲应力、扭转应力、接触应力、由于温度分布不均或交替变化引起的温度应力，以及轧辊制造过程中留下的残余应力等的综合影响。一般来说，轧辊是消耗性的零件，就轧机整体而言，轧辊的安全系数最小，因此轧辊强度计算的内容和方法与它的用途、形状和工作条件等因素有关。

设计轧机时，通常是按工艺给定的轧制负荷和轧辊参数对轧辊进行强度校核。对影响轧辊的各种因素，如温度应力、残余应力、冲击载荷等很难准确计算，因此，对轧辊的弯曲和扭转一般不进行疲劳校核，而是将这些因素的影响纳入轧辊的安全系数中。但对于四辊板带轧机，为防止轧辊辊面剥落，须对工作辊和支承辊之间的接触应力进行疲劳校验。

1. 有槽轧辊的强度校核

初轧轧机、型钢轧机、线材轧机的轧辊沿辊身长度方向上布置有多个轧槽，且轧件多为条形。因此，轧辊的外力（轧制压力）可以近似地看成集中力（见图2-6），在不同的轧槽中轧制时，外力的作用点是变动的，所以要分别判断不同轧槽过钢时轧辊各截面的应力，经过比较，找出危险截面。

通常对辊身只计算弯曲应力，对辊颈计算弯曲和扭转的合成应力，对传动端轴头只计算扭转应力。

(1) 辊身强度校核　轧制力 P 所在截面的弯矩为

$$M_w = R_1 x = x\left(1-\frac{x}{a}\right)P \quad (2-2)$$

弯曲应力应满足强度条件，即

$$\sigma = \frac{M_w}{W_w} = \frac{M}{0.1D^3} \leqslant R_b \quad (2-3)$$

式中，D 是计算截面处的轧辊直径（mm）；a 是压下螺丝间的中心距（mm）；x 是轧制力作用点到轧辊左侧压下螺丝的距离（mm）；W_w 是计算截面处的抗扭截面系数（mm^3）。

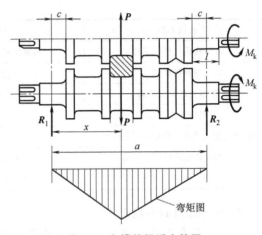

图 2-6　有槽轧辊受力简图

(2) 辊颈强度校核　辊颈上的弯矩由最大支座反力决定，即

$$M_w = Rc$$

式中，R 是辊颈的最大支座反力（N），分别计算辊颈两侧的支座反力 R_1 和 R_2，比较之后，选出最大支座反力；c 是压下螺丝中心线至辊身边缘的距离（mm），可近似取为辊颈长度的一半，即 $c = l/2$。

辊颈危险截面的弯曲应力 σ 和扭转应力 τ 为

$$\sigma = \frac{M_w}{W_w} = \frac{Rc}{0.1d^3} \quad (2-4)$$

$$\tau = \frac{M_k}{W_k} = \frac{M_k}{0.2d^3} \quad (2-5)$$

式中，M_w 是辊颈危险截面处的弯矩（N·mm）；W_w 是辊颈危险截面处的抗弯截面系数（mm^3）；M_k 是作用在轧辊上的扭转力矩（N·mm）；W_k 是辊颈危险截面处的抗扭截面系数（mm^3）；d 是辊颈直径（mm）。

辊颈强度要按弯扭合成应力计算。采用钢轧辊时，合成应力按第四强度理论计算，即

$$\sigma_p = \sqrt{\sigma^2 + 4\tau^2} \leqslant R_b \quad (2-6)$$

对铸铁轧辊，则按莫尔理论计算，即

$$\sigma_b = 0.375\sigma + 0.625\sqrt{\sigma^2 + 4\tau^2} \leqslant R_b \quad (2-7)$$

(3) 轴头强度校核

1) 梅花轴头。梅花轴头的最大扭转应力在它的槽底部位，即距中心最近的 B 点（见图 2-7），对于一般形状的梅花轴头，当 $d_2 = 0.66d_1$ 时，其最大扭转应力为

$$\tau_{max} = \frac{M_k}{W_k} = \frac{M_k}{0.07d_1^3} \quad (2-8)$$

式中，d_1 是梅花轴头外径（mm）；d_2 是梅

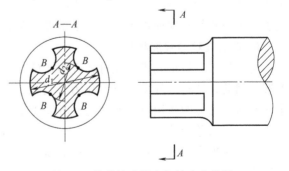

图 2-7　梅花轴头最大扭转应力位置

花轴头槽底内接圆直径（mm）；W_k 是梅花轴头抗扭截面系数（mm³）。

2）带键槽轴头。当轴头上开有键槽时，在计算其最大扭转应力时须考虑扭转应力集中系数 $α_τ$，最大扭转应力为

$$\tau_{max} = α_τ \frac{M_k}{0.2d^3}$$

式中，d 是轴头直径（mm）；$α_τ$ 是扭转应力集中系数，可由图 2-8 查得。

3）带平台轴头。考虑非圆截面的自由扭曲问题，即非圆截面在扭转时横截面产生翘曲。当相邻两截面的翘曲程度完全相同时，横截面上将产生正应力；当相邻两截面的翘曲程度不完全相同时，则横截面上将只有剪应力而没有正应力。

假设带平台轴头矩形截面长边长度为 a，短边长度为 b，其扭转应力分布如图 2-9 所示。最大切应力发生于矩形的长边中点处，其计算公式为

$$\tau = \frac{M_k}{\eta b^3}$$

拓展视频
有槽轧辊强度校核实例

式中，η 是系数，其值见表 2-5。

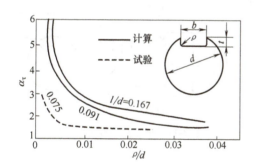

图 2-8 带键槽轴头扭转时的应力集中系数

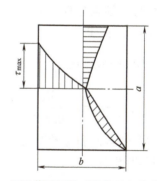

图 2-9 矩形截面扭转时横截面上的应力分布

表 2-5 η 值

a/b	1.0	1.5	2.0	2.5	3.0	4.0	6.0
η	0.208	0.346	0.493	0.645	0.801	1.150	1.789

2. 钢板轧机轧辊的强度校核

（1）二辊轧机　一般二辊钢板轧机轧辊的强度计算方法和有槽轧辊一样，只是轧制力不能再看成是集中力，可近似地看成是沿轧件宽度均布的载荷 q，并且左右对称，轧制力 $P = qb$，b 为轧件宽度，如图 2-10 所示。

辊身中央截面的弯矩为

$$M_w = P\left(\frac{a}{4} - \frac{b}{8}\right) \qquad (2-9)$$

弯曲应力应满足强度条件，即

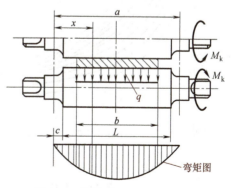

图 2-10 钢板轧机轧辊受力简图

$$\sigma = \frac{P}{0.1D^3}\left(\frac{a}{4} - \frac{b}{8}\right) \leq R_b \tag{2-10}$$

辊颈危险截面上的弯矩为

$$M_w = \frac{P}{2}c \tag{2-11}$$

辊颈上的弯曲应力 σ 为

$$\sigma = \frac{M_w}{W_w} = \frac{Pc}{0.2d^3} \tag{2-12}$$

辊颈上的扭转应力 τ 计算，见式（2-5）。

轧辊从辊颈到辊身截面改变处的应力分布有如图 2-11 所示的应力集中现象。由式（2-12）和式（2-5）计算出的应力仅是名义应力。真实应力（σ_T、τ_T）还须乘应力集中系数 α_σ 和 α_τ，其中应力集中系数与轧辊辊身直径 D、辊颈直径 d 及过渡圆角半径 r 有关，即

$$\begin{cases} \sigma_T = \sigma\alpha_\sigma = \alpha_\sigma \dfrac{Pc}{0.2d^3} \\ \tau_T = \tau\alpha_\tau = \alpha_\tau \dfrac{M_k}{0.2d^3} \end{cases} \tag{2-13}$$

阶梯状圆轴弯曲和扭转时的理论应力集中系数如图 2-12 和图 2-13 所示。

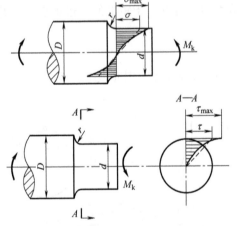

图 2-11 辊颈处的应力集中现象

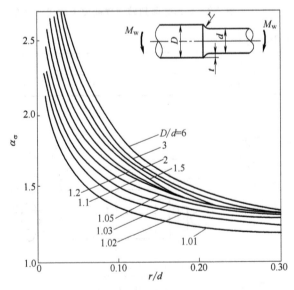

图 2-12 阶梯状圆轴弯曲时的（理论）应力集中系数

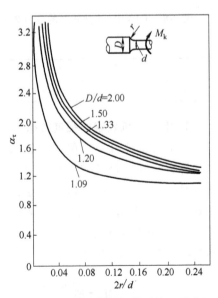

图 2-13 阶梯状圆轴扭转时的（理论）应力集中系数

轧辊辊颈处的受力为弯曲与扭转的组合。在求得危险点的弯曲应力 σ_T 和扭转应力 τ_T 之后，即可根据式（2-6）和式（2-7）按强度理论计算合成应力。

（2）四辊轧机 对于四辊轧机，由于有支承辊，需要考虑工作辊和支承辊之间的弯曲载荷分布问题，以及工作辊和支承辊之间的接触应力。

1）支承辊强度计算。四辊轧机在轧制时的弯曲力矩绝大部分由支承辊承担，在计算支承辊强度时，通常按照承受全部轧制力的情况考虑，且轧制力近似地看成是沿支承辊辊身长度方向均布的载荷 q，并且左右对称，轧制力 $P=qL$，L 为支承辊辊身长度。四辊轧机一般是工作辊传动，因此，对支承辊只须计算辊身中部和辊颈截面的弯曲应力。支承辊的弯曲力矩和弯曲应力分布如图 2-14 所示。

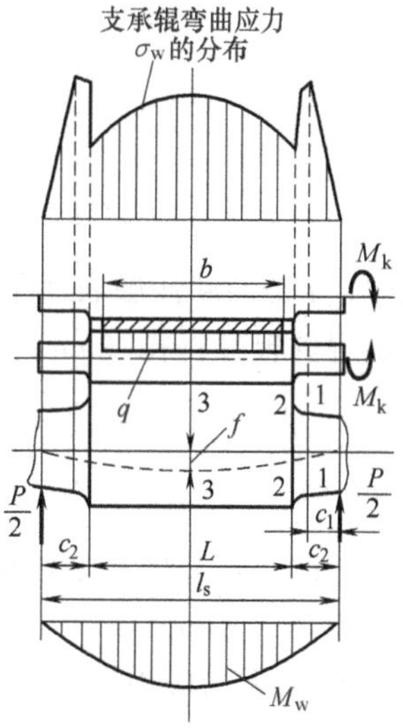

在辊颈的 1-1 截面和 2-2 截面上的弯曲应力为

$$\sigma_{1\text{-}1} = \frac{Pc_1}{0.2d_{1\text{-}1}^3} \tag{2-14}$$

$$\sigma_{2\text{-}2} = \frac{Pc_2}{0.2d_{2\text{-}2}^3} \tag{2-15}$$

图 2-14 四辊轧机支承辊计算简图

式中，$d_{1\text{-}1}$、$d_{2\text{-}2}$ 分别是 1-1 截面和 2-2 截面的直径（mm）；c_1、c_2 分别是 1-1 和 2-2 截面至轴承支座反力处的距离（mm）。

支承辊辊身中部 3-3 截面处的弯矩是最大的，将工作辊对支承辊的压力简化为均布载荷，得 3-3 截面的弯矩为

$$M_w = P\left(\frac{a}{4} - \frac{L}{8}\right) \tag{2-16}$$

辊身中部 3-3 截面的弯曲应力为

$$\sigma_{3\text{-}3} = \frac{P}{0.1D_2^3}\left(\frac{a}{4} - \frac{L}{8}\right) \tag{2-17}$$

2）工作辊强度计算。由于支承辊承受弯曲力矩，故工作辊可只考虑扭转力矩，仅根据式（2-5）计算传动端的扭转应力。如果在轧制过程中存在很大的前后张力差，以及工作辊有弯辊装置，则对工作辊还要计算由此引起的弯曲应力，并根据式（2-6）和式（2-7）与扭转应力合成。

3）工作辊与支承辊间的接触应力。四辊轧机工作时，其支承辊和工作辊之间有很大的接触应力，在轧辊设计及使用时应进行校核计算。

① 最大正应力。假设辊间作用力沿轴向均匀分布，由弹性力学可知，辊间接触问题可简化成平面应变问题。根据 Hertz 接触理论，两圆柱体弹性接触，接触压力呈半椭圆形分布，如图 2-15 所示，最大接触应力和接触区宽度为

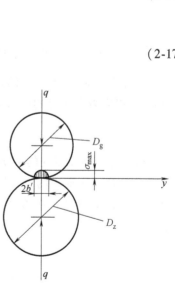

图 2-15 工作辊与支承辊相接触

$$\sigma_{max} = \frac{2q}{\pi b} = \sqrt{\frac{2q(D_g+D_z)}{\pi^2(K_g+K_z)D_gD_z}} \tag{2-18}$$

$$b' = \sqrt{\frac{2q(K_g+K_z)D_gD_z}{D_g+D_z}} \tag{2-19}$$

式中，q 是加载接触表面单位长度上的载荷（N/mm）；D_g、D_z 分别是相互接触的工作辊和支承辊的辊身直径（mm）；K_g、K_z 分别是与轧辊材料有关的系数，其表达式为

$$K_g = \frac{1-\nu_g^2}{\pi E_g}, K_z = \frac{1-\nu_z^2}{\pi E_z} \tag{2-20}$$

式中，ν_g、ν_z 分别是工作辊和支承辊材料的泊松比；E_g、E_z 分别是工作辊和支承辊材料的弹性模量（MPa）。

② 最大切应力。在辊间接触区中，还需要对轧辊内部的最大切应力进行校核。图 2-16 所示为辊内切应力分布情况，图 2-17 所示为轧辊接触应力与深度的关系。

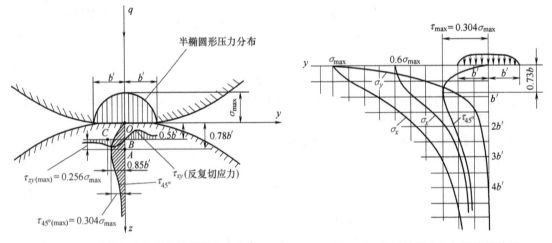

图 2-16 工作辊与支承辊接触区切应力分布　　图 2-17 轧辊接触应力与深度的关系

主切应力在接触点 O 处的值为零，从 O 点到 A 点逐渐增大，A 点距接触表面深度 $z=0.78b$，主切应力在 A 点的应力值最大，为了保证轧辊不产生疲劳破坏，应满足：

$$\tau_{45°(max)} = 0.304\sigma_{max} \leq [\tau]$$

式中，$\tau_{45°(max)}$ 是 A 点处的主切应力（MPa）；$[\tau]$ 是轧辊材料的许用切应力值（MPa）。

辊身内部 zy 平面内的反复切应力 τ_{zy} 也是造成轧辊剥落的原因，其沿 y 轴是反复交变存在的。由图 2-16 可见，在 C 点（$z=0.5b$，$y=\pm0.85b'$）达到最大值，最大反复切应力应满足：

$$\tau_{zy(max)} = 0.256\sigma_{max} \leq [\tau]$$

式中，$\tau_{zy(max)}$ 是 C 点处的反复切应力（MPa）。

正应力和切应力的许用值与轧辊表面硬度有关，按照支承辊表面硬度列出的许用接触应力值见表 2-6。

表 2-6 许用接触应力值

支承辊表面硬度 HS	许用正应力 $[\sigma]$/MPa	许用切应力 $[\tau]$/MPa
30	1600	490
40	2000	610
60	2200	670
65	2400	730

2.1.5 轧辊的变形计算

确定轧辊变形主要对钢板轧辊有意义。在生产中必须知道在辊身或轧辊中间位置至其边缘（或钢板边缘）间的挠度值，以便以此为基础在磨床上磨制辊形时使其获得所需的凸度，从而保证钢板在宽度上厚度均匀。

1. 轧辊的挠度

工程计算中，将承载轧辊看成简支梁，如图 2-18 所示，对于二辊轧机，轧件与轧辊间作用着均布载荷 q，$q=P/b$，P 为轧制力，b 为轧件宽度；对于四辊轧机的支承辊，支承辊与工作辊之间作用均布载荷 $q=P/L_z$，L_z 为支承辊辊身长度。

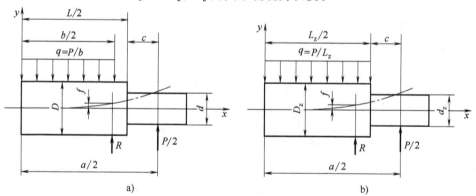

图 2-18 轧辊挠度计算简图
a）二辊轧机轧辊 b）四辊轧机支承辊

（1）轧辊辊身中点的挠度 由于轧辊直径与其长度相比不是很小，此挠度的数值应考虑横切力的影响，即

$$f = f_1 + f_2 \tag{2-21}$$

式中，f_1、f_2 分别是弯矩和横切力所引起的弯曲量（mm）即挠度。

按卡氏定理可知：

$$f_1 = \int \frac{M}{EI} \frac{\partial M}{\partial R} \mathrm{d}x \tag{2-22}$$

$$f_2 = \int \frac{Q}{GF} \frac{\partial Q}{\partial R} \mathrm{d}x \tag{2-23}$$

式中，M、Q 分别为任意截面的弯矩（N·mm）和横切力（N）；E、G 分别为弹性模量和剪切模量（MPa）；I 是惯性矩（mm^4）；F 是截面面积（mm^2）；R 是在计算轧辊挠度的地方所作用的外力（N）。

由于轧辊载荷的对称性，为了求弯曲挠度，可以只研究半个轧辊（见图2-18）。作用力 R 可理解为虚力，作用在轧辊上，经积分整理后得

$$f_1 = \frac{P}{384EI_1}\left[8a^3 - 4aL^2 + L^3 + 64c^3\left(\frac{I_1}{I_2} - 1\right)\right] \quad (2\text{-}24)$$

或

$$f_1 = \frac{P}{18.8ED^4}\left\{8a^3 - 4aL^2 + L^3 + 64c^3\left[\left(\frac{D}{d}\right)^4 - 1\right]\right\} \quad (2\text{-}25)$$

$$f_2 = \frac{P}{\pi GD^2}\left\{a - \frac{L}{2} + 2c\left[\left(\frac{D}{d}\right)^4 - 1\right]\right\} \quad (2\text{-}26)$$

式中，I_1 和 I_2 分别是辊身和辊颈的惯性矩（mm^4）；a 是轧辊轴承中心线之间的距离（mm）；c 是轴承中心线到辊身边缘的距离（mm）；D 和 d 分别是辊身直径和辊颈直径（mm）。

对于式（2-24）～式（2-26），当 $L=b$，即轧件宽度，可以得到二辊轧机的挠度值；当 $L=L_z$，即支承辊的辊身长度，可以得到四辊轧机的支承辊的挠度值。

（2）轧辊辊身中点与均布载荷边缘处的挠度差值

$$f' = f_1' + f_2'$$

式中，f_1'、f_2' 分别是弯矩和横切力所引起的挠度差值（mm）。

其中，由弯矩引起的挠度差值为

$$f_1' = \frac{P}{384EI_1}(12aL^2 - 4L^3 - 4b^2L + b^3) \quad (2\text{-}27)$$

或

$$f_1' = \frac{P}{18.8ED^4}(12aL^2 - 4L^3 - 4b^2L + b^3) \quad (2\text{-}28)$$

由横切力引起的挠度差值为

$$f_2' = \frac{KP}{2\pi GD^2}\left(L - \frac{b}{2}\right) \quad (2\text{-}29)$$

式中，K 是截面系数，对于圆截面 $K=10/9$。同样，当 $L=b$，可以得到二辊轧机的挠度差值；当 $L=L_z$，可以得到四辊轧机的支承辊的挠度差值。

2. 轧辊的弹性压扁变形

（1）工作辊与支承辊间的弹性压扁　轧制时，工作辊与支承辊间的接触区将产生弹性压扁，使两辊中心线相互靠近（图2-19）。如果把工作辊与支承辊间的弹性压扁看成是两圆柱体的接触变形，并假定辊间压力沿辊身长度方向均匀分布，则根据赫兹定理，可得出工作辊与支承辊间的弹性压扁值为

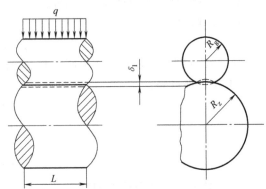

图2-19　工作辊与支承辊间的弹性压扁

$$\delta_1 = \frac{P}{\pi L_z}\left(\frac{1-\nu_g^2}{E_g}+\frac{1-\nu_z^2}{E_z}\right)\left(\frac{3}{2}+\ln\frac{2D_g}{b'}+\ln\frac{2D_z}{b'}\right) \tag{2-30}$$

式中，δ_1 是工作辊与支承辊间的弹性压扁（mm）；P 是轧制力（N）；L_z 是支承辊辊身长度（mm）；ν_g 是工作辊的泊松比；ν_z 是支承辊的泊松比；E_g 是工作辊的弹性模量（MPa）；E_z 是支承辊的弹性模量（MPa）；D_g 是工作辊辊身直径（mm）；D_z 是支承辊辊身直径（mm）；b' 是工作辊与支承辊接触宽度的一半（mm），见式（2-19）。

将式（2-19）代入式（2-30）中，经整理后得

$$\delta_1 = \theta q \ln 0.97\frac{D_g+D_z}{\theta q} \tag{2-31}$$

$$\theta = \frac{1-\nu_g^2}{\pi E_g}+\frac{1-\nu_z^2}{\pi E_z} \tag{2-32}$$

当工作辊与支承辊材料相同，均为钢轧辊时，则 $\nu_g=\nu_z=0.3$，$E_g=E_z=22\times10^4\text{MPa}$，此时，$\theta=0.0263\times10^{-4}\text{mm}^2/\text{N}$。

（2）工作辊与轧件间的弹性压扁　轧制时，工作辊与轧件在变形区将产生弹性压扁，其值可按下式计算：

$$\delta_2 = \frac{4P}{\pi b}\frac{1-\nu_g^2}{E_g}\left(\ln\frac{D_g}{l'}-0.612\right) \tag{2-33}$$

式中，b 是轧件宽度（mm）；l' 是考虑轧辊弹性压扁时的轧辊接触弧长（mm），其大小按下式计算：

$$l' = \sqrt{\frac{D_g}{2}\Delta h+\left(4K_gD_g\frac{P}{bl'}\right)^2}+4K_gD_g\frac{P}{bl'} \tag{2-34}$$

式中，K_g 是工作辊材料的弹性系数，$K_g=\frac{1-\nu_g^2}{\pi E_g}$；$\Delta h$ 是绝对压下量（mm）。

拓展视频
最小可轧厚度

2.2 轧辊轴承

2.2.1 轧辊轴承的工作特点及类型

轧辊轴承是轧钢机的重要部件之一，和一般用途轴承相比，轧辊轴承具有以下工作特点：

1）工作载荷大。通常轧辊轴承承受的单位压力比一般用途的轴承高 2~5 倍，甚至更高。而 pv 值（轴承单位压力和线速度的乘积）是普通轴承的 3~20 倍。

2）运转速度差别大。不同类型轧机的运转速度差别很大，如高速线材轧机的速度可达 140m/s 以上，而有的低速轧机的轧制速度仅有 0.2m/s。

3）工作环境恶劣。热轧时有冷却水和氧化皮飞溅，而且温度高；冷轧时的工艺润滑剂与轴承润滑剂容易相混。因此，对轴承的密封损失有较高的要求。

轧辊轴承按类型分为滚动轴承和滑动轴承两大类。滚动轴承的刚性大、摩擦系数较小，但抗冲击性能差、外形尺寸较大，多用于各种板带轧机和钢坯连轧机上。轧辊上使用的滚动轴承主要有双列球面滚子轴承、四列圆锥滚子轴承和多列圆柱滚子轴承。滑动轴承包括开式滑动轴承和液体摩擦轴承。其中开式滑动轴承又分为开式金属瓦轴承和开式非金属瓦轴承，鉴于开式滑动轴承目前使用不多，不再赘述。液体摩擦轴承又分为动压轴承、静压轴承和静动压轴承，其特点是摩擦系数小、工作速度高、刚性较好，广泛应用于现代化的冷、热带钢连轧机支承辊及其他高速轧机上。

2.2.2 滚动轴承

由于轧辊轴承要在径向尺寸受到限制的条件下承受很大的轧制力，所以在轧机上使用的滚动轴承多采用多列滚子轴承。这种轴承有较小的径向尺寸和良好的抗冲击性能。

1. 双列球面滚子轴承

双列球面滚子轴承可以同时承受径向和轴承载荷。图2-20所示为某轧机支承辊的双列球面滚子轴承示意图。当支承辊采用球面滚子轴承时，由于这种轴承只在单个使用时本身才有自位性，而一般轧辊都用多列，这时轴承本身已无自位性。此外，当两个球面滚子轴承径向间隙不等时，它不能像圆柱滚子轴承那样靠选择间隙环宽度达到间隙相等。为了改善上述情况，要求轴承座应有自位性。

2. 四列圆柱滚子轴承

四列圆柱滚子轴承能够承受较大的径向载荷，由于不能承受轴向载荷，一般情况下还需要在轧辊上安装能够承受轴向力的轴承。图2-21所示为四辊冷轧机支承辊的四列圆柱滚子轴承结构图。由于这类轧机轧制力大、轴向力较小，故都采用四列圆柱滚子轴承承受轧制力，采用深槽单列向心球轴承承受轴向力。由于四列圆柱滚子轴承没有调心作用，所以均需要在轴承座上安装自位块，以减小轴承的边缘载荷。

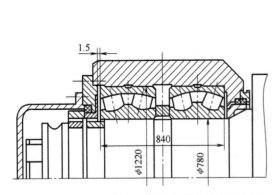

图2-20 轧机支承辊的双列球面滚子轴承示意图

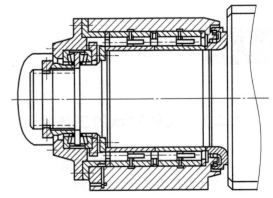

图2-21 四辊冷轧机支承辊的四列圆柱滚子轴承结构

3. 四列圆锥滚子轴承

四列圆锥滚子轴承可以同时承受径向和轴承载荷，一般情况下不需要采用推力轴承，因此，广泛应用于四辊轧机的工作辊，尤其是连轧机的工作辊，如图2-22所示。为了便于换辊，轴承在辊颈上和轴承座内均采用间隙配合。由于配合松动，为防止对辊颈的磨损，要求辊颈硬度为 32~36HRC，同时应保证配合表面经常有润滑油。为此，在轴承上有一螺旋槽，内圈端面还有径向沟槽。

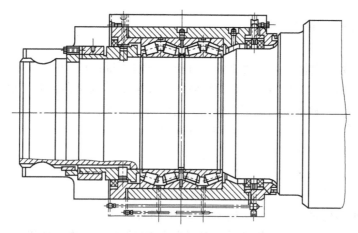

图 2-22 用于四辊冷轧机的圆锥滚子轴承装置

4. 轧辊滚动轴承的密封

轴承的密封是指在线使用的轴承的防漏、防水、防尘及防变质。图 2-23 所示为达涅利公司的轧辊轴承密封结构。

一般轧辊轴承的密封为非接触式迷宫密封，径向轴承端为动迷宫和静迷宫，推力轴承端为外挡圈和锁紧螺母。迷宫式密封是利用动静配合体的凹凸配合产生曲折通道使流体产生涡流而难以渗漏。在轧制过程中，由于轧辊弹跳量和冲击载荷大、轧辊温度高、轧件温度变化大，又由于受轴承座径向和轴向尺寸的限制，迷宫数量少，加工精度低，密封效果不好。润滑脂受热受压极易从轴承腔内溢出，并有水和氧化皮侵入，油膜不能很好地保持，轴承因缺油、油脂水溶及侵入杂质而使保持架断裂、滚珠脱落直至烧损。这就需要优化轧辊辊系，在动静迷宫间和挡圈锁紧螺母间加 J 形（或 U 形）油封。J 形（或 U 形）油封

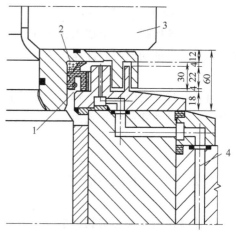

图 2-23 达涅利公司的轧辊轴承密封结构
1—油封 2—油脂 3—辊环 4—空气进口

属于接触式皮碗密封，适用于旋转运动，它是利用皮碗唇口与轴接触，遮断泄漏间隙，达到密封目的。

5. 滚动轴承的寿命计算

应根据轧辊尺寸选择合适的轴承型号。对于轧辊轴承，主要是计算它的寿命，为了符合轴承的实际寿命，必须准确地确定载荷。当量动载荷与轴承寿命之间的关系可表示为

$$L_\mathrm{h}=\frac{10^6}{60n}\left(\frac{C}{P}\right)^\varepsilon \tag{2-35}$$

式中，L_h 是以小时计的轴承额定寿命（h）；n 是轴承的转速（r/min）；C 是额定动载荷（N），其值由轴承样本查得；P 是当量动载荷（N）；ε 是寿命指数，对于球轴承，$\varepsilon = 3$，对于滚子轴承，$\varepsilon = \dfrac{10}{3}$。

当量动载荷计算式如下：

$$P = (XF_r + YF_a)f_F f_T \tag{2-36}$$

式中，X 是径向系数，根据 F_a/F_r 之比值，由轴承样本查得；Y 是轴向系数，由轴承样本查得；F_r 是轴承径向载荷（N）；F_a 是轴承轴向载荷（N）；f_T 是温度系数；f_F 是载荷系数。

对于不同的轧机，轴承径向载荷和轴向载荷的关系如下：

一般带材轧机	$F_a = 0.02 F_r$	(2-37)
低精度中、小型板带轧机	$F_a = 0.1 F_r$	(2-38)
板带轧机	$F_a = (0.02 \sim 0.1) F_r$	(2-39)
对称截面型钢轧机	$F_a = 0.1 F_r$	(2-40)
不对称截面型钢轧机	$F_a = (0.2 \sim 0.25) F_r$	(2-41)

对于轴承的温度系数 f_T，轧辊轴承一般只能在 100℃ 以下工作，所以 $f_T = 1$。需要轴承在高温下工作时，应向轴承厂提出要求，对于高温轴承，其温度系数可查轴承样本。对于轴承的载荷系数 f_F，由于工作中的振动、冲动和轴承载荷不均等许多因素的影响，轴承实际载荷要比计算载荷大，根据工作情况以载荷系数 f_F 表示。板材轧机的 f_F 值推荐如下：热轧机 $f_F = 1.5 \sim 1.8$，冷轧机 $f_F = 1.2 \sim 1.5$。

当计算多列圆柱滚子轴承和滚针轴承时，取轴向载荷等于零，其轴向载荷由专门的止推轴承承受。当量动载荷的计算式为

$$P = f_F F_r \tag{2-42}$$

当计算与多列圆柱滚子轴承、滚针轴承、动压轴承配套使用的止推轴承时，取径向载荷等于零，当量动载荷计算式为

$$P = f_F F_a \tag{2-43}$$

2.2.3 液体摩擦轴承

液体摩擦轴承又称油膜轴承，运行过程中，轴颈和轴衬之间被一层油膜完全隔离开，形成所谓的液体摩擦状态。按其油膜形成条件可分为动压轴承、静压轴承和静动压轴承。

1. 动压轴承

动压轴承的油膜形成分为三个阶段。当轴开始转动时，轴颈与轴承直接接触，相应的摩擦属于干摩擦，轴在摩擦力的作用下偏移（见图 2-24a、b）。当轴的转速增大时，吸入轴颈与轴承间的油量也增加，具有一定黏度的油被轴颈带入油楔，油膜的压力逐渐形成。转动中，动压力与轴承径向载荷相平衡（图 2-24c），轴颈的中心向下、向左偏移并达到一个稳定的位置，这时轴承和轴之间建立了一层很薄的楔形油膜。当轴的转速继续增大时，轴颈中心向轴承的中心移动。理论上，当轴的转速达到无穷大时，轴颈中心与轴承中心重合（见图 2-24d）。动压轴承的油膜是在带锥形内孔的轴套（锥度 1:5 的锥形内孔用键与轧辊辊颈相连接）与轴承衬套（固定在轴承座内）工作面之间形成的（见图 2-24e）。

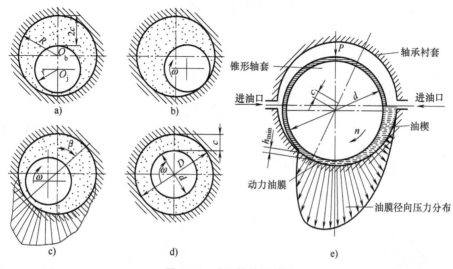

图 2-24 动压轴承原理图

动压轴承油膜的形成与轴套表面的线速度、油的黏度、径向载荷等外界条件有密切关系，这可用雷诺方程表示，即

$$\frac{\mathrm{d}p}{\mathrm{d}x} = 60\eta u \frac{h-h_{\min}}{h^3} \tag{2-44}$$

式中，p 是轴承摩擦区间各点的油压（MPa）；x 是沿轴承圆周方向的坐标（mm）；η 是油的绝对黏度（Pa·s）；u 是轴套表面的线速度（m/s）；h 是摩擦区中各点的油膜厚度（mm）；$h_{\min}$ 是摩擦区中最小的油膜厚度（mm）。

由式（2-44）看出，动压轴承保持液体摩擦的条件是：

1）$h-h_{\min} \neq$ 常数，即轴套与轴承衬套各点的间隙必须是楔形间隙，以便润滑油进入楔缝。

2）轴套应有足够的旋转速度，线速度越高，轴承的承载能力越大。

3）要连续供给足够的、黏度适当的纯净润滑油，油的黏度越高，轴承的承载能力越大。

4）轴承间隙不能过大，间隙越大，则建立油压越困难，轴承载荷越大，相应的油膜厚度越小。

5）轴承轴套外表面和衬套内表面加工精度要高，表面粗糙度值要低，以保证表面不平度不超过油膜厚度。

与普通滑动轴承和滚动轴承比较，动压轴承有以下特点：

1）摩擦系数小，在稳态工作时摩擦系数为 0.001~0.005。

2）承载能力高，对冲击载荷敏感性小。

3）适合在高速下工作，在辊颈线速度为 20~30m/s 的情况下，仍能保证较高的轧制精度。

4）使用寿命长，在正常使用条件下，其寿命可达 10~20 年。

5）体积小，结构紧凑，在承载能力相同时，其体积比滚动轴承小。

图 2-25 所示为某厂热连轧精轧机支承辊动压轴承装配。

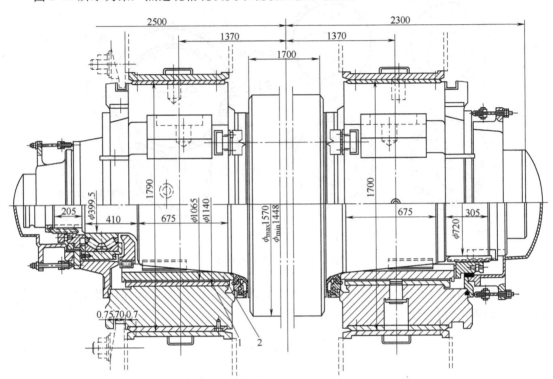

图 2-25 热连轧精轧机支承辊动压轴承装配
1—衬套　2—锥套

2. 静压轴承

动压轴承的液体摩擦条件只在轧辊具有一定转速情况下才能形成，因此，当轧辊经常起动、制动和反转时，就不易保持液体摩擦状态。而且，动压轴承在起动之前不允许承受很大的载荷，这就使其使用受到限制。一般动压轴承只在转速变化不大的不可逆轧机上才具有良好的效果。冷轧薄带钢时轧辊有很大的预压靠，造成有载起动，使动压轴承寿命大为缩短，甚至造成事故。另外，动压轴承的油膜厚度随轧制速度改变而变化，影响轧制精度，故在冷轧机上应用静压轴承的日益增多。

静压轴承的高压油膜是靠专门的液压系统供给的高压油产生的，即靠油的静压使轴颈悬浮在油中。因此，这种高压油膜的形成与轴颈的运动状态无关，无论是起动、制动、反转甚至静止状态，都能保持液体摩擦状态，这是静压轴承区别于动压轴承的主要特点。

静压轴承有较高的承载能力，寿命比动压轴承更长，应用范围广，可设计成直径为几十至几千 mm 以上的静压轴承，能满足任何载荷条件和速度条件的要求，而且轴承刚度高，可对轴承材料降低要求，只要比辊颈材料软就行了。

我国某厂在 600mm 四辊冷轧机的支承辊上使用了静压轴承并取得了良好效果，其原理如图 2-26 所示。轴承衬套内表面的圆周上布置着四个油腔 1、2、3 和 4，受载方向 1 为主油腔，对面的小油腔 3 为副油腔，左右还有两个面积相等的油腔 2 和 4。用液压泵将液压油经两个滑阀 A 和 B 送入油腔。油腔 1 和 3 中的压力由滑阀 A 控制，油腔 2 和 4 的压力由滑阀 B 控制，滑阀与阀体周围的间隙起节流作用。当轧辊未受径向载荷时，从各油腔进入轴承的液压油使辊颈浮在中央，即辊颈周围的径向间隙均等，各油腔的液力阻力和节油阻力相等，两滑阀在两端弹簧作用下都处于中间位置，即滑阀两边的节流长度相等。而当轧辊承受径向载荷 W 时，辊颈即沿受力方向发生位移，其中心偏离轴承中心的距离为 e，使承载油腔 1 处的间隙减小，油腔压力 p_1 升高，而对面油腔 3 处的间隙增大，油腔压力 p_3 降低，因此，上下油腔之间形成的压力差为 $\Delta p = p_1 - p_3$。此时滑阀 A 左端油腔作用于滑阀的压力将大于右端弹簧的压力，这就迫使滑阀向右移动一个距离 x，于是左边的节流长度减小到 $l_c - x$，其节流阻力减小。因此，流入油腔 1 的油量增加，流入油腔 3 的油量减小，结果使压力差进一步加大，直到与外载平衡，从而使辊颈中心的位置偏移有所减小，达到一个新的平衡位置。如果轴承和滑阀的有关参数选择得当，完全有可能使辊颈恢复到受载前的位置，即轴承具有很大的刚度，直到无穷。这一极其可贵的特点是采用反馈滑阀节流器的结果。反馈滑阀是依靠载荷方向两油腔压力变化来驱动的，通过调节节流阻力，形成与外载平衡的压力差，因此，受载后的辊颈可以稳定地保持很小的位移，这一特性对提高轧制精度十分有利。

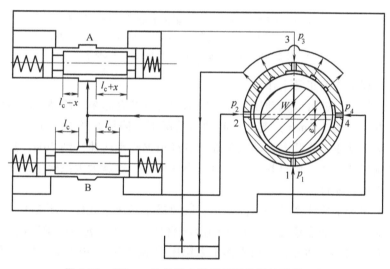

图 2-26 600mm 冷轧机支承辊用的静压轴承原理图

600mm 冷轧机支承辊用的静压轴承的结构如图 2-27 所示。在支承辊受径向载荷的衬套内表面上，沿轴向布置着双列油腔，衬套外侧装有一个固定块和两个止推块，专门承受轴向载荷，衬套和止推块由螺母轴向固定，为了使轴承能自动调位，下支承辊轴承座下部设有弧面自位垫板，上支承辊轴承座与压下螺丝之间装有球面垫。

轴承的承载能力可按下式计算：

$$W = p_1 S_1 - p_3 S_3$$

式中，S_1、S_3 分别是油腔 1 和油腔 3 沿载荷 W 方向的投影面积（mm^2）。

为了保证轴承有较大的承载能力，同时又能在无载荷时不使辊颈与衬套接触，S_1 与 S_3 应有适当比例。

3. 静动压轴承

静压轴承虽然克服了动压轴承的某些缺点，但它本身也存在着新的问题，主要是重载轧钢机的静压轴承需要一套连续的高压或超高压液压系统（一般压力要求大于 40MPa，有的短期压力要求达到 140MPa）来建立静压油膜。这就要求液压系统高度可靠，液压系统的任

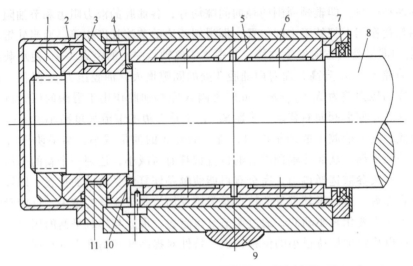

图 2-27 600mm 冷轧机支承辊用的静压轴承结构图
1—螺母 2、4—止推块 3—固定块 5—衬套 6—轴承座 7—密封圈
8—轧辊 9—自位垫板 10—补偿垫 11—调整垫

何故障都可能破坏轴承的正常工作。

采用静动压轴承,就可以把动压和静压轴承的优点结合起来。静动压轴承的特点是:仅在低于极限速度(约为 1.6m/s)起动、制动的情况下,静压系统投入工作;而在高速、稳定运转时,轴承呈动压工作状态,动压和静压制度根据轧辊转速自动切换。这样,高压系统不需要连续地满载荷工作,而只是在很短时间内起作用,这就大大减轻了高压系统的负担并提高了轴承工作的可靠性。

静动压轴承设计中应注意的一个问题是:既要满足静压承载能力所需的油腔尺寸,又要保证动压承载能力要求的支承面积(过大的静压油腔面积会影响动压承载能力)。为解决这一矛盾,往往采用较小的油腔,因而不得不采用压力高达 70~140MPa 的静压系统。

思考题

2-1 轧辊和轧辊轴承的基本类型是什么?

2-2 轧辊材质选用要考虑哪些因素?为什么热连轧机精轧机组前段和后段工作辊的材质有所不同?

2-3 综述如何提高轧辊和轴承的使用寿命。

2-4 若要轧制 (2~12)mm×(600~1500)mm 的热轧带钢,设计精轧机座末机座的工作辊和支承辊,并画出其零件图,选出所使用的轴承型号。

第 3 章 轧辊调整、平衡及换辊装置

3.1 轧辊调整装置的类型

轧辊调整装置的用途如下：

1）调整辊缝，以保证轧件按给定的压下量轧出所要求的截面尺寸及产品精度。

2）调整轧制线标高，在生产线上，调整轧辊与辊道水平面间的相对高度位置，在轧机上，调整各机座间轧辊的相对高度位置，以保证轧制线高度一致。

3）调整孔型，在型钢和线材轧机上，调整轧辊轴向位置，以保证轧辊对准孔型。

4）调整辊形，在板带轧机上调整轧辊的轴向位置或径向位置，目的是改变辊形来控制板形。

根据各类轧机的工艺要求，轧辊调整装置可分为上辊调整装置、中辊调整装置、下辊调整装置、立辊调整装置和特殊轧机调整装置。按照调整方式，轧辊调整可分为手动、电动和液压三种调整方式。

1. 上辊调整装置

常见的上辊调整装置有以下两种：斜楔调整方式（见图 3-1a）和蜗杆传动压下螺丝调整方式（见图 3-1b）。

2. 中辊调整装置

三辊型钢轧机的中辊是固定的。中辊调整装置只是依据轴瓦的磨损程度调整轴承的上瓦座，保证辊颈与轴瓦之间的合理间隙。由于其调整量很小，故常用斜楔机构。

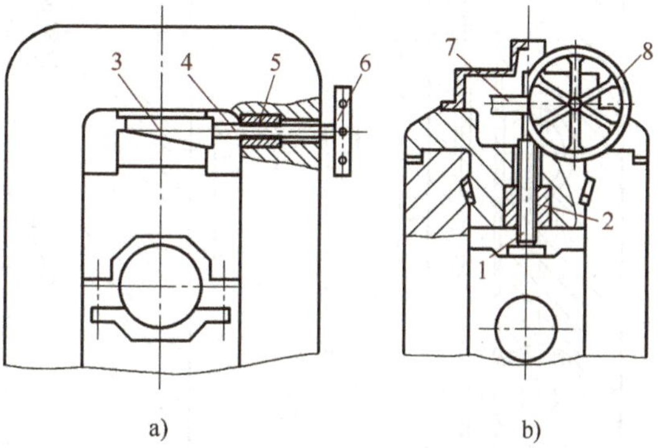

3. 下辊调整装置

下辊调整装置用于调整辊缝时，与上辊调整装置的工作原理相同，常见的结构型式有压上螺旋式和斜楔式。

图 3-1 手动压下装置

1—压下螺丝 2—压下螺母 3—斜楔 4—丝杠
5—螺母 6—调整盘 7—蜗轮 8—手轮

在初轧机、板坯轧机和板带铸轧机上，当轧辊重车后，须重新对中轧制线。下辊位置的调节主要靠改变轴承座下垫片的厚度来实现。在现代化的带钢连轧机组中，为换辊后迅速准确调整轧制线，采用液压马达驱动的斜楔式下辊调整装置，如图 3-2 所示。

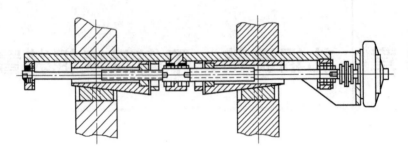

图 3-2　斜楔式下辊调整装置

4. 轧辊辊缝的对称调整装置

轧辊辊缝对称调整是指轧制线固定下来，上、下工作辊中心线同时分开或同时靠近。图 3-3 为德国德马克公司高速线材轧机精轧机组的斜楔式摇臂调整机构示意图。

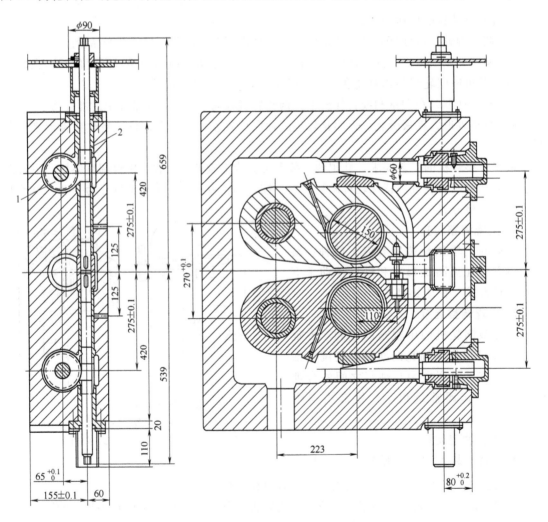

图 3-3　德马克斜楔式摇臂调整机构

1—螺旋齿轮　2—螺杆

3.2 电动压下装置

电动压下装置是轧机调整装置中最常见的一种压下装置。按轧辊调整距离、速度及精度不同，又可将电动压下装置分为快速和慢速两种压下装置。在可逆式板带轧机的压下装置中，有的还安装有压下螺丝回松机构，以处理卡钢事故。

电动压下装置的结构形式与压下速度有密切关系。压下速度是电动压下装置的基本参数。各类轧机的压下速度见表3-1。

表 3-1 各类轧机的压下速度

轧机类型	压下速度/mm·s^{-1}	轧机类型	压下速度/mm·s^{-1}
大型初轧机	80~250	热带钢可逆式粗轧机	15~50
大型扁坯初轧机	50~120	四辊粗轧机	1.08~2.16
中型(800~900mm)初轧机	40~80	热连轧精轧机	0.47~1.33
700~800mm 三辊开坯机	30~60	冷轧带钢轧机	0.05~0.1
中厚板轧机	5~25	多辊冷轧带钢轧机	0.005~0.01

3.2.1 快速电动压下装置

1. 工艺特点与结构型式

习惯上把不"带钢"压下的压下装置称为快速压下装置，其压下速度大于1mm/s，这种压下装置多用在可逆式热轧机上。可逆式热轧机的工艺特点是：工作要求上轧辊快速、大行程、频繁地调整；轧辊调整时不"带钢"压下。为此，对压下装置的要求是：采用小惯量的传动系统，以便频繁而快速地起动和制动；有较高的传动效率和工作可靠性；必须有压下螺丝回松装置。

图 3-4 是武钢1700mm 热连轧机的四辊可逆式粗轧机压下装置传动示意图。该压下装置的布局是圆柱齿轮-蜗杆副联合传动方式。受机构尺寸的限制，主传动中传动比 $i=1$ 的圆柱齿轮箱增加了一个惰轮。压下装置的球面蜗杆副采用5头蜗杆，$i=9.8$。两个压下螺丝分别由两台功率为 150/300kW、转速为 480/960r/min 的直流电动机驱动，压下速度为 20~40mm/s。

压下装置中用一个差动机构代替常用的电磁联轴器，以保证压下螺丝的同步运转或单独调整。差动机构蜗杆副的传动比 $i=50$，由一台直流电动机（22kW，650r/min）驱动。在正常情况下，两个压下螺丝需要同步运转，差动机构的电动机不动，差动轮系起联轴器作用。当一侧压下螺丝需要单独调整时，可将另一侧电动机制动，开动差动机构电动机对一侧压下螺丝进行单独调整。采用差动机构可以克服电磁联轴器在大负荷时容易打滑的缺点，更主要的是可以用它处理压下螺丝的阻塞事故。这些优点补偿了其设备较复杂、造价较高的缺点。

图 3-5 是宝钢1300mm 初轧机压下装置示意图。压下电动机1通过圆柱齿轮减速箱2、蜗杆副（17、18）驱动对应的压下螺丝，完成压下动作。

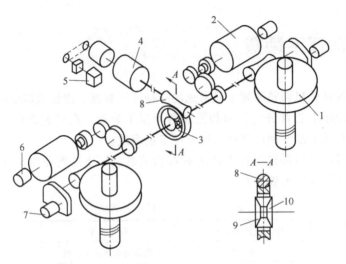

图 3-4 四辊可逆式粗轧机压下装置传动示意图

1—压下蜗杆副　2—压下电动机　3—差动机构　4—差动机构电动机　5—极限开关
6—测速发电机　7—自整角机　8—差动机构蜗杆　9—左太阳轮　10—右太阳轮

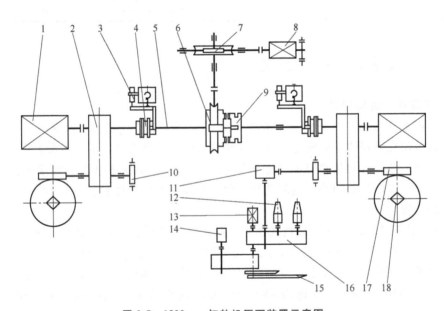

图 3-5　1300mm 初轧机压下装置示意图

1—压下电动机　2—圆柱齿轮减速箱　3—液压缸　4—离合接手　5—传动轴　6、7—蜗杆副
8—低速传动用电动机　9—液压离合器　10—空气制动器　11、16—减速箱　12—自整角机
13—复位电动机　14—极限开关　15—指针　17—蜗杆　18—压下螺丝蜗轮

液压离合器 9 的开合使左右压下螺丝实现单独或同步压下。低速传动链的作用是降低传动系统转动惯量，防止压下螺丝的阻塞事故。

2. 压下螺丝的回松装置

由于初轧机、板坯轧机和厚板轧机的电动压下装置压下行程大、速度快、动作频繁，而且是不带钢压下，所以常常由于操作失误、压下量过大等原因产生卡钢、"坐辊"或压下螺丝超限提升而发生压下螺丝无法退回的事故。为处理阻塞事故，这类轧机都专门设置了压下螺丝回松装置。

图3-6是4200mm厚板轧机的压下螺丝回松装置示意图。该装置装在压下螺丝上部，便于维护。当发生阻塞事故时，装在双臂托盘2上的两个液压缸升起，通过托盘6和压盖7将下半离合器8提升并与上半离合器2接合。两个工作缸3推动上半离合器2的双臂回转从而强迫压下螺丝旋转。回程缸4可使工作缸柱塞返程。如此往复几次，即可将阻塞的螺丝松开。这一回松装置工作时，巨大的阻塞力矩只由工作缸和离合器承担，并不通过压下装置的传动零件。这就使压下装置的传动零件可以按小得多的空载压下力矩设计，使其结构更紧凑。

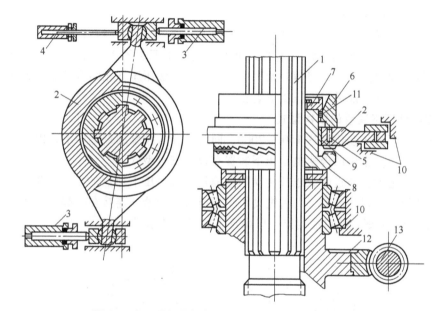

图3-6　4200mm厚板轧机压下螺丝回松装置示意图
1—压下螺丝　2—双臂托盘（上半离合器）　3—工作缸　4—回程缸　5—升降缸　6—托盘　7—压盖
8—花键套（下半离合器）　9—铜套　10—机架　11—$\phi 25$mm钢球　12—蜗轮　13—蜗杆

图3-4所示的压下装置是采用差动机构进行回松的。图3-6所示的回松装置是采用低速传动链进行回松的。还有一种简单的回松方式：在蜗杆轴上有一带花键的伸出轴，发生阻塞事故后，在伸出轴上套上大轮盘，用吊车带动轮盘转动，使压下螺丝回松。在一些没有专门回松装置的初轧机上，有时也采用吊车盘动电动机联轴器的方式回松压下螺丝。这两种方式虽然比较简单，但费时费力，影响生产。

综上所述，在设计这类轧机时，考虑发生阻塞事故时的回松措施是十分必要的。回松力可按每个压下螺丝上最大轧制力的1.6~2.0倍考虑。

3.2.2　慢速电动压下装置

1. 慢速电动压下装置的特点

慢速电动压下装置主要用于板带轧机，故也称之为板带轧机电动压下装置。板带轧机的轧件既薄又宽又长，且轧制速度快，轧件精度要求高，这些工艺特征使它的压下装置具有以下特点：

1) 轧辊调整量小。上辊最大调整量也只有 200~300mm。在轧制过程中，带钢压下最大 10~25mm，最小只有几毫米，甚至更小。

2) 调整精度高。调整精度都应在带钢厚度公差范围之内。

3) 经常处于"频繁地带钢压下"的工作状态。

4) 压下装置必须动作快、灵敏度高，这是板带轧机压下装置最主要的技术特性。这就要求压下装置有很小的惯性，以便使整个压下系统有很大的加速度。

5) 对轧机轧辊的平行度的调整要求很严，这就要求压下装置除应保持两个压下螺丝严格同步运行外，还应便于每个螺丝单独调整。

如今，由于带材轧制速度的提高，带材的尺寸精度要求越来越高，对板带轧机压下装置的工艺要求更趋严格。在热连轧机组的后机架，电动压下装置由于惯性大，已很难满足快速、高精度调整辊缝的要求，因而开始采用电动压下和液压压下相结合的压下方式。在现代的冷连轧机组中，已全部采用液压压下装置。

2. 慢速电动压下装置的结构型式

慢速电动压下的传动比高达 1500~2000，同时又要求频繁的带钢压下，因此，这种压下装置设计比较复杂。常用的慢速电动压下装置有以下三种型式。

第一种是由电动机通过两级蜗杆传动的减速器来带动压下螺丝的压下装置，如图 3-7 所示。它是由两台电动机传动的，两台电动机是用电磁离合器 3 连接在一起的。当打开离合器 3 之后可以进行压下螺丝的单独调整，以保证上轧辊调整水平。

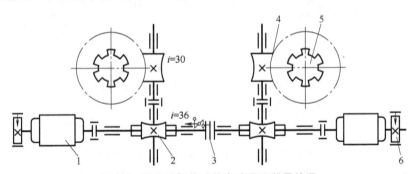

图 3-7 两级蜗杆传动的电动压下装置简图
1—电动机　2、4—蜗轮、蜗杆　3—电磁离合器　5—压下螺丝　6—制动器

这种压下装置的特点是传动比大、结构紧凑，但传动效率低、造价高（需消耗较多的有色金属），因此，适用于结构受到限制的板带轧机。可是随着大型球面蜗杆设计及制造工艺技术的不断发展与完善，这种普通的蜗轮蜗杆机构已逐步被球面蜗轮蜗杆机构所代替。这样一来，不但传动效率大大提高，而且传动平稳、寿命长、承载能力高。

第二种是用圆柱齿轮与蜗轮蜗杆联合减速的压下装置传动系统，如图 3-8 所示。它也是由双电动机带动的，圆柱齿轮可用两级，也有用一级的。在两个电动机之间用电磁离合器 2 连接，其目的是单独调节其中一个压下螺丝。为了使传动装置的结构紧凑，可将圆柱齿轮与蜗轮蜗杆机构均放在同一个箱体内。这种装置的特点是由于采用了圆柱齿轮，传动效率提高了，成本下降了。所以这种装置在生产中较前一方案应用更为广泛，通常多用在热轧板带轧机上。

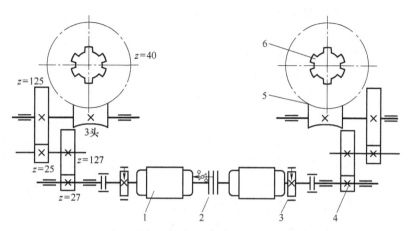

图 3-8　圆柱齿轮与蜗轮蜗杆联合传动的电动压下装置简图
1—电动机　2—电磁离合器　3—制动器　4—圆柱齿轮部分　5—蜗轮蜗杆　6—压下螺丝

图 3-9 所示是我国自行设计制造的一套 $\phi750\text{mm}/\phi140\text{mm}\times2800\text{mm}$ 热轧铝合金板四辊轧机压下装置的传动系统简图，它就是采用了上述慢速电动压下装置的第二种传动方案。

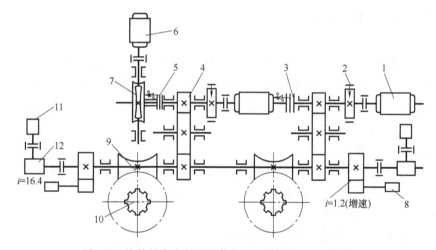

图 3-9　热轧铝合金板四辊轧机压下装置传动系统简图
1—交流电动机　2—制动器　3—电磁离合器　4——级圆柱齿轮　5—离合器
6—交流回松电动机　7—回松球面蜗轮蜗杆机构　8—自整角机　9—球面蜗杆机构
10—压下螺丝　11—行程控制器　12—行程开关的减速器

在这种传动系统中，为了防止卡钢现象的发生，在该装置中设有回松机构。压下螺丝是由两型号为 ZZ52-82 型的交流电动机 1 带动，减速机为一级圆柱齿轮 4 和一对球面蜗杆机构 9 组成，总传动比 $i=54$。在电动机轴上装有制动器 2 和承载能力为 3000N·m 的电磁离合器 3，前者是用来保证准确调节压下的，而后者是用来实现压下螺丝的单独调整的。回松机构是由 JZ52-8 型的交流回松电动机 6 通过传动比 $i=50$ 的回松球面蜗轮蜗杆机构 7 和离合器 5 来实现的。为了工人操作安全、准确起见，该系统中还装有 KA4658-5 型的行程控制器 11 和 EA501A 型的自整角机 8。前者起安全作用，而后者是为了将轧辊开口度大小显示在操纵台的数字显示器上，以便工人准确操作。因此，在现代化的轧机上均采用这一装置。而机械指针盘仅用于一些压下精度要求不高的初轧机与开坯机。

第三种是行星齿轮传动的电动压下装置（见图 3-10）。它是由立式电动机通过三级行星齿轮传动压下螺丝，电动机轴与压下螺丝同轴配置，行星架与行星轴连接在一起，第一级和第二级行星齿轮及行星架支承在外面齿圈的架体上，外面齿圈的架体和第三级行星齿轮及行星架支承在压下螺丝上。整个传动装置和立式电动机与压下螺丝一起上下移动。

这种传动方式效率高，可消除压下螺丝花键中的滑动摩擦损失。由于太阳轮始终与三个行星齿轮啮合，在齿面单位压力一定的条件下，同上述普通电动压下装置相比，该装置结构紧凑、转动惯量小、加速时间短、压下调整灵敏，适用于精轧机组。

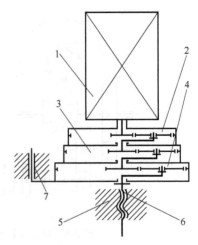

图 3-10 行星齿轮传动的电动压下装置
1—立式电动机　2、3、4—一、二、三级行星减速机构　5—压下螺母
6—压下螺丝　7—上下移动导向装置

3.2.3　双压下装置

为了将板厚控制在所规定的公差范围内，现代化的板、带材成品轧机的压下装置分成了粗调和精调两部分。其中粗调装置用来给定初始辊缝，而精调装置用来在轧制过程中随着板坯厚度、轧制压力及成品厚度的变化，及时对轧机辊缝相应地进行微量调整校正，从而保证板厚有更高的精度。

1. 电动双压下装置

图 3-11 所示为一种电动双压下装置。这种压下装置中粗调与精调系统都是由电动机通过机械减速来传动压下螺丝，因此传动系统惯性力较大，从而使调整辊缝的校正信号传递滞后现象严重（长达 0.5~1s），无法满足高精度板厚公差的要求。

2. 电-液双压下装置

图 3-12 所示为第一种电-液双压下装置。它的粗调为一般的电动压下，通过电动压下装置带动压下螺丝，在空载的情况下给定原始辊缝。而精调是通过液压缸 9 推动齿条 6 带动扇形齿轮 5 和 7，使两边的压下螺母 8 转动，但由于压下螺丝 1 在电动压下装置锁紧的条件下不能转动，其结果只能是使压下螺丝上下移动而实现辊缝微调。图中的止推轴承 3 和径向滚子轴承 4 安装在机架 2 的上横梁中，以支承压下螺母 8 正常转动，两边螺母的螺纹方向相反，而键 10 是用来连接扇形齿轮与压下螺母的。

第二种电-液双压下装置，粗调为电动压下，而精调

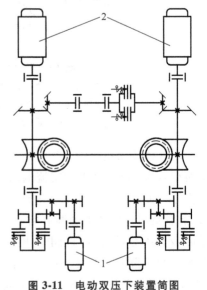

图 3-11 电动双压下装置简图
1—精调电动机　2—粗调电动机

是用液压缸直接代替了压下螺丝与螺母。通常液压缸放在粗调压下螺丝与上轴承座之间或横梁与下轴承座之间。该装置的特点是，精调装置的结构简单而紧凑，消除了机械惯性力，从而大大地减轻了调节信号滞后的现象，提高了精调的效率。其调整灵敏度比一般电动压下快10倍以上，目前在板带轧机上得到广泛应用。我国宝钢第一热轧厂的2050mm精轧机压下部分就是采用电动压下AGC加短行程液压压下AGC，第二热轧厂1580mm精轧机压下部分采用垫片加长行程液压压下AGC。

随着热轧技术迅速发展，在带钢厚度公差要求越来越高的情况下，传统热带四辊轧机在电动压下的基础上增加液压压下装置，改造成为电-液双压下装置。

3. 快速响应电-液压下装置

这种快速响应电-液压下装置（见图3-13、图3-14）共由三个部分组成。其一为由传感器、伺服阀一体组装的液压缸构成的阀控液压缸式的动力机构；其二为由积分环节组合成的DDC控制系统；其三为液压站，如图3-13所示。液压缸的压下活塞6呈环形，缸体中间的凸起部分中装有位

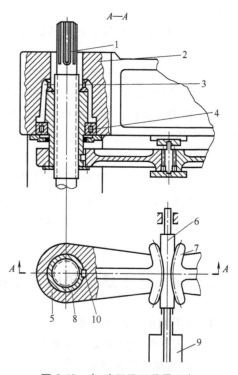

图3-12　电-液双压下装置示意

1—压下螺丝　2—机架　3—止推轴承
4—径向滚子轴承　5、7—扇形齿轮　6—齿条
8—压下螺母　9—液压缸　10—键

移传感器4。电液伺服阀3通过油管1接到液压缸的侧壁上。液压缸采用滑环式密封5，代替了以前的L形或V形填料密封。该装置最高压力可以达到31.5MPa。

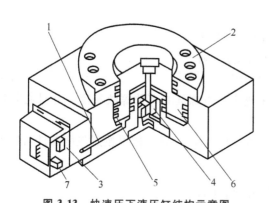

图3-13　快速压下液压缸结构示意图

1—伺服阀出口油管　2—缸体　3—电液伺服阀　4—位移传感器
5—滑环式密封　6—压下活塞　7—终止开关

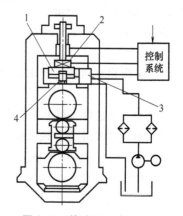

图3-14　快速压下液压系统

1—活塞　2—测压传感器
3—伺服阀　4—位移传感器

这种结构的液压缸具有如下特点：

1）响应速度快，其原因就在于最大限度地缩短了影响频率特征的伺服阀输出端的配管

长度。

2）由于位移传感器装在液压缸内部，伺服阀又直接连接在液压缸的侧壁上，因而大大减少了占地空间。

3）由于检测装置安装在液压缸的中心部位，用一个检测器就能准确地反映出液压缸的压下位置，因而实现了压下装置中检测装置的简单化。

4）使用寿命长，在控制板厚的过程中压下活塞在激振状态下工作，为了防止油液飞溅而采用滑环式密封。这样始终能保证密封件与缸体接触，因而提高了液压缸的工作寿命。

5）检测器采用内装方式，并且是整体地安放与取出，因而便于维护。由于采用了环形密封，因而提高了液压缸的抗冲击特性。

6）具有高控制性和易调整性。由于控制装置是利用积分环式的DDC方式，所以根据轧制条件来适当改变增益的控制就很容易进行，并且还可以改变控制逻辑，这样调整就很简单。

3.2.4 压下螺丝和压下螺母

1. 压下螺丝的设计计算

（1）压下螺丝的螺纹参数确定

1）预选螺纹外径 d 及其他参数。从强度观点分析，压下螺丝外径与轧辊的辊颈承载能力都与各自直径的二次方成正比关系，而且二者承受同样大小的轧制力 P_1（对板带轧机，$P_1 = P/2$，P 是总轧制力）。因此，经验证明二者存在以下关系：

$$d = (0.55 \sim 0.62) d_g \tag{3-1}$$

式中，d 是压下螺丝的螺纹外径（mm）；d_g 是轧辊辊颈的直径（mm）。

d 确定之后可根据自锁条件再确定压下螺丝的螺距 t 为

$$t = \tan\alpha \pi d$$

式中，t 是螺纹螺距（mm）；α 是螺纹升角（°）。

按自锁条件要求 $\alpha \leq 2°30'$，则

$$t \leq (0.12 \sim 0.14) d \tag{3-2}$$

对于板带精轧机座，要求 $\alpha < 1°$（从精调出发），则

$$t \approx 0.017 d \tag{3-3}$$

当 d 和 t 确定后，可参考有关螺纹标准来确定压下螺丝的有关螺纹长度，并且必须根据压下螺母的高度及轧辊的最大提升量来确定。

2）压下螺丝的强度校核。由螺纹外径 d 确定其内径 d_1 后，便可按照强度条件对压下螺丝强度进行校核，即

$$\sigma_j = \frac{4P_1}{\pi d_1^2} \times 10^{-6} \leq [\sigma] \tag{3-4}$$

式中，σ_j 是压下螺丝中实际计算应力（MPa）；P_1 是压下螺丝所承受的轧制力（N）；d_1 是压下螺丝的螺纹内径（m）；$[\sigma]$ 是压下螺丝材料许用应力（MPa），有

$$[\sigma] = \frac{\sigma_b}{n}$$

式中，σ_b 是压下螺丝材料的强度极限，常用的压下螺丝材料为 45 和 55 锻钢，在轧制力很大的冷轧薄板轧机上，也可以选用合金钢，如 40Cr、40CrMo 及 40CrNi 等；n 是压下螺丝的安全系数，通常选用 $n \geq 6$。

压下螺丝的长径比往往都是小于 5 的，因此不必进行纵向弯曲强度（稳定性）校核。

关于压下螺丝的螺纹形式，一般情况下大多采用单线锯齿形螺纹，如图 3-15a 所示。只有在轧制力特别大、压下精度要求又高的冷轧板带轧机上才采用梯形螺纹，如图 3-15b 所示。

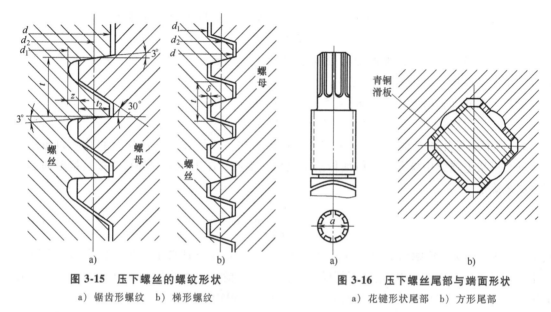

图 3-15 压下螺丝的螺纹形状
a) 锯齿形螺纹 b) 梯形螺纹

图 3-16 压下螺丝尾部与端面形状
a) 花键形状尾部 b) 方形尾部

（2）压下螺丝的尾部和端部形状设计

1) 压下螺丝的尾部形状设计。通常压下螺丝的尾部形状有以下两种形式：

① 带有花键的尾部形状。图 3-16a 所示为带有花键形式的压下螺丝的尾部，该种形式常用于上辊调节距离不大的轧机，如薄的板带及中小型钢和线材轧机。

② 镶有青铜滑板的方形尾部形状。图 3-16b 所示为一种镶有青铜滑板的方形压下螺丝尾部，它主要用于上轧辊调节距离大的初轧机、板坯轧机及厚板等大型轧机。

2) 压下螺丝的端部形状设计。常见的压下螺丝端部形状有以下两种：

① 凹形球面，如图 3-16a 所示。这样的形状不但自位性好，而且又能防止青铜止推垫块产生拉应力（青铜耐压性能好），因此大大提高了青铜垫块的使用寿命，减少了有色金属的消耗。

② 凸形球面。球面铜垫处于拉应力状态，极易碎裂，现都改为凹形球面。

2. 压下螺母的结构尺寸设计

（1）压下螺母高度 H 与外径 D 的确定　当压下螺丝的螺纹内径 d_1、螺距 t 及螺纹形状确定以后，压下螺母尺寸 d_1、t 和螺纹形状自然也就可以确定了，剩下的问题就是确定压下螺母的高度 H 与外径 D。

1) 压下螺母高度 H 的确定。压下螺母的材质通常都是选用青铜，这种材料的薄弱环节是抗压强度比较低，因此，压下螺母高度 H 应按螺纹的抗压强度来确定。其抗压强度条件如下（参见图3-15）：

$$p=\frac{4P_1\times10^{-6}}{Z\pi[d^2-(d_1-2\delta)^2]}\leq[p] \tag{3-5}$$

式中，p 是螺纹受力面上的单位挤压应力（MPa）；P_1 是轴颈上（压下螺丝上）的最大压力（N）；Z 是压下螺母的螺纹圈数；d 是压下螺丝的螺纹外径（mm）；d_1 是压下螺丝的螺纹内径（mm）；δ 是压下螺母与螺丝的内径之差（mm）；$[p]$ 是压下螺母材料的许用单位压力（MPa）。

根据式（3-5）先求出压下螺母的螺纹圈数 Z 后，其高度 H 便可由求得，即

$$H=Zt$$

由生产实践得知，H 也可由经验公式求得。首先确定一个预选的值，然后由式（3-5）进行抗压强度校核，最后确定 H 值。

通常 H 可由下式预选（设 $[p]=15\sim20\mathrm{MPa}$）：

$$H=(1.2\sim2)d \tag{3-6}$$

2）压下螺母外径 D 的确定。从图3-17a可以看出，作用在压下螺丝上的轧制力通过压下螺母与机架上横梁中螺孔的接触面传给了机架。因此，压下螺母的外径应按其接触面的抗压强度来确定，即

$$p=\frac{4P_1\times10^{-6}}{\pi(D^2-D_1^2)}\leq[p] \tag{3-7}$$

式中，p 是压下螺母接触面上的单位压力（MPa）；P_1 是压下螺母上的最大作用力（N）；D 是压下螺母外径（mm）；D_1 是压下螺丝通过的机架上横梁中螺孔的直径（mm）；$[p]$ 是压下螺母材料的许用单位应力，一般对青铜，$[p]=60\sim80\mathrm{MPa}$。

同样，D 可先由下面的经验公式确定：

$$D=(1.5\sim1.8)d \tag{3-8}$$

然后由式（3-7）进行抗压强度校核。

（2）压下螺母的型式及材质的选用　一般压下螺母均承受巨大的轧制力，因此要选用高强度的铸造铝青铜（如ZCuAl10Fe3）或铸造铝黄铜（如ZCuZn25Al6Fe3Mn3）等材料。而压下螺母的型式很多，如图3-17所示。其中3-17a所示为小型轧机上常用的单级整体式的压下螺母，其压板1是用来防止螺母在横梁2的孔中转动与下滑，左面的油孔用于干油润滑。为降低成本可采用如图3-17b、c、d、e所示的镶套型式，其中套的材料应选用高强度铸铁，因为它与铸铜的弹性模量相近，以保证两者变形均匀一致。所镶的外套有一级和二级之分，如图3-17b、c所示。为了改善螺母的散热条件，还可以设计成带冷却水套的结构，如图3-17d、e所示的型式。考虑螺母的拆卸方便，压下螺母与上横梁的孔的配合应选用H9/f9。

3. 压下螺丝的传动力矩和压下电动机功率

为了转动压下螺丝，必须克服压下螺丝与螺母的螺纹间及压下螺丝端部枢轴与垫块间由于在垂直力 P_1 的作用下所产生的转动摩擦静力矩，这样才能使压下螺丝实现转动。而对于高速压下的轧机（如初轧机、板坯轧机、厚板轧机以及双压下机构中的精调机构）还应考虑起动加速度所产生的动力矩，同时还要考虑压下机构中的传动效率，最后将这些力矩换算

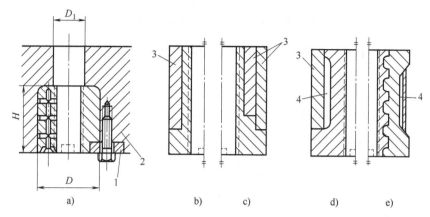

图 3-17 压下螺母的型式

a) 单级螺母 b) 单镶套螺母 c) 双镶套螺母 d) 通冷却水螺母 e) 在铸铁套上浇注青铜并通有冷却水的螺母

1—压板 2—横梁 3—套 4—水套

到转动电动机轴上,则称为压下螺丝的电动机转动力矩。当电动机的转速确定之后,其功率就可以确定了。

(1) 压下摩擦静力矩的计算 在压下机构稳定运转的情况下,转动压下螺丝只要克服最大摩擦静力矩,压下螺丝便可正常运转。参看图 3-18,压下螺丝转动时的最大摩擦静力矩 M_j 为

$$M_j = M_1 + M_2 \quad (3-9)$$

式中,M_1 是压下螺丝的枢轴端部与止推垫块之间的摩擦力矩 (N·m);M_2 是压下螺丝与螺母螺纹间的摩擦力矩 (N·m)。

1) 压下螺丝的枢轴端部与止推垫块之间的摩擦力矩为

$$M_1 = P_1 \mu_d \frac{d_3}{3} \quad (3-10)$$

式中,P_1 是作用在一个压下螺丝上的力(压下螺丝的轴向力) (N);μ_d 是止推垫块与枢轴间的摩擦系数;d_3 是压下螺丝端部枢轴间的直径 (m)。

用新的压下螺丝与止推垫块时,式 (3-10) 中用 $d_3/3$,而经磨合后可用 $d_3/4$。

2) 压下螺丝与螺母螺纹间的摩擦力矩为

$$M_2 = P_1 \tan(\rho \pm \alpha) \frac{d_2}{2} \quad (3-11)$$

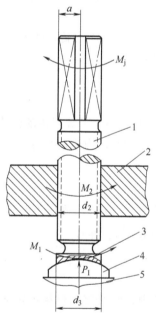

图 3-18 压下螺丝受力平衡图

1—压下螺丝 2—压下螺母
3—压下螺丝枢轴 4—止推垫块 5—上轴承座

式中,ρ 是压下螺丝与螺母间的摩擦角 (°),$\rho = \arctan\mu_2$,μ_2 是螺纹间摩擦系数,通常取 $\mu_2 = 0.1$,则 $\rho = 5°40'$;α 是压下螺丝与螺母的螺纹升角 (°);d_2 是压下螺丝与螺母的螺纹中径 (m)。

对于式 (3-11) 中的 "±" 号,压下时取 "+",提升时取 "-"。

式 (3-10) 和式 (3-11) 相加可得:

$$M_1 + M_2 = P_1 \left[\frac{d_3}{3} + \mu_d + \frac{d_2}{2} \tan(\rho \pm \alpha) \right] \qquad (3\text{-}12)$$

作用在压下螺丝上的最大轴向力 P_1 可按以下几种情况分别进行计算。

空载压下时 P_1 为

$$P_1 = (Q - G)/2 \qquad (3\text{-}13)$$

式中，Q 是平衡力（N）；G 是被平衡部件的总重力（N）。

通常取二者之比为 K，称为过平衡系数，并且有

$$\frac{Q}{G} = K = 1.2 \sim 1.4$$

所以

$$P_1 = (0.1 \sim 0.2)G$$

带钢压下时 P_1 为

$$P_1 = \frac{P}{2} \qquad (3\text{-}14)$$

式中，P 是总轧制力（N）。

3）发生卡钢时一般由经验可取为

$$P_1 = (0.5 \sim 0.6)P \qquad (3\text{-}15)$$

最后在考虑传动效率的情况下，将静力矩 M_j 换算到电动机轴上，则电动机轴上的静力矩为

$$M_j' = \frac{M_1 + M_2}{i \eta} \qquad (3\text{-}16)$$

式中，i 是压下装置传动机构的总传动比；η 是压下装置传动机构的总传动效率。

(2) 动力矩的计算　动力矩 M_d 可表示为

$$M_d = \frac{(GD^2)_{zh}}{375} \frac{dn}{dt} \qquad (3\text{-}17)$$

式中，$(GD^2)_{zh}$ 是压下装置传动机构中总的飞轮矩（kN·m²）；dn/dt 是电动机的角加速度（rad/s²），并有

$$\frac{dn}{dt} = \varepsilon = \frac{2 \pi n_e}{60 t_q}$$

式中，n_e 是电动机额定转速（r/min）；t_q 是电动机从静止起动到额定转速时所需要的时间（s）。而

$$(GD^2)_{zh} = (GD^2)_{\text{I}} + (GD^2)_{\text{II}} + (GD^2)_{\text{III}}$$

式中，$(GD^2)_{\text{I}}$ 是压下螺丝轴上的所有有关转动零件的飞轮矩之和（kN·m²）；$(GD^2)_{\text{II}}$ 是电动机轴和压下装置减速机构中传动轴上的转动零件的飞轮矩之和（kN·m²）；$(GD^2)_{\text{III}}$ 是压下装置中的所有移动零件的飞轮矩之和（kN·m²），其表达式为

$$(GD^2)_{\text{III}} = 365 \frac{v^2}{n_e^2} G_g \qquad (3\text{-}18)$$

式中，v 是移动零件的移动速度（m/s）；n_e 是电动机额定转速（r/min）；G_g 是压下装置中所有移动零件的重力（N）。

所有运动件换算到电动机轴上的飞轮力矩为

$$(GD^2)_{zh} = \frac{(GD^2)_I}{i^2} + \sum \frac{(GD^2)_i}{i_i^2} + 365G\frac{v_e}{n_e^2} \tag{3-19}$$

式中，i 是压下螺丝到电动机轴上的传动比；i_i 是压下装置中其他各转动轴到电动机轴的传动比；$(GD^2)_i$ 是压下装置中除压下螺丝轴上的转动零件外各转动零件的飞轮矩（kN·m²）。

转换到电动机轴上的动力矩可由下式求得：

$$M'_d = \frac{(GD^2)'_{zh}}{375\eta} \frac{dn}{dt} \tag{3-20}$$

同时为了保证电动机不过载而被烧坏，必须使起动电动机力矩 M_q 满足以下关系式：

$$M_q = K\varepsilon M_e \geq M'_j + M'_d \tag{3-21}$$

式中，M_e 是电动机的额定力矩（N·m）；K 是电动机的过载系数；ε 是电动机的起动系数。

（3）压下电动机转动功率的计算　压下电动机的转动功率按下式计算：

$$N = \frac{M'_j + M'_d}{9550} n_e \leq N_e \tag{3-22}$$

式中，N 是压下电动机的转动功率（kW）；n_e 是压下电动机的额定转速（r/min）；N_e 是压下电动机的额定功率（kW）。

通常在一些压下速度不高、压下不频繁的轧机上（如叠轧薄板轧机等），只要考虑静摩擦力矩就可以了。

3.3　全液压压下装置

3.3.1　液压压下装置的特点

随着工业技术的发展，带钢的轧制速度不断提高，产品的尺寸精度日趋严格。特别是采用厚度自动控制（AGC）系统以后，电动压下装置已远远不能满足工艺要求。目前，新建的冷连轧机组生产线基本上全部采用液压压下装置，热带钢连轧机精轧机组最后一架轧机也往往装有液压压下装置。

所谓全液压压下装置，就是取消了电动压下装置，其辊缝的调整均由带位移传感器的液压缸来完成。与电动压下装置相比，全液压压下装置具有以下特点：

1）快速响应性好，调整精度高。表3-2所列为液压压下与电动压下动态特性比较。

2）过载保护简单可靠。

3）采用液压压下方式可以根据需要改变轧机当量刚度，使轧机实现从"恒辊缝"到"恒压力"轧制，以适应各种轧制及操作情况。

4）较机械传动效率高。

5）便于快速换辊，提高轧机作业率。

表 3-2 液压压下与电动压下动态特性比较

项目	速度 u /mm·s^{-1}	加速度 a /mm·s^{-2}	辊缝改变 0.1mm 的时间/s	频率响应宽度范围/Hz	位置分辨率/mm
电动压下	0.1~0.5	0.5~2	0.5~2	0.5~1.0	0.01
液压压下	2~5	20~120	0.05~0.1	6~20	0.001~0.0025
改善系数	10~20	40~60	10~0	12~20	4~10

3.3.2 液压压下控制系统的基本工作原理

图 3-19 所示为一种现代化的液压压下控制系统。该系统的工作程序如下：

第一步给定原始辊缝。首先由电位器 1 给定原始辊缝信号 S_0，该信号通过位移调节器 3 和放大器 4 输入伺服阀 5 去推动柱塞缸 12 的柱塞使轧辊压上。同时，位移传感器 6 将柱塞位移变成电信号反馈给位移调节器 3，经与给定信号 S_0 比较，得出偏差信号 ΔS，经放大后再输入伺服阀 5，若 $\Delta S=0$，则伺服阀不动，压上柱塞不动，完成了原始辊缝的调整，然后轧制开始。否则，一直调整到 $\Delta S=0$。

第二步实现机座的弹跳补偿。在轧制过程当中轧制力 P 发生变化时，通过测压仪 8 或压力传感器 11（由选择开关 10 选择）测得轧制力 P，并转变成电信号输入到压力比较器 13，与事先输入的压力信号 P_0（由给定的标准板材厚度 h_0 定）相比较，则得出轧制力的波动量 ΔP 的电信号。然后通过力-位移转换元件 9，将 ΔP 转换为机座的弹跳值（机座弹性变形的波动量）$\Delta P/K$，再由刚度调节系数装置，将 $\Delta P/K$ 与刚度调节系数 C_P 相乘，即可输出根据规定机座

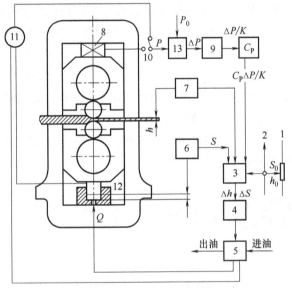

图 3-19 液压压下控制系统示意图
1—电位器 2—传给另一机座的信号 3—位移调节器
4—放大器 5—伺服阀 6—位移传感器 7—测厚仪
8—测压仪 9—力-位移转换元件 10—选择开关
11—压力传感器 12—柱塞缸 13—压力比较器
C_P—刚度调节系数装置

当量刚度应补偿的轧辊辊缝调整量 $C_P\Delta P/K$（恒辊缝轧制时 $C_P=1$，当量刚度系数为无穷大）。辊缝调整量经过位移调节器 3 及放大器 4 放大后，输入伺服阀而控制液压缸实现辊缝调整，补偿机座弹跳影响。其调整结果再由位移传感器 6 反馈到位移调节器 3 与原辊缝调节信号 $C_P\Delta P/K$ 比较。当无偏差信号时，则调节完毕，机座弹跳得到完全补偿，控制系统暂时停止工作，等待下一次调整。

当板带材的出口厚度为 h 时，则有

$$h = S_0 + P_0/K - \Delta S$$

式中，S_0 是原始辊缝（mm）；P_0 是给定的标准板材厚度 h_0 所对应的轧制力（kN）；K 是机

座自然刚度系数（kN/mm）；ΔS 是机座弹性变形增量（mm）。

图 3-19 中的信号 2 是输给另一机架调整使用的。测厚仪 7 是用以反馈实现板带的厚度自动控制的。在给定的原始辊缝 S_0 不正确或轧辊磨损等情况下，板带材的出口厚度由测厚仪 7 测得并变成电信号输入到位移调节器 3 中与事先给定的标准板厚信号 h_0 相比，则输出偏差信号 Δh，经放大器 4 放大，输入伺服阀 5 来控制柱塞的移动，从而使辊缝得到进一步校正。

现代化的液压压下板厚自动控制系统，能够补偿由各种因素所引起的板带材厚度误差，这些因素有坯料的厚度及力学性能（硬度、化学成分等）的差异、轧辊的磨损及膨胀、轧辊轴承油膜厚度的变化或轴瓦磨损，以及支承辊的偏心等。因此，采用变信号输入的板厚自动控制系统的板带轧机，可以得到高质量的板带材，而且生产率很高。

液压压下系统之所以有上述的各种功能，在于它有反应灵敏、传递方便的电气检测信号系统，同时它还利用了刚性大、输出功率高的液压系统作为执行机构，而且采用电液伺服阀来作为电-液转换元件，把电、液功能有效地结合在一起，发挥了电-液系统的优越性。

3.3.3 压下液压缸在轧机上的配置

压下液压缸在轧机上的配置方案有压下式和压上式两种形式。

1. 压下式液压压下装置

图 3-20 所示为 1700mm 冷连轧机液压缸在机架内的布置情况。压下液压缸 3 和平衡架 9

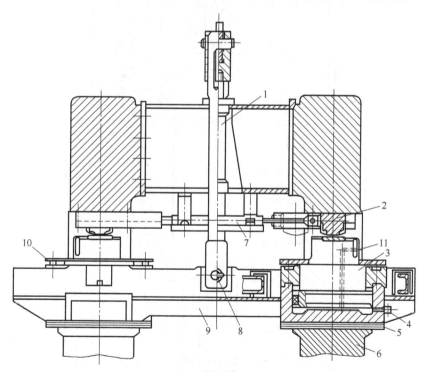

图 3-20 1700mm 冷连轧机液压压下装置

1—平衡液压缸 2—弧形垫块 3—压下液压缸 4—液压压力传感器 5—垫片组 6—上支承辊轴承座
7—快速移动垫块的双向液压缸 8—销轴 9—平衡架 10—位置传感器 11—高压油进油口

由平衡液压缸1通过拉杆悬挂在机架顶部。若拔掉销轴8,则平衡架连同液压缸可随同支承辊一起拉出机架进行检修。压下液压缸与支承辊轴承座间有一垫片组5,其厚度可按照轧辊的磨损量调整,这样可避免过分增大液压缸的行程。

在液压缸上部的T形槽内,装有弧形垫块2。利用双向液压缸7可将两弧形垫块同时抽出,进行换辊操作。压下液压缸的缸体平放在上支承辊轴承座6上(有定位销),液压缸活塞顶住机架窗口下方弧形垫块2。液压缸的橡胶密封环包有聚四氟乙烯,以减小摩擦阻力。缸体上装有液压压力传感器4。每个液压缸有两个光栅位置传感器10,按对角线布置在活塞两侧。轧机的测压仪装在机架下窗口上,在下轴承座与斜楔调整装置之间。

压下液压缸的活塞直径为965mm,最大行程为100mm,最大作用力为12.5MN。液压压下装置采用MOOG73控制伺服阀,其额定流量为57L/min(压力为7MPa时),最大工作压力为21MPa。为防止高压油被铁锈污染,整个液压系统的管道和油箱均由不锈钢制造。液压缸回程油压为1.5MPa。

2. 压上式液压压下装置

图3-21是1700mm热连轧机精轧机座液压缸的结构示意图。从图上可以看出,为了调整轧制线和尽量减小液压缸的工作行程,特在液压缸下面装有由电动机通过两级蜗杆副

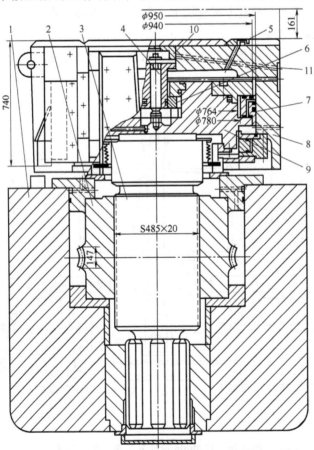

图3-21 1700mm热连轧机精轧机座液压缸结构示意图

1—机架下横梁 2—带压上螺母的蜗轮 3—压上螺丝 4—位移传感器 5—排气阀 6—浮动环
7—活塞浮动环 8—液压缸缸体 9—液压缸柱塞 10—密封圈 11—电线孔

（图中未示出）及带压上螺母的蜗轮 2 带动压上螺丝 3 的机械压上机构。其直流电动机的功率为 75kW，转速为 515r/min，两级蜗杆副的传动比分别为 $i=4.13$ 和 $i=25$，压上速度为 32mm/s。工作行程为 121mm，最大行程为 180mm。

图 3-21 中的活塞浮动环 7 套在柱塞 9 上，防止柱塞咬钢时在强大的冲击载荷作用下产生径向窜动。因为这种结构的缸体 8 的内径比柱塞 9 的外径大 10mm，而柱塞与套在其上的活塞浮动环圆周又有 8mm 间隙。同时为防止高压油泄漏，活塞浮动环上套有 2 个径向密封环和 4 个端面密封环，并开有油孔，使密封处得到润滑。位移传感器 4 的结构为差动式，铁心与柱塞固定，而线圈固定在缸体上，量程为 6mm。浮动环 6 是为了防止柱塞径向窜动时影响位移传感器工作。

液压缸总行程为 40mm，工作行程为 5mm（-3～+2mm），油压为 21MPa，工作推力达 14.7MN，而回程压力为 1.5MPa。测压仪装在压下螺丝与上支承辊轴承座之间。

3. 液压压下装置设计中应注意的问题

1）应减小液压缸中油柱的高度。油柱高度增加不但会减小轧机刚度，而且会降低液压缸的工作频率，影响压下的快速性。

2）适当提高供油压力可以提高系统的反应速度和控制精度，也可以减小液压缸直径。目前常用的液压系统供油压力为 25MPa。

3）应尽量缩短伺服阀到液压缸间的管路尺寸，可以提高压下系统的响应频率。

4）应选择摩擦系数小的密封材料，从结构上设法减小活塞与缸体的摩擦阻力。实践证明，摩擦阻力对液压缸的响应频率影响很大。

3.4 轧辊平衡装置

3.4.1 轧辊平衡装置的作用和特点

1. 轧辊平衡装置的作用

为了消除在轧制咬钢过程中，因工作机座中有关零件间存在间隙所引起的冲击现象，改善咬入条件，同时防止工作辊与支承辊之间产生打滑现象等，几乎所有的轧机上（二辊叠轧薄板轧机除外）都设有平衡装置。

轧机机座中有关相互配合的零件（如压下螺丝与螺母、轴承与辊颈之间）存在着配合间隙，因此在轧钢机空载的情况下，因各零件的自重作用，将会造成压下螺丝与螺母的螺纹间、压下螺丝枢轴与止推垫块间、工作辊与支承辊表面间，以及辊颈与轴承间均有一定的间隙。而且这种间隙必然会在轧制过程中产生强烈的冲击现象（轧制速度越高越严重），其结果使轧机相关零件寿命降低，辊缝发生变化，对轧件咬入不利；同时还会造成工作辊与支承辊之间出现打滑现象，从而引起轧件产生波浪及擦伤轧件表面的现象，使板带材的质量大大下降。合理地选择平衡力，还可以消除平衡系统中的滞后现象，以便提高板厚自动控制系统的控制精度。

2. 轧辊平衡装置的特点

轧机上常用的平衡装置有重锤式、弹簧式、液压式等形式。

初轧机、板坯粗轧机的平衡装置须适应上轧辊的快速、大行程、频繁移动的特点，并且要求工作可靠、换辊和维修方便。在这种轧机上，广泛使用重锤式或液压式平衡装置。

四辊板带轧机上轧辊平衡装置有以下特点：

1) 由于工作辊与支承辊之间靠摩擦传动，以及工作辊和支承辊的换辊周期不同，故工作辊和支承辊应分别平衡。

2) 上辊移动的行程较小（最大行程按换辊的需要决定），移动的速度不高。

3) 工作辊换辊频繁，平衡装置的设计须使换辊方便。

4) 在单张轧制的可逆四辊轧机上，工作辊平衡装置应满足空载加、减速时工作辊和支承辊之间不打滑的要求。

由于以上特点，四辊板带轧机主要采用液压式平衡装置，仅在小型四辊轧机上采用弹簧式平衡装置。

在三辊型钢轧机上，上辊的移动量很小，一次调整好后，在轧制过程中一般不再调整，因此多使用弹簧式平衡装置。

3.4.2 重锤式平衡装置

图 3-22a 所示为国产 1150mm 初轧机上轧辊重锤式平衡装置。上轴承座 3 通过支杆 4 和铰链 6 铰接于支梁 7 上，支梁通过拉杆 9 吊在重锤 12 的杠杆 8 的另一端上，整个平衡装置放在工作机座的下面地基上。重锤所产生的平衡力由支杆通过上轴承座的凹槽 A 传于轴承

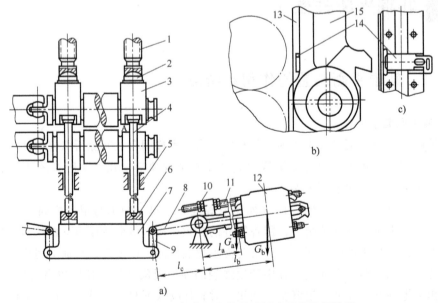

图 3-22 1150mm 初轧机上轧辊重锤式平衡装置简图
a) 1150mm 初轧机上轧辊重锤式平衡装置 b)、c) 1150mm 初轧机上轧辊平衡装置的止动闸板
1—压下螺丝 2—止推垫块 3—上轴承座 4—支杆 5—立柱中滑槽 6—铰链 7—支梁 8—杠杆
9—拉杆 10—调整螺母 11—螺杆 12—重锤 13—滑板 14—闸板 15—立柱

座 3，使上轧辊系得到了平衡，消除了机座中配合零件间的间隙。同时，平衡重锤所产生的平衡力 G_b 可以通过调整螺母 10 和螺杆 11 改变 l_b（而 l_a、l_c 不变，G_a 为杠杆 8 的自重）进行调整。

另外，在换辊时需要首先解除平衡力，如图 3-22b、c 所示，可用闸板 14 插在机架窗口滑板上的纵向槽中，将支杆 4 锁住来解除平衡力。

重锤式平衡装置的特点如下：
1）工作可靠，操作简单，调整行程大。
2）磨损件少，易于维修保养。
3）机座的地基深，增加了基建投资。
4）平衡重锤易产生很大的惯性力，造成平衡系统出现冲击现象，影响轧件质量。

根据以上特点，这种平衡装置广泛地用于上轧辊调节距离大、调节速度不十分快，以及产品质量要求不高的初轧机、板坯轧机及厚板轧机和大型型钢轧机。它是采用最早，也是应用比较广泛的一种平衡装置。

3.4.3 弹簧式平衡装置

弹簧式平衡装置结构较简单，多用在三辊型钢轧机、线材轧机或其他简易轧机上。三辊型钢轧机的上辊平衡装置，如图 3-23 所示，它由四个弹簧和拉杆组成，弹簧 1 放在机架盖上部，上辊下瓦座 7 通过拉杆 6 吊挂在平衡弹簧上。弹簧的平衡力应是被平衡重量的 1.2~1.4 倍，可通过拉杆上的螺母调节。当上辊下降时，弹簧压缩，上升时则放松，因此，弹簧的平衡力是变化的，弹簧越长，平衡力越稳定。弹簧平衡只适用于上辊调整量不大于 50~100mm 的轧机。它的优点是简单可靠，缺点是换辊时要人工拆装弹簧、费力、费时。

在安装弹簧时，其最小预紧力 P_{ymin} 为

$$P_{ymin} = G + P_{min} \tag{3-23}$$

式中，G 是被平衡零件的重力（N）；P_{ymin} 是弹簧的最小预紧力（N），$P_{min} = (0.2 \sim 0.4)G$。

3.4.4 液压式平衡装置

液压式平衡装置的优点如下：
1）结构紧凑，适用于各种高度的上轧辊的平衡。
2）动作灵敏，能满足现代化的板厚自动控制系统的要求。
3）在脱开压下螺丝的情况下，上辊可停在任何要求的位置上，同时拆卸方便，因此加速了换辊过程。
4）平衡装置装于地平面以上，基础简单、维修方便、便于操作。

液压式平衡装置的缺点如下：
1）调节高度不宜过高，否则制造、维修困难。
2）需要一套液压系统，增加了设备投资。

现代化的轧钢车间中，液压已成为普遍采用且必不可少的技术，因此，缺点之二相对来说就不突出了。

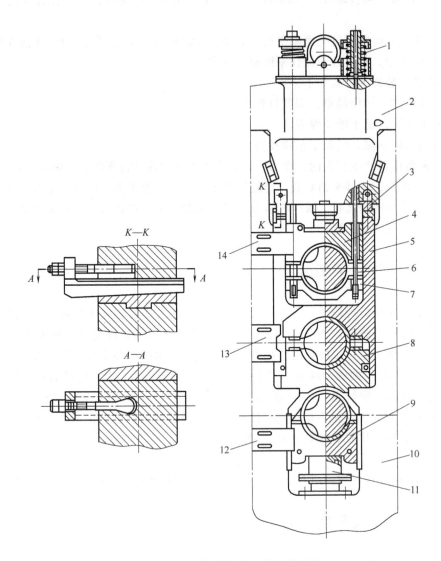

图 3-23 三辊型钢轧机的上辊平衡装置
1—上辊平衡弹簧 2—机架上盖 3—中辊轴承调整装置 4—上辊上瓦座
5—中辊上瓦座 6—拉杆 7—上辊下瓦座 8—中辊下瓦座 9—下辊下瓦座
10—机架立柱 11—压上转置垫块 12、13、14—轧辊轴向调整压板

液压式平衡装置按平衡柱塞缸的数量多少可以分为单缸式、四缸式、五缸式及八缸式等几种类型。

1. 单缸式平衡装置

图 3-24 所示为 1100mm 初轧机上辊平衡装置。它的上轧辊通过放在上横梁上的一个液压缸 1 进行平衡,而旁边的小液压缸 2 用来平衡上连接轴。这种类型的装置适用于上轧辊调节高度大、辊身长(便于在两个压下螺丝之间安装液压主缸)的大型二辊初轧机。

第 3 章 轧辊调整、平衡及换辊装置

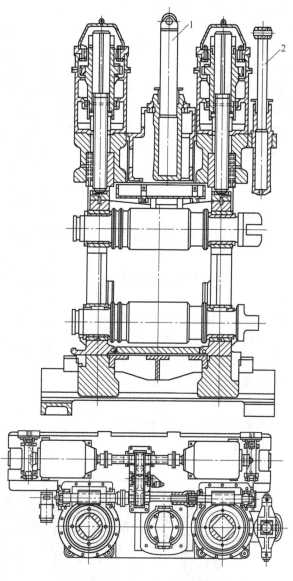

图 3-24 单缸式平衡装置
1—液压缸 2—平衡上连接轴的小液压缸

2. 四缸式平衡装置

图 3-25 所示为国产 4200mm 特厚板轧机上轧辊平衡装置。上轧辊通过安装在两个压下螺丝两侧共四个柱塞缸 4 进行平衡。这种平衡装置适用于上辊调节距离大的各种大型轧机，其柱塞行程可达 1230mm。

整个轧机的压下机构（压下螺丝 3、压下螺母 9、压下蜗轮 7 等）、平衡装置（柱塞缸 4、平衡横梁 2）及回松装置（离合器 5 等）都装在由外罩 1、壳体 6 和机架上横梁 8 所组成的一个密闭的箱体中，柱塞缸通过拉杆 11 和上轧辊轴承座 10 来对上轧辊实现平衡。

3. 五缸式平衡装置

图 3-26 所示为一种五缸式平衡装置,用于四辊中厚板轧机（500mm/1400mm/2500mm 四辊板带轧机）的上辊平衡。它在连接两个机架的上部横梁中部安装了一个大液压柱塞缸 1,通过平衡横梁 2、拉杆 3 及下勾梁 4,使上支承辊装置得到平衡。而上工作辊的平衡是通过安放在下工作辊轴承座中的四个小液压柱塞缸 5 来实现的。换辊时柱塞缸 1 应能提起支承辊和工作辊两部件所包括的全部零件,故此时该缸内的压力应由原来 7.5MPa 变成 25MPa。

五缸式平衡装置的优点如下:

1) 液压缸数量少（与八缸式相比）,简化了轴承座的结构。

2) 换辊时柱塞缸 1 固定不动,不用拆卸液压管路,加速了换辊过程。

3) 柱塞缸在机座顶部,可以防止氧化皮和冷却水侵入缸体内部,改善了柱塞缸 1 的工作条件。

五缸式平衡装置的缺点:机架高度增加了,下勾梁与上支承辊轴承座的连接处结构复杂,设备重量增大。

根据以上特点,该平衡装置常用于中厚板（柱塞缸 1 行程较大）热轧、粗轧机。

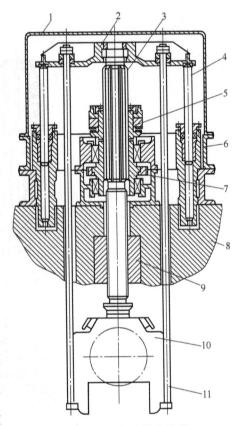

图 3-25 四缸式平衡装置

1—外罩　2—平衡横梁　3—压下螺丝　4—柱塞缸
5—离合器　6—壳体　7—压下蜗轮　8—机架上横梁
9—压下螺母　10—上轧辊轴承座　11—拉杆

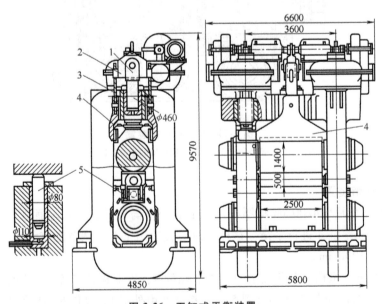

图 3-26 五缸式平衡装置

1—柱塞缸　2—平衡横梁　3—拉杆　4—下勾梁　5—小液压柱塞缸

4. 八缸式平衡装置

图 3-27 所示为用于四辊板带轧机（610/1240mm×1680mm 四辊板带轧机）的一种八缸式上辊平衡装置。在下支承辊轴承座内的四个（一边 2 个）大柱塞缸 4 是用来平衡上支承辊的，而在下工作辊轴承座内的四个（一边两个）小柱塞缸 5 是用来平衡上工作辊的。

八缸式平衡装置的特点是：大小八个柱塞缸均放在各自的两轴承座之间，因此布置十分紧凑。同时为了更换支承辊，特在下支承辊下面增设了一个更大的柱塞缸，以便在换辊时将整个轧辊部件升起，让换辊轨道送入进行换辊。这种平衡装置多用于四辊冷轧机工作机座。

3.4.5 平衡力的选择与计算

1. 二辊轧机上的平衡力

通常，上辊的平衡力应按下式选择：

$$Q = KG \quad (3-24)$$

式中，Q 是平衡系统中产生的最小平衡力（N）；G 是被平衡件的重力（N）；K 是平衡装置中的过平衡系数，$K = 1.2 \sim 1.5$。

采用液压平衡时：

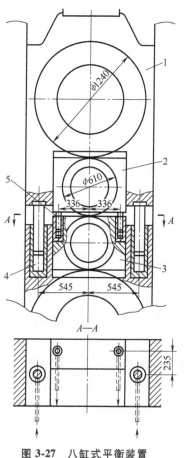

图 3-27 八缸式平衡装置
1—支承辊轴承座　2、3—工作辊轴承座
4—支承辊柱塞缸　5—工作辊柱塞缸

$$Q = np \frac{\pi d_g^2}{4} \times 10^6 \quad (3-25)$$

式中，n 是平衡缸数量；p 是平衡缸工作压力（MPa）；d_g 是平衡缸的直径（m）。

2. 四辊轧机上的平衡力

对上支承辊的平衡力 Q 的计算，同样可以采用式（3-25）。而在计算上工作辊的平衡力时，被平衡件的重力除包括上工作辊部件重力、上支承辊的重力外，还应包括万向联轴器的重力，这样才可以消除上支承辊辊颈与其轴承间的上部间隙。

在四辊可逆式轧机上，为了防止轧辊在起动、制动及反转时，工作辊与支承辊产生打滑现象，其上工作辊的平衡力 Q 应保证上工作辊压向上支承辊的压力满足平衡条件：

$$R\mu \frac{D_b}{2} \geq \frac{(GD^2)_b}{38.2} \frac{D_{zh}}{D_b} \frac{dn}{dt} \quad (3-26)$$

式中，R 是上工作辊压向上支承辊的压力（N）；μ 是工作辊与支承辊间的摩擦系数；D_{zh}、D_b 分别是主传动辊与被动辊的直径（m），工作辊传动时，工作辊为主传动辊而支承辊为被动辊，否则相反；$(GD^2)_b$ 是被动辊飞轮力矩（N·m²）；$\frac{dn}{dt}$ 是主传动辊角加速度（r/(min·s)）。

式（3-26）左边为主传动辊对被动辊所产生的摩擦力矩，右边为被动辊起动、制动及反

转时所产生的动力矩。由式（3-26）求得

$$R \geqslant \frac{D_{zh}}{\mu D_b^2} \frac{(GD^2)_b}{19.1} \frac{dn}{dt}$$

则上工作辊平衡力为

$$Q = R + G' \qquad (3-27)$$

式中，G'是上工作辊平衡系统被平衡件重力（上工作辊部件、上支承辊及联轴器的重力）。当计算结果 $Q<KG$ 时，须按式（3-24）计算平衡力 Q。

3.5 轧辊轴向调整及固定

3.5.1 轧辊轴向调整的作用及其结构

1. 轧辊轴向调整的作用

轧辊轴向调整的作用如下：
1）在型钢轧机中使两轧辊的轧槽对正。
2）在初轧机中使辊环对准。
3）在有滑动衬瓦的轧机上，调整瓦座与辊身的间隙。
4）轴向固定轧辊并承受轴向力。
5）在 CVC（轧辊凸度连续可变）或 HC（高性能轧辊凸度控制）板形控制轧机中，利用轧辊轴向移动机构完成调整轧辊辊形的任务。

2. 轧辊轴向调整装置

在轧辊不经常升降的轧机和张力减径轧机上，常采用如图 3-28 所示的轴向调整装置。

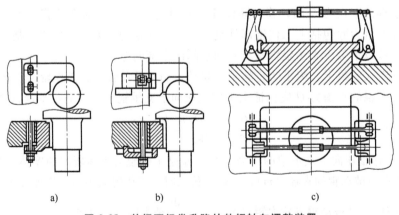

图 3-28 轧辊不经常升降的轧辊轴向调整装置
a)、b) 用螺栓来实现轧辊的轴向调整 c) 双螺杆系统

图 3-28a、b 所示的轧辊轴向调整装置是用穿孔过机架的螺栓来实现轧辊的轴向调整。螺母从侧面通过轴承座凸缘或利用压板轴向压紧轴承座。

对于滚动轴承，只需要移动一个轴承座（一般是非传动侧），即可进行轴向调整，因此多采用图 3-28c 所示的双螺杆系统。左右拉杆和调整螺母采用正反扣螺纹，只要转动调整螺母，拉杆缩短或伸长时轴承座即可向一侧或另一侧移动。

图 3-29 所示为宝钢第二热轧厂 1580mm 轧机工作辊 CVC 机构的轴向移动装置。工作辊轴向移动液压缸 3 的缸体与支承块 2 是一体的，工作辊 10 的轴向移动是通过与活塞杆相连接的导套 4 拖动装于工作辊轴承座 1 外伸臂上的滚轮 9 实现的。以工作辊的自然位置为中心，工作辊可相对于此向传动侧或操作侧左右各移动 100mm，其移动数值由位置传感器 5 控制。不使用 CVC 机构时，缸的活塞可通过销轴 6 将其导套 4 固定，此时工作辊就不能做轴向移动了。这时的轧辊轴向移动装置只相当于一般轧机中的工作辊轴向挡板，防止轧制时轧辊产生轴向窜动，并承受轧制时产生的轴向力。为便于换工作辊时从轧机中抽出工作辊，可通过翻转液压缸 7 将原用来推动工作辊轴向移动的滚轮 9 的外侧夹板旋开，使工作辊拉出时不受阻挡。这个液压缸 7 安装在前述的外套上，大小为 $\phi50mm/\phi28mm\times280mm$，压力为 13MPa。

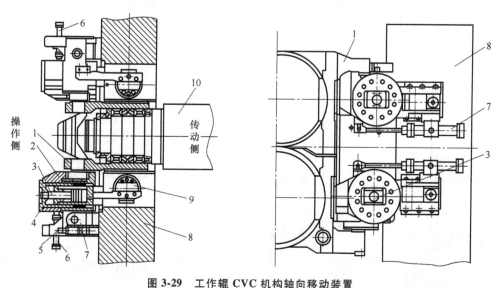

图 3-29 工作辊 CVC 机构轴向移动装置
1—工作辊轴承座 2—支承块 3—工作辊轴向移动液压缸 4—导套 5—位置传感器
6—销轴 7—翻转液压缸 8—机架 9—滚轮 10—工作辊

3.5.2 轧辊的轴向固定

对于各种类型的板带轧机，一般情况下是不需要轧辊轴向调整的，只需轴向固定就行了。对于开式轧辊轴承需要两侧固定，而使用滚动轴承和油膜轴承时，只能在一侧（通常在操作侧）进行固定，另一侧为自由端。

在连轧机上，为适应快速换辊的要求，多采用图 3-30、图 3-31 和图 3-32 所示的液压挡板将支承辊和工作辊轴承座轴向固定在机架上。图 3-30 和图 3-31 所示为支承辊和工作辊锁紧状态，而图 3-32 中 A—A、C—C 剖视图为换辊状态（非锁紧状态）。工作辊轴承座锁紧液压缸和支承辊轴承座锁紧液压缸均为活塞液压缸，工作压力为 10MPa。为了适应工作辊和支承辊从最大直径至最小直径时轴承座的上下移动，在带连接板的挡板 9 的连接板背面开有滑槽 10。图 3-32 中，主视图所示的右面为工作辊和支承辊直径最大，且开口度为最大时带连接板的挡板 9 的位置；主视图左面为工作辊和支承辊直径最小，且开口度为零时带连接板的挡板 9 的位置。

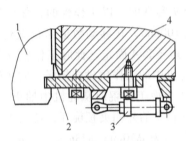

图 3-30 支承辊轴承座轴向固定
1—支承辊轴承座　2—挡板
3—液压缸　4—机架

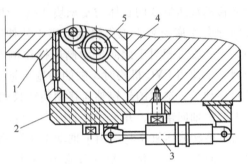

图 3-31 工作辊轴承座轴向固定
1—工作辊轴承座　2—挡板　3—液压缸
4—机架　5—平衡缸

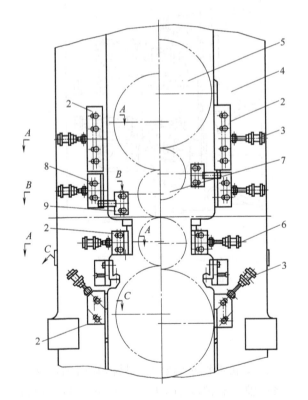

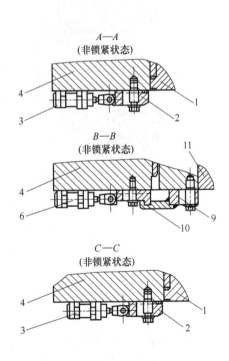

图 3-32 轧辊轴向固定装置
1—支承辊轴承座　2—挡板　3—支承辊轴承座锁紧液压缸　4—机架　5—支承辊
6—工作辊轴承座锁紧液压缸　7—工作辊　8—滑板　9—带连接板的挡板　10—滑槽　11—工作辊轴承座

3.6 换辊装置

换辊装置按换辊速度的快慢可大致分为一般换辊装置和快速换辊装置两大类。

3.6.1 一般换辊装置

1. 用吊车直接换辊

这种换辊的方法通常用于横列式布置的开式机架及立轧机座的轧辊更换。对开式机架来说，换辊前应首先将机座的上盖打开，然后用吊车直接通过钢丝绳把旧轧辊吊走，并用同样的方法把新轧辊换上，盖好上盖，换辊完毕。

2. 用带附加装置的吊车换辊

（1）套筒式换辊装置　图 3-33a 所示为更换工作辊用的套筒式换辊装置。换辊时首先用吊车主钩 1 和副钩 2 将套筒 4 及套在套筒一端的新轧辊吊起运往换辊机座旁，并使套筒的另一端与要被更换的轧辊辊头对准并套好，然后使用吊车的主副钩配合使套筒和套在两端的新旧轧辊处于一个水平位置，并稍稍吊起一点使旧辊从机座中抽出，回转 180°再将新辊插入机架窗口中，放下使其与套筒脱开，最后将套筒与旧辊吊放到适当的地方。

（2）C 形钩式换辊装置　图 3-33b 所示为 C 形钩式换辊装置。在换辊前首先利用吊车的主钩 1 和副钩 2 将 C 形钩吊起，并使 C 形钩的套头水平中心线与机座中要更换的旧轧辊轴线

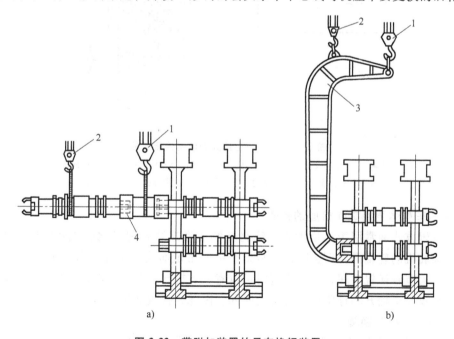

图 3-33　带附加装置的吊车换辊装置
a）套筒式换辊装置　b）C 形钩式换辊装置
1—吊车主钩　2—吊车副钩　3—C 形钩　4—套筒

平行并重合，套头与辊头套好之后，使C形钩与旧辊一同稍稍升起一点抽出旧轧辊，再用同样的方法换上新轧辊。

设计C形钩时要充分保证C形钩有足够大的开口度，以避免与机座压下机构相碰而影响换辊过程的顺利进行。这种换辊装置常用于更换四辊轧机的支承辊，当用来更换工作辊时，可将C形钩设计成两个套头，以便将两根工作辊同时一次更换。为了能够更换不同中心距的成对工作辊，其中一个套头应设计成上下可以调节的，以便随工作辊中心距的变化而能相应地改变两个套头的中心距，有效地提高换辊速度。

（3）带平衡重锤式的套筒换辊装置　图 3-34 所示为一种带平衡重锤式的套筒换辊装置。通过移动手轮10、车轮11可以改变平衡重锤5的位置，使套筒和工作辊1的中心线处于同一水平位置，从而代替了那种利用主副钩相互配合来进行换辊的方法，加速了换辊过程。锁紧手轮8可带动水平斜楔7和垂直斜楔6使重锤固定于套筒体上。某钢铁公司七轧厂MKW型偏八辊轧机工作辊更换采用了这种换辊装置，其结构比套筒式复杂些，但重心调整很方便。

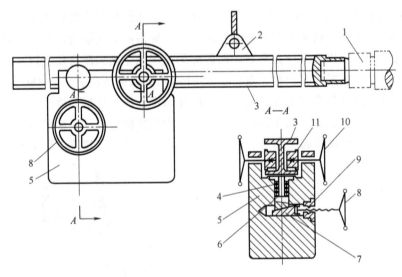

图 3-34　带平衡重锤式的套筒换辊装置
1—工作辊　2—吊钩支座　3—套筒本体　4—弹簧　5—平衡重锤　6—垂直斜楔
7—水平斜楔　8—锁紧手轮　9—螺母　10—移动手轮　11—车轮

3. 用吊车整体更换工作机座的换辊

这种换辊方式通常用于小型型钢、线材连续或半连续式现代化轧机及钢管张力减径机组。当某架轧机的轧辊需要更换时，可将整个机座吊走而换上事先准备好的另一套新机座，这样能够大大节省换辊时间，因为换辊时可以省去装拆导卫装置、轴向调整装置及调整轧辊等时间，仅仅需要松开和拧紧地脚螺钉的时间。因此，换辊速度快。

4. 用滑架和小车换辊

（1）滑架式换辊装置　图 3-35a 所示为一种滑架式换辊装置，它的换辊过程为：换辊滑架1通过钢丝绳3及定滑轮4用吊车提升时，滑架连同被更换的轧辊部件从机架中拉出到滑轨2上，随后由吊车运往轧辊间；同时由另一部吊车将新的成对轧辊部件运到滑架上，并用同样的方法反向提升钢丝绳3将滑架连同新轧辊部件拉入到机架窗口中（轧制时滑架留在机座中）。

图3-35b所示为另一种滑架式换辊装置，拉动滑架的是电动卷扬机。

（2）小车式换辊装置 图3-35c所示为小车式换辊装置，换辊是通过装于小车上的螺杆

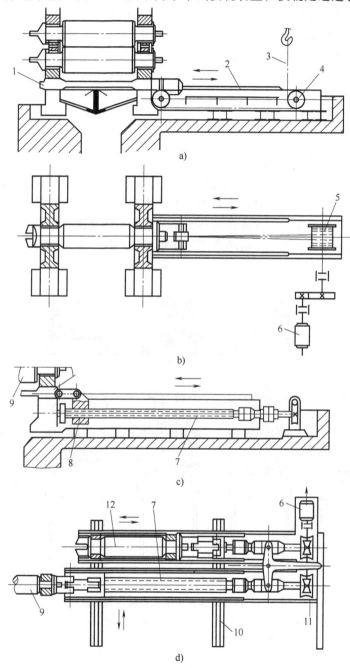

图3-35 成对更换工作辊的换辊装置

a)用吊车牵引的滑架式换辊装置 b)用卷扬机牵引的滑架式换辊装置
c)用螺杆带动单小车式换辊装置 d)用螺杆带动双小车式换辊装置

1—滑架 2—滑轨 3—钢丝绳 4—定滑轮 5—卷扬机卷筒 6—电动机 7—螺杆
8—螺母 9—旧工作辊部件 10—轨道 11—传动装置 12—新工作辊部件

7、螺母 8 所组成的螺杆推进机构来完成的。推进机构除螺杆形式外，还有链条、齿条或液压等形式。采用这种换辊装置时，一次换辊时间需要 45min 左右。如果采用图 3-35d 所示的双螺杆推进机构的换辊小车，一次换辊时间可以减少到 30min 左右。在这种换辊小车上装有两组相互平行的滑轨，而小车可以沿轧制方向的轨道 10 平行移动。因此，换辊前可将预先准备好的新工作辊部件 12 放在一组移动滑架上，而另一组滑轨对准机架窗口中的移动滑架，换辊时通过螺杆推进机构将旧工作辊部件 9 拉到滑轨上，旧工作辊拉出后，平移小车立刻使新工作辊部件对准机架窗口，由螺杆推进机构推入机架窗口中完成换辊。

3.6.2 快速换辊装置

1. 横移式快速换工作辊装置

图 3-36 为一种横移式快速更换工作辊装置的换辊过程示意图。换辊前运送新旧工作辊的换辊小车首先开往轧机非传动侧小车轨道 3 上，小车的行走机构、横移机构及换辊的拉出推入机构等都装在换辊小车上。小车的横移是由液压缸 9 推动横移滑道 7 实现的，其上装有两组平行的工作辊轨道 6，其中一组停放新工作辊对 4，另一组接受旧工作辊对 1。所有机构都在车体 8 上。

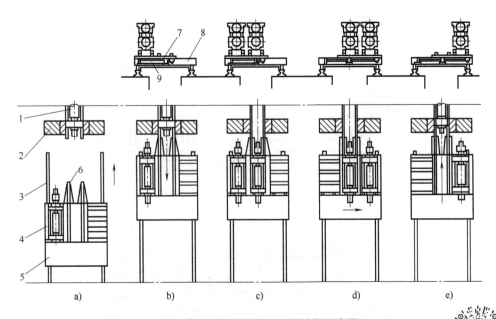

图 3-36 横移式快速更换工作辊过程示意图
a) 小车从轧机间开往轧机旁 b) 等待进行换辊 c) 将旧轧辊对从机座中拉出
d) 横移新工作辊对 e) 将新工作辊对推入机座中
1—旧工作辊对 2—机架 3—小车轨道 4—新工作辊对 5—小车
6—工作辊轨道 7—横移滑道 8—车体 9—横移液压缸

快速换辊模型动画

横移式快速换辊小车的换辊过程均为自动进行的。为了满足快速换辊的需要，机架窗口与轴承座结构也相应做了改进，如图 3-37 所示。平衡缸 6 除了有平衡上工作辊的作用，还起上工作辊正弯曲作用。压紧缸 9 除了防止下支承辊和下工作辊之间打滑，还起弯曲下工作辊作用。液压缸支座 7 是用来安放平衡缸 5、6 和压紧缸 9 的。负弯曲缸 3 和 12 仍放在上、下支承辊轴承座内,这样改进的结果大大有利于加速换辊过程。

换辊过程如下:停车后迅速打开工作辊轴向固定压板 16 和导向装置,并通过压下装置的双向液压缸使弧形垫板迅速移开,然后通过平衡缸 5 使上支承辊部件升起,在上支承辊部件升起的同时,连在上支承辊轴承座上的钩形杆 4 将活动换辊轨道 10 升起,直到与轨道 18 成一水平面,如图 3-37d 所示。在升起的同时整个下工作辊部件通过车轮 15 落在活动换辊轨道 10 上并被升起。接着换辊小车上的推拉机构将下工作辊部件拉出一个距离 A,再通过平衡缸 6 让上工作辊部件落下,使下工作辊轴承座 11 上的 4 个定位销 19 正好插入上工作辊

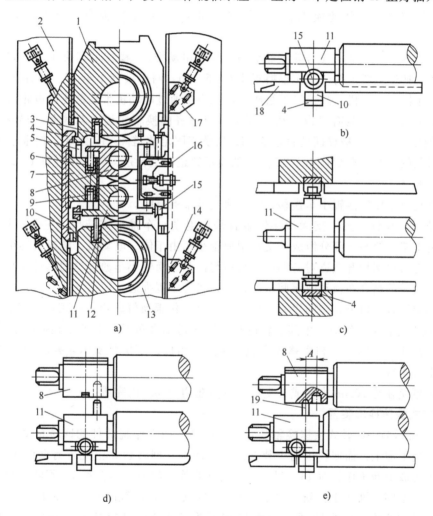

图 3-37 高速连轧机的轴承座结构与窗口配合简图
a) 机座的侧视图 b) 工作辊换辊前 c) 下工作辊轴承座上的车轮与轨道的相互位置
d) 工作辊换辊前上、下工作辊轴承座的相互位置 e) 工作辊换辊过程中上、下工作辊轴承座的相互位置
1—上支承辊轴承座 2—机架立柱 3、12—上、下工作辊负弯曲缸 4—钩形杆 5、6—上支承辊和上工作辊平衡缸 7—液压缸支座 8、11—上、下工作辊轴承座 9—下工作辊压紧缸 10—活动换辊轨道 13—下支承辊轴承座 14、17—下、上支承辊轴向固定压板 15—装在下工作辊轴承座上的车轮 16—工作辊轴向固定压板 18—换辊轨道 19—上、下工作辊轴承座定位销

轴承座 8 上 4 个相应盲孔中，如图 3-37e 所示，以保证工作辊对拉出和推入时的稳定性，并能避免上下工作辊相互碰伤。当推拉机构继续运行时，如图 3-36 所示，把旧工作辊对从机座中拉出到换辊小车的轨道 6 上，旧工作辊对拉出后，换辊小车由液压缸 9 推动而横移让新工作辊对对准机架窗口，并使安放新工作辊对的轨道与图 3-37 中机座的轨道 18 接好，再开动推拉机构将新工作辊对推入机座中。当推拉机构退出后，轴向压板、弧形垫块及导卫装置等恢复正常位置，接通气、电、液管线后，换辊完毕，轧制开始。最后，换辊小车将旧工作辊对拉回轧辊修磨间。

2. 中厚板轧机横移式快速换辊装置

中厚板轧机横移式快速换辊装置（见图 3-38），包括工作辊换辊装置和支承辊换辊装置。

（1）工作辊换辊装置　工作辊换辊装置采用了电动推拉+横移小车快速换辊方式。每架轧机的工作辊换辊装置由两个工作辊换辊小车 15、16，两个横移小车 17、18 组成。工作辊换辊小车由车体、电动机、减速机等组成，换辊小车通过电动机带动减速机齿轮齿条实现行走运动。而横移小车上装有可以与机架固定轨道对齐的换辊轨道 3 与齿条。横移小车 17、18 由两个液压缸 8、9，横移摆动轨道 5、12 和横移固定轨道 4、13 组成。换辊小车就是通过齿轮、齿条的啮合，在横移小车 17、18 的换辊轨道 3 上行走，将工作辊对 1、2 从机架中拉出、推进的。

换支承辊时工作辊换辊小车横移，空出换支承辊的空间。

（2）支承辊换辊装置　支承辊换辊装置采用电动小车推拉式结构，主要由换辊小车、支承辊换辊支架、轨座三部分组成。支承辊换辊小车由车体、电动机、减速机等组成。而换辊轨座上装有与机架抬升轨道对齐的换辊轨道与齿条。换辊小车通过电动机带动减速机，再通过齿轮、齿条的啮合在换辊轨座间来回行走，将支承辊推进、拉出。

整个换辊装置的轨道在空间设有三层，上层是工作辊换辊轨道，由工作辊换辊小车 15、16 横移装置上的轨道 3 组成；中间层轨道与上层轨道垂直布置，由工作辊横移摆动轨道 5、12（由液压缸 7、10 驱动）和横移固定轨道 4、13 组成；下层是支承辊换辊轨道 19，与上层轨道 3 平行布置。

工作辊更换在约 20min 内完成，支承辊更换在约 70min 内完成。

3. 回转式快速换辊装置

图 3-39 所示为一回转式快速换辊装置。接收新、旧工作辊部件的回转台 2 固定于机座非传动侧的地平面上，而回转机构 1 装在地下。同样在回转台 2 上配置有两组平行轨道 3，其中一组事先放上新工作辊对 14，另一组等待接收换出的旧工作辊对 5。回转式与横移式快速换辊装置的不同之处在于：新、旧工作辊对的运送（自轧辊间）由专门的小车完成。换辊时，推拉机构的传动装置 10 通过齿条 11 带动推拉机构的推拉杆 12，将事先由挂钩装置 13 与下工作辊轴承连接好的旧工作辊对推出到回转台 2 上，回转台通过回转机构 1 迅速回转 180°，让新工作辊对正好对准机架窗口，随即由推拉机构将其拉入到工作机座中。其余的动作与横移式快速换辊装置大同小异。

横移式和回转式快速换辊装置的特点比较如下：

横移式结构简单，工作条件好（传动机构在地平面以上），不足之处是换辊速度稍低于回转式。回转式全部机构均在地平面以下，对正常生产操作无影响，换辊速度快，但结构复

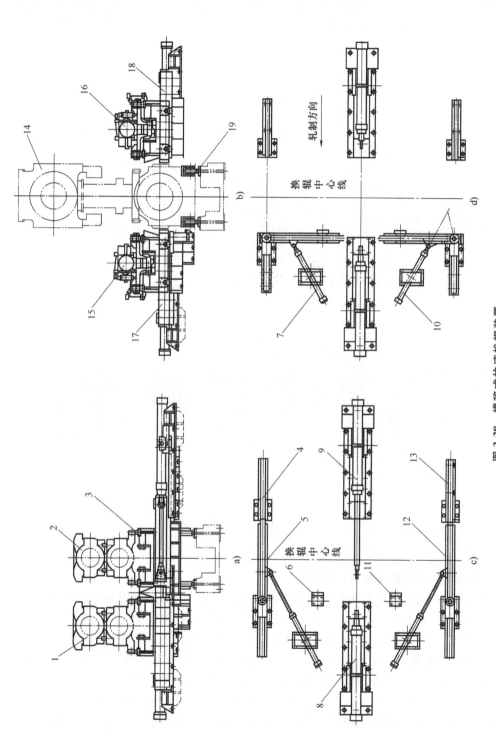

图 3-38 横移式快速换辊装置

a) 工作辊换辊时横移小车和换辊小车位置 b) 支承辊换辊时横移小车和换辊小车位置 c) 工作辊换辊时横移摆动轨道的位置 d) 支承辊换辊时横移摆动轨道的位置

1—旧工作辊对 2—新工作辊对 3—横移固定轨道 4、13—横移动轨道 5、12—挡块 6、11—挡块 7、10—横移摆动轨道液压缸 8、9—横移工作辊液压缸 14—支承辊对 15、16—机后、机前工作辊换辊小车 17、18—横移小车 19—支承辊换辊轨道

杂，工作条件差（冷却水及杂质易于侵蚀），维修困难（在地下），因此造价高、投资大，多用于一些高生产率、经常换辊的连轧机的精轧机座。横移式除了以上所提到的优点，还可以一机多用（一台换辊装置供几台机座进行换辊），大大节省了投资，所以近几年来得到了广泛的应用。

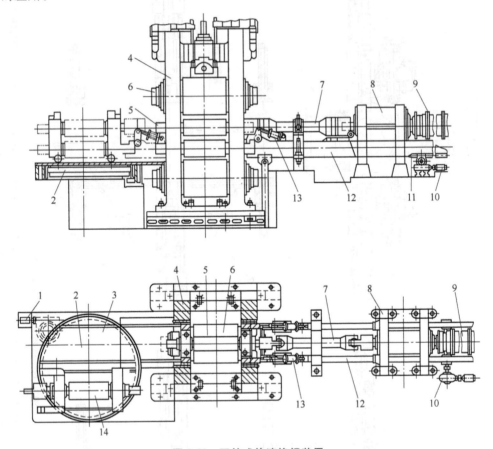

图 3-39　回转式快速换辊装置

1—回转机构　2—回转台　3—轨道　4—机架　5—旧工作辊对　6—上支承辊　7—万向联轴器　8—齿轮机座
9—主联轴器　10—推拉机构的传动装置　11—齿条　12—推拉杆　13—挂钩装置　14—新工作辊对

4. 热连轧机精轧机机座支承辊换辊装置

图 3-40 所示为热连轧机精轧机机座支承辊换辊装置，由小车 1 和液压缸 10 等组成。小车作为支承辊轴承座支座架于两机架的下横梁上，只有换辊时才被液压缸拉出来。为防止轧制时小车车轮受到压力和冲击，与车轮接触的升降轨道 3 可以升降，只有换辊时才由液压缸 4 升起与连接梁 5 及机架下横梁上平面在同一个水平位置，并将车体和支承辊部件一起升起离开机架下横梁，然后由液压缸 10 将支承辊部件拉出。随后由吊车将旧支承辊吊走，并将新支承辊吊来，再由液压缸 10 反向推入机座中。图 3-40 中的销 6 用于连接柱塞杆 7 和小车 1。限位挡块 9 和限位块 11 用于限制液压缸 10 前后行程的极限位置。为了保护活塞杆不受冷却水和脏物的侵蚀，还装有防护罩 13。

5. 多机座动态式换辊方法

全连续式带钢轧机上，为了充分利用轧制时间，尽可能地减少换辊辅助时间，曾有人建

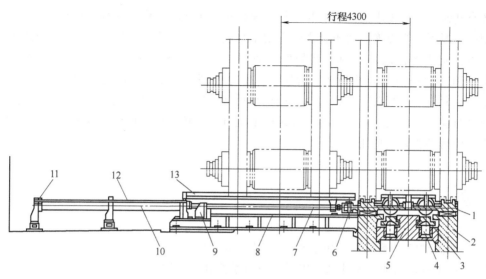

图 3-40 热连轧机精轧机机座支承辊换辊装置
1—小车 2—机架 3—升降轨道 4、10—液压缸 5—连接梁 6—销
7—柱塞杆 8—轨道 9—限位挡块 11—限位块 12—滑架 13—防护罩

议采用比满足轧制工艺要求的工作机座多出一架机座的动态式换辊的方法。也就是说，对于五机架连轧机，可在其轧制线上安装六台轧机机座，其中有一台机座平时不参与轧制，只有当需要换辊时才参与轧制，而要换辊的机座则停车等待换辊。这样做的结果是可以实现换辊时不用全线停车。这种换辊的方式称为多机座动态式换辊。

图 3-41 是一种由电子计算机进行程序控制的动态式换辊示意图。换辊时必须首先使被换辊机座的工作辊与带材脱离接触，同时使机组中其余工作机座的工作辊辊缝和轧制速度调

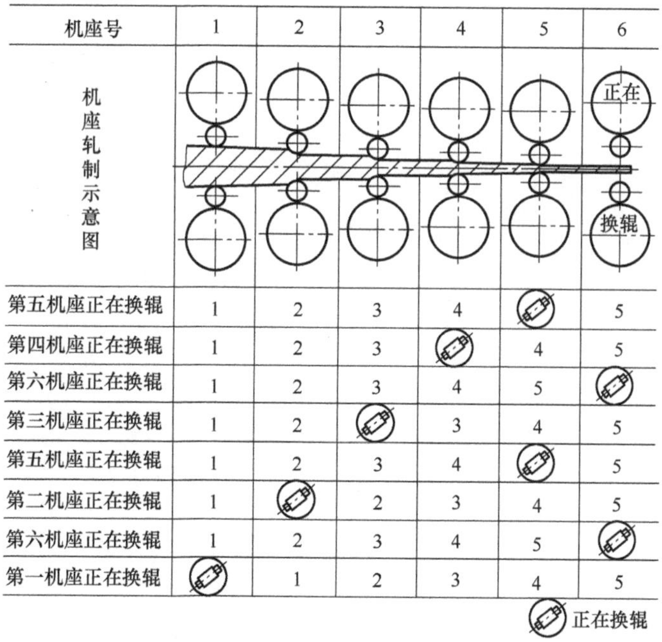

机座号	1	2	3	4	5	6
机座轧制示意图						正在换辊
第五机座正在换辊	1	2	3	4	⊘	5
第四机座正在换辊	1	2	3	⊘	4	5
第六机座正在换辊	1	2	3	4	5	⊘
第三机座正在换辊	1	2	⊘	3	4	5
第五机座正在换辊	1	2	3	4	⊘	5
第二机座正在换辊	1	⊘	2	3	4	5
第六机座正在换辊	1	2	3	4	5	⊘
第一机座正在换辊	⊘	1	2	3	4	5

⊘ 正在换辊

图 3-41 多机座动态式换辊示意图

整到各自轧制工艺所要求的大小。与带材脱离接触的工作辊机座的轧辊，可在不受时间和方法限制的情况下进行更换，而不会影响轧制正常进行。有时为了使带材的切头损失尽可能地减少，可相应地将各机座轧制速度降低或瞬时停车。动态换辊和动态改变带材尺寸偏差（为调节带材的厚度不均而进行的瞬时压下）非常相似，它也是自动进行程序控制的，机组恢复正常轧制仅需极短时间。只有当更换产品规格或发生轧制事故时，才需要整个机组停车换辊或进行检修，因此，这是一种很理想的换辊方法，随着现代化科学技术的进步，将会在轧制生产中得到很好的应用。

思考题

3-1 如何理解"不带钢"压下和"带钢"压下？
3-2 压下螺丝一般由哪几部分组成？各自承担什么作用？
3-3 轧机液压压下装置一般由哪几部分组成？液压压下有什么特点？
3-4 上轧辊平衡装置的作用是什么？轧机上常用的平衡装置有哪几种形式？
3-5 轧辊轴向调整和轴向固定的目的是什么？

第 4 章 轧钢机主传动装置

4.1 主传动方案与组成

轧钢机主机列由工作机座、主传动装置和电动机组成,如图 4-1 所示。主传动装置的作用是将电动机的动力传递给工作机座的轧辊,使其以一定的速度和输出转矩转动,实现对金属的轧制。

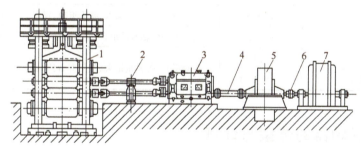

图 4-1 集中传动的四辊粗轧机座主传动简图
1—工作机座 2—联轴器及平衡装置 3—齿轮机座 4—主联轴器
5—减速器 6—电动机联轴器 7—交流同步电动机

主传动装置的组成与轧机的结构型式和工作制度有关。轧钢机主传动装置的基本构成包括联轴器、减速器、齿轮机座等。

如果轧制速度较高,可以取消减速器,由电动机通过齿轮箱驱动轧辊,或者采用单电动机传动方式,由两台电动机分别直接传动两个轧辊。这样的传动方式可以降低传动系统的飞轮力矩和传动消耗,提高轧机的动力性能。图 4-2 所示为单独传动的四辊轧机座主传动简图。

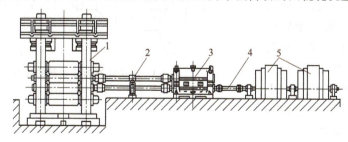

图 4-2 单独传动的四辊轧机座主传动简图
1—工作机座 2—联轴器及平衡装置 3—齿轮机座 4—电动机联轴器 5—双电枢直流电动机

4.2 联轴器选型与强度校核

4.2.1 联轴器的类型与特点

联轴器是与轧辊连接的传动部件，其作用是将由齿轮机座、减速器、电动机传来的运动和力矩传递给轧辊。由于轧机的轧辊通常是上下运动的，所以联轴器需要以一定范围的倾斜角工作。轧钢机常用的联轴器有万向联轴器、梅花联轴器和齿式联轴器。轧钢机联轴器的类型和用途见表4-1。

表4-1 轧钢机联轴器的类型和用途

联轴器类型		允许倾角/(°)	主要特点
十字铰链万向联轴器	滑块式	8~10	传递转矩大、耐冲击负荷、有色金属材料消耗多、维修量大
	十字轴式	8~12	传递转矩大、易于标准化、维修方便
梅花联轴器		1~1.5	价格便宜、冲击振动大、易于更换、仅用于横列式轧机
联合联轴器		1~1.5	两种不同联轴器的组合，使用两端不同型式的轴头
齿式联轴器		约6	传动平稳、传递扭矩大、使用寿命长、易于标准化、维修方便
弧形齿联轴器		一般1~3	

4.2.2 联轴器的选型与计算

1. 滑块式万向联轴器

滑块式万向联轴器的结构如图4-3所示，主要由扁头1、叉头2、销轴（方轴）3和滑块4等零件组成。在联轴器叉头2的径向镗孔中，装有定位凸肩（在镗孔中心线方向固定滑块的位置）的半月牙形青铜或工程塑料滑块4，在两个滑块之间装有上下具有轴颈的销轴3，销轴3的轴身断面为方形或圆形。将带有切口的扁头1插入两个滑块之间，销轴3刚好位于扁头的切口之中，这样叉头和扁头即形成一个虎克铰链，叉头径向镗孔的中心线Ⅰ—Ⅰ和销轴的中心线Ⅱ—Ⅱ分别为虎克铰链的两条中心线。

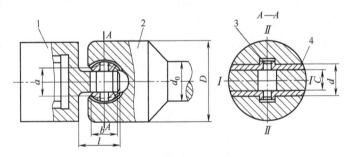

图4-3 滑块式万向联轴器的铰链结构
1—扁头 2—叉头 3—销轴 4—滑块

叉头位于联轴器体的两端，叉头和联轴器体可以做成一体的，也可以分开制造，然后采用过盈配合的键连接。当联轴器较长时，叉头与联轴器体分开制造比较合理，因为当叉头破坏时可以单独更换，并且制造方便。现场使用经验表明，万向联轴器的损坏往往是由于叉头的破坏而造成的。联轴器两端的叉头直径分别受到齿轮机座中心距和轧辊重车后最小中心距的限制。所以，靠轧辊一端的叉头直径应比重车或重磨后的最小轧辊直径小；而靠齿轮机座一端的叉头，由于径向空间较大，允许比轧辊端的叉头直径做得大一些，以保证过载时，人字齿轮轴的扁头不致破坏。轧辊端的扁头，可以和轧辊做成一体，也可以分开制造，然后装在轧辊轴端上。前者强度较高，后者在轧辊报废后，扁头仍可使用。

联轴器铰链的主要结构尺寸是叉头直径 D、径向镗孔直径 d 和扁头厚度 c。这些结构尺寸通常可按轧辊最小直径 D_{min} 的比例关系确定。

轧辊端的叉头直径：$D = (0.85 \sim 0.95)D_{min}$。

叉头的镗孔直径：$d = (0.48 \sim 0.50)D$。

扁头厚度：$c = (0.25 \sim 0.28)D$。

扁头长度：$l = (0.415 \sim 0.50)D$。

联轴器体直径：$d_0 = (0.50 \sim 0.60)D$。

叉头端面两股间的距离 a 要比半月形滑块的宽度 b 稍大些，以便于安装和拆卸。

联轴器两端铰链中心线之间的长度 L，由联轴器最大允许倾角 α 和上轧辊在最高提升位置时上轧辊中心线与上齿轮轴（或电动机）中心线之间的距离 h_s 来确定，即

$$L = \frac{h_s}{\tan\alpha} \qquad (4-1)$$

其中，h_s 的大小取决于联轴器的布置形式。

扁头带有切口的滑块式万向联轴器便于从轴向安装和拆卸，故又称为轴向拆装的万向联轴器。在开式机架的轧钢机中，为了便于从机架窗口上面换辊，可以采用侧向移动拆装的万向联轴器，这种形式的万向联轴器，称为侧向拆装的万向联轴器（见图4-4）。扁头2的中间具有圆孔，螺栓3贯穿于叉头1和扁头2，半月形滑块4不再具有定位凸肩。当把螺栓抽出后，扁头和滑块可以从叉头的侧向移出。由于在叉头镗孔中间没有凹槽，所以镗孔比较简单，但是贯穿螺栓会大大削弱叉头的强度，使接头传递转矩减小。

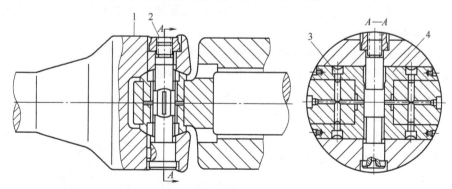

图 4-4 侧向拆装的万向联轴器铰链
1—叉头 2—扁头 3—贯穿螺栓 4—滑块

用于传动轧辊的联轴器传递的扭矩很大，因此铰链结构应具有足够的强度。为了提高联轴器叉头强度，可以对叉头的结构加以改进，例如，采用叉头两股间带筋板的铰链（见图4-5），叉头镗孔从两侧各镗一段，中间留有一定厚度的筋板将叉头的两股连在一起，筋

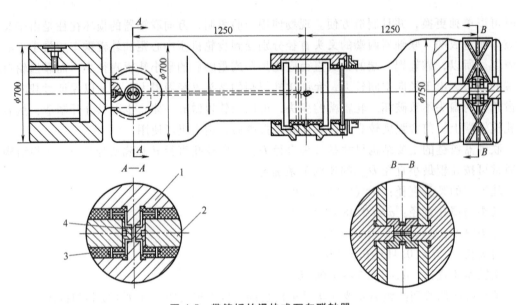

图 4-5 带筋板的滑块式万向联轴器
1—叉头 2—扁头 3—半月形滑块 4—圆柱面青铜块

板两侧各有两块半月形滑块,与镗孔垂直的中间销轴是两块拼合的,圆角不宜过小,否则将产生过大的应力集中。这种结构的联轴器铰链拆装比较麻烦。

滑块式万向联轴器的材料,一般多选用 45 钢,当传递转矩较大时,可采用合金钢,如 42CrMo、37SiMn2MoV、32Cr2MnMoA 等。铰链中的滑块材料,通常选用耐磨青铜 ZCuAl10Fe3 制造,但容易磨损,寿命短,青铜的消耗量很大。为了节省有色金属,可以采用 MC 尼龙-6 等工程塑料滑块。此外,采用复合结构的滑块也具有一定的实用价值。

2. 十字轴式万向联轴器

(1) 十字轴式万向联轴器的优点　带有滚动轴承的十字轴式万向联轴器广泛地应用在轧钢机的主传动中,与滑块式万向联轴器相比,这种万向联轴器有如下优点:

1) 在回转直径相同的情况下,比滑块式万向联轴器能传递更大的转矩,最大的传递转矩高达 5000~8300kN·m;

2) 由于采用滚动轴承,传动效率可达 98.7%~99%,节能效果显著。

3) 由于滚动轴承的间隙小,联轴器传动平稳,噪声低。

4) 润滑条件好,不漏油,可省去润滑系统,减少了维修费用。

5) 一次使用寿命可达 1~2 年以上。

6) 允许倾角可达 10°~15°。

7) 适用于高速运转,为提高轧制速度创造了条件。

8) 有利于标准化、专业化生产,降低成本。

(2) 十字轴式万向联轴器的结构　图 4-6 所示为十字轴式万向联轴器铰链简图。它由两个共轭的叉头 1、十

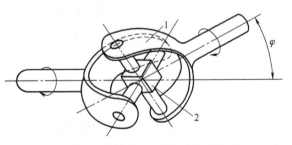

图 4-6 十字轴式万向联轴器铰链简图
1—叉头 2—十字轴

字轴 2 和装在十字轴轴颈上的滚动轴承等主要部件组成。

轧钢机用的大型十字轴式万向联轴器的结构，根据万向联轴器的连接固定方式的不同，可分为轴承盖固定式、卡环固定式和轴承座固定式。图 4-7 所示为 80mm 钢球轧机上带滚针轴承的十字轴式万向联轴器。图 4-8 所示为带滚动轴承的万向联轴器铰链。图 4-9 所示为 1700mm 不可逆式万能粗轧机的立辊联轴器。

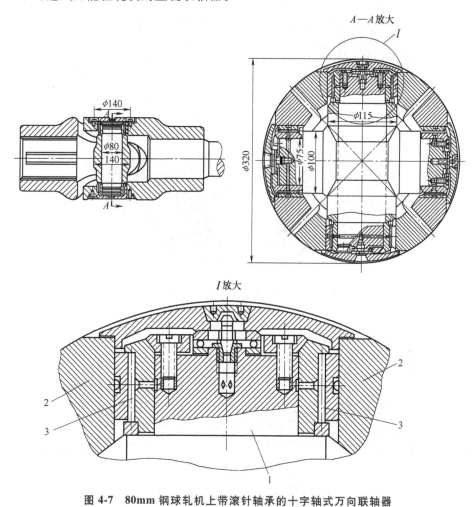

图 4-7 80mm 钢球轧机上带滚针轴承的十字轴式万向联轴器
1—十字轴　2—叉头　3—滚针轴承

（3）主要零件的强度计算

1）十字轴。在传递扭矩时，十字轴受集中载荷（见图 4-10），横截面 Ⅰ—Ⅰ、Ⅱ—Ⅱ 上的弯曲应力为

$$\sigma_{\text{I}} = \frac{32FSd}{\pi(d^4 - d_i^4)} \tag{4-2}$$

$$\sigma_{\text{II}} = \frac{32FS_1 d_1}{\pi(d_1^4 - d_i^4)} \tag{4-3}$$

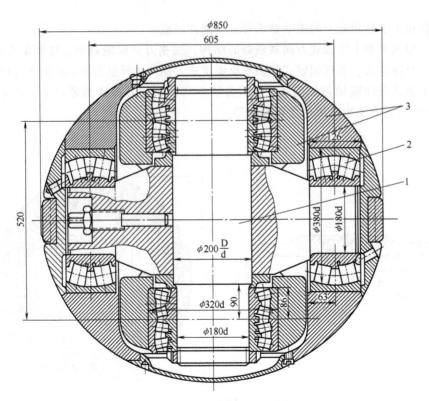

图 4-8 带滚动轴承的万向联轴器铰链

1—十字轴　2—滚动轴承　3—叉头

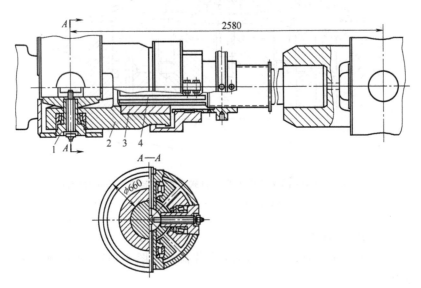

图 4-9 1700mm 不可逆式万能粗轧机的立辊联轴器

1—十字轴　2—叉头　3—花键　4—花键轴

式中，σ_{I}、σ_{II} 分别是 I—I 和 II—II 横截面上的弯曲应力（MPa）；F 是十字轴上的作用力（N）；d、d_1 分别是不同位置的轴径（mm）；d_i 是轴上钻孔直径（mm）。

十字轴的材料一般采用铬镍合金钢，如 20Cr，并经渗碳或渗氮处理。

2) 轴承座键的强度。作用在键侧面的力（见图 4-11）为

$$F_1 = F - \mu P \tag{4-4}$$

式中，μ 是接触面间的摩擦系数，可取 $\mu = 0.14$；P 是螺栓的预紧力（N）。

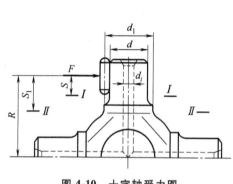

图 4-10 十字轴受力图

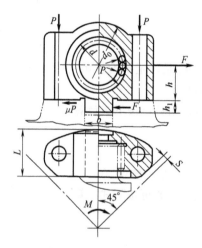

图 4-11 轴承座受力图

键侧面的挤压应力为

$$\sigma = \frac{F_1}{h_1 L} \tag{4-5}$$

式中，σ 是键侧面的挤压应力（MPa）；h_1 是键高（mm）；L 是键的工作长度（mm）。

允许挤压应力 $[\sigma_j] = (0.5 \sim 0.7)\sigma_s$。键的弯曲应力 σ、剪切应力 τ 和合成应力 σ_W 分别为

$$\sigma = \frac{3F_1 h_1}{b^2 L} \tag{4-6}$$

$$\tau = \frac{3F_1}{2bL} \tag{4-7}$$

$$\sigma_W = \sqrt{\sigma^2 + 3\tau^2} \leqslant [\sigma] \tag{4-8}$$

式中，许用应力取 $[\sigma] = (0.4 \sim 0.5)\sigma_s$。

3) 叉头的强度。取 $I-I$ 断面进行计算（见图 4-12）。

弯曲应力为

$$\sigma = \frac{F_1 h_1 y}{2 J_z} \tag{4-9}$$

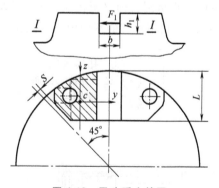

图 4-12 叉头受力简图

式中，J_z 是组合图形截面对 z 轴的惯性矩（mm^4）；y 是组合图形截面形心到截面边缘的距离（mm）。

剪切应力为

$$\tau = \frac{F_1 S}{J_z L} \tag{4-10}$$

式中，L 是槽的长度（mm）；S 是中性轴一边截面积对中性轴的静矩（mm^3）。

合成应力按式（4-8）进行计算，即 $\sigma_W = \sqrt{\sigma^2 + 3\tau^2} \leqslant [\sigma]$。

4）轴承寿命计算。万向联轴器的寿命是指十字轴上轴承的寿命，可按经验公式进行计算，有

$$L_h = 3000 k_m \left(\frac{k_n k_\beta M_a}{M} \right)^{2.907} \tag{4-11}$$

式中，M_a 是额定平均扭矩（kN·m）；k_m 是材料系数，可取 $k_m = 3$；k_n 是转速系数；k_β 是倾角系数。

转速系数可按下式计算：

$$k_n = \frac{10.2}{n^{0.336}} \tag{4-12}$$

式中，n 是平均转速（r/min）。

倾角系数可按下式计算：

$$k_\beta = \frac{1.46}{\beta^{0.344}} \tag{4-13}$$

式中，β 是合成倾角（°）。

4.2.3 弧形齿联轴器

弧形齿联轴器（见图4-13）是由一对弧形外齿轴套5、内齿圈6及中间联轴器1等主要零件组成。

弧形齿联轴器外齿轴套的齿顶和齿根表面在齿宽方向（即轴向）均呈圆弧面，并且其齿侧面也呈圆弧面（见图4-14）。所以，当外齿轴套与内齿圈啮合时，允许联轴器在 xOz 和 zOy 两个互相垂直的平面内具有倾角。

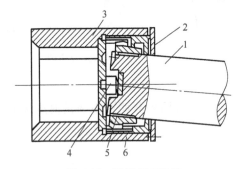

图 4-13 弧形齿联轴器
1—中间联轴器 2—密封圈 3—连接套 4—球面顶头 5—弧形外齿轴套 6—内齿圈

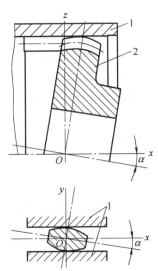

图 4-14 外齿轴套的齿形示意图
1—内齿圈 2—弧面外齿套

联轴器内齿圈与外齿轴套间的倾角 α（即联轴器铰链的倾角）可达到 $6°$。与滑块式万向联轴器相比，弧形齿联轴器有许多优点：在运转过程中弧形齿联轴器的角速度几乎是恒定的，所以，传动平稳，冲击和振动小，有利于提高轧机的轧制速度和改善产品质量；铰链的密封性和润滑条件好，使用寿命长；换辊时容易对准，装拆简单；铰链制造不需要青铜；当联轴器倾角较小时，有较大的承载能力。所以，弧形齿联轴器适于在轧制速度较高、轧辊中心线间的距离变化不大（即联轴器倾角较小）时使用。如在热带钢连轧机、冷带钢轧机，以及线材、棒材及管材机的主传动系统中，广泛地采用弧形齿联轴器。

此外，由于弧形齿联轴器易于实现标准化、系列化生产，从而使联轴器的生产和使用更为方便，降低了成本和维修费用。

随着联轴器倾角的增大，轮齿间的接触应力增大，联轴器的承载能力显著下降（见图 4-15），传动效率降低，磨损加快，使用寿命缩短。所以弧形齿联轴器不适合在联轴器倾角较大、扭矩很大的轧机上使用。

图 4-16 中的曲线表明弧形齿联轴器与带滚动轴承的万向联轴器承载能力随联轴器倾角的变化情况。由图 4-16 可见，当联轴器倾角小于 $1°$ 时，用弧形齿联轴器更为有利。

外齿轴套的弧形齿可在滚齿机上铣削而成。内齿圈和弧形外齿轴套等主要零件的材料一般选用合金结构钢。考虑破坏后可单独更换，内齿圈与弧形外齿轴套间应保证具有良好的润滑和密封，以减少轮齿间的磨损，延长联轴器的使用寿命。

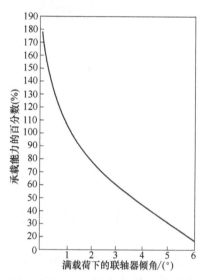

图 4-15 弧形齿联轴器在满载荷下联轴器倾角变化对承载能力的影响曲线

图 4-17 所示是某热带钢连轧机的最后三架精轧机上采用的弧形齿联轴器，其主要技术性能为：齿数 $z=60$，模数 $m=10\mathrm{mm}$，每根联轴器允许传递的最大扭矩 $M=350\mathrm{kN\cdot m}$，上轧辊提升时联轴器的最大倾角 $\alpha=2°52'$，联轴器两个铰链的中心距为 3000mm，联轴器允许最大转速为 820r/min。弧形外齿轴套、内齿轴套和内齿圈均用合金锻钢 37SiMn2MoV 制造，切齿后进行热处理，齿面淬火硬度 $\geqslant 40$HRC。考虑装联轴器的轴向定位并防止轴向冲击，在轴体端部安有带弹簧的球面顶头。弧形齿联轴器的内齿圈和弧形外齿轴套的轮齿、轴套的齿轮强度计算与一般的齿轮传动计算方法相同。实践表明，弧形外齿轴套和内齿圈的破坏，主要是由于加工和润滑不好引起齿面磨损变尖和轮齿弯曲折断。因此，弧形齿联轴器的强度计算，只需要计算弧形外齿轴套的轮齿弯曲强度。

联轴器齿轮传递的圆周力 P 和力矩 M，可按下式计算：

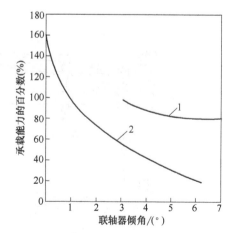

图 4-16 带滚动轴承的万向联轴器与弧形齿联轴器的比较

1—带滚动轴承的万向联轴器 2—弧形齿联轴器

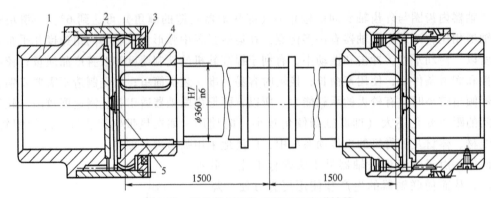

图 4-17 某热带钢连轧机的弧形齿联轴器
1—轴套 2—内齿圈 3—密封圈 4—弧形外齿轴套 5—球面顶头

$$P = Bh_2 z[\sigma] \tag{4-14}$$

$$M = \frac{1}{2}Pmz = 108Bm^2 z^2 \tag{4-15}$$

式中，B 是轮齿宽度；h_2 是内齿圈的齿高，$h_2 = 1.8m$；m 是模数；z 是齿数；$[\sigma]$ 是连续工作条件下的许用单位压力，$[\sigma] = 1200\text{MPa}$。

4.2.4 联轴器的平衡

在轧辊直径大于 450mm 的轧机上，联轴器的重量较大，为了不使联轴器的重量传递到联轴器的铰链或齿轮上，以减小联轴器铰链中或齿轮间的冲击和磨损，通常用平衡装置来平衡联轴器的重量。平衡力的大小为被平衡重量的 1.1~1.3 倍。

联轴器的平衡装置有弹簧平衡、重锤平衡和液压平衡三种形式。图 4-18 所示为 500mm 三辊轧机梅花联轴器的重锤平衡装置。图 4-19 所示为 2500mm 四辊轧机联轴器的弹簧平衡装置。图 4-20 所示为 1000mm 初轧机滑块式联轴器的液压平衡装置。

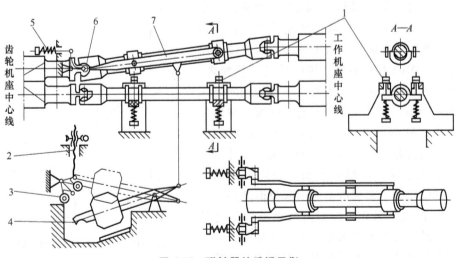

图 4-18 联轴器的重锤平衡
1—螺母 2—蜗轮蜗杆机构 3—滚子 4—重锤杠杆 5—弹簧 6—联轴器铰链 7—轴承支承架

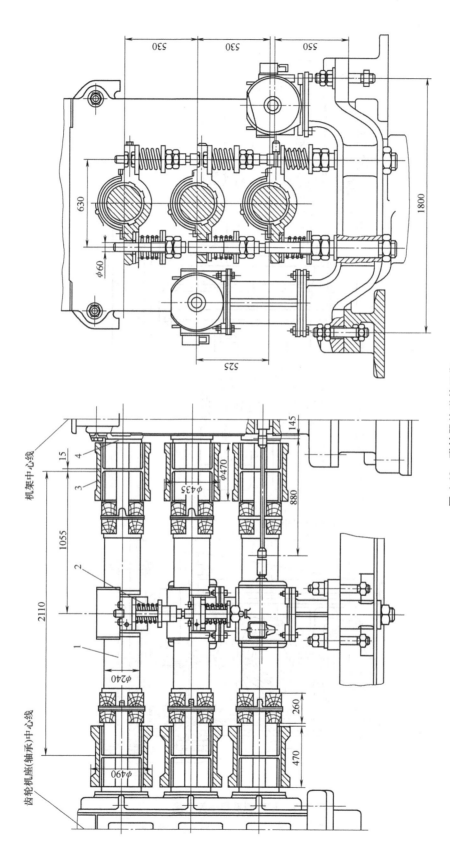

图 4-19 联轴器的弹簧平衡

1—梅花联轴器 2—平衡联轴器的弹簧 3—梅花轴套 4—轧辊端部

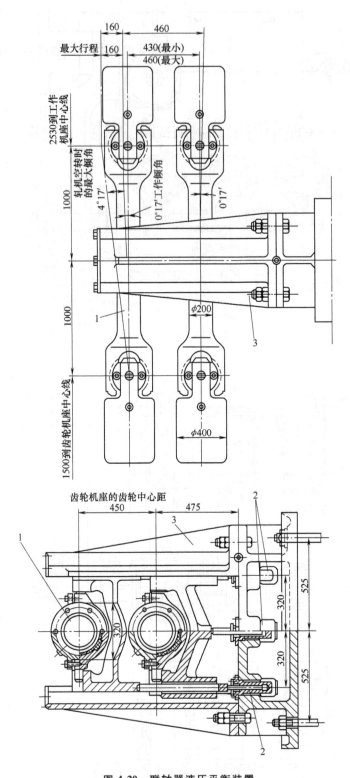

图 4-20 联轴器液压平衡装置
1—万向联轴器 2—液压缸 3—联轴器托架支座

4.3 齿轮机座和主减速器的选型与设计

4.3.1 齿轮机座的选型与设计

1. 齿轮机座的作用及类型

为了将电动机或减速器的扭矩分配给每个轧辊。除电动机单独传动每个轧辊的情况外，大多数轧钢机的主传动系统中都设有齿轮机座。

因为齿轮机座传递的扭矩较大，而中心距又受到轧辊中心距的限制，为了满足强度要求，齿轮的模数较大（8~45mm），齿宽较大（齿宽系数为1.6~2.4），而齿数较少，通常为22~44。

齿轮机座的箱体有高立柱式、矮立柱式和水平剖分式三种形式（见图4-21），可以根据具体情况加以选择。齿轮机座通常直接安装在基础上，安装方式有两种，一种是将整个底座都安放在基础上，另一种由地脚安装在基础上（见图4-22）。

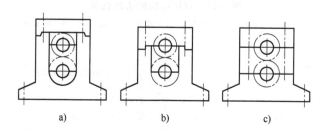

图 4-21 齿轮机座箱体的形式
a）高立柱式 b）矮立柱式 c）水平剖分式

2. 齿轮机座的结构

齿轮机座由齿轮轴、轴承及轴承座和机盖等主要部件组成。由于传递的扭矩大，传动轴的直径很大，相比之下，齿轮的直径很小，所以一般与传动轴做成一体，即齿轮轴。齿轮多做成具有渐开线齿形的人字齿，这样，只能将一根齿轮轴的一端在轴向予以固定，而另外一根齿轮轴必须设计成轴向游动的，在运转过程中依靠人字齿的啮合自动定位，从而避免载荷在两侧斜齿上的不均匀分布。另外，在温度发生变化时，相啮合的齿轮轴均可自由伸缩，保证正常啮合。在齿轮机座中采用双圆弧齿轮轴，可提高齿轮轴的使用寿命和承载能力，使齿轮轴的外形尺寸减小。

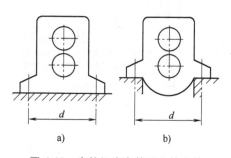

图 4-22 齿轮机座在基础上的安装
a）整个底座安装在基础上
b）由地脚安装在基础上

齿轮轴的材料一般为 45、40Gr、32Cr2MnMo、35SiMn2MoV、40CrMn2MoV 等。由于轧机齿轮机座中齿轮轴的齿面接触应力很高，应采用硬齿面，齿面淬火硬度为 480~570HBW。

齿轮机座的轴承主要采用滚动轴承，在一些老式轧机的齿轮机座上也采用滑动轴承。

齿轮机座箱体应保证齿轮传动具有良好的密封性，并具有足够的刚性，以使轴承具有坚固的支承，为此，应尽可能加强箱体轴承处的强度和刚度。由于轧钢机齿轮箱大多是单件或少量生产，为了降低成本，机座的箱体采用锻焊结构或铸焊结构。图4-23所示为一种具有立分缝轴瓦的焊接结构的齿轮机座。图4-24所示为整体式齿轮机座。

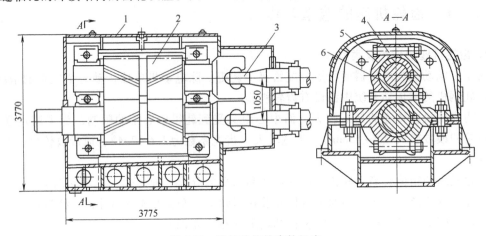

图4-23　焊接结构的齿轮机座
1—焊接箱体　2—齿轮轴　3—联轴器　4—螺栓　5—轴承座　6—竖直剖分的轴瓦

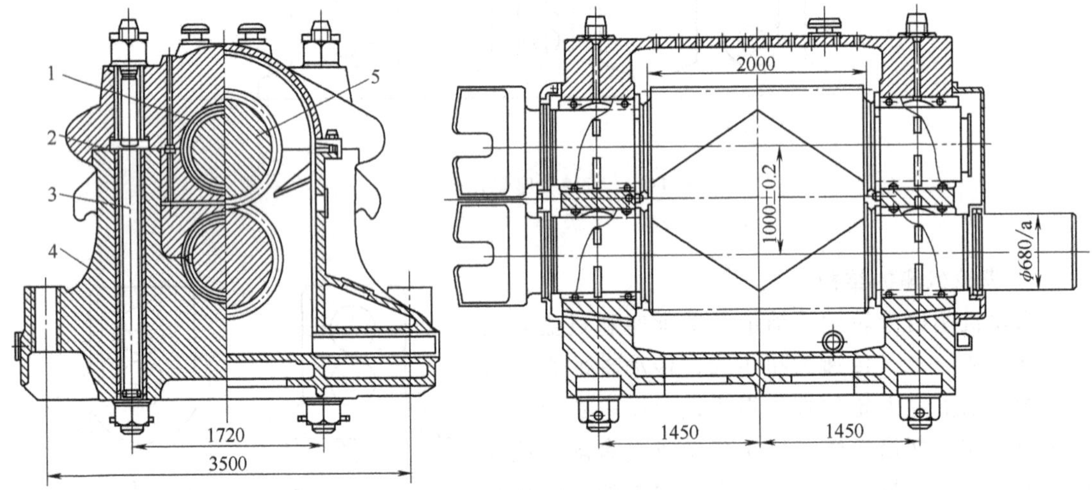

图4-24　整体式齿轮机座
1—轴瓦　2—上盖　3—拉杆　4—机架　5—齿轮轴

轧钢机的齿轮机座连续运转时间很长，因此机座的冷却与润滑是很重要的。对于齿轮，润滑采用两种方式：一种是用侧向喷嘴直接向齿轮啮合区喷射润滑油；另一种是用一排位于上齿轮轴上部的喷油嘴，通过侧挡板向齿轮啮合区注油。对于不可逆轧机，则在两侧安装挡板。齿轮箱的轴承通常与齿轮使用同一润滑系统，在齿轮箱体上应有润滑轴承的油沟。

3. 齿轮机座主要参数的确定

对于轧辊中心距在工作中变化不大的轧机，其齿轮机座的中心距可按下式选取：

$$D_0 = \frac{D_{max}+D_{min}}{2}+h \tag{4-16}$$

式中，D_{max} 是新轧辊直径；D_{min} 是重车或重磨后的最小轧辊直径；h 是轧件出口厚度。

如果轧机各道次的压下量变化较大，齿轮机座的中心距应该等于轧制功消耗最大的各道次的平均轧辊中心距。

4.3.2 主减速器的选型与设计

大型轧钢机多配有大型的主减速器，其中心距多在 1.5m 以上。随着调速电动机的采用和连轧技术的发展，大型减速器的使用在减少。

轧机主减速器齿轮也采用人字齿轮，以保证转动平稳，消除轴向力。由于齿轮庞大，为了保证齿轮的强度，减轻重量，采用组合齿轮（见图 4-25）。组合齿轮的轮心采用铸铁或铸钢，齿圈则采用铸钢或合金铸钢。齿圈的高度必须大于齿高的 3 倍。当齿圈较宽时，可用双齿轮圈。

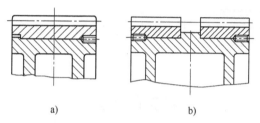

图 4-25 组合齿轮
a) 单齿圈 b) 双齿圈

与齿轮箱类似，主减速器也多采用焊接结构。

最常用的轧钢机主减速器是一级或二级圆柱齿轮减速器。一般以传动比 7~8 作为选用一级或二级减速器的分界线。其中心距，一级减速器为 1000~2400mm，二级减速器为 2000~4200mm。通常第二级与第一级中心距之比为 1.3~1.5，在齿面接触应力允许的情况下，其比值越小，就越能减小调速器的外形尺寸和重量。选用减速器中心距时，应参考有关标准的规定。

此外，采用圆弧齿轮来提高轧机主减速器齿轮承载能力和使用寿命也得到广泛应用。

思考题

4-1 试设计主传动装置并确定设计方案，并加以简要说明。
4-2 简述滑块式万向联轴器的结构，并分析如何提高滑块式万向联轴器的使用寿命。
4-3 简述十字轴式万向联轴器、弧形齿联轴器的特点。
4-4 简述如何提高齿轮机座和主减速器的使用寿命。

第 5 章　轧钢机机架与工作机座

5.1　机架的类型及主要结构参数

5.1.1　机架的类型

轧钢机机架是轧钢机的重要部件，它要在轧制过程中承受巨大的轧制力、瞬间冲击力、部分轧制力矩。另外，轧辊系统、压下与平衡装置均安装在机架上。因此，要求轧钢机机架必须具有足够的强度与刚度。根据机架的构成形式，有牌坊式机架、框架式机架、板式机架和箱式机架（用于悬臂式轧机）；根据机架牌坊的形式，有闭式机架、开式机架；根据机架的制作方式，有铸造机架、焊接机架和组合式机架，如图 5-1 所示。

1. 闭式机架

闭式机架是一个整体框架，可以铸造也可以用整块钢坯切割而成。闭式机架具有较高的强度和刚度，主要用于轧制力较大的初轧机、板坯轧机和板带轧机等。随着机械加工能力的提高，为了提高轧件轧制精度，小型线材轧机也往往采用闭式机架。

2. 开式机架

开式机架是由机架本体和上盖两部分组成，主要用于横列式型钢轧机，其主要优点是换辊方便，缺点是刚度较差。常见的开式机架上盖连接方式有螺栓连接、立销和斜楔连接、套环与斜楔连接、横销与斜楔连接和斜楔连接，如图 5-2 所示。

图 5-2a 所示是螺栓连接的开式机架，机架上盖（上横梁）用两个螺栓与机架立柱连接。这种连接方式结构简单，但因螺栓较长，变形较大，故机架刚度较低。此外，换辊时拆装螺母较费时。

图 5-2b 所示是立销与斜楔连接的开式机架，其换辊相比螺栓连接较方便。

图 5-2c 所示是套环与斜楔连接的开式机架，与上述两种形式相比，取消了立柱和上盖上的垂直销孔，用套环代替螺栓或圆柱销。套环的下端用横销铰接在立柱上，套环上端用斜楔把上盖和立柱连接起来。这种结构换辊较为方便。由于套环的截面可大于螺栓或圆柱销，轧机刚性有所改善。

图 5-2d 所示是横销与斜楔连接的开式机架，上盖与立柱用横销连接后，再用斜楔楔紧。其优点是结构简单，连接件变形较小。但是，在楔紧力和冲击力作用下，当横销沿剪切截面

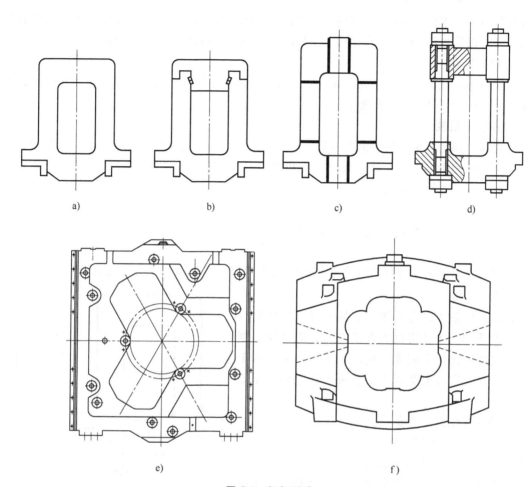

图 5-1 机架形式

a) 闭式机架 b) 开式机架 c) 焊接机架 d) 组合式机架 e) 板式机架 f) 框架式机架

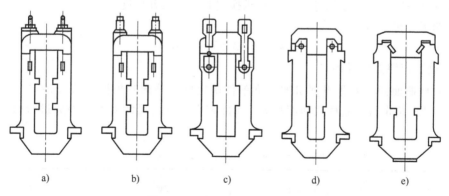

图 5-2 开式机架上盖连接方式

a) 螺栓连接 b) 立销和斜楔连接 c) 套环与斜楔连接
d) 横销与斜楔连接 e) 斜楔连接

发生变形后,拆装较为困难,使换辊时间延长。

图 5-2e 所示是斜楔连接的开式机架,与上述四种形式的开式机架相比具有如下优点:

上盖弹跳值小、连接件结构简单而坚固、机架立柱横向变形小和拆装方便。因此，采用斜楔连接的开式机架也称为半闭式机架，使用效果好，在型钢轧机上得到广泛应用。

3. 焊接机架

焊接机架由几部分焊接而成，属于老式机架，因其强度和刚度受焊缝质量影响较大，现代轧机极少使用该种形式的机架。

4. 组合式机架

组合式机架是将单片机架由上横梁、下横梁、左立柱、右立柱四部分通过拉杆预紧，形成的一个封闭的矩形框架。其主要优点是单件质量小、铸造加工相对容易且运输安装方便等，主要应用于宽厚板轧机。

5.1.2 机架的主要结构参数

机架的主要结构参数包括机架窗口高度 H 和宽度 B，以及机架立柱截面面积 F（$F = l_1 \times b$），如图 5-3 所示。

在闭式机架中，为了便于更换轧辊，机架窗口的宽度 B 应稍大于轧辊最大直径 D_{max}，而且操作侧的窗口宽度应比传动侧窗口宽度大 5~10mm。对于开式机架，其窗口宽度 B 主要取决于轧辊轴承座的宽度。

对于四辊轧机，可取

$$B = (1.15 \sim 1.30) D_z$$

式中，D_z 是支承辊直径（mm）。

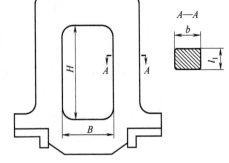

图 5-3 机架结构简图

机架窗口高度 H 主要取决于轧辊直径、轴承座高度、压下螺丝的伸出量、液压压下液压缸及有关零件的高度尺寸、安全臼或上推垫、下轴承座垫板等有关零件的高度尺寸，以及轧机换辊时的最大开口度。

对于四辊轧机，可取

$$H = (2.6 \sim 3.5)(D_g + D_z)$$

式中，D_g 是工作辊直径（mm）。

机架立柱截面面积 F 是根据机架强度条件确定的。预选时根据比值（F/d^2）的经验数据（见表 5-1）确定机架立柱截面面积 F，再确定立柱截面尺寸 $l_1 \times b$，而后进行机架强度与刚度验算。

表 5-1 机架立柱截面面积与轧辊辊颈直径二次方的比值

轧辊材料	轧机类型	比值 $\dfrac{F}{d^2}$	备注
铸铁	—	0.6~0.8	—
碳钢	开坯机	0.7~0.9	—
碳钢	其他轧机	0.8~1.0	—
铬钢	四辊轧机	1.2~1.6	按支承辊辊颈计算
合金钢	四辊轧机	1.0~1.2	—

注：对于四辊轧机，d 为支承辊辊颈直径。

5.2 机架的结构特点

5.2.1 闭式机架

图 5-4 为 1700mm 热连轧机精轧机座的机架结构图，由两片闭式机架 1 和 7 组成的，机架上面通过上铸造横梁 2 来连接。由于机座采用五缸式平衡装置，因此上铸造横梁 2 的中部留有安装平衡缸的孔腔。在窗口内侧镶有耐磨滑板 3。机架下部是由下铸造横梁 4 用螺钉连接在一起的。整个机架通过热装地脚螺钉牢固地与轨座 5 连接在一起。轨座 5 与机架地脚的配合面为直角，以便加工、安装和校正。轨座 5 放在地基之上，并通过地脚螺钉固定。轴向

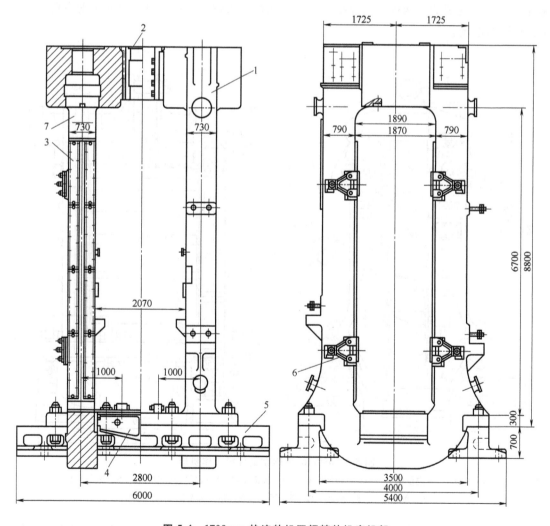

图 5-4 1700mm 热连轧机四辊精轧机座机架
1、7—机架 2—上铸造横梁 3—耐磨滑板 4—下铸造横梁 5—轨座 6—轴向压板

压板 6 用以防止轧辊轴向窜动。为了使机座起吊方便，在机架上铸有四个耳环。

此机架的窗口高度为 6700mm，窗口宽度为 1870mm，立柱截面尺寸为 730mm×790mm，操作侧窗口比传动侧窗口大 20mm，两机架的压下螺丝中心距为 2800 mm。机架用 ZG270-500 整体铸造，其力学性能如下：抗拉强度 $R_\mathrm{m} \geqslant 500\mathrm{MPa}$，屈服强度 $R_\mathrm{eH} \geqslant 270\mathrm{MPa}$，伸长率 $A_\mathrm{S} \geqslant 18\%$。

5.2.2 开式机架

图 5-5 所示为 650mm 三辊型钢轧机工作机座，属于斜楔连接的开式机架，由两片开式机架 9 和 10 组成，两机架的上盖被铸成一体，称为机架盖。在机架盖 11 上可以安装压下机构，其上面起吊用的中心轴 5 除换辊时可以吊起机架盖 11 外，也可以整体吊起工作机座，以便于机座的调整安装。机架盖与机架立柱是采用刚性很好的楔子 1 来实现的，二者定位是靠定位销 2 来完成的。两机架的连接，上面是通过双头螺栓和撑管 3，而下面则由铸造横梁 4 和螺柱相连接。

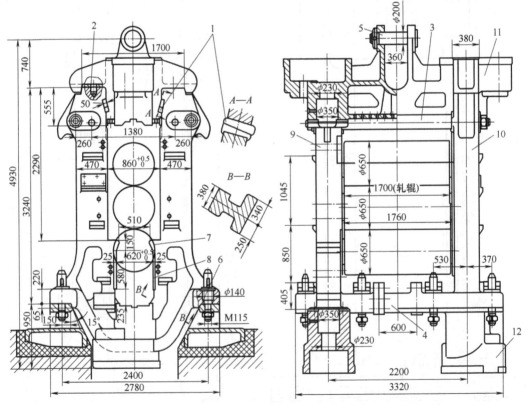

图 5-5　650mm 三辊型钢轧机工作机座
1—楔子　2—定位销　3—双头螺栓和撑管　4—铸造横梁　5—起吊用的中心轴　6—侧支承面
7—突出部分　8—耐磨滑板　9、10—机架　11—机架盖　12—轨座

为了便于机座的装拆，将机架地脚的侧支承面 6 做成 15°斜面。连接机架与轨座 12 的螺栓在轨座孔中紧固，而在螺栓的另一头做成圆锥形。同时相应将机架地脚孔内也做出了一段

圆锥孔。在机架窗口内的下部有突出部分7,是用来安放中辊轴承座用的。在其下部窗口的立柱内表面上还镶有耐磨滑板8,以防止下轴承座上下移动时磨损立柱表面。上轴承座安放在中辊轴承座的H形上瓦座中,并能上下滑动以实现上辊缝的调节。中辊通常是不动的,而上下轧辊的调节是通过手动压下机构实现的。其机架材料为ZG270-500,机座截面为工字形,如图5-5中的 *B—B* 剖面图。

连接上盖与立柱的斜楔的斜度为1∶50。为了简化机架的切削加工,以及防止斜楔对机架的磨损,可将斜楔孔做成不带斜度的方孔,再配上两块鞍形垫板(上、下各一块),并做成1∶50的斜度。

5.2.3 组合式机架

组合式机架是在制造能力和运输条件不具备的情况下不得已选用的结构,其组成结构如图5-6所示,主要由左立柱、右立柱、上横梁、下横梁、大拉杆、小拉杆、大螺母、小螺母、斜键等连接件组成。上横梁受压下螺丝传递的轧制力,下横梁受下支承辊轴承座传递的轧制力,分别经过上、下横梁两端止口、斜键,以及拉杆预紧产生的摩擦力传递给左立柱和右立柱。

组合式机架由于加工面多,技术要求高,加工工时和加工成本大量增加。为了满足连接部位强度,增加了很多重量;在加工车间装配时,要将多件整体预装、预紧,并检查预紧后各件尺寸公差和几何公差;因其受力关系不好,长期使用该结构整体性、稳定性差。

5.2.4 轨座的结构

轧钢机机架安装在轨座上,轨座固定在地基上。轨座是用来保证机座的安装尺寸精确,并能承受工作机座的全部重量和倾翻力矩的一个很重要的零件。因此安装轨座时必须准确牢固,并确保轨座有足够的强度与刚度。一般情况下,轨座与机架的材料应相同。轨座结构型式很多,通常为条形结构,分别铺设在机架地脚的两边。但对横列式轧机的轨座可采用分段铸造,而对小型线材轧机的轨座可进行整体铸造。图5-7a所示为一种具有矩形支承面的轨座形式,轨座与地脚是通过螺钉、螺母紧固在一起的。这种连接形式主要用于工作机座不需要进行轴向位置调整的初轧机、开

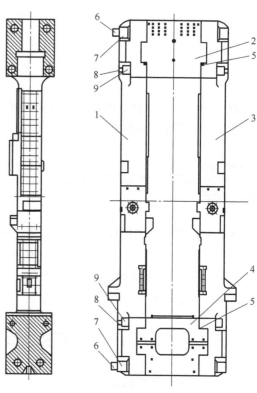

图5-6 组合式拉杆预紧机架示意图

1—左立柱 2—上横梁 3—右立柱
4—下横梁 5—斜键 6—大拉杆
7—大螺母 8—小拉杆 9—小螺母

坯机及板带轧机上。换辊时工作机座不用拆卸,因此轨座与机架地脚接触处做成矩形截面,而内侧配合处为垂直面,整个截面为工字形。在轨座外侧面开有窗口,以便于安装和紧固地脚螺母。对经常进行整体拆卸的工作机座(如型钢和线材轧机机座),其轨座与机架地脚连接一般可采用如图 5-5 所示的形式,二者的配合侧面为 15°的斜面,而地脚螺栓为自动定位的圆锥形,所以能够准确定位,拆卸较快。

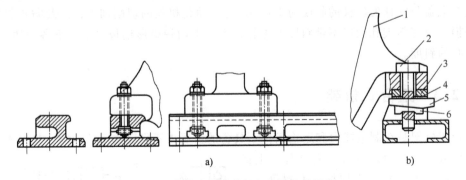

图 5-7 轨座形状及其机架地脚连接形式
a) 具有矩形支承面的轨座　b) 用斜楔连接的轨座
1—机架地脚　2—销钉　3—轨座　4—垫圈　5、6—上、下斜楔

图 5-7b 所示为一种斜楔连接的轨座形式,通过销钉 2、斜楔 5、6 将机架固定。它拆卸十分方便,可用于经常拆卸的工作机座。

5.3 机架的倾翻力矩

在轧制过程中,工作机座产生的倾翻力矩均由两部分组成,即

$$M_q = M_I + M_{II} \tag{5-1}$$

式中,M_q 是机架的总倾翻力矩(N·mm);M_I 是传动系统加于机座上的倾翻力矩(N·mm);M_{II} 是水平力引起的倾翻力矩(N·mm)。

5.3.1 传动系统加在机架上的倾翻力矩

图 5-8 所示为传到轧辊上的力矩示意图。

1. 二辊轧机的倾翻力矩

图 5-8a 中的 M_1、M_2 为传动装置传给轧辊的力矩,M_1'、M_2' 为相邻机座传给轧辊的力矩(如横列式轧机)。

当轧辊间力矩分布情况已知时,可按力矩的平衡条件列出

$$M_I = M_1 - M_2 - M_1' + M_2' \tag{5-2}$$

而总轧制力矩为

$$M_z = M_1 + M_{zh} \tag{5-3}$$

式中,M_{zh} 是轧件传给轧辊的轧制力矩(N·mm)。

式（5-3）的意义为总轧制力矩全部传给了第一部轧机的上、下轧辊（如单机座传动时）。当进行单机轧制时，则

$$M_{\mathrm{I}} = M_1 - M_2$$

一般在正常轧制的情况下 $M_1 = M_2$，则 $M_{\mathrm{I}} = 0$。

若单辊传动或一个传动接轴折断时，以及接轴和传动系统中相配合的传动零件之间产生了瞬时间隙时为最危险的情况，此时 $M_1 = 0$，则

$$M_{\mathrm{I\,max}} = -M_2 = M_z$$

式中，$M_{\mathrm{I\,max}}$ 是机座上最大传动倾翻力矩（N·mm）。此时相当于轧制力矩全部传给了一个轧辊，其倾翻力矩达到了最大。

2. 三辊轧机的倾翻力矩

如图 5-8b 所示，当轧辊间的力矩分布情况为已知时，M_{I} 的值可以由下式求得：

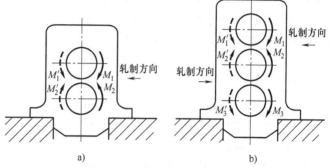

图 5-8 传到轧辊上的力矩示意图
a）二辊轧机机座　b）三辊轧机机座

$$M_{\mathrm{I}} = M_1 - M_2 + M_3 - M_1' + M_2' - M_3' \tag{5-4}$$

同样总轧制力矩为

$$M_z = M_1 + M_2 + M_3 \tag{5-5}$$

式中，M_1、M_2、M_3 是由传动机构传给机座各轧辊的力矩（N·mm）；M_1'、M_2'、M_3' 是相邻机座传给机座各轧辊的力矩（N·mm）。

式（5-5）可以说是总轧制力矩 M_z 全部传给了第一架轧机的上、中、下三个轧辊。

下面以单机架轧制为例进行分析计算。

正常的情况下：

$$M_{\mathrm{I}} = M_1 - M_2 + M_3$$

最危险的情况是中间接轴折断或传动中辊的传动系统中产生了瞬时传动间隙以及中辊从动时等情况。此时的 $M_2 = 0$，则

$$M_{\mathrm{I}} = M_1 + M_3 = M_z$$

这种情况下总轧制力矩 M_z 全部传给了上下轧辊，则从式（5-4）中可以看出 $M_{\mathrm{I}} = M_z$，因此，倾翻力矩达到了最大。

5.3.2 水平力引起的倾翻力矩

如图 5-9 所示，力矩 M_{II} 可按下式计算：

$$M_{\mathrm{II}} = Ra \tag{5-6}$$

式中，R 是作用在轧件上的水平力（N）；a 是水平力 R 的作用线（轧制线）至轨座上平面的距离（mm）。

通常作用在轧件上的水平外力有以下几种情况。

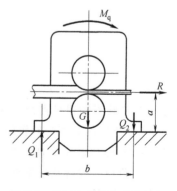

图 5-9 作用在轧机机座上倾翻力矩及轨座支反力示意图

1）和轧制方向相同的情况有：轧件咬入时，轧件的水平前进速度大于轧辊的咬入水平分速度所引起的惯性力；前张力大于后张力的张力差；在高速可逆轧机上，低速抛出轧件时所产生的惯性力。

2）与轧制方向相反的情况有：轧件前进的速度小于轧辊咬入速度时或低速咬入高速轧制时轧件所产生的惯性力；前张力小于后张力的张力差；穿孔机的顶杆作用力；在轧制线上的有关零件（如辊道、推床、翻钢机及盖板等）对轧件偶然产生的阻力。

总之在计算水平力 R 时，与轧制方向相同时一般应按实际情况进行计算，但与轧制方向相反时的水平力 R 应满足关系式：$R \leq$ 轧辊的剩余摩擦力。

因此下面对轧辊的剩余摩擦力进行分析与计算。以图 5-10 的轧件为研究对象，列出以下的平衡方程式。

$\sum F_{iX} = 0$ 时，取沿轧制方向为 X 轴，则有

$$2F\cos\alpha - 2N\sin\alpha - R = 0 \quad (5-7)$$

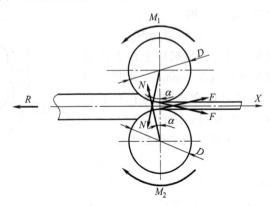

图 5-10 轧制时轧件的受力情况示意图

于是

$$R = 2(F\cos\alpha - N\sin\alpha)$$

式中，N 是轧辊对轧件的正压力（N），$N = F\cos\alpha$；α 是轧件咬入角（rad）；F 是轧辊对轧件的摩擦力（N），$F = N\mu$，μ 是轧件与轧辊间的摩擦系数。

将 $N = \dfrac{F}{\mu}$ 代入式（5-7）中，并考虑 $R \leq$ 轧辊的剩余摩擦力，经整理后可得

$$R \leq 2F\cos\alpha\left(1 - \frac{\tan\alpha}{\mu}\right)$$

又因为

$$M_{zh} = 2F\frac{D}{2} = FD$$

则

$$F = \frac{M_{zh}}{D}$$

所以

$$R \leq \frac{2M_{zh}\cos\alpha}{D}\left(1 - \frac{\tan\alpha}{\mu}\right) \quad (5-8)$$

式中，D 是轧辊的辊身直径（mm）。

式（5-8）的右侧为轧辊的剩余摩擦力，所以该式说明与轧制方向相反的轧件上的水平力 R 最大不能超过轧制时的剩余摩擦力，否则轧制无法进行。

对于薄板、线材及小型型钢轧机等还应考虑轧件的失稳和拉伸屈服变形等问题。

当 M_{I} 与 M_{II} 的计算公式代入式（5-1）中，便得出轧机的最大倾翻力矩的计算公式为

$$M_{q\max} = M_{zh} + R_{\max}a \quad (5-9)$$

一般要根据实际情况求出最大水平力 R_{max} 来。通常情况下为计算方便起见，在许多情况下最大水平力 R_{max} 可按下式计算：

$$R_{max} = \frac{2M_{zh}}{D}(认为 \alpha = 0)$$

则

$$M_{qmax} = M_{zh}\left(1 + \frac{2a}{D}\right)$$

5.3.3 轨座支座反力及地脚螺栓的强度计算

1. 轨座支座反力的计算

参看图 5-9，可计算出轨座上的最大压力 Q_2 为

$$Q_2 = \frac{M_{qmax}}{b} + \frac{G}{2} \tag{5-10}$$

式中，b 是两轨座间地脚螺栓中心线之间的距离（mm）；G 是机座的总重力（N）。

地脚螺栓所受最大拉力 Q_1 为

$$Q_1 = \frac{M_{qmax}}{b} - \frac{G}{2} \tag{5-11}$$

应该注意，为保证机座地脚与轨座的配合表面始终不被分开，要求对地脚螺栓的预拧紧力必须大于 Q_1。一般为保险起见，应取地脚螺栓总预紧力 P_y 为

$$P_y = (1.2 \sim 1.4)Q_1$$

每一个地脚螺栓预紧力为

$$Q' = \frac{P_y}{n} = \frac{(1.2 \sim 1.4)Q_1}{n} \tag{5-12}$$

式中，Q' 是每个地脚螺栓的预紧力（N）；n 是地脚螺栓的数量。

2. 地脚螺栓的选择与强度校验

（1）地脚螺栓的选择　在轧钢机上常采用的地脚螺栓结构有两种型式，如图 5-11 所示。大型地脚螺栓如图 5-11a 所示，其下面用螺母固定在锚板上，而螺母除拧在螺杆螺纹上外，还要焊于螺杆上。用于中、小型轧机的地脚螺栓型式如图 5-11b 所示，其下面做成弯尾的。

（2）地脚螺栓的强度校验　首先按以下的经验公式预选螺栓的直径 d。当轧辊的直径 $D<500$mm 时：

$$d = 0.1D + (5 \sim 10) \text{mm} \tag{5-13}$$

而轧辊直径 $D>500$mm 时：

$$d = 0.08D + 10 \text{mm} \tag{5-14}$$

然后按强度条件对地脚螺栓进行校验，即

$$\frac{4Q'_1}{\pi d_1^2} \leq [\sigma] \tag{5-15}$$

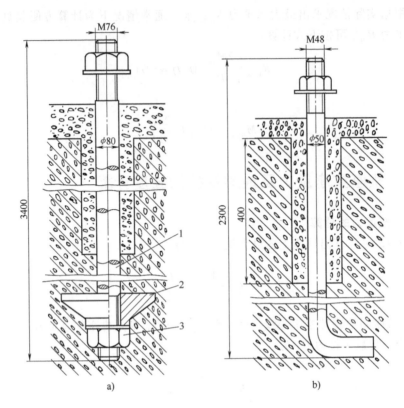

图 5-11 地脚螺栓的结构型式
a）下面用螺母固定在锚板上 b）下面做成弯尾的
1—螺杆 2—锚板 3—螺母

式中，Q_1' 是地脚螺栓的最大拉力（N），一般取 $Q_1'=(2.2\sim2.4)Q$；d_1 是地脚螺栓的螺纹内径（mm）；$[\sigma]$ 是地脚螺栓的许用应力（MPa）。

通常，地脚螺栓用 Q215 钢和 Q235 钢制成，因此 $[\sigma]=70\sim80\mathrm{MPa}$。

5.4 机架的强度和变形计算

轧钢机机架强度和变形的计算，一般可采用如下步骤：

1）将机架结构图简化为刚架，即以机架各截面的中性轴的连线组成框架，近似地处理成直线或规整的圆弧线段，并确定求解截面的位置。

2）确定静不定阶数，如一般闭式机架是三次静不定问题，须作一系列假设来简化模型，降低静不定阶数。

3）确定外力的大小及作用点。

4）根据变形协调条件，用材料力学中任一种方法（卡氏定理、莫尔积分法、图乘法、力法等）求静不定力和力矩。

5）根据计算截面的面积、惯性矩、中性轴线的位置及承载情况，求出应力和变形。

5.4.1 开式机架的强度计算

为了使得计算简便，在分析二辊轧机机架受力和变形情况时，可作以下几点假设（参见图 5-12a）：

1）只考虑竖直轧制力 P_1 对开式机架的作用，作用点在机架中心线上，$P_1 = P/2$，P 是总轧制力。

2）只考虑机架受力变形后轴承座对它的影响，不考虑机架上盖对机架立柱的影响，认为立柱与机架上盖的连接为滑动铰链连接。

3）认为轴承座为绝对刚体，受力后不会发生任何变形。

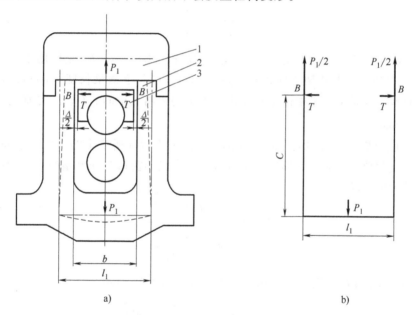

图 5-12 开式机架的受力变形图
a）机架与轴承座配合简图 b）机架受力简图
1—机架上盖 2—机架立柱 3—轴承座

当力 P_1 作用在上横梁上时，机架立柱的上部将向机架窗口的内侧变形。当立柱向机架内侧弯曲变形后，将夹紧上辊轴承座。假设轴承座作用于机架立柱的反作用力（水平方向）为 T，如图 5-12b 所示，可知，立柱的挠度等于轴承座和立柱间的间隙，即

$$f = \frac{\Delta}{2} \tag{5-16}$$

根据卡氏定理，立柱的挠度为

$$f = \int \frac{M_x}{EI_x} \frac{\partial M_x}{\partial T} dx = -\frac{\Delta}{2} \tag{5-17}$$

在立柱中，力矩 M_x 及其导数为

$$M_x = Tx, \quad \frac{\partial M_x}{\partial T} = x$$

在横梁上，力矩 M_x 及其导数为

$$M_x = TC - \frac{P_1}{2}x, \quad \frac{\partial M_x}{\partial T} = C$$

将上述结果代入式（5-17），得

$$\frac{1}{EI_2}\int_0^c Tx^2 \mathrm{d}x + \frac{1}{EI_1}\int_0^{\frac{l_1}{2}}(Tc - P_1 x)C\mathrm{d}x = -\frac{\Delta}{2}$$

因此，有

$$T = \frac{\dfrac{P_1 l_1^2}{8} - \dfrac{\Delta EI_1}{C}}{C\left(l_1 + \dfrac{2}{3}\dfrac{I_1}{I_2}C\right)} \tag{5-18}$$

式中，T 是立柱向内变形时轴承座作用于立柱的反作用力（N）；P_1 是作用于一片机架的轧制力（N）；Δ 是轴承座与机架立柱间的空隙（mm）；l_1 是上横梁长度（mm），按立柱中性轴间的距离计算；C 是下横梁中性轴到反作用力 T 的距离（mm）；I_1、I_2 分别是下横梁与立柱的惯性矩（mm^4）。

由于轴承座与机架窗口的配合间隙 Δ 随轴承的上下运动所产生的机械磨损而不断增加，因此，Δ 是个变化值。从式（5-18）中可以看出，当机架窗口与轴承座的配合间隙 $\Delta = 0$ 时，T 将会达到最大值，即

$$T_{\max} = \frac{P_1 l_1^2}{8C\left(l_1 + \dfrac{2}{3}\dfrac{I_1}{I_2}C\right)} \tag{5-19}$$

机架在外力 P_1 和静不定力 T 作用下的内力图如图 5-13 所示。

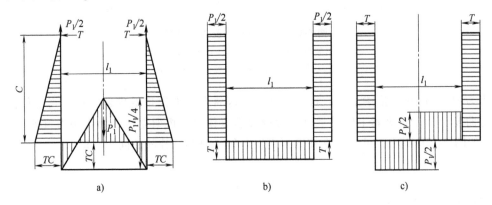

图 5-13 开式机架的内力图
a) 弯矩图 b) 周向力图 c) 切力图

作用在下横梁上的弯矩为

$$M_1 = TC - \frac{P_1}{2}x$$

最大弯矩发生在下横梁的中间，即 $x=\dfrac{l_1}{2}$ 处，且当 $T=0$ 时，得到最大弯矩值为

$$M_{1\max} = -\frac{P_1 l_1}{4}$$

下横梁的强度条件为

$$\sigma_{\max 1} = \frac{M_{1\max}}{W_1} \leqslant [\sigma] \tag{5-20}$$

式中，$\sigma_{\max 1}$ 是下横梁中的最大应力值（MPa）；W_1 是下横梁的抗弯截面系数（mm^3）；$[\sigma]$ 是机架材料的许用应力（MPa）。

作用在立柱上的弯矩为

$$M_2 = Tx$$

当采用新轴承时，$\Delta=0$，静不定力 T 达到最大，且立柱上最大弯矩发生在立柱与横梁连接处，即 $x=C$ 处，此时最大弯矩为

$$M_{2\max} = T_{\max} C$$

立柱的强度条件为

$$\sigma_{\max 2} = \frac{P_1}{2F_2} \pm \frac{T_{\max} C}{W_2} \leqslant [\sigma] \tag{5-21}$$

式中，$\sigma_{\max 2}$ 是立柱中的最大应力（MPa）；F_2 是立柱的截面面积（mm^2）；W_2 是立柱的抗弯截面系数（mm^3）。

5.4.2 闭式机架的强度计算

1. 一般闭式机架

为了计算简便起见，假设机架的变形是平面变形，并且对称于机架的竖直中心线，每片机架只在上下横梁的中心线截面处受垂直力 P_1，且这两个力大小相等、方向相反。不考虑由于上下横梁惯性矩不同所引起的水平内力（因水平分力一般很小，约为竖直分力的 3% ~ 4%），上下横梁和立柱角接触是刚性的。

根据上述假设，机架外载荷和几何尺寸都与机架窗口竖直中心线对称，故可将机架简化为一个由机架立柱和上、下横梁的中性轴组成的自由框架。将此框架沿机架窗口竖直中心线剖开，则在剖开的截面上，作用着竖直力 $P_1/2$ 和静不定力矩 M_1，如图 5-14 所示。

此时，截面 I—I 的转角等于零，由卡氏定理得

$$\theta_1 = \int \frac{M_x}{EI_x} \frac{\partial M_x}{\partial M_1} \mathrm{d}x = 0 \tag{5-22}$$

式中，E 是弹性模量（MPa）；x 是截面 I—I 与计算截面间的机架中性线长度（mm）；M_x 是机架计算截面上的弯矩（mm^3）；I_x 是机架计算截面上的惯性矩（mm^4）。

在 I—I 截面处的弯矩 M_x 为

$$M_x = \frac{P_1}{2} y - M_1 \tag{5-23}$$

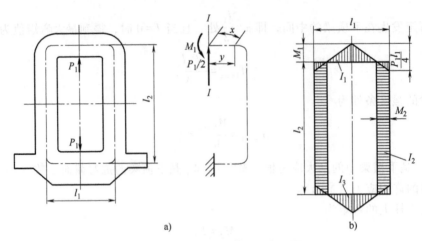

图 5-14 闭式机架计算图及弯矩图

式中，P_1 是作用于机架上的竖直力（N）；y 是竖直力 P_1 相对于计算截面的力臂（mm）。

由于 $\dfrac{\partial M_x}{\partial M_1} = -1$，将式（5-23）代入式（5-22）得

$$\int \left(\frac{P_1}{2} y - M_1 \right) \frac{\mathrm{d}x}{I_x} = 0 \tag{5-24}$$

将上式积分得

$$M_1 = \frac{P_1}{2} \frac{\int y \dfrac{\mathrm{d}x}{I_x}}{\int \dfrac{\mathrm{d}x}{I_x}} \tag{5-25}$$

若机架简化为图 5-14 所示的矩形自由框架，则对于机架横梁，式（5-25）中的 $y = x$，对于立柱，$y = l_1/2$，代入式（5-25）得

$$M_1 = \frac{P_1}{2} \frac{\int y \dfrac{\mathrm{d}x}{I_x}}{\int \dfrac{\mathrm{d}x}{I_x}} = \frac{P_1}{2} \frac{\dfrac{1}{I_1}\int_0^{\frac{l_1}{2}} x\,\mathrm{d}x + \dfrac{1}{I_2}\int_0^{l_2} \dfrac{l_1}{2}\mathrm{d}x + \dfrac{1}{I_3}\int_0^{\frac{l_1}{2}} x\,\mathrm{d}x}{\dfrac{1}{I_1}\int_0^{\frac{l_1}{2}}\mathrm{d}x + \dfrac{1}{I_2}\int_0^{l_2}\mathrm{d}x + \dfrac{1}{I_3}\int_0^{\frac{l_1}{2}}\mathrm{d}x} \tag{5-26}$$

式中，l_1 是机架横梁的中性线长度（mm）；l_2 是机架立柱的中性线长度（mm）；I_1 是机架上横梁的惯性矩（mm^4）；I_2 是机架立柱的惯性矩（mm^4）；I_3 是机架下横梁的惯性矩（mm^4）。

对式（5-26）积分后得

$$M_1 = \frac{P_1 l_1}{4} \frac{\dfrac{l_1}{4I_1} + \dfrac{l_2}{I_2} + \dfrac{l_1}{4I_3}}{\dfrac{l_1}{2I_1} + \dfrac{l_2}{I_2} + \dfrac{l_1}{2I_3}} \tag{5-27}$$

假设上下横梁的惯性矩相同，即 $I_1 = I_3$，则力矩 M_1 为

$$M_1 = \frac{P_1 l_1}{4} \cdot \frac{\dfrac{l_1}{2I_1}+\dfrac{l_2}{I_2}}{\dfrac{l_1}{I_1}+\dfrac{l_2}{I_2}} \tag{5-28}$$

立柱上的弯矩 M_2 为

$$M_2 = \frac{P_1 l_1}{4} - M_1 \tag{5-29}$$

将式（5-28）代入式（5-29），则

$$M_2 = \frac{P_1 l_1}{8} \cdot \frac{1}{1+\dfrac{l_2 I_1}{l_1 I_2}} \tag{5-30}$$

可以看出，立柱中的各处均受同样的弯拉联合作用，但危险截面仍在立柱与横梁的交接处，因为该处易产生应力集中。而横梁的危险截面在其中部，此处仅受弯矩作用。

机架中的力矩求解完毕后，下一步需要求解机架的应力，如图 5-15 所示。

（1）横梁中的强度条件

横梁内表面： $\sigma_{1n} = -\dfrac{M_1}{W_{1n}} \leqslant [\sigma]$ （5-31）

横梁外表面： $\sigma_{1w} = \dfrac{M_1}{W_{1w}} \leqslant [\sigma]$ （5-32）

式中，σ_{1n}、σ_{1w} 分别是横梁中内、外表面的最大应力（MPa）；W_{1n}、W_{1w} 分别是横梁内、外表面抗弯截面系数（mm³）；$[\sigma]$ 是机架材料的许用应力（MPa）。

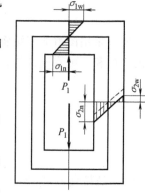

图 5-15 闭式机架中的应力图

（2）立柱中的强度条件

立柱内表面： $\sigma_{2n} = \dfrac{P_1}{2F_2} + \dfrac{M_2}{W_{2n}} \leqslant [\sigma]$ （5-33）

立柱外表面： $\sigma_{2w} = \dfrac{P_1}{2F_2} - \dfrac{M_2}{W_{2w}} \leqslant [\sigma]$ （5-34）

式中，σ_{2n}、σ_{2w} 分别是立柱内、外表面的最大应力（MPa）；F_2 是立柱的截面面积；W_{2n}、W_{2w} 分别是立柱内、外表面抗弯截面系数（mm³）。

2. 形状复杂的闭式机架

形状复杂的闭式机架具有以下两个特点：1）机架中性层除在立柱与横梁交接处有大的圆角外，还不成直线；2）在机架的立柱和横梁上各截面的惯性矩是变化的。

拓展视频 图乘法计算闭式机架的弯矩

拓展视频 一般闭式机架强度校核实例

对于像这样复杂形状的机架，采用图解法可以得到较精确的计算结果。与闭式机架强度计算假设一样，取机架的一半，如图 5-16a 所示，将机架沿竖直中心轴 A—A 剖开，并将下横梁截面固定，上横梁的截面必然暴露出静不定力矩 M_1，再将竖直轧制力的一半即 $P_1/2$ 加上去，则机架被平衡。

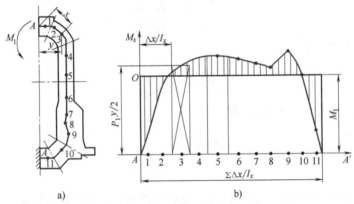

图 5-16 用图解法求解静不定力矩的计算简图
a) 机架切开后的受力和分割图 b) 机架图解弯矩图

所以采用图解的方法将机架分成若干段（12~16 段），每段长度为 Δx，对某一小段 Δx 来说，I_x 和 y 可看成常数，则式（5-25）的积分可用有限面积和来取代，即

$$M_1 = \frac{\sum \frac{P_1}{2} y \frac{\Delta x}{I_x}}{\sum \frac{\Delta x}{I_x}} \tag{5-35}$$

式中，y 是竖直力 $P_1/2$ 至该小段 Δx 中性层长度的中点力臂（mm）。

式（5-35）可用图 5-16b 所示图解的方法表示出来，图中曲线 AA' 所包含的面积为公式中的分子部分，图中纵坐标为变量 $\frac{P_1}{2}y$，横坐标为变量 $\frac{\Delta x}{I_x}$。因此从式（5-35）不难看出 M_1 的值等于曲线 AA' 所包含的面积的平均纵坐标值。然后根据式（5-23）看出，机架任意截面上的弯矩值 M_x 应为图 5-16b 中的阴影部分。M_x 的坐标原点在 O 点处，而 O 点与曲线 AA' 的横坐标之矩为静不定力矩 M_1。

为了简化计算工作，可先令 $P_1/2=1$，以 y 为纵坐标值作图解曲线 AA'，然后将曲线所包含的面积的平均纵坐标值乘以 $P_1/2$ 则得到静不定力矩 M_1。

静不定力矩 M_1 求出后，设 $y=0$，则截面 A—A 上的弯矩 $M_A=M_1$。再由式（5-23）求出立柱各危险截面上的弯矩值 M_2。最后可通过式（5-31）~式（5-34）来对机架进行强度验算。

5.4.3 机架的弹性变形

机架在竖直方向的弹性变形包括横梁的弯曲变形和立柱的拉伸变形。由于横梁的截面尺寸对于横梁的长度来说是较大的，所以在计算横梁的弯曲变形时，要考虑横切力引起的横梁弯曲变形，即

$$f = f_1 + f_2 + f_3 \tag{5-36}$$

式中，f_1 是弯矩引起的横梁弯曲变形（mm）；f_2 是横切力引起的横梁弯曲变形（mm）；f_3 是轴向力引起的立柱拉伸变形（mm）。

为了简化计算，假定机架的上、下横梁的惯性矩相同，由横梁受力图（见图5-17）可见，弯曲力矩引起的横梁变形 f_1 根据卡氏定理计算如下：

$$f_1 = \frac{2}{EI_1}\int_0^{\frac{l_1}{2}} M_x \frac{\partial M_x}{\partial\left(\frac{P_1}{2}\right)} dx \tag{5-37}$$

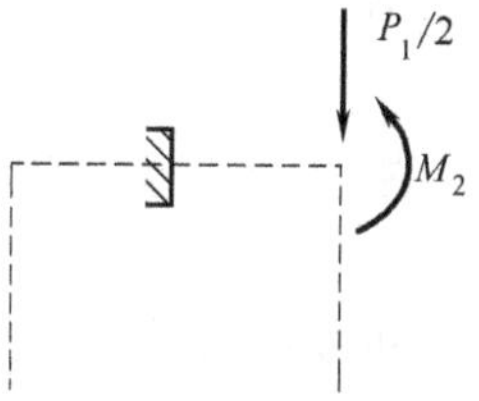

式中，M_x 是任意截面的弯曲力矩（N·mm）。

$$M_x = \frac{P_1}{2}x - M_2 \tag{5-38}$$

图 5-17 闭式机架横梁变形简图

$$\frac{\partial M_x}{\partial\left(\frac{P_1}{2}\right)} = x \tag{5-39}$$

将式（5-37）积分并整理后得

$$f_1 = \frac{l_1^2}{EI_1}\left(\frac{P_1 l_1}{24} - \frac{M_2}{4}\right) \tag{5-40}$$

式中，l_1 是横梁中性轴的长度（mm）；I_1 是横梁的惯性矩（mm^4）；E 是机架的弹性模量（MPa）；$\frac{P_1}{2}$ 是横梁上的作用力（N）；对于板材轧机，P_1 是轧制力 P 的一半（N），即 $P_1 = \frac{P}{2}$；M_2 是机架立柱中的弯曲力矩（N·mm）。

横切力引起上下横梁的弯曲变形为

$$f_2 = \frac{2K}{GF_1}\int_0^{\frac{l_1}{2}} Q_x \frac{\partial Q_x}{\partial\left(\frac{P_1}{2}\right)} dx \tag{5-41}$$

横切力为

$$Q_x = \frac{P_1}{2} \tag{5-42}$$

$$\frac{\partial Q_x}{\partial\left(\frac{P_1}{2}\right)} = 1 \tag{5-43}$$

将式（5-41）积分整理后得

$$f_2 = K\frac{P_1 l_1}{2GF_1} \tag{5-44}$$

式中，K 是横梁的截面形状系数，对于矩形截面，$K = 1.2$；G 是机架的剪切弹性模量（MPa）；F_1 是横梁的截面面积（mm^2）。

机架立柱由轴向力引起的拉伸变形为

$$f_3 = \frac{P_1 l_2}{2EF_2} \tag{5-45}$$

式中，l_2 是立柱中性轴的长度（mm）；F_2 是立柱的截面面积（mm^2）。

将式（5-40）、式（5-44）和式（5-45）代入式（5-36），计算得到机架的弹性变形 f 值。对于热轧四辊轧机，机架允许弹性变形 $[f]=0.5\sim1.0mm$，冷轧机的机架允许弹性变形 $[f]=0.4\sim0.5mm$。

5.4.4 机架材料和许用应力

机架材料一般选用 ZG270-500 铸钢，其强度极限 $R_m=500\sim600MPa$，伸长率 $A_s=12\%\sim15\%$。

机架是轧钢机中最重要和最贵重且不可更换的零件，必须具有较大的强度、刚度及较长的使用寿命，故安全系数取得较大，一般为 $10\sim12.5$。对于 ZG270-500 铸钢来说，其许用应力 $[\sigma]$ 采用对于横梁，$[\sigma]=50\sim70MPa$；对于立柱，$[\sigma]=40\sim50MPa$。

5.5 工作机座刚度的测定与计算

5.5.1 工作机座的刚度

轧制过程中，在轧制力的作用下，轧件产生塑性变形，其厚度尺寸和截面形状发生变化。与此同时，轧件的反作用力使工作机座中的轧辊、轧辊轴承、轴承座、垫板、压下螺丝和螺母、机架等一系列零件相应产生弹性变形。通常将这一系列受力零件产生的弹性变形总和称为工作机座或轧机的弹跳值。

工作机座的弹性变形如图 5-18 所示。假定轧辊的原始辊形为圆柱形，轧件在进入轧辊之前，轧辊的开口度（初始辊缝）为 S_0，轧件进入轧辊之后，在轧制力 P 的作用下，工作机座产生弹性变形 f，它使初始辊缝增大并呈凸形，造成实际压下量减小，轧件出口厚度大于初始辊缝值，并且沿轧件宽度方向的厚度分布不均匀。

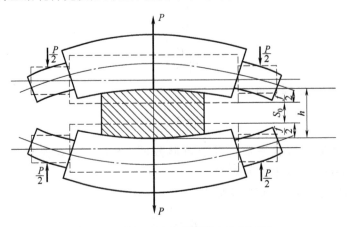

图 5-18 轧机工作机座弹性变形示意图

轧件厚度、初始辊缝和轧制力的关系可以用弹跳方程（或厚度计算方程）来表示，最简单的表达形式为

$$h = S_0 + f = S_0 + \frac{P}{K} \tag{5-46}$$

式中，h是轧件出口厚度（mm）；S_0是轧辊初始辊缝（mm）；f是机座的弹性变形（mm）；K是轧机刚度系数（N/mm），它表示轧机抵抗弹性变形的能力；P是轧制力（N）。

工作机座刚度（或轧机刚度）对产品质量有很大影响。特别是板带材轧机，如果工作机座刚度较小，轧制力波动会严重影响产品的厚度精度，所以现代轧机大部分都采用高刚度设计。

大量实践表明，轧机刚度的弹性变形与轧制力之间不是简单的线性关系。当轧制力较小时，机座弹性变形和轧制力之间的关系为非线性；当轧制力增大到一定值后，机座弹性变形和轧制力趋近于线性关系。这种现象的产生主要是因为零件之间存在接触变形和间隙。一般情况下非线性区不稳定，每次换辊后都有变化，特别是轧制力接近零时的弹性变形很难精确测定，因此式（5-46）很难实际应用。在现场实际操作中，为了消除上述不稳定段的影响，可采用预压靠方法，即先将轧辊预压靠到一定的压力P_0（该压力大于非线性段所要求的最小轧制力），并将此时的辊缝位置作为相对零位，从而克服不稳定段的影响。

图5-19反映了预压靠过程轧机弹性变形量和压靠力的关系。曲线C为预压靠过程的弹性变形曲线，曲线A为轧制过程的弹性变形曲线。O点处工作机架受压靠力作用开始变形（图5-19中O点处的辊缝值并不是零）。压靠力为P_0时弹性变形值（负值）为$\overline{OK}$，将此时的辊缝仪刻度作为相对零位（即K点处为相对零位），然后抬辊，如抬到G点，此时辊缝刻度为$\overline{KG}=S$。根据弹性变形的可复现性特点，曲线A和曲线C完全对称，因此，$\overline{OK}=\overline{GF}$，所以$\overline{OF}=S$。如果轧入厚度为$H$的轧件产生的轧制力为$P$（轧件的塑性曲线为曲线$B$），则轧出厚度为$h$。

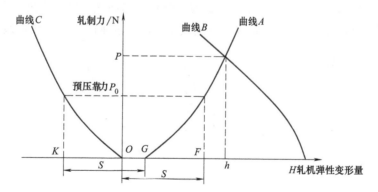

图5-19 预压靠过程和轧制过程的弹性变形曲线

目前弹跳方程的结构式主要有以下几种（为讨论方便，模型忽略了宽度补偿之外的其他因素，如油膜厚度影响，并将工作机架刚度K_0考虑成常数）：

$$h = S - S_0 + \frac{P}{K_0 - C\Delta B} - \frac{P_0}{K_0} \tag{5-47}$$

$$h = S - S_0 + \frac{P - P_0}{K_0} + AP\Delta B \tag{5-48}$$

$$h = S - S_0 + \frac{P - P_0}{K_0} + P(D_1 \Delta B^2 + D_2 \Delta B) \tag{5-49}$$

式中，S 是设定辊缝（mm）；S_0 是预压靠力对应的辊缝（mm），一般情况下该数值为零；P 是轧制力（N）；P_0 是预压靠力（N）；K_0 是工作机架刚度（N/mm）；B 是轧件宽度（mm）；ΔB 是轧辊辊身长度与轧件宽度之间的差值（mm）；C、A、D_1、D_2 是与宽度相关的系数。

式（5-47）将轧件宽度变化对轧机刚度的影响表示为线性关系，即

$$K = K_0 - C\Delta B \tag{5-50}$$

式（5-48）将轧件宽度变化对轧机刚度的影响直接表述成轧制力和宽度变化的乘积，即

$$\Delta W = AP\Delta B \tag{5-51}$$

将式（5-47）加以变形，得

$$h = S - S_0 + \frac{P}{K_0 - C\Delta B} - \frac{P_0}{K_0} + \frac{P}{K_0} - \frac{P}{K_0} = S - S_0 + \frac{P - P_0}{K_0} + \frac{CP\Delta B}{(K_0 - C\Delta B)K_0} \tag{5-52}$$

将式（5-52）和式（5-48）进行比较，可以看出差别在于式（5-48）将 $\frac{C}{(K_0 - C\Delta B)K_0}$ 简化为一个常数 A，这种简化处理会带来一定的误差。如果将 $\frac{C\Delta B}{(K_0 - C\Delta B)K_0}$ 拟合成 ΔB 的二次函数，即式（5-49）的形式，其误差将得到一定程度的改善。

为了更清楚地了解轧件宽度和轧制力对轧机刚度的影响，下面对实际弹性变形曲线进行分析。首先假设：弹性变形曲线由多条折线段组成，只要折线段划分足够多，就可以以较高精度逼近实际弹性变形曲线；不同宽度下的弹性变形曲线对应的折线段的延长线在零轧制力下相交。

根据上面两条假设，分析图 5-20 的多折线段弹性变形曲线，可以看出，宽度线 W_1 对应的弹性变形曲线由线 A_1、A_2 和 A_3 组成，宽度线 W_2 对应的弹性变形曲线由线 B_1、B_2 和 B_3

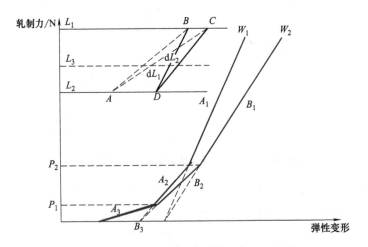

图 5-20　不同宽度下的多折线段弹性变形曲线

组成。对应折线段的延长线在零轧制力下相交。通过平行线理论，在某轧制力下，线 A_2 和线 B_2 的差值 dL_1 与线 A_1 和线 B_1 延长线的差值 dL_2 是相等的。如果轧制力更低，则线 A_3 和线 B_3 的差值、线 A_2 和线 B_2 延长线的差值、线 A_1 和线 B_1 延长线的差值是相等的。由此可以得出一个结论，宽度补偿与弹性变形曲线是否线性关系不大，即宽度补偿与轧制力的大小成正比，这与式（5-47）~式（5-49）中对轧制力的考虑是相符的。

5.5.2 工作机座刚度的测定

轧机的弹性变形可以分解为两大部分：辊系弹性变形、机架和其他零件的弹性变形。目前辊系的弹性变形可采用影响函数法或有限元法进行计算。而机架和其他零件的形状和受力情况比较复杂，再加上有关零件的接触面间存在间隙，所以工作机座的总体刚度或弹性变形还没有精确的理论计算方法。为了得到轧机刚度系数的精确值，最可靠的方法仍然是通过试验对工作机座刚度进行测定。

轧机刚度系数 K 的大小取决于轧制力和轧机的弹性变形。如果能测得不同轧制力下对应的轧机弹跳值，就可以绘出轧机的弹性变形曲线，曲线的斜率即为轧机的刚度系数。目前，轧机刚度的测定方法有轧制法、压靠法和理论计算结合压靠法三种。

1. 轧制法

首先选定轧辊的原始辊缝 S_0，保持 S_0 一定，用厚度不同而宽度相同的一组板坯（一般采用铝板）顺序通过轧辊进行轧制，分别测出轧制后的厚度 h 及对应厚度下的轧制力 P。将测得的板厚减去轧辊原始辊缝值，即为相应轧制力作用下轧机的弹性变形值。将测得的数值绘制成轧机的弹性变形曲线，其斜率即为刚度系数 K。用轧制法测得的工作机座刚度比较符合实际情况。

2. 压靠法

在大型轧机上用轧制法测定工作机座刚度比较困难，实际上更多采用压靠法进行测定。该测定方法是在保持轧辊不转动的情况下，调整压下螺丝的位置，使上下工作辊直接接触，并使两侧压靠力达到一个相对较低的数值（一般在 1000~2000kN），在该压靠力下保持压下螺丝位置不变。然后，调整液压缸的油柱高度，使两个工作辊之间的压靠力逐渐增大，将不同辊缝对应的压靠力绘制成轧机弹性变形曲线。由于压靠法测定的刚度是在轧辊间没有轧件的情况下进行的，无法反映轧件宽度的变化对轧机刚度的影响，所以测定误差较大。

3. 理论计算结合压靠法

轧机弹性变形中占比最大的辊系弹性变形可以利用影响函数法或有限元法计算得到，如果将压靠法中测得的轧机弹性变形值减去辊系弹性变形值，就可以得到机架和其他零件的弹性变形值。该方法是测定轧机刚度的一个较好的方法。

5.5.3 不同因素对工作机座刚度的影响

轧制过程中，由于受外界条件的影响，工作机座的刚度系数并不是一个常数，而是随轧制条件的变化而变化的。对于采用油膜轴承的轧机，轴承的油膜厚度与轧辊的转速 n 和轧制力 P 有关。在同一轧制力下，轧制速度越快，油膜厚度越大；对于同一轧制速度，轧制力越大,油膜厚度越小。根据实测数据可以得到,不同转速下辊缝数值与 n/P 的关系,如图 5-21 所示。

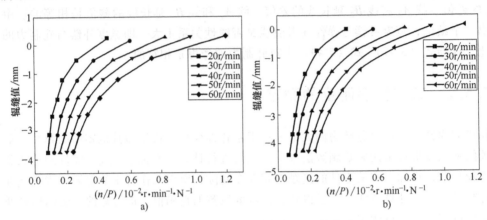

图 5-21 不同转速下辊缝值与 n/P 的关系
a) 操作侧 b) 传动侧

轧制不同宽度轧件时,轧辊与轧件的接触宽度不同,单位宽度上的轧制力发生变化,造成变形区轧辊与轧件的接触变形不一样。另外,轧件宽度发生变化时,工作辊与支承辊间的接触压力沿辊身长度方向的分布也发生变化,其间的压扁变形量和支承辊的弯曲挠度也要相应改变,即在轧制力相同时,轧辊的弹性变形不一样,从而使轧机刚度系数发生变化。试验证明,轧件宽度越小,则轧机的刚度系数下降越多。图 5-22 所示为不同轧件宽度对轧机弹性变形量的影响。

辊系弹性变形对工作机座刚度有很大影响。显然,工作辊和支承辊直径越大,则在同一轧制力下的辊系弹性变形越小。由于四辊轧机支承辊直径一般是工作辊直径的 1.5~2 倍,所以支承辊直径对辊系弹性的变形影响较大。

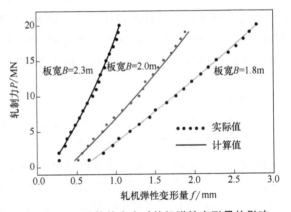

图 5-22 不同轧件宽度对轧机弹性变形量的影响

5.5.4 工作机座刚度的计算

由于工作机座中各零件的形状和受力情况较复杂,再加上有关零件的接触面间存在间隙,所以关于工作机座的刚度或弹性变形还没有精确的理论计算方法,主要是通过对轧机的测定来确定。但是,在设计新轧机时,或在缺乏合适的弹性变形曲线时,近似计算方法仍是提供参考依据的一种手段。而且,通过计算结果与实测结果的比较,也将使计算方法不断得到完善和精确。

四辊轧机工作机座的弹性变形 f 等于机座中一系列受力零件弹性变形的总和,即

$$f = f_1 + f_2 + f_3 + f_4 + f_5 + f_6 \tag{5-53}$$

式中，f_1 是轧辊系统的弹性变形（mm）；f_2 是机架的弹性变形（mm）；f_3 是轧辊轴承的弹性变形（mm）；f_4 是轴承座的弹性变形（mm）；f_5 是压下螺丝和螺母的弹性变形（mm）；f_6 是支承辊轴承座和压下螺丝之间各受压零件的弹性变形（mm）。

工作机座的刚度系数 K 按下式计算：

$$K = \frac{P}{f} \tag{5-54}$$

式中，P 是轧制力（N）。

下面分别计算各有关零件的弹性变形。

1. 轧辊系统的弹性变形

四辊轧机轧辊系统（辊系）的弹性变形由支承辊的弯曲变形、支承辊与工作辊之间的弹性压扁和工作辊与轧件间的弹性压扁三部分组成，即

$$f_1 = 2f_{11} + 2f_{12} + 2f_{13} \tag{5-55}$$

式中，f_{11} 是支承辊辊身中部的弯曲变形（mm）；f_{12} 是支承辊与工作辊间的弹性压扁（mm）；f_{13} 是工作辊与轧件间的弹性压扁（mm）。

辊系弹性变形对轧机弹跳的影响如图 5-23 所示。具体计算方法见第 2 章的 2.1.5 节。

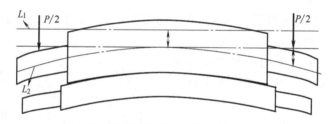

图 5-23 辊系弹性变形对轧机弹跳的影响

L_1—变形前支承辊轴线位置　L_2—变形后支承辊轴线位置　P—压下螺丝受力

2. 机架的弹性变形

机架在竖直方向的弹性变形包括横梁的弯曲变形和立柱的拉伸变形。由于横梁的截面尺寸对于横梁的长度来说是较大的，所以在计算横梁的弯曲变形时，要考虑横切力引起的横梁弯曲变形，即

$$f_2 = f_{21} + f_{22} + f_{23} \tag{5-56}$$

式中，f_{21} 是弯矩引起的横梁弯曲变形（mm）；f_{22} 是横切力引起的横梁弯曲变形（mm）；f_{23} 是轴向力引起的立柱拉伸变形（mm）。具体计算方法见第 5 章的 5.4.3 节。

3. 轧辊轴承的弹性变形

现代四辊轧机轧辊轴承主要采用滚动轴承和油膜轴承。在刚度计算时，只考虑支承辊轴承的弹性变形（见图 5-24）。

当支承辊采用滚动轴承时，在轴承没有外载荷的情况下，轴承的内座圈与外座圈的中心线是重合的。轧制时，在轧制力的作用下，轴承内座圈与滚动体之间以及外座圈与滚动体之间都将产生弹性压扁，使内、外座圈的中心线产生偏移值，此偏移值即为该轴承的弹性变形量，可按下式计算：

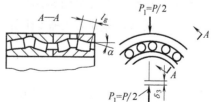

图 5-24 滚动轴承内外座圈中心线的位移

$$\delta_3 = \frac{0.0006}{\cos\alpha} \frac{Q^{0.9}}{l_g^{0.8}} \tag{5-57}$$

式中，δ_3 是一个轴承的弹性变形量（mm）；α 是滚子的接触角（°）；l_g 是滚子的有效接触长度（mm）；Q 是滚子上的最大载荷（N）。

Q 值可根据作用在轴承上的径向载荷计算：

$$Q = \frac{4.08 P_1}{iz\cos\alpha} \tag{5-58}$$

式中，P_1 是作用在轴承上的径向载荷（N），对于支承辊轴承来说，$P_1 = P/2$，P 为轧制力；i 是轴承中滚子的列数；z 是每列的滚子数量。

对于整个工作机座，支承辊轴承的弹性变形 $f_3 = 2\delta_3$，综合式（5-57）和式（5-58）得

$$f_3 = \frac{0.0012}{\cos\alpha} \frac{1}{l_g^{0.8}} \left(\frac{2.04}{iz\cos\alpha}\right)^{0.9} P^{0.9} \tag{5-59}$$

当支承辊采用油膜轴承时，油膜厚度将随轧辊转速和轧制力的变化而变化，一般用油膜补偿公式进行计算。在粗略的刚度计算中，可不考虑油膜厚度的影响。

4. 轴承座的弹性变形

对于四辊轧机，只需要计算支承辊轴承座的弹性变形。由于支承辊轴承座的结构一般都比较复杂，只能近似地计算。如图 5-25 所示的上支承辊轴承座，在计算时可将其受力部分简化成一个四棱锥体，其压缩变形量可按下式计算：

$$f_4 = \frac{P_1 h_j}{E F_S} + \frac{P_1 h_x}{E F_x} \tag{5-60}$$

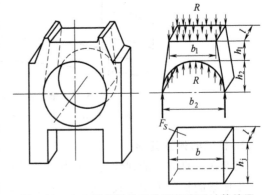

图 5-25 上支承辊轴承座的压缩变形计算简图

式中，P_1 是作用在轴承座上的力（N），等于轧制力的一半；h_j 是上轴承座受力部分的计算高度（mm），$h_j = h_1 + \frac{h_2}{2}$（$h_1$ 和 h_2 如图 5-25 所示）；h_x 是下轴承座受力部分的计算高度（mm），计算方法与 h_j 相同；F_S 是一侧的上轴承座变形部分的平均面积（mm²），$F_S = \frac{1}{2}(b_1 + b_2)l$（$b_1$ 和 b_2 如图 5-25 所示）；F_x 是一侧的下轴承座变形部分的平均面积。

5. 压下螺丝和压下螺母的弹性变形

压下螺丝的弹性变形包括压下螺丝悬臂部分的压缩变形和压下螺丝与压下螺母相配合的螺纹部分的压缩变形（见图 5-26）。

压下螺丝悬臂部分的压缩变形计算式如下：

$$f_{51} = \frac{4 P_1}{\pi E_s} \left(\frac{l_{s1}}{d_1^2} + \frac{l_{s2}}{d^2}\right) \tag{5-61}$$

式中，f_{51} 是压下螺丝悬臂部分的压缩变形（mm）；P_1 是作用在压下螺丝上的力（N）；E_s 是压下螺丝的弹性模量（MPa）；l_{s1} 是压下螺丝端部（无螺纹部分）高度（mm）；l_{s2} 是压

下螺丝悬臂部分的螺纹高度（mm）；d_1 是压下螺丝端部（无螺纹部分）的直径（mm）；d 是压下螺丝的螺纹中径（mm）。

压下螺丝与压下螺母配合部分的压缩变形可按照螺纹中的压力分布曲线来确定。为简化计算，可取螺纹中的平均压力为 P_1，则该部分的弹性变形为

$$f_{52} = \frac{2P_1 l_m}{\pi E_s d^2} \tag{5-62}$$

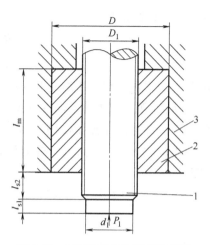

图 5-26 压下螺丝与压下螺母简图
1—压下螺丝 2—压下螺母 3—机架

式中，f_{52} 是压下螺丝与压下螺母配合部分的压缩变形（mm）；l_m 是压下螺母的高度（mm）。

同理，压下螺母的压缩变形为

$$f_{53} = \frac{2P_1 l_m}{\pi(D^2 - D_1^2) E_n} \tag{5-63}$$

式中，f_{53} 是压下螺母的压缩变形（mm）；D 是压下螺母的外径（mm）；D_1 是压下螺母的内径（mm）；E_n 是压下螺母的弹性模量（MPa），对于青铜螺母，可取 $E_n = 11 \times 10^4$ MPa。

压下螺丝和压下螺母的总弹性变形为

$$f_5 = \frac{4P_1}{\pi E_s} \left(\frac{l_{s1}}{d_1^2} + \frac{l_{s2}}{d^2} + \frac{l_m}{2d^2} \right) + \frac{2P_1 l_m}{\pi(D^2 - D_1^2) E_n} \tag{5-64}$$

6. 支承辊轴承座和压下螺丝之间各受压零件的弹性变形

在支承辊轴承座和压下螺丝之间还有垫板、止推球面垫等零件（见图5-27），有的机座中还装有测压仪，它们在轧制时也要产生弹性变形，其大小可按简单压缩变形进行计算。

（1）垫板的弹性变形　在压下螺丝垫板上装有止推球面垫时，垫板的压缩变形 f_{61} 可近似地按下式计算：

$$f_{61} = \frac{P_0 h_d}{E_d F_d} \tag{5-65}$$

式中，f_{61} 是垫板的压缩变形（mm）；P_0 是垫板上的作用力（N），对于钢板轧机，$P_0 = P/2$；h_d 是垫板受力部分的高度（mm）；F_d 是垫板受力部分的面积（mm²）；E_d 是垫板的弹性模量（MPa）。

（2）止推球面垫的弹性变形　止推球面垫的压缩变形可按圆柱体近似计算：

$$f_{62} = \frac{4P_0 h_q}{\pi D_q^2 E_q} \tag{5-66}$$

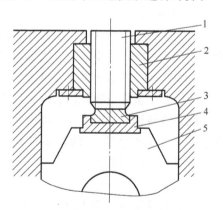

图 5-27 工作机座受载零件简图
1—压下螺丝 2—压下螺母 3—止推球面垫 4—垫板 5—支承辊承座

式中，f_{62} 是止推球面垫的压缩变形（mm）；P_0 是球面垫上的作用力（N），对于钢板轧机，$P_0 = P/2$；h_q 是球面垫受力部分的高度（mm）；D_q 是球面垫的直径（mm）；E_q 是球面垫的弹性模量（MPa）。

（3）测压仪的弹性变形　测压仪的压缩变形包括测压仪本体、垫片、上下盖等零件的

变形，计算式如下：

$$f_{63} = \frac{4R_0(h_b+h_s+h_x)}{\pi(D_w^2-D_n^2)E_y} + \frac{4P_0 h_p}{\pi(D_w^2-D_n^2)E_p} \tag{5-67}$$

式中，f_{63} 是测压仪的压缩变形（mm）；P_0 是测压仪上的作用力（N），对于钢板轧机，$P_0 = P/2$；h_b 是测压仪本体的高度（mm）；h_s 是测压仪上盖的高度（mm）；h_x 是测压仪下盖的高度（mm）；h_p 是测压仪垫片的厚度（mm）；D_w 是测压仪本体的外径（mm）；D_n 是测压仪本体的内径（mm）；E_y 是测压仪的弹性模量（MPa）；E_p 是测压仪垫片的弹性模量（MPa）。

各受压零件总的弹性变形为

$$f_6 = f_{61} + f_{62} + f_{63} \tag{5-68}$$

5.5.5　提高工作机座刚度的措施

要获得高精度的轧件，轧机必须具有足够的刚度。由轧机弹跳方程式（5-46）可以看出，轧机刚度系数越大，对于克服由轧制力的波动而引起的板厚变化越有利。由工作机座刚度系数计算公式（5-54）可见，由轧制力波动所引起的工作机座的弹性变形越小，则轧机的刚度系数越大。因此，从轧机结构的设计来说，应尽量减少轧制过程中工作机座各受力零件的弹性变形，以提高轧机的刚度。

1. 合理确定各受力零件的尺寸

根据实测和计算结果统计资料看，在轧机工作机座的弹性变形中，轧辊及轴承的变形占 40%~70%，机架变形占 10%~16%，压下螺丝的变形占 3.7%~21%，其他零件的变形占 4.3%~34.6%。

从上述统计数据可知，提高轧辊的刚度可以显著地改善工作机座的刚度。对于四辊轧机来说，辊系的刚度主要取决于支承辊直径的大小。因此，现代化连轧机支承辊直径已提高到 1300~1600mm，厚板轧机的支承辊直径已提高到 2000mm 以上，同时加大支承辊与工作辊直径的比值并尽量缩短辊颈的长度，以提高辊系的刚度。

统计资料说明，随着支承辊直径的增大，工作机座的刚度系数也增大。某些轧机的刚度系数 K 与支承辊直径 D_z 的关系如下。

对于小型四辊轧机：

$$K = 0.3 D_z$$

对于支承辊直径为 1260~1400mm 的大型宽带钢冷轧机：

$$K = (0.3 \sim 0.4) D_z$$

对于支承辊直径为 1260~1400mm 的大型宽带钢热轧机：

$$K = (0.25 \sim 0.35) D_z$$

增加机架立柱的截面面积及选取合理的截面形状也可使轧机刚度得到提高。图 5-28 所示为机架立柱截面面积与机架刚度系数的关系。

然而，随着轧辊直径和机架立柱截面尺寸的增加，机架高度和轧辊的压扁量也会相应增加，这就影响了工作机座刚度的进一步提高。另外，由于增大轧辊直径和立柱截面尺寸，会使工作机座结构庞大,增加设备重量和制造加工难度。所以,靠增加轧辊直径和机架立柱截面尺寸的方法来提高工作机座刚度,在经济上和技术上均受到一定限制。为了有效提高轧机刚度,必须合理确定机座中各受力零件的尺寸。

2. 采用应力回线较短的轧机结构

工作机座中全部受力零件在轧制力作用下,都要产生弹性变形,根据胡克定律,受力零件的弹性变形量与其长度成正比。机座中受力零件的长度之和就

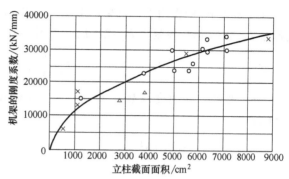

图 5-28 机架立柱截面面积与刚度系数的关系
×—实测值　○—计算值(四辊轧机)　△—计算值(二辊轧机)

是该轧机应力回线的长度。因此,缩短轧机应力回线的长度,可减小轧机弹性变形,提高机座刚度,根据这个原理设计的轧机称为短应力回线轧机,如图 5-29a 所示,图中 l_1 为上下横梁的长度,l_2 为机架立柱的长度,l_3 是上辊轴承座至上横梁的长度,l_3' 是下辊轴承座至下横梁的长度。

无机架轧机(图 5-29b)就是一种短应力回线的轧机。它没有机架,而是在轧辊的每侧用两根螺栓将上、下轴承座直接连接在一起,从而大大缩短了轧机应力回线长度,因而使轧机的刚度增大。无机架轧机主要应用于线材轧机,有时也用于型钢轧机。

3. 采用预应力轧机

在轧制前,对轧机施加预应力使其处于受力状态。在轧制时,由于预应力的影响,轧机的弹性变形变小,从而提高轧机的刚度。根据这个原理设计的轧机称为预应力轧机,主要应用于小型线材和板材轧机。

图 5-30 所示为预应力热轧钢板轧机结构示意图。热轧钢板轧机与普通板材轧机的主要区别是,在机架的上横梁与下支承辊轴承座之间增设预应力压杆 5,以及在下横梁与下支承辊轴承座之间装设预应力加载液压缸 8。轧制前,液压缸 8 对机座进行预应力加载,此时机架受拉力,而下轴承座 7 和压杆 5 则受压力,其大小都等于预紧力 P_0(通常 P_0 要大于 1.5 倍的轧制力)。

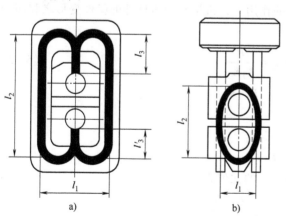

图 5-29 轧机的应力回线
a) 普通轧机　b) 无机架轧机

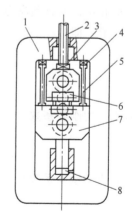

图 5-30 预应力热轧钢板轧机结构示意图
1—机架　2—压下螺丝　3、4—测压仪　5—预应力压杆　6—上轴承座　7—下轴承座　8—液压缸

在预紧力 P_0 的作用下,机架产生拉伸变形 L_1,受压零件产生压缩变形 L_2。一般情况,变形量 L_1 和 L_2 都与预紧力 P_0 成正比(见图 5-31),即

$$L_1 = \frac{P_0}{K_1}, \quad L_2 = \frac{P_0}{K_2} \tag{5-69}$$

式中,K_1 是机架的刚度系数(N/mm),$K_1 = \tan\alpha$;K_2 是受压零件的刚度系数(N/mm),$K_2 = \tan\beta$。

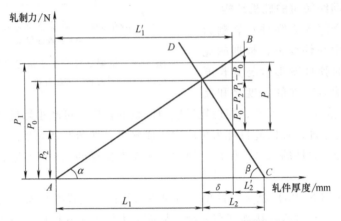

图 5-31 预应力轧机受力和变形之间的关系

图 5-31 中的直线 AB 表示机架受力与变形的关系,直线 CD 表示受压零件受力与变形的关系。轧制时,在轧制力 P 的作用下,机架上的作用力由 P_0 变为 P_2,变形由 L_2 变为 L_2',减少了 δ。由图 5-31 可见:

$$P = (P_1 - P_0) + (P_0 - P_2) = \delta K_1 + \delta K_2 \tag{5-70}$$

所以,由轧制力 P 引起的轧机弹性变形为

$$\delta = \frac{P}{K_1 + K_2} \tag{5-71}$$

此时,预应力的刚度系数为

$$K = K_1 + K_2$$

对于一般轧机,没有预应力,在轧制力的作用下,机架和受压杆件的弹性变形之和即为轧机的弹性变形,即

$$\delta = L_1 + L_2 = \frac{P}{\dfrac{K_1 K_2}{K_1 + K_2}} \tag{5-72}$$

故一般轧机的刚度系数为

$$K' = \frac{K_1 K_2}{K_1 + K_2}$$

预应力轧机的刚度系数与一般轧机刚度系数的比值为

$$\frac{K}{K'} = \frac{K_1 + K_2}{\dfrac{K_1 K_2}{K_1 + K_2}} = 2 + \frac{K_1}{K_2} + \frac{K_2}{K_1} \tag{5-73}$$

由式（5-73）可见，预应力轧机的刚度系数比普通轧机的刚度系数大（没有考虑辊系的变形）。

思考题

5-1 轧钢机机架形式有几种？每种形式有何特点？
5-2 四辊轧机机架窗口高度 H、宽度 B 的确定应该考虑哪些因素？
5-3 如何设计工作机座地脚螺栓？
5-4 简述校核闭式机架强度的计算过程。
5-5 影响轧机工作机架刚度的因素有哪些？辊系弹性变形是如何影响轧机刚度的？
5-6 如何有效提高四辊轧机工作机架刚度？

第 6 章 板厚板形控制与智能化技术

6.1 厚度控制的基本原理

6.1.1 轧件厚度波动的原因

根据弹跳方程,凡是影响轧制力、空载辊缝和轴承油膜厚度等的因素都将对实际轧出厚度产生影响,概括起来有如下几个方面:

(1) 温度变化的影响 温度变化对轧件厚度波动的影响实质上就是温度差对厚度波动的影响。温度波动主要通过对金属变形抗力和摩擦系数的影响而引起厚度差。

(2) 张力变化的影响 张力通过影响应力状态,以改变金属变形抗力,从而引起厚度发生变化。张力的变化除对带钢头尾部厚度有影响之外,也会影响其他厚度变化。张力过大会影响厚度,甚至会引起宽度发生改变,因此在热连轧过程中一般采用微量的恒定小张力轧制。而冷连轧与热连轧不同,由于在冷态下进行轧制,故冷轧时采用较大张力进行轧制。

(3) 速度变化的影响 速度变化主要通过对摩擦系数、变形抗力、轴承油膜厚度的影响来改变轧制力和压下量,从而影响轧件厚度。

(4) 辊缝变化的影响 当进行板带材轧制时,轧机部件的热膨胀、轧辊磨损和轧辊偏心等会使辊缝发生变化,从而直接影响实际轧出厚度。轧辊和轴承的偏心所导致的辊缝周期性变化,在高速轧制情况下,会引起高频的周期性厚度的波动。

除上述影响因素之外,来料厚度和力学性能的波动也能通过轧制力的变化引起轧件厚度产生变化。冷轧时,如果带钢有焊缝,焊缝处的硬度要比其他部分高,因此该处也会引起厚度发生波动。

6.1.2 轧制过程中厚度变化的基本规律

轧件的轧出厚度主要取决于初始辊缝值 S_0、轧机刚度 K 和轧制力 P 这三个因素。因此,无论是分析轧制过程中厚度变化的基本规律,还是阐明厚度自动控制在工艺方面的基本规律,都应从这三个因素入手。

轧制时的轧制力 P 是所轧轧件的宽度 B、来料入口与出口厚度 H 与 h、摩擦系数 f、轧

辊半径 R、温度 t、前后张力 σ_h 与 σ_H 以及变形抗力 σ_s 等构成的函数，即

$$P = F(B, R, H, h, f, t, \sigma_h, \sigma_H, \sigma_s) \tag{6-1}$$

式（6-1）为金属轧制力方程，当 B、f、R、t、σ_h、σ_H、σ_s 及 H 等均为定值时，P 将只随轧出厚度 h 而改变，这样便可以在图 6-1 所示的 P-h 图上绘出曲线 B，称为金属的塑性曲线，其斜率称为塑性系数 M，表征使轧件产生单位压下量所需的轧制力，即

$$M = \frac{\Delta P}{\Delta h} \tag{6-2}$$

1. 实际轧出厚度随辊缝而变化的规律

轧机的初始辊缝值 S_0 决定着弹性曲线 A 的起始位置。随着压下螺丝或液压缸设定位置的改变，S_0 将发生改变。实际轧制过程中，因轧辊热膨胀、轧辊磨损或轧辊偏心而引起的辊缝变化，也会引起 S_0 改变，从而导致轧出厚度 h 改变。在其他条件相同的情况下，它将按图 6-1 所示的方式引起轧件的实际轧出厚度 h 的改变。例如，通过调整压下，辊缝变小，则曲线 A 平移，从而使得曲线 A 与曲线 B 的交点由 O_1 点变为 O_2 点，此时实际轧出厚度便由 h_1 变为 h_2，$\Delta h_2 > \Delta h_1$，轧件被轧得更薄，如图 6-2a 所示。

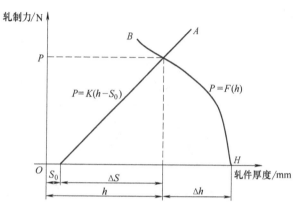

图 6-1 轧制过程的 P-h 图

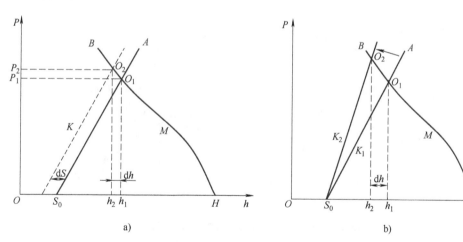

图 6-2 辊缝变化和刚度变化对出口厚度的影响

2. 实际轧出厚度随轧机刚度而变化的规律

轧机刚度系数 K 随轧制速度、轧制力、轧件宽度、轧辊材质和凸度、工作辊与支承辊接触部分的状况而变化。在实际轧制过程中，由于轧辊的凸度大小不同，轧辊轴承的性质及润滑油的性质则不同，轧辊圆周速度发生变化，也会引起刚度系数发生变化。

就油膜轴承而言，当轧辊圆周速度增加时，油膜厚度会增大，油膜刚性增大，轧件出口

厚度减小。轧机刚度系数由 K_1 增大到 K_2，则实际轧出厚度由 h_1 减小到 h_2，如图 6-2 所示。可见，提高轧机的刚度有利于轧制更薄的轧件。

3. 实际轧出厚度随轧制力而变化的规律

所有影响轧制力的因素都会影响金属塑性曲线的相对位置和斜率，因此，即使在轧机弹性曲线 A 的位置和斜率不变的情况下，所有影响轧制力的因素都可以通过改变 A 和 B 两条曲线的交点位置，而影响着轧件的实际轧出厚度。当来料厚度 H 发生变化时，会使曲线 B 的相对位置和斜率都发生变化，如图 6-3a 所示。在 S_0 和 K 值一定的情况下，来料厚度 H 增大，则曲线 B 的起始位置右移，并且其斜率稍有减小，即金属塑性刚度减小，实际轧出厚度则有所增大；反之，实际轧出厚度要减小。所以当来料厚度不均匀时，所轧出的轧件厚度将出现相应的波动。

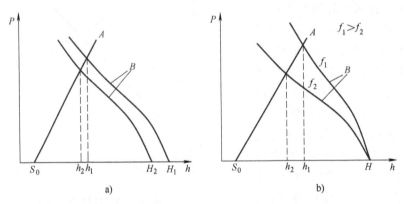

图 6-3 来料厚度和摩擦系数对出口厚度的影响

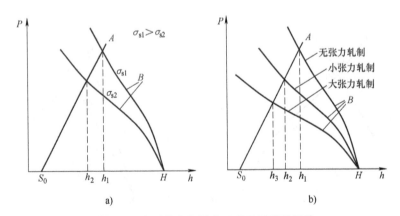

图 6-4 变形抗力和张力对出口厚度的影响

轧制过程中，当减小摩擦系数时，轧制力会降低，使得轧件轧得更薄，如图 6-3b 所示。轧制速度对实际轧出厚度的影响，也主要是通过对摩擦系数的影响来起作用。当轧制速度增加时，摩擦系数减小，实际轧出厚度也减小，反之则增厚。当变形抗力增大时，则曲线 B 斜率增大，实际轧出厚度也增大；反之，则实际轧出厚度变小，如图 6-4a 所示。这说明当来料力学性能不均或轧制温度发生波动时，金属的变形抗力也会不一样，因此，必然使轧出厚度产生相应的波动。轧制张力对实际轧出厚度的影响，也是通过改变曲线 B 的斜率来实现的。张力增大时,会使曲线 B 的斜率减小,因而可使轧件轧得更薄,如图 6-4b 所示。热连轧时的张力微调,冷轧时采用较大张力的轧制,也都是通过对张力的控制,使轧件轧得更薄和控制厚度精度。

在实际轧制过程中,以上诸因素对轧件实际轧出厚度的影响不是孤立的,而往往是同时对轧出厚度产生作用。所以在厚度自动控制系统中应考虑各因素的综合影响。

轧机的弹性曲线和轧件塑性曲线实际上并不是直线,但是由于在轧制过程中实际的轧制力和轧出厚度都在曲线的直线段部分,为了便于分析问题,常把它们当成直线来处理。

6.1.3 板厚控制的基本原理

常用的厚度控制方式有调整压下、调整张力和调整轧制速度,其原理都可通过 P-h 图加以阐明。

1. 调整压下改变初始辊缝

调整压下是厚度控制最主要的方法,常用于消除影响轧制力的因素所造成的厚度差。图 6-5a 为消除来料厚度变化影响的厚度控制原理图。当来料厚度为 H 时,弹性曲线 A_1 与塑性曲线 B_1 的交点 E 的横坐标即为轧件轧后厚度 h。如果来料厚度由 H 变到 $H-\mathrm{d}H$ 时,塑性曲线位置由 B_1 平移至 B_2,与弹性曲线 A_1 交于 C 点,此时轧件轧后厚度为 h_1',与要求的厚度 h 产生一个厚度偏差 $\mathrm{d}h$。为了消除这一偏差,需要调整压下,使辊缝由 S_0 增加一个调整量 $\mathrm{d}S$,而弹性曲线位置由 A_1 平移至 A_2,弹性曲线 A_2 与位置曲线 B_2 的交点 E' 的横坐标仍为 h,使轧件轧后厚度保持不变。

当轧制温度、轧制速度、张力及摩擦系数等变化使塑性曲线由 B_1 变为 B_2 时,如图 6-5b 所示,轧件轧后厚度由 h 变为 h_1',即产生一个厚度偏差 $\mathrm{d}h$,则可调整压下使弹性曲线由 A_1 变为 A_2,使轧件厚度恢复到 h。

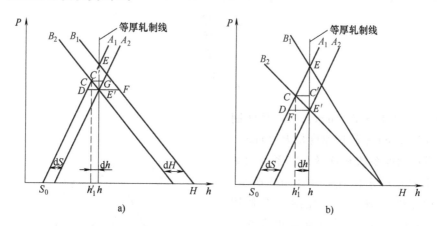

图 6-5 调整压下厚度控制原理图

a) 消除来料厚度变化的影响 b) 消除张力、摩擦系数和变形抗力变化的影响

2. 调整张力改变塑性曲线斜率

在连轧机或可逆式板带轧机上,除了调整压下进行厚度控制,还可以通过改变前后张力来进行厚度控制。如图 6-6 所示,当来料厚度 H 有一定偏差 $\mathrm{d}H$ 时,轧后轧件厚度 h 将产生

偏差 dh。在设定辊缝不变的情况下，通过加大张力，塑性曲线斜率发生变化，使塑性曲线 B_2 变为曲线 B_2'，就能使轧后轧件厚度 h 保持不变。

采用张力厚度控制法的优点是响应速度快，可使厚度更有效和更精确。其缺点是在热轧带钢和冷轧薄板时，为防止轧件拉窄和拉断，张力变化范围不能过大。所以，这种方法在冷轧时用得较多，热轧一般不采用，但有时在末机架上采用张力微调。而且，在冷轧中也不是单独采用这种方法，而是与调整压下厚度控制法配合使用。当厚度偏差较小时，在张力允许范围内进行张力微调，当厚度偏差较大时则采用调整压下法进行厚度控制。

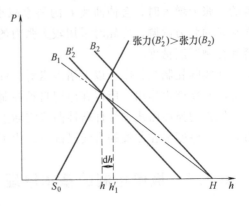

图 6-6　调整张力厚度控制原理图

3. 调整轧制速度

调整轧制速度可以起到调整轧制温度、张力和摩擦系数的作用，从而改变塑性曲线的斜率，达到厚度控制的目的。调速厚度控制原理图与张力厚度控制原理图相似。

6.1.4　液压压下轧机的当量刚度

上述的轧机刚度系数 K 称为轧机的自然刚度系数。在一定条件下，轧机刚度系数 K 基本上是一个常数。在液压压下轧机的厚度控制系统中可以采用改变辊缝调整系数 C_p 的方法，控制和改变轧机的"刚度"来实现不同的厚度控制要求。这种可以变化的"刚度"称为轧机当量刚度，用轧机当量刚度系数 K_p 来表示。

辊缝调整系数 C_p 和轧机当量刚度系数 K_p 的表达式如下：

$$C_p = \frac{\delta S}{\frac{\delta P}{K}} \tag{6-3}$$

$$K_p = \frac{\delta P}{\delta h} \tag{6-4}$$

式中，δS 是辊缝调整量（mm）；δP 是轧制力波动量（N）；δh 是轧件厚度偏差（mm）。

轧机当量刚度系数和辊缝调整系数的基本意义可用 P-h 图来阐述。如图 6-7 所示，当轧件原始厚度为 H 时，在轧制力 P 作用下，轧件轧后厚度为 h。当原始厚度存在厚度差 δH，轧制力增量为 $\delta P'$，轧件轧后的厚度偏差 δh_1 为

$$\delta h_1 = \frac{\delta P'}{K} \tag{6-5}$$

如果通过厚度自动控制系统的调整，辊

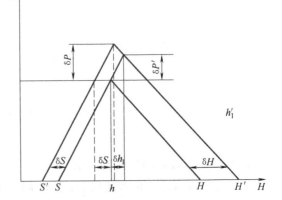

图 6-7　轧机当量刚度系数和辊缝调整系数示意图

缝调整量为 δS,辊缝由 S 减小到 S'。此时,轧制力增量为 δP,相应的机座弹性变形波动量为 $\delta P/K$,轧件轧后的厚度偏差为 δh,并有

$$\delta h = \frac{\delta P}{K} - \delta S \tag{6-6}$$

根据式(6-3)、式(6-5),δh 可得:

$$\delta h = \frac{\delta P}{K}(1 - C_p) \tag{6-7}$$

将式(6-6)代入式(6-4),则轧机当量刚度系数 K_p 为

$$K_p = \frac{\delta P}{\frac{\delta P}{K} - \delta S} = \frac{K}{1 - C_p} \tag{6-8}$$

通过上述推导可看出辊缝调整系数 C_p、轧机当量刚度系数 K_p 和厚度控制的关系如图 6-8 所示。

1)当 $C_p = 1$ 时,$\delta S = \delta P/C$ 和 $\delta h = 0$,说明辊缝调整量 δS 完全补偿了轧机弹性变形波动量 $\delta P/K$,使轧后的厚度偏差为零。

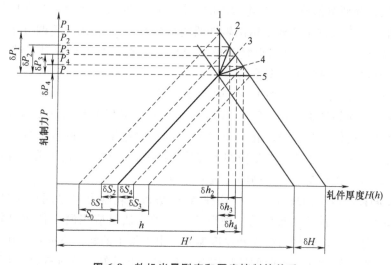

图 6-8 轧机当量刚度和厚度控制的关系

此时,当量刚度系数无穷大,说明轧机有"无穷大"厚度控制能力,能完全消除厚度偏差。

2)当 $0 < C_p < 1$ 时,$\delta S < \delta P/K$,辊缝调整量只能部分补偿轧机弹性变形波动量,此时,轧机当量刚度系数 K_p 大于自然刚度系数 K 而小于无穷大,称为硬特性控制,能补偿厚度差。

3)当 $C_p = 0$ 时,$\delta S = 0$,说明轧辊辊缝不调整,轧机弹性变形波动量完全不能得到补偿。此时,轧机当量刚度系数 K_p 等于轧机自然刚度系数。

4)当 $C_p < 0$ 时,$\delta S = -\delta P/K$,辊缝调整方向与轧机弹性变形方向相同,使辊缝变大。此

时，轧机当量刚度系数 K_p 小于轧机自然刚度系数，称为软特性控制，一般在平整轧件时使用，用来改善轧件的板形。

四种厚度控制方式的特点和 K_p 值见表6-1。

表6-1 四种厚度控制方式的特点和 K_p 值

控制方式	辊缝调整系数	轧机当量刚度系数	特点
自动位置控制	0	$K_p = K$	完全不能补偿厚度偏差
软特性控制	-1.5~0	$K_p < K$	辊缝调整方向与轧机变形方向相同,使辊缝增大
硬特性控制	0~0.8	$K < K_p < \infty$	部分补偿厚度偏差
超硬特性控制	1(为了稳定,一般取0.8~0.9)	∞	完全补偿厚度偏差

6.1.5 自动厚度控制的基本类型

自动厚度控制简称 AGC。在现代板带轧机上，一般采用液压压下装置。采用液压压下的自动厚度控制系统称为液压 AGC。AGC 系统可分为三个主要部分：

1）测厚部分：主要是检测轧件的实际厚度。

2）厚度比较和调节部分：主要将检测的轧件实际厚度与轧件给定厚度比较，得出厚度偏差值 δh，此外，在根据工艺要求给出辊缝调整系数 C_p 后，输出辊缝调节量 δS。

3）辊缝调整部分：主要根据辊缝调整量输出值，通过液压装置对辊缝进行相应的调整，以减小或消除轧件的纵向厚度偏差。

根据轧件测厚方法的不同，AGC 可分为三种方法。

(1) 采用直接测厚法的液压 AGC 这种液压 AGC 是应用测厚仪直接测量轧机出口处的轧件厚度，经厚度比较调节后得出轧件厚度偏差 δh，并输出辊缝调节量数值，通过液压装置进行辊缝调整。这种方法的优点是控制系统较为简单，其缺点是由于滞后性造成轧件厚度控制精度不高，只能在轧制速度不高的轧机上应用。

(2) 采用间接测厚法的液压 AGC 这种 AGC 是利用轧制力 P 来间接测量轧件厚度的，故又称为 P-AGC，是目前应用较广的一种形式。这种方法是应用测压仪测出轧制力后，通过弹跳方程间接地计算出轧件的厚度和厚度偏差。由于得出的轧件厚度是在轧辊辊缝中轧制的轧件厚度，克服了直测法由于时间滞后引起的误差，能较好地改善轧件的厚度偏差问题。间接测厚法的另一个优点是测厚装置简单，便于维护。该法的缺点是轧件厚度测量精度较低。但是，可以利用轧机出口测厚仪测得的实际值来修正测量值。

(3) 预控液压 AGC 前两种测厚方法有一个共同缺点，就是不能修正实时测量点的轧件厚度偏差，因为从测量出轧件厚度偏差到调整轧辊辊缝之间都有一个滞后时间。预控法可以有效地避免这个缺点。所谓预控法就是将测厚仪安装在轧机的入口处，测出轧件入口处的来料厚度偏差，通过计算机计算出轧件厚度偏差及相应的辊缝调整量。最后，根据测量点轧件进入轧辊的时间及辊缝调整时间，通过液压装置对轧辊辊缝进行预控调整。

由上可见，上述三种类型的液压 AGC 各有其使用特点。在现代带钢连轧机组上，在机组的入口侧和出口侧一般都设有测厚仪，而中间各机架则基本采用 P-AGC 系统。

6.1.6 带钢厚度预测与诊断

轧制过程的健康状态对带钢产品质量有显著影响。随着人工智能和大数据技术的进步，机器学习已广泛应用于工业生产。通过机器学习分析数据，可优化轧机运行。结合数据驱动模型训练及智能算法如遗传算法优化模型，能提高热轧带钢厚度预测的精度，从而精确控制产品质量。

1. 带钢质量诊断

以下从轧制工艺和控制系统两个方面对轧制过程异常进行分析：

（1）轧制工艺 轧制设备的结构、工作环境的变化，以及生产过程中使用不当等会导致生产性能下降，产品质量也必将受到一定的影响，即产生温度的变化、振动的增加、投放参数不准确等工艺问题。

（2）轧制控制系统 长期运行的轧制设备因不同工况影响，若控制参数未能及时调整，会导致产品质量和控制性能下降。

传统检修通常依赖耗时、不可靠的设备状态监测指标观察。相对而言，自动决策技术通过数学模型或数据驱动技术进行故障诊断，尤其在复杂、嘈杂环境中得到广泛应用。

2. 数据驱动方法

为了提高带钢厚度的预测准确性和诊断能力，可以采用核偏最小二乘法（kernel partial least squares，KPLS）。这种方法通过利用核函数，将带钢厚度数据从原始空间转移到高维特征空间中，使数据的非线性结构特征得到有效的挖掘和利用。

在实际操作中，如果有 n 个样本，核偏最小二乘法首先通过非线性函数将样本映射到高维特征空间（维度为 k）。在此空间中，用线性偏最小二乘法分析新的自变量数据矩阵和原始因变量，从而构建预测模型。

由此可建立数据矩阵 X_ϕ 和 Y 的 KPLS 回归模型为

$$Y = X_\phi B + Y_h$$

$$B = X_\phi^T U_h (T_h^T X_\phi X_\phi^T U_h)^{-1} T_h^T Y \tag{6-9}$$

将核矩阵 $K = X_\phi X_\phi^T$ 代入式（6-9），可得回归系数矩阵 B 的表达式为

$$B = X_\phi^T U_h (T_h^T K U_h)^{-1} T_h^T Y \tag{6-10}$$

最终，可得 KPLS 回归模型的输出预测值为

$$\hat{Y} = X_\phi B = K U_h (T_h^T K U_h)^{-1} T_h^T Y \tag{6-11}$$

3. 智能算法原理

遗传算法（genetic algorithm，GA），是 20 世纪 70 年代中期，由美国教授 Holland 首次提出的。

如图 6-9 所示，遗传算法的设计灵感来源于自然界生物的进化规律，是一种模仿自然进化来寻找最优解的智能优化方法。这种方法通过数学模型模拟生物进化过程中的基因选择、交叉和变异等操作，在解集空间中搜索最优解。与传统的优化方法相比，遗传算法这种基于自然进化原理的方法，不仅提高了预测的准确性，而且在自适应控制和智能决策支持方面展现出广泛的应用潜力，成为工业 4.0 环境下不可或缺的技术之一。

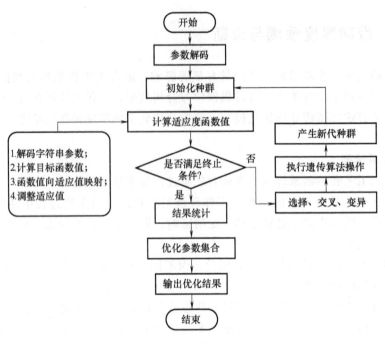

图 6-9 遗传算法流程图

4. 机器学习方法原理

厚度的准确预测和诊断是保证产品质量的关键。面对带钢厚度数据的复杂且非线性特性，传统的线性方法往往难以达到满意的效果。在这种情况下，支持向量机（support vector machine，SVM）是一种强大的解决方案，它帮助我们在数据特征空间中找到一个最佳"切割面"，以区分不同类型的带钢数据。在分类问题中，这个"切割面"是最优超平面。在处理回归问题，即精确预测带钢的具体厚度时，SVM 利用核函数将数据转换至更高维空间，以简化复杂的非线性关系，其基本原理如图 6-10 所示。通常假定非线性数据 $[x_i, y_j] \in \mathbf{R}^n \times \mathbf{R}$，$(i, j = 1, 2, \cdots, m)$，其中，$x_i$ 为输入数据值，y_j 为对应的数据输出值。

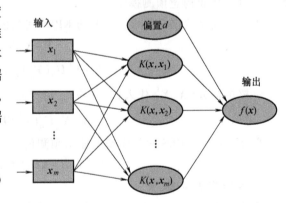

图 6-10 SVM 原理示意图

SVM 回归函数定义为：

$$f(x) = \omega^T x + d \quad (6-12)$$

式中，ω、d 是回归参数；

因此目标函数可被描述为

$$\Phi(\omega) = \min\left\{\frac{1}{2}\|\omega\|^2 + C\sum_{i=1}^{m} L(f(x_i), y_i)\right\} \quad (6-13)$$

式中，C 是惩罚参数；$L(\cdot)$ 是与容许误差的阈值 ε 有关的不敏感损失函数，即

$$L(f(x_i) - y_i) = \begin{cases} 0, & |f(x_i) - y_i| \leq \varepsilon \\ |f(x_i) - y_i| - \varepsilon, & |f(x_i) - y_i| > \varepsilon \end{cases} \quad (6-14)$$

假设存在非线性映射：$x \to \varphi(x)$，此时，目标函数可表达为

$$Q(\boldsymbol{\alpha}) = \sum_{k=1}^{n} \alpha_k - \frac{1}{2} \sum_{i=1}^{m} \sum_{j=1}^{m} \alpha_i \alpha_j y_i y_j \langle \varphi(\boldsymbol{x}_i), \varphi(\boldsymbol{x}_j) \rangle \tag{6-15}$$

式中，α_i 和 α_j 是拉格朗日算子。

经过理论推导与数学计算，支持向量机回归模型决策函数可表达为

$$\begin{aligned} f(\boldsymbol{x}) &= \sum_{i=1}^{m} (\alpha_i - \alpha_i^*) \langle \varphi(\boldsymbol{x}_i), \varphi(\boldsymbol{x}) \rangle + d \\ &= \sum_{i=1}^{m} (\alpha_i - \alpha_i^*) K(\boldsymbol{x}_i, \boldsymbol{x}) + d \end{aligned} \tag{6-16}$$

式中，K 为核函数；$\varphi(\boldsymbol{x})$ 为非线性映射函数。核函数形式为

$$K(\boldsymbol{x}, \boldsymbol{x}_i) = \exp\left(-\frac{\|\boldsymbol{x} - \boldsymbol{x}_i\|^2}{2\sigma^2} \right) \tag{6-17}$$

式中，σ 为常数。

5. 实施步骤

1）对数据集进行调整，使其更统一和标准化。

2）使用 KPLS-SVM 预测模型来分析数据，通过智能算法（如遗传算法）来选择最适合的参数，包括 SVM 模型的核心参数和核函数参数。

3）加载训练数据，利用这些数据来训练预测模型，构建一个基于数据驱动和机器学习技术的 KPLS-SVM 回归预测模型。

4）训练模型，保存并通过图表分析其效果。

5）在轧制过程中，评估带钢的厚度状况。

6）根据运维数据，调整生产计划以优化操作。

6.2 板形控制的基本原理

6.2.1 板形的基本概念及其表示方法

板形是板带的重要质量指标。20 世纪 80 年代以来，随着对板形要求的不断提高，板形控制技术和新型板带轧机的研制和开发不断深入，取得了很大进展。

所谓板形，包括板带纵横两个方面的尺寸指标。纵向板形直观上表现为板带材的翘曲程度，即通常所讲的平直度。横向板形指的则是带钢的截面形状，包括板凸度、边部减薄及局部高点等。

1. 平直度

板材的平直度，就其实质而言，是指带钢内部残余应力的分布。人们依据各自不同的研究角度及不同的板形控制思想，采用不同的方式定量地描述板形。

(1) 相对长度差表示法 把翘曲的带钢裁成若干个纵条并铺平，则在带钢的横向各点有不同的延伸。用 $\Delta L/L$ 来表示板形，如图 6-11 所示。通常板形以 I 表示，即

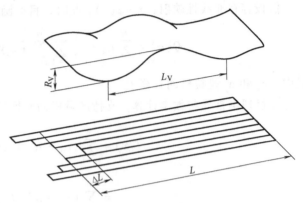

$$I=\left(\frac{\Delta L}{L}\right)\times 10^5 \qquad (6\text{-}18)$$

式中，I 是带钢板形相对长度差；ΔL 是带钢纵向延伸差（mm）；L 是带钢基准点的带钢长度（mm）。

(2) 波形表示法 将翘曲的带钢切取一段置于平台上，如图 6-12 所示，

图 6-11 板形的相对差表示法示意图
（R_V 是波幅，L_V 是波长）

将最短纵条视为一直线、最长纵条视为一正弦波的板形表示法称为波形表示法。

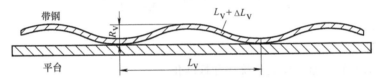

图 6-12 板形的波形表示法

带钢的翘曲度 λ 表示为波幅与波长的比值，通常以百分数表示为

$$\lambda = \frac{R_V}{L_V}\times 100\% \qquad (6\text{-}19)$$

式中，λ 是翘曲度，以百分数表示；R_V 是波幅（mm）；L_V 是波长（mm）。

(3) 相对长度差表示法和波形表示法之间的关系 翘曲度 λ 和最长、最短纵条相对长度差 I 之间的关系表示为

$$I=\frac{\Delta L_V}{L_V}\times 10^5 = \left(\frac{\pi R_V}{2L_V}\right)^2 \times 10^5 = \frac{5\pi^2}{2}\lambda^2 \qquad (6\text{-}20)$$

式中，I 是带钢板形相对长度差；λ 是翘曲度，以百分数表示。

式 (6-20) 说明了相对长度差表示法和波形表示法之间的关系，即测出带钢波形就可以求出相对长度差。

2. 板凸度

所谓板凸度是指板中心处厚度与边部代表点处的厚度之差，如图 6-13 所示，有时为强调没有考虑边部减薄，又称它为中心凸度，其表达式为

$$C_h = h_c - h_e \qquad (6\text{-}21)$$

式中，C_h 是带钢的中心凸度（mm）；h_c 是带钢的中心厚度（mm），塑性变形前为 H_c；h_e 是带钢边部代表点的厚度（mm），塑性变形前为 H_e。

由于轧件的厚度与其板凸度有密切关系，所以引入了比例凸度的概念。比例凸度是指轧件中心凸度与轧件出口平均厚度的比值，其公式为

$$C_p = \frac{C_h}{\bar{h}}\times 100\% \qquad (6\text{-}22)$$

式中，C_p 是比例凸度，以百分数表示；C_h 是中心凸度（mm）；$\bar{h}$ 是轧件的平均厚度（mm）。

3. 边部减薄

边部减薄也是一个重要的断面质量指标。边部减薄是在板带轧制时发生在轧件边部的一种特殊现象，即在接近板带边部处，其厚度突然减小，如图 6-14 所示。故严格来说，实际的板凸度是针对除去边部减薄区以外部分来说的。

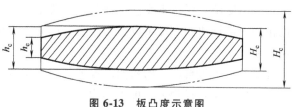

图 6-13 板凸度示意图

边部减薄量直接影响到边部切损的大小，与成材率有密切关系。一般选取距离带钢边部 25~50mm 的区域作为边部减薄区。

发生边部减薄现象的两个主要原因如下：

1）轧件与轧辊的弹性压扁量在轧件边部明显减小。

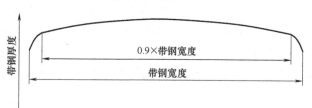

图 6-14 边部减薄示意图

2）轧件边部金属的横向流动要比中间部分容易，这也进一步减小了轧件边部的轧制力及其与轧辊的压扁量，使轧件边部减薄量增加。

4. 平直度与板凸度之间的关系

平直度与板凸度有密切关系，可以应用良好板形条件来加以阐述。假定钢板金属没有横向流动，则根据体积不变条件，可知：

$$H(x)L(x) = h(x)l(x) \tag{6-23}$$

$$\frac{L(x)}{l(x)} = \frac{H(x)}{h(x)} \tag{6-24}$$

式中，$L(x)$、$H(x)$ 分别是轧前 x 处的钢板长度和厚度（mm）；$l(x)$、$h(x)$ 分别是轧后 x 处的钢板长度和厚度（mm）。

良好板形是轧件延伸均匀，即

$$\frac{L(x)}{l(x)} = \frac{H(x)}{h(x)} = 常数 \tag{6-25}$$

取边部和中心两点考虑，则

$$\frac{H_c}{h_c} = \frac{H_e}{h_e} \Rightarrow \frac{H_c - H_e}{H_e} = \frac{h_c - h_e}{h_e} \Rightarrow \frac{C_H}{\bar{H}} = \frac{C_h}{\bar{h}} \tag{6-26}$$

由此可见，板形良好条件就是比例凸度恒定，即

$$\frac{C_h}{\bar{h}} = \frac{C_H}{\bar{H}} \tag{6-27}$$

式中，C_H、C_h 分别是轧前、轧后带钢的凸度（mm）；$\bar{H}$、$\bar{h}$ 分别是轧前、轧后带钢的厚度（mm）。

冷轧过程要求严格保证良好的板形条件，所以在轧制过程中，尽管板凸度值不断减小，

可是比例凸度始终保持不变。热轧过程有所不同，为了满足产品凸度方面的要求，在板形允许的范围内带钢比例凸度可以适当改变。因此，板形变化与板凸度变化的定量关系是板凸度控制的基础。

轧制过程中带材产生的翘曲或波浪是由带钢宽向的不均匀延伸所致，带钢宽向延伸与该道次板凸度变化直接相关，可表示为

$$\Delta C_\mathrm{p} = \left(\frac{C_1}{h_1} - \frac{C_2}{h_2}\right) \times 100\% \tag{6-28}$$

式中，ΔC_p 是带钢比例凸度差，以百分数表示；C_1 是入口带钢凸度（mm）；C_2 是出口带钢凸度（mm）；h_1 是入口带钢厚度（mm）；h_2 是出口带钢厚度（mm）。

当 $\Delta C_\mathrm{p} < 0$ 时，带钢多趋向于出现边浪；当 $\Delta C_\mathrm{p} > 0$ 时，带钢多趋向于出现中浪。但是，由于有内应力的存在，只要比例凸度变化在一定的范围内，带钢仍然会保持平直，这一凸度范围就称为平直度的死区。热轧平直度死区公式如下：

$$-80\left(\frac{h_2}{B}\right)^a < \Delta C_\mathrm{p} < 40\left(\frac{h_2}{B}\right)^b \tag{6-29}$$

式中，ΔC_p 是带钢比例凸度差；B 是带钢的宽度（mm）。

根据以上概述，给出平直度与比例凸度差之间的关系式为

$$I = \Delta C_\mathrm{p} \times 10^3 \tag{6-30}$$

式中，I 是带钢板形相对长度差；ΔC_p 是比例凸度差，以百分数表示。

翘曲度与比例凸度差之间的关系式为

$$\lambda = 6.3661977 \times \sqrt{|\Delta C_\mathrm{p}|} \tag{6-31}$$

式中，λ 是翘曲度，以百分数表示；ΔC_p 是比例凸度差，以百分数表示。

由式（6-30）和式（6-31）得到板形的相对长度差表示与百分数表示的翘曲度关系式为

$$\lambda = 0.201317 \times \sqrt{I} \tag{6-32}$$

式中，λ 是翘曲度，以百分数表示；I 是带钢板形相对长度差。

5. 板凸度方程

从板形与凸度的关系中，可以看出轧后板形与以下几种因素有关：来料板形、来料凸度、轧辊有载辊缝形状、金属横向流动状态。对于某一轧制道次而言，来料板形和来料凸度是不可改变的，从理论上讲，只能控制轧辊有载辊缝或改变金属横向流动方式来控制板形。

众所周知，轧件出口凸度取决于以下因素：轧辊原始辊形、轧辊热凸度、轧辊磨损凸度、轧制力和弯辊力造成的弹性弯曲、轧辊压扁和轧件入口凸度。通过理论计算和实践应用，轧件的出口凸度一般可以表示为

$$C_\mathrm{h} = \frac{F}{K_\mathrm{F}} + \frac{F_\mathrm{B}}{K_\mathrm{B}} + K_\mathrm{cw} C_\mathrm{w} + K_\mathrm{cb} C_\mathrm{b} + \alpha'\left(\frac{C_\mathrm{H}}{H} - \frac{C_\mathrm{h}}{h}\right) \tag{6-33}$$

将式（6-33）右边前半部分看成是有载辊缝凸度 C_0，则有

$$C_\mathrm{h} = C_0 + \alpha'\left(\frac{C_\mathrm{H}}{H} - \frac{C_\mathrm{h}}{h}\right) \tag{6-34}$$

$$\left(1 + \frac{\alpha'}{h}\right)\left(\frac{C_\mathrm{h}}{h} - \frac{C_\mathrm{H}}{H}\right) = \frac{C_0}{h} - \frac{C_\mathrm{H}}{H} \tag{6-35}$$

$$\frac{C_h}{h} - \frac{C_H}{H} = \xi\left(\frac{C_0}{h} - \frac{C_H}{H}\right) \tag{6-36}$$

式中，K_F 是轧制力横向刚度（N/mm）；F 是轧制力（N）；K_B 是弯辊力横向刚度（N/mm）；F_B 是弯辊力（N）；K_{cw}、K_{cb} 分别是工作辊和支承辊的凸度影响系数；C_w、C_b 分别是工作辊和支承辊凸度（mm）；C_h 是轧件出口凸度（mm）；C_H 是轧件入口凸度（mm）；α' 是出入口比例凸度差异对轧件凸度的影响系数。

将式（6-36）进行变形，得

$$C_h = \xi C_0 + (1-\xi)(1-r)C_H \tag{6-37}$$

式中，$1-r = h/H$，则有

$$C_h = \xi C_0 + (1-\xi)\frac{h}{H}C_H \tag{6-38}$$

式中，ξ 是轧制力均匀分布时的机械凸度对轧件出口凸度的影响。

6.2.2 板形控制方法

从 20 世纪 60 年代至今，随着板形控制思想的变化和发展，各种形式的板形控制轧机相继问世并投入实践生产，板形控制水平不断提高。但是，板形问题在世界范围内尚未找到一个完善的解决方案，没有任何一种板形控制技术占据绝对主导地位，板形控制呈现多元化的发展趋势。

板形控制主要从工艺手段和设备结构上进行考虑。当采用设定初始辊形、改变轧制规程和对轧辊进行分段冷却等工艺手段调整板形时，不可避免地存在响应速度慢、不能在线实时控制的缺陷。鉴于这种情况，工艺方法仅能作为板形控制的辅助手段，实际应用中主要通过改进设备结构达到控制板形的目的。从设备控制技术和执行机构看，主要板形控制技术包括：压下倾斜、液压弯辊、阶梯形支承辊、轧辊轴向移动、轧辊胀形以及轧辊交叉等。

1. 压下倾斜技术

压下倾斜技术的原理是对轧机两侧的压下装置进行同步控制，通过增大或减小一侧的压下量，使得另一侧的压下量减小或者增大，从而使辊缝呈楔形（见图 6-15），以消除带材非对称板形缺陷如单边浪、镰刀弯等。压下倾斜具有结构简单、操作方便和响应速度快等特点。

2. 液压弯辊技术

20 世纪 60 年代初发展起来的液压弯辊技术是改善板形最有效、最基本的方法。液压弯辊的基本原理是通过向工作辊或支承辊辊颈施加液压弯辊力，使轧辊产生人为的附加弯曲来瞬时改变轧辊的有效凸度，从而调整轧件的凸度。

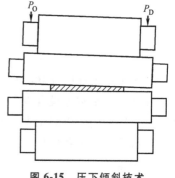

图 6-15 压下倾斜技术

根据弯辊力作用部位，弯辊通常可以分为工作辊弯辊、中间辊弯辊（对于六辊轧机而言）和支承辊弯辊；根据弯辊力作用方向，弯辊可以分为正弯辊和负弯辊；根据操作侧和传动侧施加的弯辊力是否相等，可分为对称弯辊和非对称弯辊，非对称弯辊也可以消除非对称板形缺陷。下面针对普通四辊轧机对液压弯辊控制法进行说明。

正弯辊法如图 6-16a 所示，在上下工作辊轴承座之间设置液压缸，对上下工作辊轴承座施加与轧制力方向相同的弯辊力 F_1（此力规定为正值，故称为正弯辊）。在弯辊力 F_1 作用下，轧制时的轧辊挠度将减小。负弯辊法如图 6-16b 所示，是在工作辊与支承辊轴承座之间设置液压缸，对工作辊轴承座施加一个与轧制力方向相反的作用力 F_1（此力规定为负值，故称为负弯辊），它使工作辊挠度增加。

在辊身长度 L 与工作辊直径 D 的比值 $L/D<4\sim5$ 的板材轧机上，一般多采用工作辊弯辊法。正弯辊和负弯辊的实际效果基本相同，但正弯辊的设备简单，可与工作辊平衡缸合为一体，且当轧件咬入或抛出时，液压系统不需要切换。正弯辊法的缺点是使支承辊与工作辊辊身边缘的接触载荷增大，增加支承辊辊身边缘部分的疲劳剥落。此外，弯辊力 F_1 也会加大工作辊辊颈、轴承、压下装置和机架的载荷，特别是对工作辊轴承寿命影响较大。负弯辊法使工作辊辊颈和轴承的载荷增大，与正弯辊法相同，但不增加压下装置和机架的载荷，反而减小支承辊与工作辊辊身边缘的接触载荷。

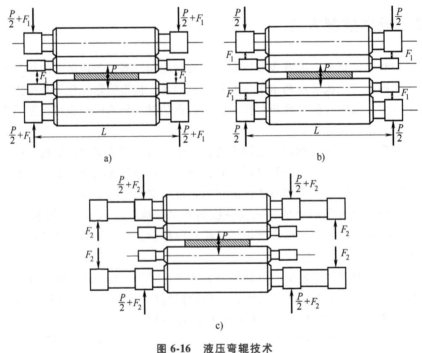

图 6-16 液压弯辊技术
a）正弯辊 b）负弯辊 c）支承辊弯辊

支承辊弯辊如图 6-16c 所示。采用支承辊弯辊来调整轧辊辊形时，需要将支承辊两端加长，在伸长的辊端上设置液压缸。目前常用的是支承辊正弯辊法，即弯辊力 F_2 作用方向与轧制力方向相同，以减小支承辊挠度。这种弯辊方法会增加支承辊辊颈、轴承、压下装置和机架的载荷。在某些轧机上采用结构较为复杂的弯辊支承装置时，也可以使压下装置和机架不承受弯辊力。

支承辊弯辊装置一般用于宽度较大的中厚板轧机，即辊身长度 L 与工作辊直径 D_1 之比 $L/D_1>4\sim5$，或支承辊辊身长度与直径之比大于 2 时。

普通单轴承座工作辊弯辊装置存在着工作辊轴承座应力和变形不均的现象，为此日本某企业开发了 DCB 轧机,如图 6-17 所示,即装有双轴承座工作辊弯辊装置的轧机。它的特点是将工作辊轴承座一分为二,两个轴承座分别由各自的液压缸施加弯矩力。其优点是:独立调整弯矩力,可以实现现代化设计,充分利用轴承座、轴承及辊颈的强度,使整个装置可承受更大的弯辊载荷,从而提高设备的板形控制能力,延长零部件的使用寿命;由于外侧液压缸优先用于弯辊,加长了弯辊力臂,增大了弯曲力矩;容易实现现有轧机的改造。此轧机在日本分别用于热连轧、冷连轧带钢机及可塑式冷轧机。但由于轧辊轴承座结构复杂,目前 DCB 轧机还处在有选择的推广中。

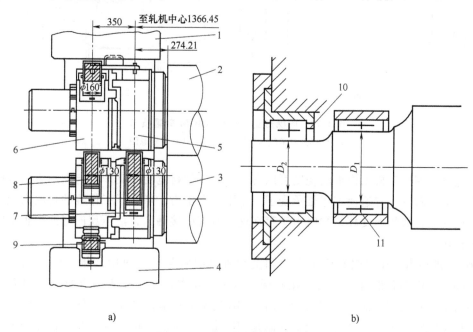

图 6-17 DCB 轧机弯辊装置图
a) 结构简图 b) 工作辊辊径和轴承配置
1—上支承辊轴承座 2—上工作辊 3—下工作辊 4—下支承辊轴承座 5—工作辊内侧轴承座
6—工作辊外侧轴承座 7—内侧轴承座液压缸 8—外侧轴承座液压缸 9—工作辊弯辊缸
10—工作辊外侧轴承 11—工作辊内侧轴承

3. 阶梯形支承辊技术

阶梯形支承辊技术是对传统的四辊轧机进行分析后,为消除四辊轧机的辊间有害接触区而提出的,如图 6-18a 所示。

另外还有大凸度支承辊,如图 6-18b 所示,即 NBCM 轧辊,也可以看作是一种支承连续可变的阶梯形支承辊。由于轧辊轴向移动技术的迅速发展,阶梯形支承辊技术应用很少,基本被轧辊轴向移动技术所代替。

4. 轧辊轴向移动技术

轧辊轴向移动技术是继液压弯辊技术之后板形控制技术史上的又一大突破。这种技术的板形控制原理与阶梯形支承辊技术相似,但其控制效果更明显,因而得到了广泛的应用。除了改善板形,轧辊轴向移动技术还具有改善边部减薄,使轧辊磨损均匀化等许多优点。轧辊轴向移动技术以日本日立公司的 HC 轧机和德国 SMS 公司的 CVC 轧机为代表。

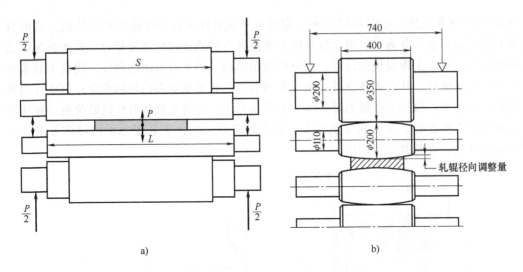

图 6-18 阶梯形支承辊和 NBCM 轧辊技术
a) 阶梯形支承辊示意图   b) NBCM 轧辊示意图

通过分析四辊轧机工作辊的挠度可以看出，大于带材宽度的工作辊与支承辊的接触区是一个有害的接触区，它迫使工作辊承受了一个附加弯辊力，增大了工作辊的弯曲力矩，使工作辊挠度变大，故板形变坏，同时由于存在这个有害的接触区，液压反向弯曲轧辊不能有效地发挥作用。

HC 轧机相当于在四辊轧机工作辊和支承辊之间安装了一对中间辊，使之成为六辊轧机。中间辊可以随着带材宽度的变化而调整到最佳位置，使工作辊与支承辊脱离有害接触区，同时工作辊又配有液压弯辊装置，所以 HC 轧机的板形控制能力十分理想。

利用中间辊的轴向移动进行板形控制是 HC 轧机的本质所在，也是在工作原理上区别于四辊轧机的根本点。

HC 轧机具有以下特性：
1) 具有良好的板凸度和板形控制能力。产品板形好，波浪度可控制在 1% 以下。
2) 带材边部减薄量减少，减少了裂边和切边量，轧制成材率可提高 1%~2%。
3) 可增大道次的压下量和减少轧制道次，相比同类四辊轧机可提高产量 20% 左右。对于冷轧而言，由于减少中间退火次数等原因，可节省能耗 15% 左右。

由于轴向移动轧辊的方案不同，HC 轧机又分为：具有中间辊移动系统的 HCM 六辊轧机（见图 6-19a），用于热轧、冷轧和平整；具有工作辊移动系统的 HCW 四辊轧机（见图 6-19b），用于热轧厚板材等；工作辊和中间辊都能移动的 HCMW 轧机（见图 6-19c），用于热轧带钢。近年来，为了轧制宽薄而硬度又高的产品，还出现了在 HC 六辊轧机的基础上增设中间辊弯辊装置的轧机，称为 VCM 六辊轧机（见图 6-19d）。

20 世纪 80 年代初，日立公司为了进一步满足宽、薄、硬质材料高精度轧制的需要，在 HC 轧机的基础上发展出 UC 轧机，即万能凸度控制轧机。这种轧机采用小径化工作辊，具有中间辊横移、中间辊弯辊、工作辊弯辊三种板形控制机构。随着 UC 轧机的广泛应用，为了满足不同的生产需要，UC 轧机由最初的 UCM 形式派生出 UCMW、UC2、UC3、UC4、UC1F、5MB、6MB 等多种形式，构成了一个如图 6-20 所示的庞大的轧机系列。

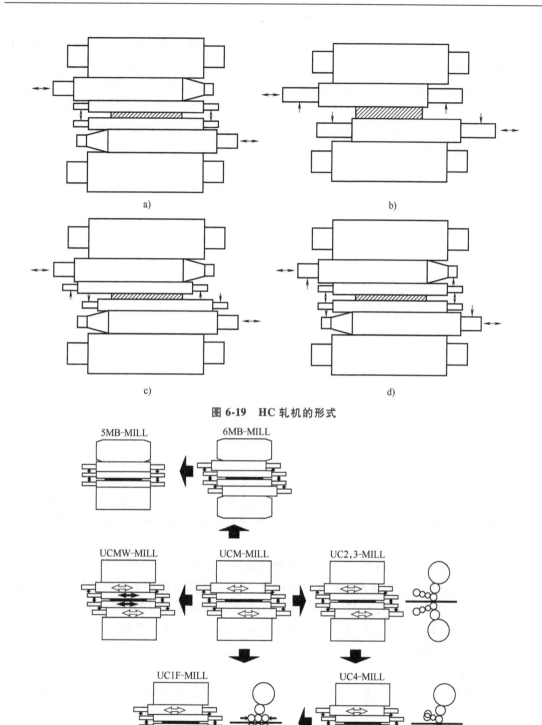

图 6-19 HC 轧机的形式

图 6-20 UC 轧机的形式

5MB-MILL—无下中间辊的 6MB 轧机　6MB-MILL—无中间辊横移的 UCM 轧机
UCMW-MILL—工作辊横移的六辊 UCM 轧机　UCM-MILL—中间辊横移、弯辊的六辊 HC 轧机
UC2,3-MILL—小工作辊径的 UCM 轧机和工作辊小径、无轴承座的 UCM 轧机　UC1F-MILL—工作辊小径、水平支承的 UCM 轧机　UC4-MILL—工作辊小径、无轴承座的 UCM 轧机

CVC 板形控制技术的工作原理是将工作辊磨削成 S 形辊，并呈 180°反向布置，通过轧辊的轴向移动连续改变辊缝形状。如图 6-21 所示，上、下两轧辊在基准位置为中性凸度，辊缝两侧对立的高度相同，和一般的轧辊相同。当上辊向右、下辊对称地向左移动时，辊缝中间薄，相当于轧辊的正凸度；反之，当上辊向左、下辊向右对称移动时，则辊缝中间厚，相当于轧辊的负凸度。因轧辊移动量是可以无级设定的，所以辊缝的凸度也是连续可变的，CVC 轧机也由此而得名。

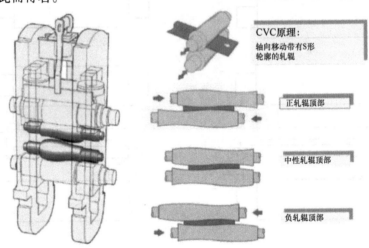

图 6-21　CVC 轧机工作原理示意图

通常，CVC 轧机的设计是基于轧辊移动距离等于轧辊辊身支承长度的±5%～7%，每一根轧辊的凸度设定范围大致为 0.5mm。CVC 轧机可以是二辊式、四辊式或六辊式。这种轧机凸度调节范围大，可以预设定，也可以在轧制过程中调整辊形。最近几年，SMS 公司在 CVC 基础上又发展推出了 CVC-PLUS 技术，该技术可以更好地控制边部减薄和降低辊间压力峰值。

万能板断面形状控制（UPC）轧机是由德国曼内斯曼-德马克-萨克（Mannesmann Demag Sack，MDS）公司设计的，这种轧机在某种程度上与 CVC 技术有相似之处，只是 UPC 辊为雪茄形，而不是 S 形，如图 6-22a 所示，UPC 辊的移动行程是 CVC 系统的两倍。Smart-Crown 技术由奥钢联（VAI）公司开发，其工作辊采用横移技术，其辊形曲线为正弦/余弦曲线，如图 6-22b 所示。

5. 轧辊胀形技术

轧辊胀形技术的基本思想是采用液压或机械方式改变轧辊辊形，以达到控制板形的目的。

1974 年，日本住友公司开发出了一种凸度可变的轧辊，称为 VC 轧辊或液压胀形轧辊，其结构原理如图 6-23 所示。液压胀形轧辊由芯轴与套筒组成。在芯轴与套筒之间设有液压腔，高压液体经高速旋转的高压接头由心轴进入液压腔。在高压液体的作用下，套筒外胀，产生一定的凸度。调整液体压力的大小，可以连续改变套筒凸度，迅速校正轧辊的弯曲变形，达到控制板形的目的。套筒与芯轴两端在一定长度内采用过盈配合，一方面对高压液体起密封作用，另一方面在承受轧制载荷时，传递所需要的扭矩，并保证轧辊的整体刚度。

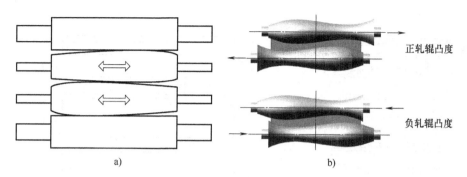

图 6-22 万能板断面形状控制（UPC）轧机和 Smart-Crown 轧机
a) UPC 轧机　b) Smart-Crown 轧机

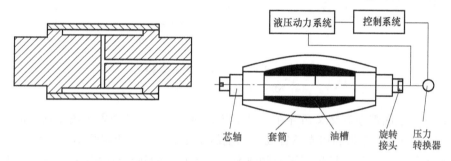

图 6-23　VC 轧机轧辊整体胀形原理图

关于 VC 轧辊控制特性，日本有关方面做了大量的工作。实际应用中，既可将工作辊制成 VC 辊，也可将支承辊制成 VC 辊。虽然 VC 轧辊内部设有一个油槽，但其整体刚度并不次于实心轧辊，与弯辊技术相配合，可以扩大板形控制范围。

VC 轧机的优点是轧机不需要改装，并在轧制过程中可实现轧辊凸度的快速改变。但这类轧机也有其缺点，也是它的致命点，即液压达 50MPa 时，旋转接头与油腔密封困难，结构复杂，并且在板形控制上尚不能有效地控制复合浪。它至今只在日本住友公司内部使用。

瑞士 Escher Wyss 公司开发的 NIPCO 轧辊如图 6-24a 所示，由辊轴、辊套和调心轴承组成，每个支承块装入固定梁中，构成单独的液压支承，把旋转辊套压贴到工作辊上。可在辊身全长的各区内单独调节轧制力，这样就使 NIPCO 轧辊成为一个挠度可补偿的轧辊，进而达到板形控制的目的。

DSR 轧辊是法国 CLECIM 公司开发的一种轧辊，其板形控制思想及结构均与 NIPCO 相似，如图 6-24b 所示。DSR 轧辊由旋转辊套、固定芯轴及调控两者之间相对位置的七个液压缸组成。七个可伸缩压块液压缸通过承载动静压油膜可调控旋转辊套的挠度及其对工作辊辊身各处的支持力度（即辊间接触压力），进而实现对辊缝形状的控制。DSR 技术通过直接控制辊间接触压力分布可以使轧机实现低横刚度的柔性辊缝控制、低凸度高横刚度的刚性辊缝控制，以及辊间接触压力均布控制的控制思想，但同一时间 DSR 技术只能实现其中的一种控制思想。

6. 轧辊交叉技术

任何轧机的轧辊轴线之间都不可能是绝对平行的，工作辊轴线与带材运动方向也不可能

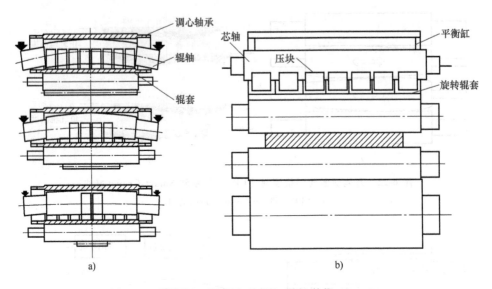

图 6-24 NIPCO 轧辊和 DSR 轧辊
a) NIPCO 轧辊　b) DSR 轧辊

绝对垂直，它们之间都会有交叉角存在。最早开始利用轧辊交叉现象来改变辊缝形状的是美国的 Bethlehem 公司，它是利用支承辊或工作辊的单独交叉来改变辊缝形状。1981 年，河野辉雄等人对工作辊交叉的轧机进行了一些研究。之后日本的新日铁公司和三菱重工业公司又开发了工作辊与支承辊同时交叉的 PC 轧机，并对这种轧机的各种特性进行了大量的理论和试验研究。除此之外，1982 年，安田建一在他的博士论文中还提出了六辊轧机的轧辊交叉方案。图 6-25 所示为四种辊轧交叉方式。与现有的其他板形控制方式相比，轧辊交叉有一个突出的优点，就是其板形控制能力强，特别是在轧制宽带时，其凸度可控范围远远大于其他任何一种板形控制方式。

实际上在这四种交叉方式中，支承辊交叉和中间辊交叉的凸度可控范围小，且有轧辊磨损和轧辊轴向力相对较大等缺点，所以，这两种交叉方式较难发展。尽管工作辊交叉方式也存在磨损和轴向力较大的缺点，但由于它具有板形控制能力最强、凸度可控制范围最大这些突出的优点，同时，还可以通过减小最大交叉角（牺牲部分凸度控制能力）、给轧辊以合理的硬度值及采用合理润滑等方式减小它的轧辊磨损量和轴向力，所以，这种交叉方式仍是很有发展前途的板形控制方式。

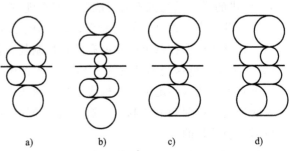

图 6-25 轧辊交叉方式
a) 工作辊交叉　b) 中间辊交叉　c) 支承辊交叉　d) 对辊交叉

目前得到广泛应用的轧辊交叉轧机为 PC 轧机，即对辊交叉轧机。按照辊系轴线交叉点的位置，PC 轧机又分为对称交叉轧制（即上下交叉辊的轴线交叉点在轧辊辊身中心）和非对称交叉轧制（即上下交叉辊的轴线交叉点不在轧辊辊身中心），如图 6-26 所示。

根据推导，对称交叉式 PC 轧机通过成对轧辊的轴线交叉而形成的等效辊凸度为

$$C_r = \frac{b^2 \tan^2\theta}{2D_w} = \frac{b^2\theta^2}{2D_w} \quad (6\text{-}39)$$

式中，C_r 是等效凸度（mm）；b 是带钢宽度（mm）；θ 是交叉角度（rad）；D_w 是工作辊直径（mm）。

因此，调整轧辊交叉的角度，可以改变工作辊的等效凸度，如图 6-27 所示。由 PC 轧机的等效辊凸度公式可看出，根据轧制条件设定适当的交叉角 θ，便可以得到不同的带钢凸度 C_r 值。从图中可以看出，θ 越大，C_r 越大，控制带钢凸度的范围越大。

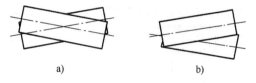

图 6-26　PC 轧机轧辊轴线交叉位置
a）对称交叉　b）非对称交叉

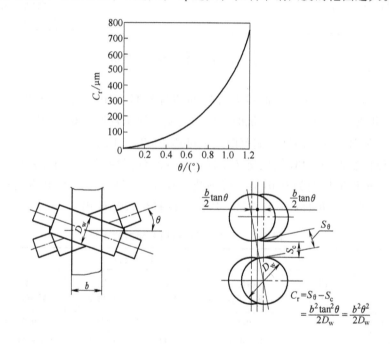

图 6-27　PC 轧机的等效工作辊凸度

日本三菱日立制铁机械股份公司在三菱 PC 轧机和日立 WRS 轧机的基础上，开发出了一种新型的 PCS 轧机。PCS 轧机的机械结构如图 6-28 所示，PCS 轧机不但具备了 PC 轧机板凸度控制能力强的优点，还兼具了 WRS 轧机可以分散轧辊磨损的特点，同宽轧制长度可以扩大到常规轧机的 1.7 倍，适合于配置在带钢热连轧生产线精轧机组的中间机架。PCS 轧机在 PC 轧机的基础上又多出一套横移机构，结构更加复杂，造价更高。

PC 轧机在 1984 年 8 月首次问世就在板形和板凸度控制上取得了显著的成绩。随后许多国家都采用了 PC 轧制技术，在不到 20 年的时间里，世界上已拥有 50 多台 PC 轧机，这说明其具有很多优点和强大的竞争力。其主要特点介绍如下：

（1）凸度控制范围大　根据上述原理可知，改变 PC 轧机的交叉角，则带钢宽度方向的轧辊间缝隙就可达到改善带钢凸度的效果。因此可以根据不同带钢产品的轧制和凸度要求，选择合适的轧辊交叉角进行轧制，从而达到最佳凸度要求。对于生产凸度调整范围要求大的带钢产品，仅用一种规格的轧辊辊形，就能满足过去需要 5~6 种辊形的要求。PC 轧机的凸

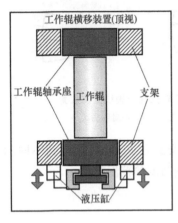 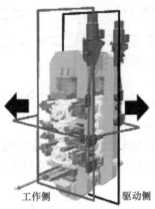 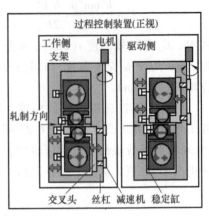

图 6-28 PCS 轧机的机械结构

度调整范围比普通四辊轧机、带强力弯辊的四辊轧机、HC 轧机、WRS 轧机（工作辊移动）、CVC 轧机要大得多。上述轧机的凸度控制能力的比较见表 6-2。从表中可知，当 PC 轧机交叉角为 1.5°时，轧机凸度控制范围最大可达 1000μm 以上。

（2）控制的精度高 PC 轧机交叉角设定精度及计算精度高，因此目标凸度命中率也十分精确（交叉角设定精度为 0.01°）。带钢凸度控制精度提高是 PC 轧机的重大特点，采用 PC 轧机后能将带钢凸度的实际值与目标值偏差控制在 ±20μm 内。

表 6-2 各种轧机凸度控制能力的比较

项目	轧机类型					
	四辊 普通	四辊 重型弯辊	六辊 HC	四辊 工作辊移动	四辊 VC-BUR	四辊 PC
工作辊辊径/mm	700	700	600	600	600	700
弯辊力/kN	0~950	0~1430	0~600	0~600	0~600	0~950
移动行程/mm	—	—	≥0	≥45	±140	—
交叉角度/(°)	—	—	—	—	—	0~1.5
支承辊凸度/μm	0	0	—	0	0	0
凸度控制范围/μm	0~160	0~350	0~480	0~380	0~650	0~1500

控制精度高的另外一个重要原因是 PC 轧机交叉角的微小变化都能使板形产生很明显的变化。因此利用 PC 轧机上交叉角的微小变动，就可使带钢得到理想的板形。

（3）有效控制带钢边部减薄 带钢边部减薄的控制对带钢的质量和成材率都是有很大影响的。因为采用 PC 轧制时，工作辊与带钢之间存在横向的相对滑动，金属易于产生横向的流动，所以在 PC 轧机上轧制的带钢边部减薄是比较小的。

（4）板厚精度高 根据数据统计，PC 轧机在带钢全长、全宽方向的板厚精度比常规轧机高 20%~50%。同时由于 PC 轧机上下工作辊的交叉，带钢容易咬入，带钢对中性也好，带钢的镰刀弯现象也相应大大减少。这对于提高带钢的质量和生产的稳定性是十分有利的。

6.2.3 带钢板形预测与诊断

在轧制过程中,参数的微小变化会影响产品厚度和形状。工程师运用多种技术精确控制这些参数。传统方法,如统计分类、几何分析、多项式处理等,都是基于数据统计处理的,不适合实时环境。现代技术,如神经网络、模糊逻辑和贝叶斯推理等,能处理复杂数据,提供精确分析。机器学习和基于信号的技术,如支持向量机和小波分析,用于设备健康评估。这些高级数据分析方法能精确控制轧制过程,提高产品质量和热轧产品的使用寿命,对后续加工至关重要。

1. 数据驱动方法

主成分分析(principal component analysis,PCA)是一种常用于多元统计的降维技术,用于简化数据。通过提取数据中最重要的信息并保留主要特征,PCA 找到称为主成分的关键数据方向,揭示数据的主要变化,使我们能够用更少的信息描述大部分数据的变动。

在带钢板形监控的具体应用中,生产过程中收集的轧制力、轧制速度等与板形相关的变量,形成数据矩阵。其中每行是一个观测样本,每列记录一个变量的观测结果。PCA 旨在从这些数据中提取最关键的变异信息,即主成分,这些主成分反映了影响带钢板形最显著的因素。提取第一主成分优化目标函数为

$$\mathrm{Var}(t_1) = \mathrm{Var}(X_{n \times q} l_1) \to \max \tag{6-40}$$

式中,Var 为方差;t_1 为第一主成分;l_1 为第一主方向。

式(6-40)表示原始数据矩阵 $X_{n \times q}$ 向 l_1 进行投影后的方差最大,即主成分 t_1 包含了原始数据中最多的变化信息。按照迭代算法以此类推,求出残差矩阵,使得残差矩阵向第二主方向 l_2 投影的方差最大,得到第二主成分 t_2。以此类推,可以得到 $h(h \leqslant q)$ 个主方向和对应的主成分。

2. 智能算法原理

带钢板形的准确预测与诊断是提高产品质量和生产率的关键。为了优化这一过程,引入多目标优化策略是一种可行的方案。非支配排序遗传算法(non-dominated sorting genetic algorithm-Ⅱ,NSGA-Ⅱ)是一种多目标优化方法,它在基本遗传算法的基础上进行了改进。这种算法通过快速非支配排序和精英策略增加了样本的多样性,并引入了拥挤度这一概念来提高算法的效率和收敛速度。拥挤度有助于维持种群中个体之间的适当间隔,从而确保解的多样性,其概念如图 6-29 所示。

以当前解 i 的相邻解 $i-1$ 与 $i+1$ 构成的四边形周长定义拥挤距离,值得注意的是,该四边形内只允许当前解 i 存在。拥挤距离越大意味着解的周围空间越大,说明在当前解 i 下有利于保持种群规模的多样性。对于在 0 和 1 处的边界解,一般定义其拥挤距离是无穷大的。加入拥挤度概念,使算法中个体选择不只局限于指定的共享参数,保证了种群的多样性,适用性更强。

NSGA-Ⅲ(non-dominated sorting genetic algorithm

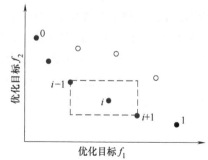

图 6-29 拥挤距离概念

Ⅲ，NSGA-Ⅲ）是在 NSGA-Ⅱ 的基础上进一步优化了选择机制，并引入了广泛分布的参考点来替换原有的拥挤度概念，以维持种群的多样性。这种方法特别适合处理三个或更多目标的复杂优化问题。与 NSGA-Ⅱ 相比，NSGA-Ⅲ 能更有效地降低计算成本，增强优化性能，并获得更好的收敛结果。NSGA-Ⅲ 流程如图 6-30 所示。

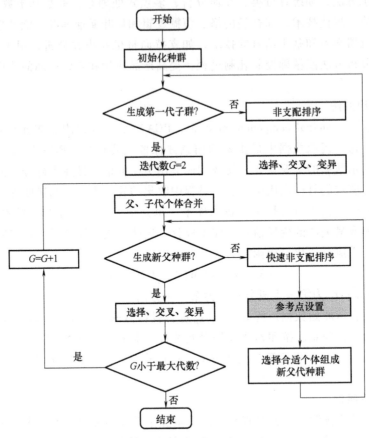

图 6-30　NSGA-Ⅲ 流程图

3. 机器学习方法原理

多输出支持向量回归（multiple-output support vector regression，M-SVR）专为处理多个输出结果设计，相较于只能处理单一输出的 SVM，M-SVR 能同时处理多个输出，能够更详尽地分析影响带钢板形的各种输入因素及其与板形变化之间的关系，且具有较强的抗噪声能力。

M-SVR 算法的实现过程及基本原理与 SVM 相差无几，M-SVR 可以处理多维的输出，而 SVM 仅限于单一输出。这种改进主要体现在它的损失函数上：SVM 的损失函数是基于超立方体的，而 M-SVR 的损失函数则是基于超球面的。这对于复杂的带钢板形调整和预测需求尤为重要，用公式表示如下：

$$L(u) = \begin{cases} 0 &, u < \varepsilon \\ u^2 - 2u\varepsilon + \varepsilon^2 &, u \geq \varepsilon \end{cases} \tag{6-41}$$

式中，u 为函数自变量；ε 是不敏感损失系数。

重新定义损失函数有两个主要好处：一是可以减少计算错误，二是提高算法对干扰的抵抗力。这种方法特别适用于那些步骤复杂、参数众多、环节之间相互影响的大型工业生产流程。

在高维特征空间中以训练特征的线性组合形式表示为：$w^j = \sum \varphi(x_i)\beta^j = \varphi^T \beta^j$，$\beta^j = [\beta_{j1}, \beta_{j2}, \cdots, \beta_{jh}]^T$，$\varphi = [\varphi_1, \varphi_2, \cdots, \varphi_h]^T$。

在带钢生产中，连续迭代方法用于优化板形控制。从前次结果出发，调整参数减小板形偏差，通过反复迭代，直到结果稳定，从而确保最佳板形精度。

4. 实施步骤

1) 将数据进行统一标准化处理。
2) 构建 PCA-M-SVR 预测模型，选择并设定 M-SVR 回归预测模型的相关参数，其中 SVM 回归模型最佳参数及核函数参数均由智能算法 NSGA-III 寻优获得。
3) 加载训练数据集，训练基于数据驱动和机器学习技术的 PCA-M-SVR 回归预测模型。
4) 训练模型，保存并通过图表分析其效果。
5) 在轧制过程中，评估带钢的板形状况。
6) 根据运维数据，调整生产计划以优化操作。

6.3 轧件智能化检测技术

6.3.1 轧件平直度检测技术

随着用户对中厚板板形要求的不断提高，板形的在线检测已成为当前板带材生产的重要课题。目前已有多种检测方式，如电磁式、位移式、振动式、光学式、声波式、放射线式等非接触检测方法。采用激光作为光源的光电技术测量板形已趋成熟，主要原因是激光的相干性强、方向性好、波长范围很窄和亮度极高。下面介绍几种常见的激光热轧带钢板形的测量方法。

1. 激光莫尔法

激光莫尔法首先由日本新日铁（株）生产技术研究所开发并用于热轧带钢板形测量。激光莫尔法测量原理是利用相同级次的莫尔条纹代表钢板在相同高度的位移，如图 6-31 所示。受点光源照射，被测带钢上方设置一格栅 G，距格栅高 L 处设置点光源 S，这时被测带钢上会留下格栅的影像。若在与点光源 S 同水平高度距离为 d 的 T 点，通过格栅 G 观察钢板变形后的格栅影像，就可观察到由变形格栅与格栅的空间位置周期变化而产生的莫尔条纹，观察到的这些条纹的级次依次为 $1, 2, \cdots, N$。

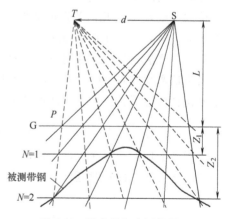

图 6-31 激光莫尔法测量原理

格栅由耐热材料制成，宽为 2m，长为 1m，节距 P 为 1~1.5mm，直线型。格栅置于被测带钢上方 1.2m 处。为了使亮条纹表示距格栅的等高条件成立，点光源 S 与观察点 T 距格栅相等高度是必要的。若 Z_N 表示被测带钢上亮条纹位置距格栅的距离，则在被测带钢上的第 N 次亮条纹用公式表示：

$$Z_N = NL/(d/P - N) \tag{6-42}$$

由式（6-42）可知，两亮条纹间隔随 N 变化，当测量范围不太大时，可视为不变。图 6-32 所示为实际测量系统：光源是脉冲发光式 YAG 激光器（532nm），脉冲频率为 10Hz，每次发光时间为 20ns，发光能量最大为 350MJ/P（脉冲）。激光束经扩束后照射耐热（1000℃以上）格栅，产生的莫尔条纹是由带过滤片的电视摄像机拍摄，经录像机存储，再由计算机做数据处理，监视器便于在线观察莫尔条纹。在线实际

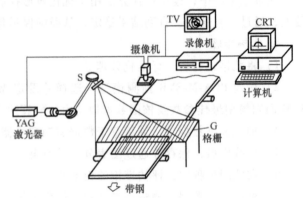

图 6-32　激光莫尔法测量系统

测量证明，当被测带钢温度高于 1000℃时，仍能获得清晰的莫尔条纹图像，采用脉冲发光式 YAG 激光器作为光源，对运动速度在 10m/s 以上的带钢仍能拍摄到几乎静止的莫尔条纹，并且全部测量结果可覆盖被测带钢的全长。该方法的优点是可以测量运动中带钢的真实形状，缺点是自动检测莫尔条纹级次和提高在线数字图像处理速度比较困难。

2. 激光位移法

激光位移法（三角法）是最常见的激光测位移的方法之一，20 世纪 70 年代用于热轧带钢板形测量，由于这种板形测量方法简单，响应速度快，在线数据处理容易实现，现已广泛用于板形测量领域。激光测位移系统由激光光源（LD）和接收器（PSD 和 CD）两部分组成，如图 6-33 所示。激光器 LD 发出的光经透镜 L_1 会聚照射在被测带钢表面的点 O，其散射光由透镜 L_2 接收会聚到线性光电元件（CCD）上的点 O'，O 点与 O' 点共轭。当被测带钢表面相对激光器 LD 发生位移 X，而使物光点偏离零点 O，像光点 X' 也将产生位移而偏离光电元件的零点 O'。由几何关系可推得 $X = aX'(b\sin\beta + X'\cos\beta)$。实际应用中测量系统结构可能略有不同，但测量原理基本相同。

激光位移法只是测量带钢因浪形而上下摆动的位移量，而要得到对应平直度的参数，须计算出带钢宽度方向不同位置纵向纤维长度差异。因此，通常要沿带钢宽度方向设置三台以上激光位移传感器，并按下式计算各测量点的纤维长度，如图 6-34 所示。

$$L_j = \sum \left[(y_i - y_{i-1})^2 + v_i^2 (t_i - t_{i-1})^2 \right]^{1/2} \quad (i = 0, 1, 2, \cdots, n, j = 1, 2, \cdots, m) \tag{6-43}$$

考虑到平坦的钢板在辊道上传送时仍会发生摆动与跳动现象，各测量点的纤维长度应以最短的一条为准，即相对延伸差为

$$\varepsilon = \frac{(L_j - L_{\min}) \times 10^5}{L_{\min}} \tag{6-44}$$

式中，y_i 是第 i 次位移测量值（mm）；v_i 是第 i 次测量的 t_i 时刻带钢的运动速度（mm/s）；ε 是相对延伸差；L_j 是沿宽度方向任意测量点带钢纤维长度（mm）；$L_{\min}$ 是最短纤维长度

（mm）；n 是一次纤维长度测量周期内对位移测量的次数。

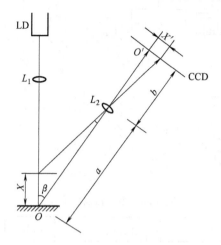

图 6-33 激光位移法测量原理图

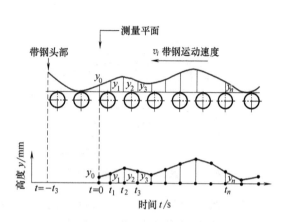

图 6-34 激光位移测量示意图

3. 激光截光法

采用激光截光法的测量原理如图 6-35 所示。处于同一平面内的三束激光斜照射在被测带钢表面，形成沿带钢运动方向分布的三个光斑，沿带钢运动方向相邻两光斑间距为 300~400mm。当带钢因板形缺陷产生浪形时，光斑相对基准位置 A_0 点、B_0 点、C_0 点移动至 A 点、B 点、C 点，A_0 点、B_0 点、C_0 点、θ_1、θ_2、θ_3、L_{12}、L_{23} 可通过标定过程知道，ΔX_1、ΔX_2、ΔX_3 可通过设置在带钢上方的摄像机测量，从而可依方程组计算 $\overline{AB}$、$\overline{BC}$ 和 $\overline{AC}$，并直接计算出相对延伸差（平直度）。激光扫描板形仪如图 6-36 所示。方程组如下：

$$\begin{cases} h_1 = \Delta X_1 \tan\theta_1 \\ h_2 = \Delta X_2 \tan\theta_2 \\ h_3 = \Delta X_3 \tan\theta_3 \\ X_{12} = L_{12} + \Delta X_1 - \Delta X_2 \\ X_{13} = X_{12} + X_{23} \\ X_{23} = L_{23} + \Delta X_2 - \Delta X_3 \\ \overline{AB} = [X_{12}^2 + (h_2 - h_1)^2]^{1/2} \\ \overline{BC} = [X_{23}^2 + (h_3 - h_2)^2]^{1/2} \\ \overline{AC} = [X_{13}^2 + (h_3 - h_1)^2]^{1/2} \end{cases} \quad (6\text{-}45)$$

通常相对延伸差 ε_0 计算公式如下：

$$\varepsilon_0 = \frac{OP - \overline{OP}}{\overline{OP}} \times 10^5 \quad (6\text{-}46)$$

考虑到实际需要及测量方便，以近似值 ε 来评价 ε_0，表示为

$$\varepsilon = \frac{\overline{AB} + \overline{BC} - \overline{AC}}{\overline{AC}} \times 10^5 \quad (6\text{-}47)$$

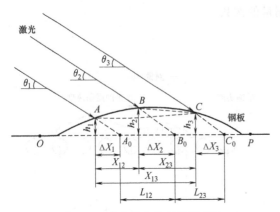

图 6-35 激光截光法测量原理图

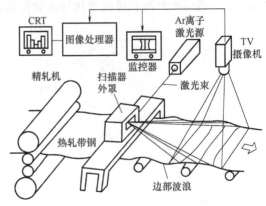

图 6-36 激光扫描板形仪

多束激光板形仪是冶金部自动化研究院在综合了激光位移法和激光截光法测量原理优点的基础上开发的。测量系统由 7×3 矩阵布置半导体激光光源、黑白 CCD 摄像机、高速图像处理及测量计算机组成，如图 6-37 所示。激光器固定安装，倾斜照射带钢表面，在被测带钢表面形成漫反射光斑组（3个1组），光斑组的多少依带钢表面宽度规格范围而决定，免去了分光器及扫描转镜使光源更适应现场环境；采

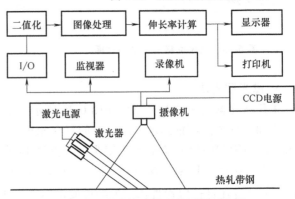

图 6-37 多束激光板形仪测量系统图

用多支小功率（10~15MW）半导体激光器作为光源，免去了大功率 Ar^+ 激光器安装调试的麻烦，降低了仪器造价，提高了可靠性。该系统在线测量速度约为 10 次/s，高度测量范围为 -50~150mm，高度测量精度达 ±1mm，适用于 1000℃ 以下的薄板宽带钢的板形测量，可以为板形控制提供板形缺陷信号，达到校正板形的目的。

6.3.2 轧件表面缺陷检测

1. 钢板表面缺陷检测及分类

（1）钢板表面缺陷检测系统　表面缺陷三维信息提取系统由传动系统、照明系统、图像采集系统与图像处理系统构成，如图 6-38 所示。表面缺陷三维信息提取系统采用相机运动钢板静止的采集方案，避免了钢板运动时振动导致三维深度测不准的问题。传动系统主要包括滑轨、龙门架和控制系统。控制系统采用三环控制模型，达到运动控制精度的同时实现快速启停。照明系统保留面阵光源作为可选择性补光结构。激光器要求线条宽度均匀、线段末端无宽度畸变，激光器的角度和高度可调节以适应不同厚度的中厚板，避免距离变化导致激光线条失焦。图像采集系统保持不变，仅根据检测精度增加相机的数目实现更好的图像捕获结果。

（2）钢板表面缺陷分类

1）过热：钢板表面呈现大面积连续的或不连续的蓝灰色粗糙麻面或鳞片状翘皮，通常表面会出现一定深度的脱碳层，内部晶粒组织粗大，并伴有魏氏组织出现。

2）麻点：在钢板表面形成局部的或连续的成片粗糙面，分布着大小不一、形状各异的铁氧化物，脱落后呈现出深浅不同、形状各异的小凹坑或凹痕。

3）氧化皮压入：钢板表面压入的氧化皮可分为一次氧化皮和二次氧化皮。一次氧化皮多为灰褐色 Fe_3O_4 鳞层，二次氧化皮多为红棕色 FeO 和 Fe_2O_3 鳞层组成。依压入氧化皮种类不同，压入深度有深有浅，其分布面积有大有小，多数呈块状或条状。

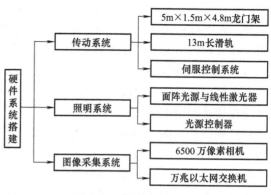

图 6-38 硬件系统框架图

4）表面夹杂（渣）：表面夹杂（渣）是钢板本体内嵌入或压入非本体异物的统称，分非金属夹杂（渣）、混合夹杂和金属夹杂三大类。

非金属夹杂（渣）是指不具有金属性质的氧化物、硫化物、硅酸盐和氮化物等嵌入钢板本体并显露于钢板表面的点状、片状或条状缺陷。褐色非金属夹杂（"红锈"）是指嵌入钢板体内并显露于钢板表面的点状、片状或条状的褐色或红褐色非金属物质。有研究指出，"红锈"与钢中的硅含量和终冷温度有关。白色非金属夹杂是指嵌入钢板本体并显露于钢板表面的点状、片状或条状的非金属物质，微观形态为白色或灰白色的岩相组织。

混合夹杂是指在钢板表面有嵌入钢板本体内较深，呈现为块状，周边呈开放性的黑色的非金属和金属混合物质。该种夹杂单体面积较大，个体之间呈条状排列，基本是沿轧制方向分布。

金属夹杂是指嵌入或压入本体内的显露于钢板表面的点状、块状、条状等形状的金属物质。

5）裂纹：在钢板表面上形成具有一定深度和长度，一条或多条长短不一、宽窄不等、深浅不同、形状各异的条形缝隙或裂缝。从横截面观察，一般裂纹都有尖锐的根部，具有一定的深度并且与表面垂直，周边有严重的脱碳现象和非金属夹杂。裂纹破坏了钢板力学性能的连续性，是对钢板危害很大的缺陷。

6）气泡：在钢板表面出现无规律分布的、或大或小的鼓包，外形比较圆滑。气泡开裂后，裂口呈不规则的缝隙或孔隙，裂口周边有明显的胀裂产生的不规则"犬齿"，裂口的末梢有清晰的线状塌陷，裂口内部有肉眼可见的夹杂物富集。

7）折叠：在钢板表面局部相互折合的双层金属，外形呈现出舌状、连续山峰状、条状等形态。

8）结疤：钢板表面呈现为舌状、块状或鱼鳞状压入或翘起的金属片。一种是与钢的本体相连接，并折合到表面上不易脱落；另一种与钢的本体无连接，但粘合到表面，易于脱落。结疤大小不一、深浅不等，结疤下常附着较多的氧化皮或夹杂物。

9）网纹：呈现龟背状或其他形态网状的凸现纹络。

10）划伤：在轧制和输送的过程中，被设备、工具刮出的单线条或多线条沟痕状表面缺陷，存在于钢板表面，沿纵向或横向，一般呈直线形，也有呈曲线形，其长度、宽度、深度各异，肉眼可见底部。划伤有热态划伤和冷态划伤，热态划伤的颜色与钢板表面颜色基本相同，冷态划伤呈金属色或浅蓝色。

11）波浪：钢板沿长度方向呈现高低起伏的波浪形状的弯曲，破坏了钢板的平直性。波浪有单侧、双侧、中间波浪三种形态，单侧波浪多出现在较厚的钢板中，双侧、中间波浪多出现在较薄的钢板中。

12）瓢曲：瓢曲是钢板在长度或宽度方向上出现的同一方向的弧形翘曲，严重呈船底形。

13）分层：在剪切断面上呈现一条或多条平行的缝隙。实质上是钢板内部存在有局部或整体的基本平行于钢板表面的未焊接合（层）面，破坏了钢板厚度方向的连续性，有时缝隙中有肉眼可见的夹杂物。

14）边部剪切缺陷：钢板纵边剪切错口是指在钢板的剪切断面出现较明显的凸起或台阶，使剪切断面的平直性和连续性受到破坏。钢板纵边剪切坡口是指钢板的纵向剪切断面与表面间的直角受到了明显的损伤或破坏，类似于钢板边部进行了不规则的"倒角"。切边不足是指在钢板剪切断面有显著平行于表面的裂隙或缝隙，缝隙中的物质明显不同于钢板的内部夹杂，基本上为氧化皮卷入。剪切裂纹是指在钢板的剪切面与平面的交角处，沿钢板长度出现一定数量不规则的裂纹，裂纹有时集中在钢板表面，有时斜着贯穿剪切面与平面的交角。

15）外物压入：在钢板表面有外来物嵌入或压入脱落后的凹痕，如螺杆、螺母等金属物压入。

16）压伤（压痕）：在钢板表面出现不同形状和大小不一的凹痕或凹坑，有的较为集中，有的则较为分散，有的沿轧制方向呈等距分布。

2. 棒材表面缺陷检测及分类

棒材作为工业领域中重要机械零件的原材料，是当前钢铁行业的主要产品之一。高表面质量的棒材不仅可以提高机械零件的疲劳寿命和耐蚀性能，还能在后续加工过程中减少加工成本和提高加工效率。

（1）棒材表面缺陷检测系统　棒材表面缺陷检测系统是一个复杂且高度集成的系统，它由多个关键组件和技术模块构成。以下是棒材表面缺陷检测系统的主要组成部分。

1）图像处理与分析模块。

① 图像预处理：图像处理与分析模块的第一步，包括灰度化、滤波、增强和去噪等步骤。这些操作可以提高图像的质量和对比度，消除噪声和干扰。

② 特征提取：从图像中提取出表面缺陷的关键信息，如轮廓、大小和形状等。这一步通常采用边缘检测、形态学处理等方法。

③ 缺陷分类：利用机器学习算法或深度学习模型，对提取的特征进行分析和分类，识别不同类型的表面缺陷。机器学习算法，如支持向量机、随机森林等，可以基于已标注的训练数据进行分类；深度学习模型，如卷积神经网络（CNN），则可以自动学习图像中的复杂特征，提高分类的准确性和鲁棒性。

2）数据处理与存储模块。

① 实时数据处理：系统实时处理采集到的图像数据，快速识别缺陷并生成检测报告。

实时数据处理的关键在于高效的算法和强大的计算能力，确保系统能够在生产过程中快速响应，及时发现并反馈缺陷信息。

② 数据存储：数据存储模块将检测结果和相关数据存储在数据库中，便于后续查询、分析和追溯。这些数据不仅包括图像和检测结果，还包括生产参数、时间戳等信息，有助于全面分析和优化生产过程。

③ 大数据分析：通过对大量历史数据进行分析，可以发现生产过程中的潜在问题和趋势，优化工艺参数，提高产品质量。

3）控制与反馈模块。

① 自动控制系统：根据检测结果，系统可以实时调整生产线的工艺参数，如轧制速度、冷却速度等，减少缺陷的发生。这一模块通常集成了自动控制算法和执行机构，能够根据检测反馈动态优化生产过程，确保产品质量的稳定性和一致性。

② 报警系统：当检测到严重缺陷时，系统会发出报警信号，通知操作人员进行处理。报警系统的设计应考虑到及时性和准确性，确保在缺陷影响产品质量之前采取有效的干预措施。

③ 人机界面：通过友好的用户界面，操作人员可以实时查看检测结果、调整参数和进行手动干预。人机界面应具有良好的交互性和可操作性，使操作人员能够方便地监控系统运行状态，快速响应和处理异常情况。

4）系统集成与通信模块。

① 系统集成：将各个模块有机结合，形成一个完整的检测系统，并确保各模块之间的协调和高效运行。系统集成涉及硬件和软件的兼容性、数据接口的标准化及整体架构的设计，确保各部分协同工作，实现最佳性能。

② 通信接口：支持多种通信协议和接口（如以太网、串口等），实现与其他生产设备和管理系统的无缝连接和数据共享。通信接口的设计要考虑到不同设备和系统之间的兼容性和数据传输的可靠性，确保系统能够在复杂的工业环境中稳定运行。

（2）棒材表面缺陷分类　棒材表面缺陷种类繁多、形态各异，下面主要介绍凹痕、划痕（擦伤）、裂纹、结疤等类型缺陷。

1）棒材表面出现的凹陷区域被称为凹痕缺陷。凹痕缺陷的形成原因多种多样，包括但不限于粘槽现象、导卫磨损不均匀、冷却水分布不均导致的孔型磨损不均匀，以及料型尺寸偏差引起的孔型磨损不均等。这些因素综合作用，导致棒材表面出现凹痕。

2）划痕，俗称擦伤，是由于表面摩擦力超过轧件表面的高温强度所产生的摩擦磨损所致。按照磨损机制，划痕主要分为两类情况：切削磨损、粘着磨损与磨粒磨损。切削磨损是由尖角、沟槽棱边、积屑瘤等突起物在轧件表面切削出碎屑而产生的机械擦伤。粘着磨损与磨粒磨损则是指一对摩擦副在摩擦力作用下，接触面的表层发生塑性变形，表面的氧化膜等被破坏，露出新鲜金属表面。

3）裂纹特征表述为沿轧制方向的直线或弯曲裂缝，在棒材表面可能显现为线状或裂隙形态。裂纹的存在可能导致棒材表面强度显著降低，从而对后续使用中的力学性能和耐久性产生负面影响。这些裂纹会成为应力集中点，在外力作用下容易进一步扩展，导致材料的断裂或失效。

4）结疤是指棒材表面出现的不平整、翘起的金属片状缺陷。结疤通常发生于金属的熔融、凝固或冷却阶段，由于表面形成不均匀的凝固层，使得表面不规则地翘起。这种缺陷的形状不定，大小和高度各异，展现出复杂的表面纹理。结疤的存在不仅影响棒材的外观质量，还可能对其力学性能产生不利影响。

6.3.3 轧件形状尺寸测量

在板材轧制生产线的质量控制中，板材轮廓在衡量板材轧制性能质量时具有关键作用。板材轮廓的精确度主要依赖于宽度和长度信息的精确测量，尤其值得注意的是，每减少1mm宽度方向上的误差，都能显著提升板材的成材率，大约提高0.1%。

根据检测方式的不同，板材轮廓检测主要分为两大类：接触式检测与非接触式检测。接触式检测能够提供较为全面的轮廓数据，但长时间的钢材表面接触会导致检测仪器部件磨损加快，寿命缩短，设备维护和零部件更换的成本较高，这些因素限制了接触式检测技术的进一步应用。而基于光学成像技术的非接触式检测方式凭借其检测速度快、设备寿命长、测量精度高等显著优势，逐渐成为行业内的主流检测方法。

1. 视觉测量系统

针对非接触式轮廓检测仪，依据其图像处理技术的差异性，可以将其细分为两大类别。其中一类主要依赖于图像边缘提取技术和多图像拼接融合算法。这种方法通过连续拍摄辊道上的板材，捕获大量连续的图像序列。随后，利用先进的边缘提取算法，对每张图像中的板材边缘进行精确描绘，形成轮廓信息。进而，通过拼接融合算法，将这些分散在不同图像上的边缘轮廓进行有效整合，从而得到整个板材的外轮廓全景。如图6-39所示，这种检测方式虽能全面展示板材的外部轮廓，但在揭示板材宽度方向上的局部细微特征方面尚显不足。

另一种检测方式是测量板材表面的宽度信息。对运动状态的板材进行连续图像采集，并针对每张图像中的激光线

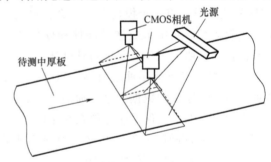

图6-39 基于图像拼接和边缘提取的板材轮廓检测原理图

应用特定的图像处理算法，从而精准提取出每张图像所对应的宽度数据。同时，结合拍摄间隔和板材此刻的运动速度信息，运用曲线拟合技术，可以描绘出待测板材的整体轮廓，其原理图如图6-40所示。这种测量策略仅关注激光线附近的图像数据，因此具备处理效率高、计算精确度高的特点，尤其适用于需要实时监控和即时反馈的应用场景。由于该方式需要定时捕获板材表面的图像，故对光学系统（包括相机和镜头）的性能提出了较高要求，同时也对图像处理所使用的计算机性能有所期待。

板材轮廓仪主要包括光学模块和速度感知模块。光学模块负责捕获实验全程的图像数据，包含相机系统、镜头组件，以及能够手动调控激光线亮度和线宽的激光发射器。而速度感知模块则通过激光测速仪，依据采集到的频率波动信息来精确测定板材的运动速度。在软件层面，系统上位机软件包括标定与图像处理功能。图6-41是中厚板轮廓检测系统的整体架构示意图。

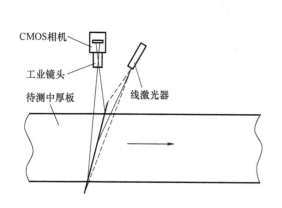
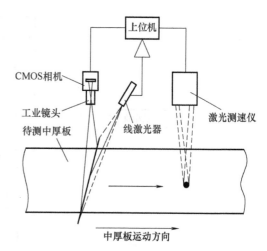

图 6-40 基于边缘离散点拟合的板材轮廓检测原理图

图 6-41 中厚板轮廓检测系统的整体架构示意图

在板材轮廓检测系统中，面阵相机与线激光器作为光学模块的组件被安装在待测板材的正上方，通过预先调节相机确保激光线始终位于相机的可视范围。为了精确捕捉辊道的运动速度，速度接收模块同样被放置在板材的正上方。测量开始时，首先启动并调整各模块的相关参数，然后将板材平稳地放置在运输辊道上，随着辊道的逐步运转，当板材头部进入相机视野时，系统开始捕获图像并进行实时处理，直至板材尾部完全离开相机视野，测量结束。

整个板材轮廓检测系统可实现完整的图像采集、轮廓识别、数据通信等功能，其具体包括：

1）自适应图像对比度，智能调整图像分割阈值。
2）亚像素定位检测算法，识别精度可达单个像素的 1/50。
3）轮廓尺寸的矢量化细分算法，不丢失轮廓细节。
4）采用图像自定义区域识别，识别计算时间不大于 100ms。
5）提供完善的网络通信服务接口。
6）每块钢板的图像数据和轮廓数据自动进行存储。

针对板材轧制过程中钢板图像的特有属性，采用了先进的图像处理算法，对钢板图像进行几何畸变校正、灰度化、噪声抑制、图像分割、像素扩充、边界跟踪亚像素边缘定位及轮廓检测以优化识别算法，确保较高识别速度的同时实现精确测量。图 6-42 所示为图像采集处理流程。

基于机器视觉的板材轮廓测量方法可测得板材的平面尺寸和表面轮廓，既包含板材的长宽，也包含板材的板头和板尾的不规则形状，为轧机的过程控制系统提供必要的板形修正数据以实现对轧制控制参数的修正补偿，也为板材的精整处理提供了准确的尺寸信息。

2. 测量精度评估

为了评估系统的测量精度，在相机视野内平行放置了多个量块与标定板的棋盘格。针对不同尺寸的量块，分别进行了长度方向的尺寸测量。通过对比分析这些测量结果与实际量块尺寸的差值，能够准确地判断系统的精度水平。

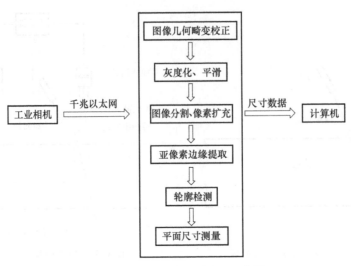

图 6-42 图像采集处理流程示意图

6.3.4 轧件无损检测

无损检测，也称无损探伤（non destructive testing，NDT），是在不损害或不影响被检测对象使用性能的前提下，采用射线、超声波、红外线、电磁等原理技术并结合仪器对材料、零件、设备进行缺陷、化学、物理参数检测的技术。常规无损检测方法包括超声波检测（UT）、射线检测（RT）、磁粉检测（MT）、渗透检测（PT）、涡流检测（ET）。

1. 超声波检测

超声波检测也称脉冲反射法超声波检测，其原理是利用探头将高频电脉冲转换为高频机械波（也就是超声波），超声波用过耦合剂传入工件，超声波在传播过程中遇到异质界面时会发生反射、折射和波形转换，反射回来的超声波再通过耦合剂被探头吸收，根据接收的超声波的特征，评估试件本身及其内部是否存在缺陷及缺陷的特性。

2. 射线检测

射线（包括 X 射线、高能 X 射线、γ 射线、中子射线等）在穿过物质的过程中会发生衰减而使其强度降低，衰减的程度取决于被检测材料的种类、射线种类及穿透的距离，利用各部位对入射射线的衰减不同，投射射线的强度分布就会不均匀。由此，可以检测出物体表面或者内部的缺陷，包括缺陷的种类、大小和分布情况。

3. 磁粉检测

磁性材料和工件被磁化后，在工件表面施加较强的磁场，则在材料中会产生密集分布的磁力线。若工件表面或近表面存在缺陷，则磁力线传播受到阻碍，致使磁力线弯曲溢出工件表面形成漏磁场，漏磁场吸附施加在工件表面的磁粉形成磁痕，通过观察磁痕判断工件的缺陷。

4. 渗透检测

试件表面被施涂含有荧光染料或着色染料的渗透液后，在毛细管作用下，经过一定时间的渗透，渗透液可以渗进表面开口缺陷中。经去除试件表面多余的渗透液和干燥后，再在试件表面施涂吸附介质——显像剂，在一定的光源下（黑光和白光），缺陷处的渗透液痕迹被显示出来（黄绿色荧光或鲜艳红色），从而探测出缺陷的形貌及分布状态。

5. 涡流检测

涡流检测是以电磁感应原理为基础的。当载有交变电流的检测线圈靠近导电材料时，由于线圈磁场的作用，材料中会感生出涡流。涡流的大小、相位及流动方式等受到材料导电性能的影响，而涡流产生的反作用磁场又使检测线圈的阻抗发生变化。因此，通过测定检测线圈阻抗的变化，可以发现试件的缺陷。

6.4 轧钢机械智能化技术集成应用

伴随着我国经济和科技水平的不断提升，轧钢机械开始向智能化方向发展，在轧钢机械装备状态监测技术、轧制过程智能优化技术、轧钢机械装备数字孪生技术方面取得了突破，推动了钢铁工厂工业互联网技术的发展，形成了轧钢机械智能化技术集成应用的新局面。

6.4.1 轧钢机械装备状态监测技术

轧钢机械装备状态监测技术用于监测和评估轧机设备的运行状态，通过实时捕捉设备的运行情况，发现设备潜在的故障和异常，从而采取预防性维护措施，减少停机时间，提高生产率和产品质量。轧钢机械装备状态监测技术可分为轧机静态测试技术和轧机动态测试技术，如图6-43所示。轧机静态测试技术主要用于设备停止状态各项参数的测试和监测。轧机动态测试技术主要用于设备运行时各项参数和运行状态的实时监测和分析。

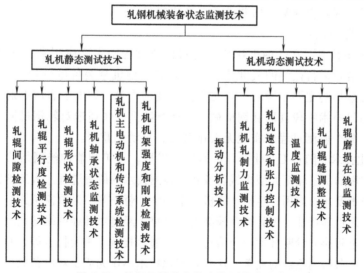

图 6-43 轧钢机械装备状态监测技术分类

1. 轧机静态测试技术

（1）轧辊间隙检测技术　使用激光测距仪或超声波传感器来测量轧辊之间的间隙，以确保轧制过程中轧辊间隙的准确性和一致性。

（2）轧辊平行度检测技术　通过电子水平仪或光学平行仪等设备检测轧辊的平行度，

确保轧辊安装的准确性和轧制质量。

（3）轧辊形状检测技术　使用轧辊形状检测仪或三坐标测量机等设备检测轧辊的表面形状和轮廓，以评估轧辊磨损情况和制造精度。

（4）轧机轴承状态监测技术　通过振动分析仪、温度传感器或声学传感器等设备监测轧机轴承的温度、振动和噪声，以评估轴承的运行状态和预测故障。

（5）轧机主电动机和传动系统检测技术　通过电动机测试仪、扭矩传感器等设备检测主电动机的电气参数、传动系统的扭矩和速度，以确保电动机和传动系统的正常运行。

（6）轧机机架强度和刚度检测技术　通过应力应变分析、有限元分析等方法评估轧机机架的强度和刚度，以确保轧机结构的安全性和稳定性。

2. 轧机动态测试技术

（1）振动分析技术　通过振动传感器监测轧机运行过程中产生的振动信号，分析振动频谱和时域特征，以识别轧机的动态特性和潜在故障。

（2）轧机轧制力监测技术　利用轧制力传感器实时监测轧制过程中的轧制力，分析轧制力变化趋势，以优化轧制参数和控制轧制质量。

（3）轧机速度和张力控制技术　通过速度传感器和张力传感器监测轧机的速度和张力，实现对轧机速度和张力的精确控制，以保证轧制过程的稳定性和产品质量。

（4）温度监测技术　利用红外温度计或热电偶等温度传感器监测轧机各部件的温度，以评估轧机的热状态和预防过热故障。

（5）轧机辊缝调整技术　采用伺服电动机和传感器实现轧机辊缝的自动调整，以适应不同厚度的板材轧制要求。

（6）轧辊磨损在线监测技术　通过轧辊表面扫描设备或轧辊形状检测仪在线监测轧辊的磨损情况，以发现轧辊异常磨损并进行更换或修复。

3. 轧机运行监测技术

（1）无线传感技术　在轧钢机械装备运行监测过程中主要应用到无线传感技术。传感器作为轧钢机械装备运行监测的关键装置，是获取轧钢机械装备运行状态、状态特征参数、状态运行指标等数据的主要手段之一。无线传感技术作为一种电子通信识别技术，利用射频信号、无线通信等技术手段读取轧钢机械装备运行数据，快速地对轧钢机械装备进行状态追踪和数据采集，整个监测过程可实现无人化管理、自动化监测。

（2）智能化技术　随着工业化企业的智能化发展，人工智能神经网络诊断技术和远程协同诊断技术的应用加快了轧钢大型机械装备状态检测技术的研发进程。人工智能神经网络诊断技术综合多项技术及知识应用，包括计算机、生理学、哲学等，采取模拟人脑的方式，利用其自适应性、自组织性等特征，使其具有较高的容错率，经过对神经网络的训练，实现对设备状态检测的创新。远程协同诊断技术融合信息技术、通信技术、决策技术等，利用计算机检测器达到对轧钢机械装备监测系统的完善。这些智能化技术不仅完成了对设备状态的监测任务，也完成了对信息的深层次探索，便于对数据进行有效分析，从而获取有价值的信息。

6.4.2　轧制过程智能优化技术

随着工业自动化和智能化水平的不断提高，轧制过程智能优化技术逐渐成为轧制行业的发展趋势之一。这一技术旨在通过应用先进的数据分析、模型预测和自动控制等手段，实现对轧制过程的实时监测、精确控制和优化调整，提高轧制生产线的生产率、产品质量和能源利用效率，推动轧制行业向智能化、绿色化方向迈进。轧制过程智能优化技术主要分为轧制装备数字化设计、轧制工艺智能优化技术和产品质量智能化管控技术，如图 6-44 所示。

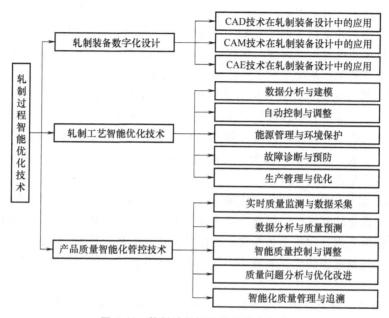

图 6-44　轧制过程智能优化技术分类

1. 轧制装备数字化设计

轧制装备数字化设计是一项针对轧制设备结构、性能和工艺的全面数字化建模和仿真分析过程。通过运用先进的计算机辅助设计（CAD）、计算机辅助制造（CAM）和计算机辅助工程（CAE）等技术手段，实现设备设计的精确、智能和高效。数字化建模和仿真分析可以帮助理解和优化设备的结构和性能，提高生产率、产品质量，并降低成本和开发风险。全面数字化管理提高了设计和生产的效率，降低了成本，促进了信息共享和团队协作，提升了产品质量。

（1）CAD 技术　CAD 技术广泛应用于结构、零部件和装配设计，实现了设计过程的数字化和可视化。利用 CAD 技术能够快速准确地绘制轧制装备的三维模型，并根据设计要求精确绘制各部件，如轧辊、轧辊轴承和润滑系统。CAD 技术支持参数化设计，能够快速生成不同规格和型号的装备模型，并进行设计方案比较和优化。此外，CAD 技术支持在 CAD 环境中进行装配分析，验证部件之间的匹配性和协作性，确保装配过程顺利进行。同时，CAD 软件还提供碰撞检测和虚拟装配等功能，便于发现并解决潜在的装配问题，提高装配效率和质量。

（2）CAM 技术　CAM 技术主要应用于数控加工，为生产提供高效、精确的解决方案。CAM 软件将 CAD 模型转化为数控程序，从而实现对装备各零部件的数控加工。通过优化加工路径和工艺参数，CAM 技术提高了加工精度和效率，减少了加工时间并降低了废品率。智能化的路径规划和优化减少了空转和重复运动，提高了生产率。

(3) CAE 技术　CAE 技术主要应用于轧钢机械装备的结构、强度和仿真试验。通过 CAE 软件进行有限元分析能够详细评估轧钢机械装备结构的应力、变形和强度情况。

2. 轧制工艺智能优化技术

轧制工艺智能优化技术专注于对轧制过程中各种工艺参数和环节进行精密调整和优化，通过数据分析与建模、自动控制与调整、能源管理与环境保护、故障诊断与预防，监测生产过程中的关键指标，并根据实时数据进行智能决策和调整，以确保产品符合预期的质量标准。同时，该技术还通过生产管理与优化，优化生产流程和资源配置，提高了生产率，最大程度地利用了生产资源，从而实现了经济和生态效益的双重提升。

（1）数据分析与建模　数据分析与建模是指通过实时监测系统采集工艺参数和生产指标等大量数据，然后清洗、整理和处理这些数据并结合历史数据进行统计分析和建模。建立的数学模型和统计模型可预测产品质量和评估工艺参数对产品性能的影响。根据模型预测结果调整轧制工艺参数，优化生产过程，提高产品质量和生产率。同时，不断优化和更新模型，确保其与实际生产情况一致。

（2）自动控制与调整　自动控制与调整是指通过自动控制系统实时监测和调整轧制设备和工艺参数，优化轧制过程，提高产品质量和生产率。系统利用传感器和监测设备采集实时数据，准确把握轧制过程状态和变化。根据事先建立的数学模型，系统自动调整轧制工艺参数，及时应对轧制过程的变化和波动，保证产品质量稳定一致，同时提高生产率，降低操作成本和风险。

（3）能源管理与环境保护　能源管理与环境保护是指采取有效的能源管理和环境保护措施，降低能源消耗、提高能源利用效率、减少环境污染。通过优化轧制工艺参数和控制策略，调整轧辊间隙和速度等参数，能够减少能源需求。采用节能设备和技术也能降低能源消耗。回收利用热能方式可以提高能源利用效率，减少浪费。清洁生产技术和环保设备可有效减少排放物和污染物产生，保护环境，减少对生态环境的影响。

（4）故障诊断与预防　故障诊断与预防是指通过实时监测设备状态和运行数据，系统获取设备运行信息，识别异常情况或潜在故障。利用数据分析和模式识别技术，系统深入分析数据，建立设备运行模型，实现早期预警和诊断。根据诊断结果，系统采取预防措施，如自动调整设备参数、保护性措施或提前维护，以减少故障影响。

（5）生产管理与优化　生产管理与优化是指通过分析市场需求和资源情况，合理制定生产计划，提高资源利用率。通过智能化调度算法和优化模型，实现合理的生产任务分配和资源调度，最大限度地提高设备利用率和生产率。利用信息化技术和云平台实现生产过程的远程监控和管理，实时了解生产状况，调整和优化生产计划，提高生产灵活性和响应速度。

3. 产品质量智能化管控技术

产品质量智能化管控技术是通过实时质量监测与数据采集、数据分析与质量预测、智能质量控制与调整、质量问题分析与优化改进、智能化质量管理与追溯，以实现对轧制产品质量的实时监测、分析和控制，确保产品的一致性、稳定性和可靠性达到预期水平。

（1）实时质量监测与数据采集　实时质量监测与数据采集是指通过传感器和检测设备实时监测产品质量指标，将数据传输到数据中心或云平台进行集中管理。这为生产管理人员提供了及时的数据支持，以便做出迅速的反应和调整。

（2）数据分析与质量预测　数据分析与质量预测是产品质量智能化管控技术的重要组

成部分。系统利用数据分析和建模技术建立产品质量的数学模型和统计模型,评估工艺参数调整对产品质量的影响,预测可能存在的质量问题和生产异常。同时,利用机器学习和人工智能算法对大规模历史数据进行学习和分析,提高质量预测的准确性和精度。

(3) 智能质量控制与调整　智能质量控制与调整是指通过分析实时监测数据和质量预测结果,识别可能存在的质量问题和生产异常,并根据预设质量标准,自动调整生产参数和工艺流程,实现对产品质量的智能化控制和优化调整。

(4) 质量问题分析与优化改进　质量问题分析与优化改进是指通过对实时监测数据和质量异常数据的详细分析,找出导致质量问题的具体原因和关键影响因素,制定针对性的解决方案和改进措施,包括调整生产工艺参数、优化设备配置、改进操作流程等,消除产生质量问题的根源。同时,利用数据挖掘和知识发现技术探究隐藏在数据背后的规律和关联。

(5) 智能化质量管理与追溯　智能化质量管理与追溯是指通过信息化手段实现对产品质量的智能化管理和生产过程的全程追溯。通过建立产品质量信息化数据库和追溯系统,实现对生产全过程的监控和记录,包括生产工艺参数、原材料信息、生产人员操作记录等。利用追溯系统可以快速追溯到质量问题发生的环节和责任人员,准确定位问题原因,采取有效措施进行调整和改进,防止质量问题再次发生。

6.4.3　轧钢机械装备数字孪生技术

数字孪生技术作为一种前沿的数字化技术,通过创建与物理实体对应的虚拟模型,实现两者之间的实时交互,提供虚实结合的智能化平台。轧钢机械引入数字孪生技术,解决了传统轧钢生产高度依赖经验和现场操作的现状,实现对设备运行状态的实时监控和工艺参数的智能优化,显著提高生产率和产品质量。

轧钢机械装备数字孪生系统通常由三个核心部分组成:物理空间、数字空间和数据连接层。物理空间指的是实际的轧钢机械装备及其运行环境,包括机械结构、传动系统、液压系统等;数字空间则通过计算机模拟和数据分析构建的轧钢机械装备的数字模型,能够实时反映物理空间的状态并预测未来的运行情况;数据连接层负责实现物理空间和数字空间的数据交互和同步,包括数据采集、传输、处理和分析等。图 6-45 为轧钢机械装备数字孪生系统构架图。

1. 物理空间

轧钢机械装备数字孪生系统的物理空间即物理实体,是指实际存在的轧钢机械装备,包括轧机、传动系统、冷却系统等。物理实体是数字孪生的基础,其性能和状态决定了数字孪生系统的运行和应用效果。为了确保数字孪生模型的准确性,必须对物理实体进行全面而详细的研究和描述。物理实体的关键特性和参数,如几何尺寸、材料特性、工作条件等,都是数字模型构建的依据。在物理实体上进行数据采集,即通过安装在轧钢机械上的各种传感器、物联网设备和控制系统,实时采集物理实体的运行数据。这些数据包括温度、压力、振动、转速、位移等关键参数。这些数据的准确性和实时性直接影响数字孪生系统的性能和应用效果。

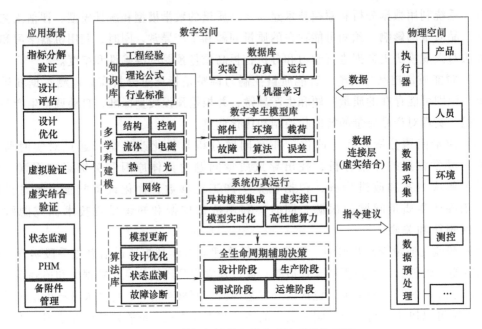

图 6-45 轧钢机械装备数字孪生系统构架图

2. 数字空间

轧钢机械装备数字孪生系统的数字空间即数字模型，是通过 3D 建模、仿真和虚拟现实技术构建的虚拟机械模型。数字模型不仅仅是物理实体的几何复制，还包括其动态特性、物理属性和行为特性。在轧钢机械中，数字模型需要包括设备的几何形状、材料特性、热力学特性和动力学特性等。例如，模拟轧制过程中轧辊的变形和温度分布，预测其对产品质量的影响。通过不断更新和优化数字模型，可以更好地反映物理实体的实际状态，提高仿真结果的准确性和可靠性。

3. 数据连接层

轧钢机械装备数字孪生系统的数据连接层用于数据处理与分析，通过利用大数据、人工智能和机器学习技术，对采集到的海量数据进行实时分析和处理，提取有用信息，进行模式识别和故障预测。在数据处理与分析过程中，首先需要对原始数据进行预处理，包括数据清洗、降噪、归一化等操作，以提高数据的质量和分析的准确性。然后，通过数据挖掘和机器学习算法，对数据进行深度分析，发现数据中的潜在模式和规律。例如，可以通过振动数据的频谱分析，识别轧辊的磨损情况，预测其使用寿命。

数据处理与分析的结果用于更新数字模型，使其能够实时反映物理实体的状态和行为。通过这种方式，数字孪生系统可以实现对轧钢机械的实时监控和故障预测，帮助操作人员及时发现和解决问题，优化生产工艺，提升生产率和产品质量。

4. 反馈与控制

基于物理空间、数字空间和数据连接层，可对轧钢机械进行反馈控制，实现对实际设备的智能控制和动态优化。反馈与控制系统通过闭环反馈机制，将数字模型的分析结果和优化建议应用于物理实体，实现对轧钢机械的精准控制和动态调整。例如，通过对轧制过程中温度和压力数据的实时监测和分析，可以及时调整轧制参数，确保产品质量的稳定性和一致性。此外，反馈与控制系统还可以根据设备的运行状态和故障预测结果，自动生成维护计划，指导操作人员进行预防性维护，减少设备的非计划停机时间，提高设备的可靠性和使用寿命。

6.4.4 钢铁工厂工业互联网技术

钢铁工厂工业互联网技术是指工业互联网在钢铁行业的数字化、网络化、智能化发展，基于工业互联网设施基础、工业互联网标识解析技术、工业互联网平台的构建，助力钢铁行业实现提质、降本、增效，打造绿色、安全的生产体系。

钢铁工厂工业互联网是面向钢铁生产的全产业链环节，应用架构示意图如图6-46所示。其核心是全面推动智能产品研发、智能质量管控、智能生产协同、智能能源及环境管控、智能物流仓储、智能营销服务、智能决策支持建设。

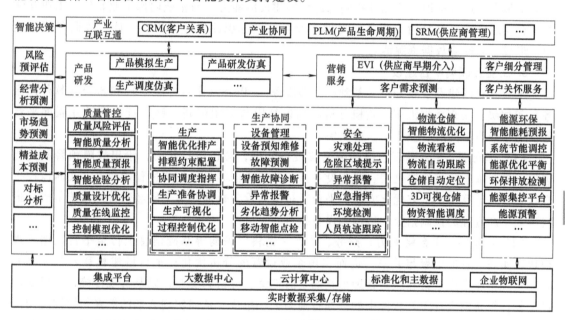

图6-46 钢铁工厂工业互联网应用架构示意图

1. 工业互联网设施基础

适用于钢铁工厂的工业互联网设施基础包括企业内网、企业外网。企业内网主要用于车间层和企业层建设。企业外网主要用于连接企业各地机构、上下游企业、用户和产品。现场总线、工业以太网以及创新的时间敏感网络（TSN）、确定性网络、5G等技术可用于工业互联网络设施建设。整体网络构架如图6-47所示。

2. 工业互联网标识解析技术

工业互联网标识解析体系通过条形码、二维码、无线射频识别标签等方式赋予每一个实体或虚拟对象唯一的身份编码，同时承载相关数据信息，是实现实体和虚拟对象的定位、连接和对话的新型基础设施。针对钢铁产业，借助标签载体和数采设备，依托企业节点标识注册功能对原材料、设备、人员、钢铁产成品等物理成品，以及订单、仓单、物流单、模型算

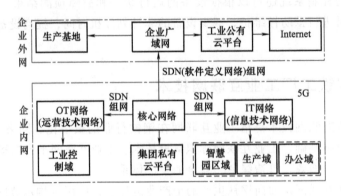

图 6-47　整体网络构架

法等虚拟实体进行标识。依托设备侧与边缘侧建设的能力，与企业内部工业软件、工业互联网平台实现横向对接打通，为企业提供工业互联网标识注册、解析、统计、数据存储等能力，形成企业标识数据资源池。

3. 工业互联网平台建设

工业互联网建设依靠 IaaS（基础设施即服务）、PaaS（平台即服务）和 SaaS（软件即服务）等层级，实现数据汇聚、建模分析、知识复用与应用创新。钢铁行业钢铁互联网平台建设通常分为车间层、企业层、产业层。

（1）车间层　平台基于边缘网关采集设备数据，分析设备状态，给出故障预警和优化建议；平台基于采集仪器仪表、智能设备搭载的传感器等表征生产过程的数据，实时监控生产状态，并计算得出工艺优化方案；平台通过接入设备数据并与上层经营管理系统集成，最终形成生产过程的控制指令，传输到设备执行。

（2）企业层　平台将人力、财务、资产、销售、采购等基础信息上传至平台数据管理模块，实现信息的汇聚与共享，进而实现企业运营的分析优化；平台搭建私有云服务的方式，实现企业生产要素和经营管理信息的实时汇集、分析和交互，以及实现传统计算机辅助设计软件等研发设计工具软件中的数据打通与云端集成，从而实现云端的汇聚与协同应用。

（3）产业层　平台通过租用公有云服务的方式开发钢铁行业电商平台类工业 APP 应用；实现企业与金融机构数据互通，进而开发融资平台类工业 APP 应用；实现企业与物流服务商数据实时打通，进而开发物流管理平台类工业 APP 应用。

4. 工业互联网应用案例

（1）全流程质量管控——鞍钢集团　鞍钢集团通过打通工序产品数据之间的壁垒，实现全流程的质量管控。全流程质量管控系统以工艺需求为导向、以数据平台为基础，集成质检数据、MES 与 ERP 等信息系统数据；通过质量设计、过程判定、数据追溯等功能设计，集成机器学习算法，实现钢铁生产流程一贯制管理。全流程质量管控主要是指构建覆盖多工序的工业互联网平台，构建完整的质量、工艺、关键设备数据等内容的分类数据库，部署 SOA（面向服务的架构）中间件平台，提供多类微服务模型。此外，在质量管控应用层功能建设方面，全流程质量管控系统主要包含质量判定、过程监控、数据追溯、质量分析、质量预测等功能。全流程质量管控系统架构如图 6-48 所示。

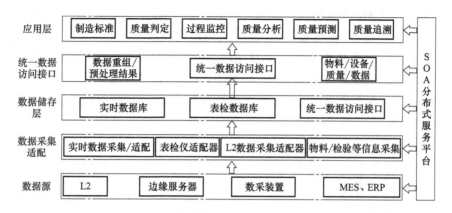

图 6-48 全流程质量管控系统架构图

（2）无人行车与智能库管——唐山钢铁集团 唐山钢铁集团通过应用无人行车与智能库管系统，建立高效的生产调度管理机制。无人行车与智能库管系统基于先进传感器和无线通信技术实现生产信息与物流信息的实时交互，借助作业调度和路径优化算法控制驱动行车的自动调运，在机器视觉等辅助技术的帮助下，行车可以实现更加精确的定位和稳定行驶。

无人行车与智能库管系统通过无线通信技术将行车的实时位置和传感称重数据发送至库管系统，并接收控制系统的动作指令；依靠连铸计划信息、板坯库库图库位信息、热轧热装计划，通过智能调度技术对板坯入库模型进行信息输入和模型优化，为入库的板坯批次指定适合垛位；通过机器视觉技术实现车辆形象识别、表面质量检测等，准确识别车辆与钢卷的形状和位置，通过机器学习等算法将相关信息发送至库存管理子系统，便于行车自动装卸。无人行车和智能库管示意图如图 6-49 所示。

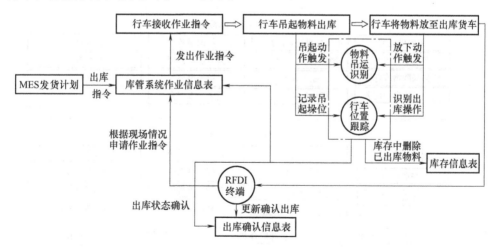

图 6-49 无人行车与智能库管示意图

（3）基于 5G 的设备远程控制——南京钢铁股份有限公司 南京钢铁股份有限公司进行 5G 网络升级改造，建设 IT+OT（信息技术+操作技术）全流程覆盖的智能化现代工厂。5G 网络规划通过基站+室分建设，实现区域信号全覆盖；通过本地建设的 MEC（移动边缘计算）数据下沉，构建5G+园区专网，实现业务数据不出园区，直接流入企业内网。通过搭建"无线信息高速公路"，实现基于5G环境的高清视频监控、机器视觉监测、远程控制、标识解析等技术升级；利用5G网络对产线中的数控机床的生产信息与控制信号进行实时传输，实现现场的无人化、少人化作业，并且通过5G技术实现异地多基地生产经营数据的实时传递与交互，支撑南钢多基地远程化集中控制与生产。南钢5G网络建设示意图如图6-50所示。

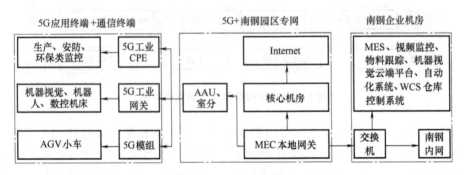

图 6-50 南钢 5G 网络建设示意图

CPE—无线终端接入设备　AAU—有源天线单元　WCS—仓库控制系统

（4）多基地一体化管理——中国宝武钢铁集团　湛江钢铁是中国宝武钢铁集团大规模投入建设的千万吨级的生产基地。湛江钢铁的基础自动化层和过程控制层是随着生产单元配置在属地独立部署。经营管理层通过"集控+属地"的分布式信息化系统建设，实现了对湛江钢铁项目的管控和基地与总部间供应、制造、销售等多层面的协同与整合，从而构建起网络化协同制造体系。湛江钢铁信息化系统示意如图6-51所示。

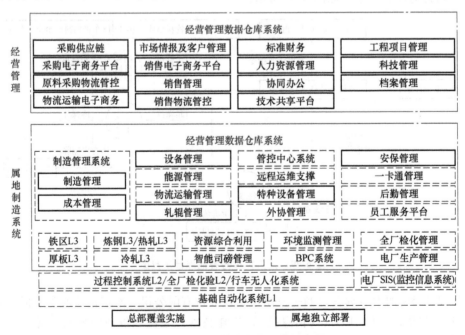

图 6-51 湛江钢铁信息化系统示意图

思考题

6-1 影响厚度波动的因素有哪些？利用 P-h 图举例说明如何消除钢板水印和来料厚度变化对厚度的影响。

6-2 说明相对长度差表示法和波形表示法之间的关系，以及平直度与板凸度之间的关系。

6-3 热轧带钢板形测量中，常见的非接触式测量方法有哪些？它们的优缺点是什么？

6-4 详细阐述钢板表面缺陷检测的视觉系统结构。

6-5 轧件无损检测的方法有哪些？检测原理分别是什么？

6-6 轧钢机械装备状态监测技术包括哪些内容？人工智能神经网络诊断技术和远程协同诊断技术具体指什么？

6-7 轧钢机械装备数字孪生技术中的物理空间和数字空间的区别和联系分别是什么？

6-8 工业互联网标识的具体对象是什么？请具体举例说明。

第 7 章　剪切机

7.1　剪切机的用途及分类

剪切机是用于剪切金属材料的一种机械设备。在轧制生产过程中，大截面钢锭和钢坯经过轧制后，其截面变小，长度增加。为了满足后续工序和产品尺寸规格的要求，各种钢材生产工艺过程中都必须有剪切工序。剪切机的用途就是剪切定尺、切头、切尾、切边、切试样及切除轧件的局部缺陷等。

剪切机的种类很多。通常，按剪切机的剪刃形状与配置等特点可分为平行刃剪切机、斜刃剪切机和圆盘式剪切机。

1) 平行刃剪切机如图 7-1a 所示。平行刃剪切机的两个剪刃是彼此平行的。它通常用来在热的状态下横向剪切方形及矩形断面的钢坯，也可用来冷剪型材，将刀片做成成形剪刃来剪切非矩形断面的轧件。平行刃剪切机结构按运动特点分为上切式和下切式两种形式。平行刃剪切机在工作时能承受的最大剪切力是它的主要参数，故习惯上以最大剪切力来命名。

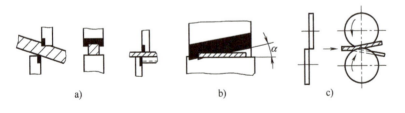

图 7-1　剪切机剪刃配置简图
a) 平行刃剪切机　b) 斜刃剪切机　c) 圆盘剪

不同类型剪切机
模型动画

2) 斜刃剪切机如图 7-1b 所示。斜刃剪切机的一个剪刃相对另一个剪刃成某一角度放置。按其剪切机构的运动特点分为上切式、下切式和复合式。它可用来剪切板带材，也用来剪切小型材。

3) 圆盘式剪切机简称为圆盘剪，如图 7-1c 所示。这种剪切机的上、下剪刃是圆盘状的。剪切时剪刃以相等于轧件的运动速度做圆周运动，形成了一对无端点的剪刃。圆盘剪通常设置在板带材的剪切线上，用来纵向剪切运动的板带材。

7.2 剪切机结构参数选择

7.2.1 平行刃剪切机结构参数选择

1. 剪刃行程 H_P

根据生产实践,剪刃行程 H_P 可计算公式如下(见图 7-2):

$$H_P = H_1 + s + \varepsilon_1 + r \tag{7-1}$$

式中,H_1 是辊道上平面至压板下平面间距离(mm),$H_1 = h + (50 \sim 75)$,其中 h 为轧件的最大截面高度(mm),$(50 \sim 75)$ mm 是保证翘头轧件通过所留的余量;s 是上、下剪刃的重叠量(mm),可在 $5 \sim 25$ mm 内选取;ε_1 是压板低于上剪刃的数值(mm),一般取 $5 \sim 25$ mm;r 是辊道上平面高出下剪刃的数值,一般可取 $5 \sim 20$ mm。

2. 剪刃尺寸

剪刃尺寸包括长度、高度和宽度。这些尺寸主要根据被剪切轧件的最大截面尺寸来选取。剪刃长度 L 可按下述经验公式确定。

对于剪切小型方坯的剪切机,考虑经常同时剪切几个小截面轧件,则有

$$L = (3 \sim 4) B_{max} \tag{7-2a}$$

式中,B_{max} 是轧件的最大宽度(mm)。

对于剪切大、中型方坯的剪切机,则有

$$L = (2 \sim 2.5) B_{max} \tag{7-2b}$$

对于剪切板坯的剪切机,则有

$$L = B_{max} + (100 \sim 300) \tag{7-2c}$$

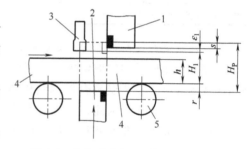

图 7-2 下切式剪切机剪刃行程示意图
1—上剪刃 2—下剪刃 3—压板 4—轧件 5—辊道

剪刃横截面高度及宽度可按经验公式确定,即

$$h' = (0.65 \sim 1.5) h_{max} \tag{7-3}$$

$$b = \frac{h'}{(2.5 \sim 3)} \tag{7-4}$$

式中,h' 是剪刃横截面高度(mm);h_{max} 是轧件横截面最大高度(mm);b 是剪刃横截面宽度(mm)。

剪刃一般做成 90°,4 个刃可轮换使用。剪刃常用的材料有 3Cr2W8(HRC $\geqslant$ 50)和 55CrNiW(HBW = 380 $\sim$ 420)。剪刃除做成整体的外,为节约合金,有的做成焊接组合式,即剪刃本体用 45 钢做成,剪刃用合金钢堆焊在本体上。

3. 剪切次数

剪切次数是表示剪切机生产能力的一个重要参数,有理论剪切次数和实际剪切次数之分。理论剪切次数是指剪刃能够不间断地上下运动的周期次数/min。实际剪切次数是指每分

钟内剪切机实际完成的剪切周期数,即实际剪完轧件段数。

对于同一台剪切机来说,实际剪切次数总是小于理论剪切次数。因为在两次剪切之间,还要完成一些剪切的辅助工序,如把轧件运到剪切区、定尺机下降、剪切完后定尺机抬起、把剪下的轧件送出剪切区等。这些辅助工序都要占用一定时间,使剪切机在每次剪切后都有一定停歇时间,才能进行下一次剪切。显然实际剪切次数与操作水平和辅助工序的机械化程度有关,同时与被剪轧件截面的大小有关。

设计剪切机,应按理论剪切次数来考虑,这是因为在轧制线上的剪切机,其生产能力需要比轧机生产能力大一定百分数,另外,考虑到轧机生产能力进一步提高时,剪切机应有潜力可挖。但理论剪切次数必须以实际所能达到的剪切次数为依据。如果把理论剪切次数取得太低,则剪切机的生产能力将不能满足生产要求;若取得太高,与实际次数相差太多,又会导致电动机容量增大,从而增加了设备重量。安装在轧制线上的剪切机,其理论剪切次数应能保证在轧制周期时间内,剪切完轧件所规定的全部定尺及切头、切尾。理论剪切次数可按轧机生产率的要求参考表 7-1 所列数据选定。

表 7-1 剪切机能力与剪切次数的关系

剪切机公称能力/MN	1.0	1.6	2.5	4.0	6.3	10	16	(20)	25
理论剪切次数/次·min^{-1}	20~30	20~30	18~30	14~18	12~16	10~14	7~12	7~12	5~8

随着轧制生产技术水平的不断提高,对剪切机的剪切次数相应地提出了增大的要求,如对于小型轧钢车间所用的剪切机,其理论剪切次数希望达 40~60 次/min。小型剪切机理论剪切次数的提高,主要受离合器的结构类型限制。当用牙嵌离合器时,若理论剪切次数太高,便难以进行工作。为此,应使用效果更好的电磁式摩擦离合器,或者不采用离合器,如某厂 70t 偏心压杆式热剪切机,由于不用离合器,其理论剪切次数达 47 次/min,实际剪切次数为 25 次/min。

热剪切机基本参数系列见表 7-2。

表 7-2 热剪切机基本参数系列

序号	分类	剪切机公称能力/MN	剪刃行程/mm		剪刃长度/mm		坯料最大宽度/mm		剪刃横断面尺寸/mm		剪切行程次数/次·min^{-1}
			方坯	板坯	方坯	板坯	方坯	板坯	h'	b	
1	小型	1.0	160		400		120	—	120	40	18~25
2		1.6	200		450		150	—	150	50	16~20
3	中型	2.5	250		600		190	300	180	60	14~18
4		4.0	320		700		240	400	180	70	12~18
5		6.3	400		800		300	500	210	70	10~14
6		8.0	450		900		340	600	240	80	8~12
7	大型	10	500	350	1000	1200	400	900	240	80	8~12
8		(12.5)	600	400	1000	1500	500	1200	270	90	6~10
9		16	600	400	200	1800	500	1500	270	90	6~10
10		(20)	600	450	1400	2100	500	1600	300	100	6~10
11		25	600	450	—	2100	—	1600	300	100	3~6

7.2.2 斜刃剪切机结构参数选择

1. 剪刃行程 H_x

斜刃剪切机剪刃行程 H_x 的确定,除考虑平行刃剪切时的各种因素之外,还应考虑由于斜刃所引起的行程增加 H_1,即

$$H_x = H_P + H_1 = H_P + B_{max}\tan\alpha \tag{7-5}$$

式中,H_P 是平行刃剪切行程(mm),按式(7-1)计算;B_{max} 是被剪轧件的最大宽度(mm);α 是剪刃斜角(°)。

2. 剪刃长度 L

斜刃剪切机剪刃长度 L 主要根据轧件最大宽度确选。一般选取:

$$L = B_{max} + (100 \sim 300)$$

3. 剪刃斜角 α

斜刃剪剪刃斜角 α 的大小直接影响着剪切力的大小及剪切质量的好坏,设计时,主要根据轧件厚度来确定。图7-3所示为剪刃斜角 α 与板厚 h 的关系。斜刃剪目前国内尚无标准系列。根据有关资料,将斜刃剪的一些基本参数和其他性能列于表7-3和表7-4。

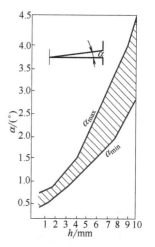

图7-3 剪刃斜角 α 与板厚 h 的关系

表7-3 某些斜刃剪切机的性能参数

最大剪切力/MN	0.02	0.05	0.12	0.25	0.5	1.0	1.6	2.5	4.0	6.3
剪刃倾斜角 α	1°~2°	1°~2°30′	1°~3°	1°30′~3°30′	2°~4°	2°30′~4°30′	3°~5°	3°30′~5°30′	3°30′~5°30′	4°~6°
机架悬臂量/mm	200	300	400	400	500	500	600	600	700	700
钢板厚度/mm ($R_m = 500$MPa)	0.9~1.5	1.5~3	3~5	5~8	8~13	13~20	20~28	28~38	38~48	48~60
水平剪刃长度/mm	1100	—	—	—	—	—	—	—	—	—
	1600	1600	1600	1600	—	—	—	—	—	—
	2100	2100	2100	2100	2200	2200	2200	2200	2200	—
	2600	2600	2600	2600	2700	2700	—	—	—	2700
	—	—	—	—	3200	3200	3200	3200	3200	—
	—	—	—	—	—	—	—	—	—	4200

表7-4 某些斜刃剪切机的传动性能

被剪切钢板的极限尺寸/mm(厚×宽)	剪切次数/次·min⁻¹	功率/kW
5×3000	9×750	25	4
10×3000	16×1000	22	10
15×4000	24×1200	20	22
20×4000	33×1250	18	30
30×4000	44×1500	18	55
40×4500	64×1500	15	100

斜刃剪剪刃的形状及尺寸，可参见图 7-4 和表 7-5。

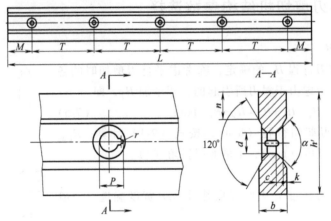

图 7-4 斜刃剪剪刃形状

表 7-5 斜刃剪切机剪刃尺寸

剪切力 /MN	b /mm	h′ /mm	n /mm	k /mm	r /mm	d /mm	c /mm	α /(°)	P /mm	L/mm					T/mm
										800	1200	1700	2300	2800	
										M/mm					
0.02~0.06	16	60	15	1.5	1.5	11	5	90	15	80	40	50	—	—	160
0.06~0.16	20	70	17.5	2	2	13	6	90	18	80	40	50	110	40	160
0.16~0.25	25	80	20	2.5	2.5	18	8	90	25	—	60	40	70	50	180
0.25~0.60	30	100	25	3	3	22	10	90	30	—	100	50	50	110	200
0.60~1.0	35	120	30	3.5	3	22	10	90	30	—	—	80	50	80	220
1.0~1.6	40	150	35	3.5	4	26	14	60	35	—	—	100	150	150	250
1.6~2.5	50	180	45	5	5	32	16	60	42	—	—	—	—	—	270
2.5~4	60	200	50	6	5	40	19	60	50	—	—	—	—	—	300

7.2.3 圆盘剪结构参数选择

圆盘剪的主要结构参数有圆盘剪剪刃直径及厚度、重叠量、侧向间隙、允许咬入角、剪切速度等。

1. 圆盘剪剪刃直径及厚度

圆盘剪剪刃直径 D 根据所剪板材厚度 h、允许咬入角 α 及剪刃重叠量 s 来确定，即

$$D = \frac{h+s}{1-\cos\alpha} \tag{7-6}$$

实际上 α 值一般采用 $10°\sim 15°$，此时圆盘剪剪刃直径可在一定范围内选取，即

$$D = (40\sim 125)h \tag{7-7}$$

圆盘剪剪刃的厚度一般在一定范围内选取，即

$$B = (0.06\sim 0.1)D \tag{7-8}$$

圆盘剪的刃角为 90°，材质一般选用 5CrW2Si、6CrW2Si，经处理后硬度可达 80~90HS。

2. 圆盘剪剪刃的重叠量

圆盘剪剪刃的重叠量 s 一般根据剪切板材的厚度来选取，$s=1\sim 3\mathrm{mm}$。而当剪切厚度大于 5mm 时，可以不给重叠量或给负的重叠量。

3. 圆盘剪剪刃的侧向间隙

圆盘剪剪刃的侧向间隙 Δ 的大小与板厚 h 有关，

当 $h \geqslant 3\mathrm{mm}$ 时：

$$\Delta = (0.10 \sim 0.20)h \tag{7-9}$$

当 $h < 3\mathrm{mm}$ 时：

$$\Delta = (0.03 \sim 0.05)h \tag{7-10}$$

在剪切低碳钢时，可选用下限。

4. 允许咬入角

允许咬入角 α 是根据咬入条件决定的。当剪切速度 v 增大时，由于板材与剪刃的摩擦系数降低，使咬入条件变坏，因此咬入角应选得小些。根据试验资料，α 与 v 的关系如图 7-5 所示。实际上，咬入角 $\alpha = 10° \sim 15°$。

5. 剪切速度

圆盘剪剪切速度约等于圆盘剪剪刃圆周速度 v

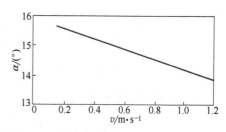

图 7-5　圆盘剪咬入角和剪切速度的关系

乘以 $\cos\alpha$，它根据要求的生产率、板材厚度和力学性能来决定。剪切速度太大会影响剪切质量，太小又会影响生产率，常用的剪切速度可按表 7-6 选取。

表 7-6　圆盘剪常用的剪切速度

钢板厚度/mm	2~5	5~10	10~20	20~35
剪切速度/m·s⁻¹	1.0~2.0	0.5~1.0	0.25~0.5	0.2~0.3

7.2.4　滚切式剪切机结构参数选择

1. 上剪刃圆弧半径

决定上剪刃圆弧半径的主要因素是滚切角 α。如图 7-6 所示，α 根据最大板厚确定，一般在 2°~3°。由几何关系可得

$$R = \frac{h_{\max} + s}{1 - \cos\alpha}$$

式中，$h_{\max}$ 是钢板最大厚度（mm）；s 是剪刃重叠量（mm）；α 是滚切角（°）。

对于定尺剪，重叠量在 0~5mm 之间变化，上剪刃圆弧半径为 30~70mm，取一个半径值就可确定滚切角，或者确定滚切角，就可以计算出剪刃的圆弧半径。滚切角的大小直接影响剪切力的大小，并与剪切

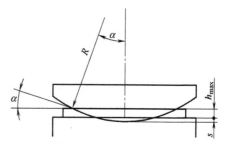

图 7-6　上剪刃圆弧半径的确定

质量有关。对于双边剪和剖分剪的剪刃,只有一个剪刃半径是不够的,有时需要第二或第三个半径,这两个半径比主半径小得多。这样的上剪刃可以满足切边或剖切连续性的需要。

2. 上剪刃行程和剪刃开口度

滚切剪的剪切机构实际上是如图7-7所示曲柄滑块机构。设滑块的行程为 S,则 S 推导过程如下:

$$S = 2R+L-(R-R\cos\alpha)-L\cos\beta = R+L+R\cos\alpha-L\cos\beta$$

令 $\dfrac{R}{L}=\lambda$,其中 λ 为连杆比。

因为

$$\sin\beta = \frac{R\sin\alpha}{L} = \lambda\sin\alpha$$

所以

$$S = R+L+R\cos\alpha-L\sqrt{1-\lambda^2\sin^2\alpha}$$
$$= R\left[(1+\cos\alpha)+\frac{1}{\lambda}(1-\sqrt{1-\lambda^2\sin^2\alpha})\right]$$

一般 $\lambda<0.3$,根据泰勒展开有

$$\sqrt{1-\lambda^2\sin^2\alpha} = 1-\frac{1}{2}\lambda^2\sin^2\alpha$$

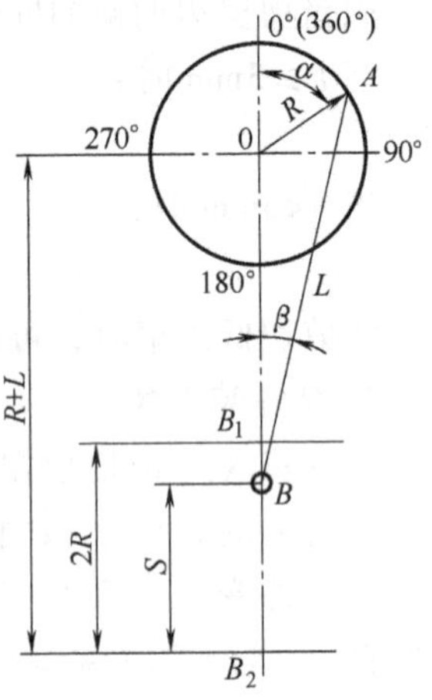

图 7-7 曲柄滑块机构

将上式代入 S 表达式,则滑块 B 的行程 S 表示为

$$S = R\left[(1+\cos\alpha)+\frac{\lambda}{4}(1-\sin2\alpha)\right]$$

滑块行程 S 计算出后,上下剪刃的开口度则等于滑块行程减去剪刃重叠量。

3. 剪刃的重叠量和侧向间隙

滚切剪的剪刃重叠量和侧向间隙与剪切钢板的厚度有关,必须根据剪切钢板的厚度来调整剪刃的重叠量和侧向间隙,其调整量可参见表7-7。

表 7-7 剪切不同厚度钢板的剪刃重叠量和侧向间隙

钢板厚度/mm	剪刃重叠量/mm	剪刃侧向间隙/mm
5~8	5~2	0.3~0.4
8~10	2~0	0.4~0.6
10~15	0~-5	0.6~0.8
15~20	-5~-7	0.8~1.0
20~25	-7~-8	1.0~1.2
25~30	-8~-10	1.2~1.4
30~35	-10~-11	1.4~1.7
35~40	-11~-13	1.7~2.0

7.3 剪切机力学性能参数计算

7.3.1 剪切理论

1. 剪切过程分析

经过生产实践和科学实践证实：剪切过程由压入变形和剪切滑移两个阶段组成，剪切过程的实质是金属塑性变形过程。

如图 7-8 所示，当上剪刃下移与轧件接触后，剪刃开始压入轧件，由于压力在开始阶段比较小，在轧件剪切断面上产生的剪切力小于轧件本身的抗剪能力，因此轧件只发生局部塑性变形，故这一阶段称为压入变形阶段。随着上剪刃下移量增加，轧件压入变形增大，力 P 也不断增加。当剪刃压入到一定深度，即力 P 增加到一定值时，轧件的局部压入变形阻力与沿剪切断面的剪切力达到相等，剪切过程处于由压入变形阶段过渡到剪切滑移阶段的临界状态。当剪切力大于轧件本身的抗剪能力时，轧件沿着剪切面产生相对滑移，开始了真正的剪切，这一阶段被称为剪切滑移阶段。在剪切滑移阶段，由于剪切面不断变小，剪切力也不断变小，直至轧件被剪断为止，完成一个剪切过程。

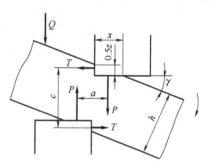

图 7-8 平行刃剪切机剪切过程受力分析

下面分析一下剪切过程中作用力的变化。为便于分析，忽略剪刃与轧件之间的摩擦力、剪刃的间隙、轧件的重量，以及辊道对轧件的压力。

由图 7-8 看出，当剪刃压入轧件后，上下剪刃对轧件的压力 P 形成一力偶 Pa，此力偶使轧件转动，但轧件在转动过程中，将遇到剪刃侧面的阻挡，即剪刃侧面给轧件以侧推力 T，则上下剪刃的侧推力又构成另一力偶 Tc，力偶阻止轧件转动。随着剪刃的逐渐压入，轧件转动角度不断增大，当转过一个角度 γ 后便停止转动，此时两个力矩平衡，即

$$Pa = Tc \tag{7-11}$$

假设在压入变形阶段，面积 $0.5zx$（这里取轧件宽度为 1）上的单位压力均匀分布且相等，则

$$\frac{P}{x} = \frac{T}{0.5z} \tag{7-12}$$

$$T = P\frac{0.5z}{x} = P\tan\gamma \tag{7-13}$$

式中，z 是剪刃压入轧件的深度（mm）。

由图 7-8 中的几何关系，得

$$a = x = \frac{0.5z}{\tan\gamma} \tag{7-14}$$

$$c = \frac{h}{\cos\gamma} - 0.5z \tag{7-15}$$

将式 (7-13)~式 (7-15) 代入式 (7-11) 中可得，剪切时轧件的转角 γ 与剪刃压入深度 z 的关系为

$$\frac{z}{h} = 2\tan^2\gamma\cos\gamma \approx 2\tan^2\gamma \tag{7-16}$$

由式 (7-16) 知，压入深度 z 越大，轧件转角 γ 也越大，导致轧件剪切质量（断面垂直度）下降。轧件被剪断后，翘起的轧件端部下落会冲击辊道。由式 (7-13) 知，当 γ 增大时，侧推力 T 随之增大。这样，不仅使刃台与机架的滑道磨损加剧，而且当上下刃台的刚性较差时，还会改变剪刃的间隙，以致造成剪切困难。因此 γ 角的增大是很不利的。为了克服轧件在剪切过程中转动带来的缺点，一般剪切机设置了专门的压板，其作用是给轧件一个压力 Q，把轧件紧紧压在下刃台上，从而达到减小轧件转动的目的。

压入变形阶段，轧件作用在剪刃上的力为

$$P = pbx = pb\frac{0.5z}{\tan\gamma}$$

由式 (7-16) 得，$\tan\gamma \approx \sqrt{\dfrac{z}{2h}}$，则

$$P = pb\sqrt{0.5zh} \tag{7-17}$$

设 $\varepsilon = \dfrac{z}{h}$，则式 (7-17) 可改写为

$$P = pbh\sqrt{0.5\varepsilon} \tag{7-18}$$

式中，p 是单位面积上的压力（MPa）；b 是轧件的宽度（mm）；h 是轧件的厚度（mm）；ε 是相对切入深度（%）。

由式 (7-18) 可知，若认为剪刃压入阶段的单位面积上的压力 p 为常数，则总压力 P 随 z 值增大而增加，即按图 7-9 所示的抛物线 A 增大，直到轧件开始沿整个剪切断面产生滑移时，P 达到最大值 $P_{\max}$。

在剪切滑移阶段，剪切力 P 计算公式如下：

$$P = \tau b\left(\frac{h}{\cos\gamma} - z\right) \tag{7-19}$$

式中，τ 是被剪轧件单位面积上的剪切抗力（MPa），即切应力。

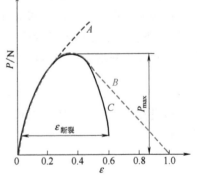

图 7-9 剪切力随相对深度变化曲线

若认为 τ 为常数，P 应按图 7-9 上的直线 B 变化，但实际上 P 按图中的曲线 C 变化，这说明 τ 并非常数，而是随 z 的增加而减小，其原因是金属内部原有缺陷及位错增大。

从上述分析初步说明了剪切过程中作用力及其变化规律：剪切力随着 z 的增加而变化，当剪切力 P 为最大值时，轧件开始产生滑移时。显然，要计算剪切力 P 的值，首先要求出

单位剪切抗力 τ。

2. 单位剪切抗力的确定

由上述剪切过程分析可知，单位剪切抗力 τ 并非常数，其大小与轧件材质、剪切温度、剪切速度、剪刃形状、剪刃间隙及相对切入深度等因素有关。

单位剪切抗力的确定有实验曲线法和理论计算法两种。

（1）实验曲线法　实验曲线法是在剪切力实测的基础上建立起来的。它是把不同钢种（见表7-8）的轧件在不同温度下进行剪切，通过装在刀架上的压力传感器，用示波器照相的方法，测定剪切过程中剪切力的变化规律，再经过处理，绘制出各钢种在不同温度下的单位剪切抗力曲线。

表 7-8　试件钢种的化学成分和力学性能

品种	化学成分(%,质量分数)							力学性能			
	C	Si	Mn	P	S	Cr	Ni	σ_s/MPa	R_m/MPa	$A(\%)$	$Z(\%)$
э-16	0.16	0.23	0.34	0.018	0.006	1.42	4.31	—	1150	9.0	45
弹簧钢	0.75	0.31	0.63	0.028	0.020	0.15	—	585	1008	10.8	30
щX-10	0.40	0.33	0.55	0.024	0.027	1.10	0.13	448	838	16.6	63
эЯ-1	0.14	0.70	0.50	0.020	0.020	13.0	0.85	600	—	45.0	60
钢丝绳	0.47	0.23	0.58	0.027	0.030	0.05	—	354	673	19.7	44
20	0.20	0.24	0.52	0.026	0.030	0.04	—	426	537	21.7	69
1015	0.15	0.20	0.40	0.040	0.040	0.20	0.30	180	380	32.0	55

利用实验曲线计算剪切力很简便，在相同剪切条件下，计算结果也较准确，故工程中多用这种方法。但实验曲线总是在特定的条件下获得的，加上实验曲线没有考虑剪刃磨钝、剪刃间隙等因素对剪切力的影响，对于各种不同工作条件都采用同一条曲线，这势必使计算结果产生误差。

（2）理论计算法　为了克服实验曲线法的缺点，许多研究人员就剪切速度、接触摩擦及剪刃的几何参数等因素对剪切力的影响做了试验研究，建立了剪切力的理论计算方法。

剪切过程实质上是金属塑性变形过程，金属在塑性变形中沿晶格滑移，即形成所谓的滑移线。燕山大学连家创利用滑移理论，在考虑了剪刃侧间隙及接触摩擦的基础上，推导出平行刃剪切机剪切力计算公式，并进行了实验验证。其计算公式如下：

$$\tau_{max} = KK_tK_g\sigma_0 \quad (7\text{-}20)$$

式中，K 是单位剪切抗力与屈服强度之比。

$$K = \frac{\tau}{\sigma_s} = f(\mu, m, n)$$

K 值与外摩擦系数 μ、剪刃侧相对间隙 m（$m = \dfrac{\Delta}{h}$，Δ 是剪刃侧向间隙，h 是轧件的厚度）和相对刀钝半径 n（$n = \dfrac{r}{h}$，r 为刀钝半径）有关。其值由图7-10查得。热剪时，$\mu = \mu_{max} = 0.3$，对于平行刃剪切机一般 $m \leqslant 0.03$；$n \leqslant 0.03$，故由图7-10知，$K = 0.61 \sim 0.65$。

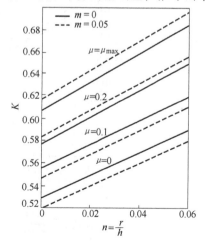

图 7-10　$K\text{-}f(\mu, m, n)$ 图

K_t 是温度系数,由图 7-11~图 7-13 查得。

K_ε 是变形程度系数,由 $\varepsilon=0.2\sim0.3$,先求出变形速度 $u=v/[(1-\varepsilon)h]$,再查图 7-11~图 7-13,其中 v 为剪刃运动速度(m/s)。

σ_0 是基本变形阻力(N/mm²)。其值见表 7-9。

冷剪时:
$$\tau_{\max}=KK_\mu(1+A)R_m \tag{7-21}$$

式中,K_μ 是外摩擦相关系数;A 是试件断裂时的伸长率;R_m 是被剪轧件的抗拉强度(MPa)。

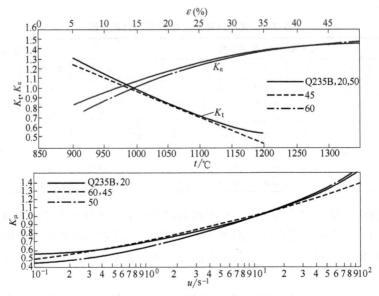

图 7-11 碳素钢的 K_t,K_ε,K_μ

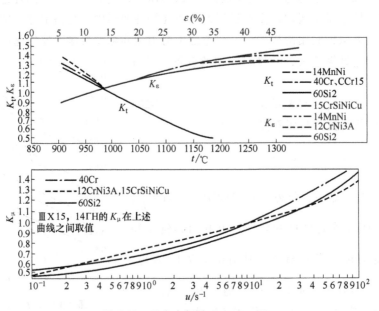

图 7-12 低合金钢的 K_t,K_ε,K_μ

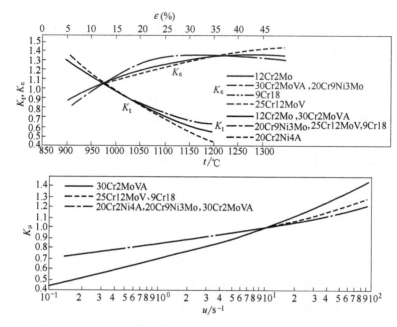

图 7-13 高合金钢的 K_t，K_ε，K_μ

表 7-9 不同钢种的基本变形阻力 σ_0

钢种	牌号	热性能参数			基本变形阻力 σ_0 /N·mm^{-2}
		温度 t /℃	变形速度 u /s^{-1}	相对切入深度 ε(%)	
碳素钢	20	900~1200	0.1~100	5~50	85
	Q235B	900~1200	0.1~100	5~50	86
	45	1000~1200	0.1~100	5~50	88
	60	900~1200	0.1~100	5~50	92
	50	900~1200	0.1~100	5~50	90
低合金钢	40Cr	900~1200	0.1~100	5~50	92
	CCr15	900~1200	0.1~100	5~50	95
	15CrSiNiCu	900~1200	0.1~100	5~50	97
	14MnNi	900~1200	0.1~100	5~50	99
	12CrNi3A	900~1200	0.1~100	5~50	100
	60Si2	900~1200	0.1~100	5~50	114
高合金钢	12Cr2Mo	900~1200	0.1~100	5~50	124
	30Cr2MoVA	900~1200	0.1~100	5~50	109
	20Cr2Ni4A	900~1200	0.1~100	5~50	112
	20Cr9Ni3Mo	900~1200	0.1~100	5~50	122
	25Cr12MoV	900~1200	0.1~100	5~50	147
	9Cr18	900~1200	0.1~100	5~50	159

冷剪时，$\mu = 0.1 \sim 0.2$，由图 7-10 可知 $K = 0.56 \sim 0.62$；一般 μ 的影响不大，即可取 $K_\mu = 1$。仅当 $\mu \geqslant 100 s^{-1}$ 时，对低碳钢、铝和铜等金属才需考虑 μ 的影响。

3. 影响单位剪切抗力的因素

大量的试验研究表明，影响单位剪切抗力的因素如下：

（1）金属性质　从图 7-11 可以看出，金属材料的强度极限越高，则剪切抗力越大，塑性越低，对应于剪断时的相对切入深度越小，即金属断得越早。因此，单位剪切抗力与金属的强度和塑性有关。

（2）剪切温度　剪切温度越高，单位剪切抗力越小，对应于剪断时相对切入深度则越大。

（3）变形速度　热剪时，单位剪切抗力随变形速度增加而增加。图 7-14 说明变形速度 u 对铅的最大单位剪切抗力 τ_{max} 影响很明显。因为铅在室温下的变形，相当于其他金属的热变形。

单位剪切抗力与剪切速度的定量关系的试验资料还很少，但可从拉伸和压缩试验时的真实应力与变形速度关系曲线，得出剪切速度与变形近似的换算公式

$$u \approx \frac{v}{(1-\varepsilon_{max})h} \tag{7-22}$$

式中，u 是变形速度（s^{-1}）；v 是剪刃剪切速度（m/s）；ε_{max} 是对应于最大单位剪切抗力的相对切入深度。

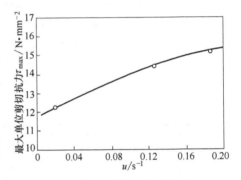

图 7-14　冷剪铅时变形速度与单位剪切抗力的曲线关系

从式（7-22）知，变形速度与剪切速度成正比关系，故单位剪切抗力随剪切速度增加而增加。

冷剪时，剪切速度（变形速度）对单位剪切力的影响很小，一般可不考虑。

（4）剪刃侧向间隙　剪刃侧向间隙变化，可以使剪切时的受力状况发生变化。当侧向间隙由零逐渐增大时，受力状况由压缩→剪切→弯曲等不同状态依次发生，侧向间隙过小或过大都会使单位剪切抗力增大。因此，合理地选择和保持剪刃侧向间隙的大小，对于正确使用剪切机是十分重要的。

图 7-15 中实验曲线说明，剪刃侧向相对间隙 m 增大，单位剪切抗力减小，对应于 τ_{max} 的相对切入深度和断裂时的相对切入深度增大。

（5）刀钝半径　刀钝半径的大小，直接影响剪切抗力的大小。刀钝半径越大，刀就越不"快"，剪切抗力就越大。从图 7-16 可看出，相对刀钝半径 n 增加，剪切抗力增加，对应于 τ_{max} 的相对切入深度和断裂时的相对切入深度增加。同时也可看出，在压入阶段剪切力的计算中，不考虑刀钝半径的不同是允许的。

（6）剪切断面的宽高比 b/h　从图 7-17 可以看出，当 $b/h \leqslant 1$ 时，τ 与 b/h 几乎无关；$b/h > 1$ 时，τ 值随 b/h 的增大而迅速增大。同时，通过试验证明，在断面面积相同的条件下，b/h 越大，被剪轧件的弯曲变形越大；b/h 越小，则剪刃压入金属的变形越明显。此外，当增大 b/h 时，对应于由压入阶段进入剪切阶段的相对切入深度 ε（%）增加，剪切抗力也随之增大。

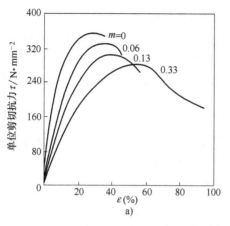
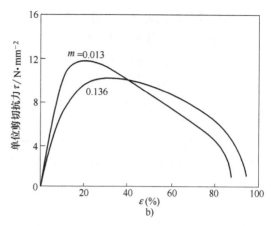

图 7-15 单位剪切抗力与侧向相对间隙关系曲线
a）低碳钢（$R_m = 450 \text{N/mm}^2$）的剪切抗力曲线　b）铅的剪切抗力曲线

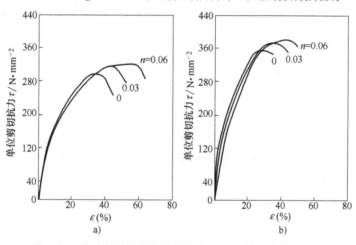

图 7-16 冷剪低碳钢单位剪切抗力 τ 与刀钝半径关系曲线
a）$R_m = 450 \text{N/mm}^2$，$h \times b = 0.01\text{m} \times 0.018\text{m}$，$v = 0.00018 \text{m/s}$
b）$R_m = 430 \text{N/mm}^2$，$h \times b = 0.01\text{m} \times 0.018\text{m}$，$v = 0.00018 \text{m/s}$

除上述因素影响外，压板、剪刃与轧件的摩擦系数及剪刃几何形状等因素，对单位剪切抗力也都有一定的影响，但这些因素相对来说影响很小，可以略去不计。

7.3.2 平行刃剪切机的剪切力与剪切功

1. 剪切机公称能力的确定

在设计剪切机时，首先需根据所剪切最大钢坯断面尺寸来确定剪切机的公称能力，即确定最大剪切力。最大剪切力计算公式：

$$P_{\max} = K\tau_{\max} \tag{7-23}$$

式中，K 是考虑刀钝、剪刃间隙增加而使剪切力提高的

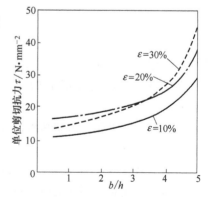

图 7-17 铅的单位剪切抗力 τ 与断面宽高比 b/h 的关系
（$t = 20℃$，$v = 0.001\text{m/s}$）

系数，其数值按剪机能力选取，小型剪切机（$P<1.6$MN）$K=1.2$，中型剪切机（$P=2.5\sim8$MN）$K=1.2$，大型剪切机（$P>10$MN）$K=1.1$；τ_{max}是被剪金属在相应温度下的最大单位剪切抗力（MPa），其值可查有关实验曲线或按式（7-20）计算。

对于平行刃钢坯剪切机的公称能力，我国已经制定了系列标准（草案），因此，根据式（7-23）计算后，再按系列标准选定。

2. 剪切力计算

最大剪切力是用来设计或校核剪切机构的零件强度。为了选择电动机功率和计算传动系统的零件强度，必须找出剪切力随剪切机主轴转角（或随剪刃行程）的变化规律。剪切力计算公式：

$$P=\tau F \tag{7-24}$$

式中，F是被剪钢坯的原始断面面积（m^2）；τ是单位剪切抗力（$N\cdot mm^{-2}$），可查实验曲线得到。

当所剪切的金属没有实验曲线时，可近似地按下列公式求得：

$$P=\tau'\frac{R_m}{R'_m}F \tag{7-25}$$

$$\varepsilon=\varepsilon'\frac{A}{A'} \tag{7-26}$$

式中，τ'是与所剪切金属及温度相似的实验曲线上查得的单位剪切抗力（MPa）；R_m、A分别为被剪切金属的强度极限（MPa）及伸长率；R'_m、A'分别为所选用的实验曲线材质的强度极限（MPa）及伸长率。

3. 剪切功的计算

剪切功计算公式：

$$W=\int dW=\int F\tau dz=\int F\tau h d\varepsilon=Fh\int\tau d\varepsilon \tag{7-27}$$

令

$$a=\int\tau d\varepsilon \tag{7-28}$$

式中，a称为单位剪切功。它等于$\tau=f(\varepsilon)$曲线所包围的面积，即剪切高度为1mm，断面面积为$1mm^2$的轧件所需的剪切功，其单位为（$N\cdot mm$）/（$mm\cdot mm^2$），简化后为N/mm^2。

式（7-28）表明，剪切功可以在一定的比例下用曲线图$\tau=f(\varepsilon)$的面积表示，即

$$W=Fh a \tag{7-29}$$

由表7-10、表7-11查得a值可计算剪切功。

当所剪金属查不到a值时，可使用计算公式：

$$a=\tau_p\varepsilon_0 \tag{7-30}$$

式中，τ_p是平均单位剪切抗力（MPa）；ε_0是轧件剪断时的相对切入深度（mm）。τ_p、ε_0可从表7-10、表7-11中查得。

表 7-10　冷剪各种金属剪切参数

钢种	国际牌号	τ_{max} /N·mm^{-2}	$\dfrac{\tau_{max}}{R_m}$	ε_0	a /N·mm^{-2}	$\dfrac{\tau_p}{\tau_{max}}$
钢 ∂	Q235	750	0.65	0.16	97	0.81
弹簧钢	70	610	0.61	0.16	94	0.76
ЩХ-10	GCr15	540	0.64	0.33	150	0.84
钢 ∂я-1	06Cr13	470	0.79	0.40	124	0.66
钢丝绳钢	45	460	0.69	0.23	86	0.80
钢 20	20	380	0.70	0.35	104	0.78
钢 1015	15	280	0.74	0.41	97	0.84
钢	73	160	0.80	0.42	57	0.85
锌	Zn99.995	150	0.91	0.41	52	0.84
硬铝 д-16-М	2A12	130	—	0.13	13	0.77

表 7-11　热剪各种金属剪切参数

钢种	国际牌号	t /℃	τ_{max} /N·mm^{-2}	ε_0	a /N·mm^{-2}	$\dfrac{\tau_p}{\tau_{max}}$
20 钢	20	650	137	0.65	66	0.74
		760	88	0.71	47	0.74
		970	48	1.0	32	0.67
钢丝绳钢	45	660	145	0.55	56	0.70
		760	91	0.65	44	0.74
		980	45	1.0	32	0.71
шХ-10	GCr15	670	150	0.45	54	0.80
		780	96	0.65	49	0.79
		1090	38	1.0	30	0.79
弹簧钢	70	700	133	0.5	47	0.70
		860	74	0.8	44	0.75
		1020	48	1.0	35	0.73

为了使用方便，式（7-30）可根据表 7-10、表 7-11 做下列变换：

$$\tau_p = \dfrac{\tau_p}{\tau_{max}} \times \dfrac{\tau_{max}}{R_m} R_m = (0.75 \sim 0.85)(0.7 \sim 0.8) R_m$$

取其平均值后得

$$\tau_p \approx 0.6 R_m \tag{7-31}$$

$$\varepsilon_0 \approx (1.2 \sim 1.6) A \tag{7-32}$$

$$a \approx (0.72 \sim 0.96) R_m A \tag{7-33}$$

不同钢种在不同温度下的强度极限见表 7-12。

4. 剪刃上的侧推力

剪刃上的侧推力目前研究很少，但它同压板与剪刃的侧向间隙有关。

表 7-12 不同钢种在不同温度下的强度极限 R_m （单位：N·mm^{-2}）

钢种	1000℃强度极限/MPa	950℃强度极限/MPa	900℃强度极限/MPa	850℃强度极限/MPa	800℃强度极限/MPa	750℃强度极限/MPa	700℃强度极限/MPa
合金钢	85	100	120	135	160	200	230
高碳钢	80	90	110	120	150	170	220
低碳钢	0	80	90	100	105	120	150

无压板剪切时侧推力为

$$T \approx (0.18 \sim 0.35)P \tag{7-34}$$

有压板剪切时侧推力为

$$T \approx (0.1 \sim 0.18)P \tag{7-35}$$

显然，剪切机有压板大大减小了侧推力，从而减少了滑板的磨损，减轻了设备的工作量，提高了设备的作业率，同时提高了剪切质量。

在中小型剪切机上多半采用弹簧压板，利用弹簧变形产生所需要的压板力；在大型剪切机上，采用液压压板较多，利用液压缸的力量把轧件压住。确定压板力的原则是使压板力对剪切面处产生的弯曲力矩等于或大于轧件断面塑性弯曲力矩。根据设计部门和文献推荐，压板力一般取最大剪切力的 4%~5%。在采用固定弹簧压板时，由于结构上的限制，压板力只能按最大剪切力的 2% 考虑。

拓展视频
剪切力与剪切功
计算实例

7.3.3 斜刃剪切机的剪切力与剪切功

板材的剪切主要用斜刃剪切机。因斜刃剪有一剪刃为倾斜的，在剪切过程中，剪刃从板材的一边开始向另一边逐渐移动，即在剪切过程中每一瞬间，剪刃剪断板材长度只是板宽的一部分。这样，剪切力减小，相应地电动机功率及设备重量也会减小。

许多学者对斜刃剪的剪切力计算进行了试验研究，提出了各种计算公式。下面仅介绍目前常用的 B.B. 诺萨里计算公式。

从斜刃剪切机剪切过程中轧件的变形分析（见图 7-18）可知，其剪切力由三部分组成，即

$$P = P_1 + P_2 + P_3 \tag{7-36}$$

式中，P_1 是纯剪切力；P_2 是轧件被剪掉部分由于上剪刃继续运动，沿 AED 线的弯曲力；P_3 是使被剪轧件（近似地以 $\widehat{EF}$ 为界）产生局部碗形弯曲的力。

1. P_1 的确定

如图 7-19 所示，在稳定轧件时，实际剪切面积只限于四边形 ABED 部分。设 q_x 为作用在剪刃单位长度上的剪切力，则作用在宽度为 dx 微分面积上的剪切力为

$$lp_x = q_x dx = \tau h dx \tag{7-37}$$

式中，h 是钢板厚度（mm）。

剪切区内各点的相对切入深度为

$$\varepsilon = \frac{x}{h} \tan\alpha \tag{7-38}$$

式中，α 是上剪刃倾斜角（°）。

由式（7-38）知 ε 和 x 呈直线关系变化，故可以认为斜刃剪上沿钢板与剪刃接触线上的剪切力曲线 $q_x = f(x)$（见图 7-19）和平刃剪的曲线 $\tau = f(\varepsilon)$ 的关系相似。

显然，有

$$dx = \frac{h}{\tan\alpha} d\varepsilon \tag{7-39}$$

将式（7-39）代入式（7-37），积分得

$$P_1 = \frac{h^2}{\tan\alpha} \int \tau d\varepsilon = \frac{h^2}{\tan\alpha} a \tag{7-40}$$

式中，a 同平刃剪一样，称为单位剪切功。根据实验资料，用斜刃剪冷剪时，a 值不能用式（7-33）计算，其计算公式如下：

$$a = 0.68 A R_m \tag{7-41}$$

则有

$$P_1 = 0.68 A R_m h^2 / \tan\alpha \tag{7-42}$$

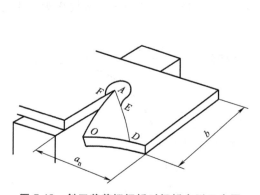

图 7-18　斜刃剪剪切钢板时钢板变形示意图

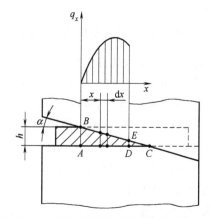

图 7-19　斜刃剪剪切时轧件作用在剪刃上的力

2. P_2 的确定

力 P_2 作用于被切下部分的点 O 处，使轧件沿截面 AD 产生弯曲，如图 7-18 所示。假设截面 AD 与剪切面成 γ 角，力 P_2 到截面 AD 的距离为

$$e = C b_x \sin\gamma$$

式中，系数 C 取决于点 O 对点 A 的位置，剪切开始时，$C = 1$；剪切开始后，$C < 1$，且是一个变量。

在 P_2 作用下，截面 AD 上将产生的弯曲力矩为

$$P_2 e = \sigma W \tag{7-43}$$

式中，σ 为截面 AD 内在弹塑性弯曲情况下的真实应力（MPa），它不大于强度极限 R_m，为讨论方便，令 $\sigma = K R_m$；W 为截面 AD 的弹塑性断面系数（mm³），其值介于弹性断面系数 W_t 与塑性断面系数 W_s 之间。

这里 W 值可表示为

$$W = \frac{1}{m_0} \frac{b_x}{\cos\gamma} h^2$$

式中,$4 < m_0 < 6$。

将上述 e、σ 及 W 代入式(7-43),得

$$P_2 = \frac{K}{Cm_0} \frac{h^2 R_m}{\cos\gamma \sin\gamma} = \frac{2K}{Cm_0} \frac{h^2 R_m}{\sin 2\gamma}$$

令 $Z = \dfrac{2K}{Cm_0}$,则上式可改写为

$$P_2 = Z \frac{h^2 R_m}{\sin 2\gamma} \tag{7-44}$$

由试验知,Z 是随着被剪掉部分的宽度 a_n、金属的塑性及剪刃斜角 α 的不同而变化的,则

$$Z = f\left(\frac{a_n \tan\alpha}{Ah}\right) = f(\lambda)$$

图 7-20 所示为其关系曲线。由图可知,当 $\lambda = \dfrac{a_n \tan\alpha}{Ah} \approx 15$ 时,Z 趋于一常数 0.95(A 为轧件的伸长率,h 为轧件的厚度)。

如何确定式(7-44)中 γ 角,以及断面 AD 应取哪一方位?这只需将式(7-44)对 γ 求导并使之等于零,可知当 $\gamma = 45°$ 时,P_2 达最大值,则

$$P_2 = Z h^2 R_m \tag{7-45}$$

式中,Z 是转换系数;h 是轧件厚度(mm);R_m 是轧件的强度极限(MPa)。

3. P_3 的确定

斜刃剪剪切时,其剪切区域内的局部瓢曲变形很复杂。下面先研究平行刃剪的情形。

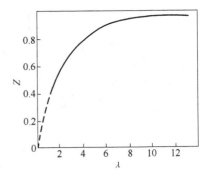

图 7-20 系数 Z 与 λ 的变化关系曲线

如图 7-21 所示,当上剪刃下移到压入开始的瞬间,轧件在剪刃的作用下产生弯曲,转过 γ 角,这时的弯曲力矩为

$$M = P''\Delta = \tau b h \Delta$$

式中,τ 是单位剪切抗力(MPa);b、h 分别是被剪轧件的宽度(mm)和厚度(mm);Δ 是剪刃的间隙(mm)。

根据材料力学,相应的转角为

$$\gamma = \frac{P''\Delta H}{3EI} = \frac{4\tau\Delta H}{Eh^2}$$

上剪刃继续下移,压力不断增加,剪刃压入轧件,压入深度 Z' 为

$$Z' = K_3 A h$$

式中,K_3 是剪刃侧向间隙系数;A 是轧件伸长率。

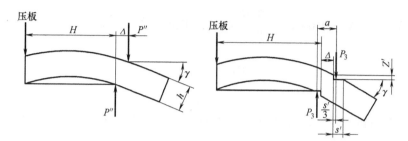

图 7-21 剪切区内被剪金属的弯曲

相应的接触面宽度为

$$s' = \frac{Z'}{\tan\gamma} = \frac{K_3 A h}{\tan\gamma}$$

在有压板时，γ 值很小，故 $\tan\gamma \approx \gamma$，则

$$s' = \frac{K_3 A h}{\gamma} = \frac{K_3 A h^3 E}{4\tau\Delta H} \tag{7-46}$$

这时压力 P'' 变为 P_3。P_3 的作用点假定在离剪刃边缘 $\dfrac{s'}{3}$ 处，则力偶的力臂为

$$a = \Delta + \frac{2}{3}s' \tag{7-47}$$

当剪切进入滑移阶段时，a、γ 值不再增加，故弯曲力矩也不再增加，即

$$M = P_3' a = \tau b h \Delta \tag{7-48}$$

斜刃剪与平行刃剪相比较的不同之处：式（7-48）中的 b 应按斜刃剪的剪切三角形求出，即

$$b = b' = \frac{\varepsilon_0 h}{\tan\alpha} = \frac{K_2 A h}{\tan\alpha} \tag{7-49}$$

式中，K_2 是换算系数，一般取 $K_2 = 1$；α 是剪刃倾斜度（°）。

式（7-48）中的 a 应取

$$a = a' = \Delta + 2\left(\frac{1}{3} \cdot \frac{2}{3}s'\right) = \Delta + \frac{4}{9}s' \tag{7-50}$$

将式（7-46）、式（7-49）、式（7-50）代入式（7-48）则得斜刃剪剪切时的 P_3，即

$$P_3 = \frac{\tau \dfrac{Ah}{\tan\alpha} h\Delta}{\Delta + \dfrac{4}{9} \dfrac{K_3 A h^3 E}{4\tau\Delta H}} = \frac{\tau \dfrac{Ah^2}{\tan\alpha}}{1 + \dfrac{K_3 AE}{9\tau\left(\dfrac{\Delta}{h}\right)^2\left(\dfrac{H}{h}\right)}}$$

令 $\dfrac{\Delta}{h} = Y$，$\dfrac{H}{h} = X$，并假定 $\tau = 0.6 R_{\mathrm{m}}$，则

$$P_3 = \frac{P_1}{1 + \dfrac{K_3 AE}{5.4 R_{\mathrm{m}} Y^2 X}}$$

根据试验求得，$K_3 \approx 0.00265$ 或 $\dfrac{K_3 E}{5.4} \approx 100$，于是上式可改为

$$P_3 = \dfrac{P_1}{1 + \dfrac{100AE}{R_m Y^2 X}} \tag{7-51}$$

因为斜刃倾斜角 α 较小，则 P_2 和 P_3 的方向与 P_1 所在的垂直方向相关不大，故斜刃剪的总剪切力为

$$P = P_1\left(1 + Z\dfrac{\tan\alpha}{0.6A} + \dfrac{1}{1 + \dfrac{100A}{R_m Y^2 X}}\right) \tag{7-52}$$

$\dfrac{\Delta}{h} = Y$ 为剪刃侧向相对间隙，当 $h \leqslant 5\mathrm{mm}$ 时，取 $\Delta = 0.67h$；当 $h = 10 \sim 20\mathrm{mm}$ 时，取 $\Delta = 0.5\mathrm{mm}$。

考虑刀钝的影响，式（7-52）可变为

$$P = K_1 P_1\left(1 + Z\dfrac{\tan\alpha}{0.6A} + \dfrac{1}{1 + \dfrac{100A}{R_m Y^2 X}}\right) \tag{7-53}$$

式中，K_1 是刀钝系数，$K_1 = 1.15 \sim 1.20$。

4. 斜刃剪切机的剪切功

斜刃剪切机的剪切功等于剪切力与假定剪切行程的乘积，即

$$W = Pb\tan\alpha \tag{7-54}$$

应该指出，上述公式的推导是在稳定剪切的条件下（$h \leqslant b\tan\alpha$）建立的。因此式（7-53）、式（7-54）只适用于 $h \leqslant b\tan\alpha$ 的情况。当 $h > b\tan\alpha$ 时，仍按平行刃剪的公式计算。

7.3.4　圆盘剪的剪切力与剪切功

作用在一个刀盘上的总剪切力由两个分力所组成，即

$$P = P_1 + P_2 \tag{7-55}$$

式中，P_1 是纯剪切力；P_2 是钢板被剪掉部分的弯曲力，此弯曲力是由剪切伴随着轧件的复杂弯曲而产生的，特别是对于较窄的轧件更为显著。

纯剪切力 P_1 的确定在原则上与斜刃剪一样。如图 7-22 所示，假定实际剪切面积只局限于 $\overset{\frown}{AB}$ 及 $\overset{\frown}{CD}$ 之间，因为在 BD 线之外剪切的相对切入深度大于 ε_0，即剪切过程已经彻底完成了。其次，将 $\overset{\frown}{AB}$ 和 $\overset{\frown}{CD}$ 视为弦。与斜刃剪的分析方法类似，在梯形面积 $ABCD$ 之内作用于宽为 $\mathrm{d}x$ 的微分面积上的剪切力为

$$\mathrm{d}p_x = q_x \mathrm{d}x = \tau h \mathrm{d}x \tag{7-56}$$

式中，q_x 是作用在接触 $\overset{\frown}{AB}$ 水平投影单位长度上的剪切力。

其相对切入深度为

$$\varepsilon = \frac{Z}{h} = \frac{2x\tan\alpha}{h}$$

对上式微分可得

$$dx = \frac{h}{\tan\alpha}d\varepsilon$$

将上式代入式（7-56），积分得

$$P_1 = \int \tau h dx = \frac{h^2}{\tan\alpha}\int \tau d\varepsilon = \frac{h^2}{\tan\alpha}w \tag{7-57}$$

式中，α 是弦 AB 与 CD 间夹角的一半；w 是单位剪切功，可选用平行刃剪的单位剪切功数据。冷剪时，剪切力计算公式如下：

$$P = P_1\left(1 + Z_1\frac{\tan\alpha}{A}\right) \tag{7-58}$$

式中，等号右边第二项为分力 P_2。系数 Z_1 取决于被剪切掉板边宽度与厚度比值 $\frac{a}{h}$（图 7-23）。当 $\frac{a}{h} \geq 15$ 时，Z_1 的数值趋于渐近线，即 $Z_1 = 1.4$。

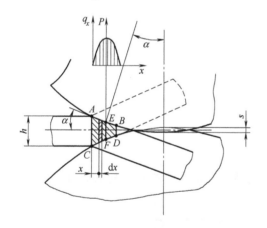

图 7-22　在圆盘剪上剪切金属时的力

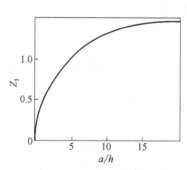

图 7-23　$\frac{a}{h}$ 与 Z_1 的关系曲线

考虑到剪刃磨损的影响，同斜刃剪一样，一般将式（7-58）计算的剪切力增大 15%～20%，为了保证剪切时不出现毛刺，当板厚大于 3mm 时，剪刃变钝后的允许半径 $r = 0.1h$。剪切时刀盘的侧向推力不超过剪切力的 5%。

圆盘剪的剪切功率可根据作用在刀盘上的力矩来确定。在上下刀盘直径和速度相等且都驱动时，则与简单轧制情况相似，合力 P 垂直作用在刀盘上，这时转动一对刀盘所需力矩为

$$M_1 = PD\sin\alpha \tag{7-59}$$

式中，D 是刀盘直径（m）。

假设合力 P 的作用点在弦 AB 和弦 CD 中间，则 α 可根据下列关系求得：

$$\begin{cases} \overline{EF} + D\cos\alpha = D - s \\ \cos\alpha = 1 + \dfrac{s + \overline{EF}}{D} = 1 - \dfrac{s + h\left(1 - \dfrac{\varepsilon_0}{2}\right)}{D} \end{cases} \quad (7\text{-}60)$$

式中，s 是刀盘的重叠量；ε_0 是轧件断裂时相对切入深度。

驱动圆盘剪的总力矩为

$$M = n(M_1 + M_2) + M_3 \quad (7\text{-}61)$$

式中，n 是刀盘对数；M_1 是剪切力矩（MN·m）；M_2 是刀盘轴上的摩擦力矩（MN·m）；M_3 是消耗于从活套中曳引带材的扭矩：

$$M_3 = 0.5GD \quad (7\text{-}62)$$

式中，G 是活套中带材的重力（N）。

圆盘剪的电动机功率为

$$N = K\dfrac{mv}{10^2 D\eta} \quad (7\text{-}63)$$

式中，K 是考虑刀盘与钢板间摩擦损耗系数；v 是钢板运动速度（m/s）；η 是传动系统效率，$\eta = 0.93 \sim 0.95$。

7.4 剪切机的结构

7.4.1 剪切机结构方案的确定

1. 剪切方式

平行刃剪切机的剪切方式有上切式和下切式两种。上切式剪切机，其下剪刃固定不动，上剪刃向下运动进行剪切，通常采用曲柄连杆结构，具有运动和结构简单的特点。其主要缺点是：被剪切轧件易弯曲，剪切断面不垂直，以致影响剪切后轧件在辊道上的顺利运动；当剪切厚钢坯时，需要增设一组摆动辊道，如图 7-24 所示。

下切式剪切机的两个剪刃都运动，剪切过程通过下剪刃上升来实现，广泛用于剪切厚钢坯。其剪切过程是：剪切开始时，上剪刃先下降，几乎达到与钢坯接触而停止，然后下剪刃再上升进行剪切；切断钢坯后，下剪刃首先下降回到原来位置，接着上剪刃上升恢复原位，一次剪切过程完成。这种剪切的方法具有下述

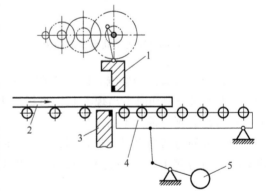

图 7-24 带摆动辊道的上切式剪切机
1—上剪刃及其传动装置 2—轧件
3—下剪刃 4—摆动辊道 5—重锤

优点：剪切时钢坯高于辊道面，不需要设置摆动辊道；剪切长的轧件时，钢材不会弯曲；活动压板保证剪切断面较垂直；机架不承受剪切力；由于能缩短剪切周期的间隙时间，提高了剪切生产率。因此，钢坯剪切机（特别是大型钢坯剪切机）多采用下切式。下切式剪切机在结构上比上切式复杂。

一般大型钢坯剪切机采用下切式，小型钢坯剪切机采用上切式。最近，剪切力在 20~25MN 以上的大型钢坯剪切机有朝着采用上切式机械剪的方向发展的趋势。

斜刃剪切机的剪切方式分上切式、下切式和复合式。上切式斜刃剪通常是作为单独设备，用来剪切钢板，在中厚板加工线上用来横切或纵切钢板。下切式斜刃剪多用于连续作业线上横切带材。复合式斜刃剪主要用于带材连续作业线的尾部，把焊接起来的长带材分切成一定重量的卷材。

2. 驱动方式

剪切机的驱动方式主要有电动机驱动和液压驱动。电动机驱动又有直流电动机驱动和交流电动机驱动两种。一般小型剪切机多采用交流电动机驱动，高速轴上装有飞轮，电动机为连续运转，剪切动作必须用离合器来实现。常用的离合器是牙嵌离合器，此种离合器的特点是传递力矩大，但剪切次数太高时，这种离合器就会发生困难，因为它动作时间长，同时在离合的瞬间不可避免地有冲击现象。由于上述原因限制了剪切次数进一步提高。有些剪切机采用摩擦离合器，此种离合器虽操作灵便，但在合闸瞬间会因滑动而发热，引起磨损，特别是大型剪切机尤为突出。为了提高剪切次数，我国某厂设计制造出偏心活动连杆式剪切机，理论剪切次数高达 30~40 次/min。大中型剪切机多采用直流电动机驱动，并以启动工作制进行剪切。

轧钢车间使用的剪切机采用液压驱动，其具有许多特点，如结构紧凑、惯性小、操作方便，但其剪切次数较低。液压剪不能采用飞轮，剪切过程中所耗的能量都要由原动机供给，因此，液压系统中使用的泵的电动机容量决定了剪切次数。为了减小电动机功率，液压剪装备了不同流量的泵，低压大流量泵用于空行程，高压大流量泵用于剪切行程。对于大型钢坯剪切机，其剪切过程中的辅助时间长，剪切次数不高，故采用液压驱动是合理的。但是由于普遍存在着泄漏、剪切时振动多、事故多和维修工作量大等问题，剪切机的可靠性不高。这对连续生产的轧钢车间来说，将影响它的作业率。在这种情况下，初轧车间使用液压剪，将受到一定限制。在带材连续作业线上的切头、切尾、分卷等斜刃剪，由于剪切次数少，剪切力小，目前多采用液压剪。

3. 传动装置的布置形式

对于采用电动机驱动的剪切机，电动机及减速装置的布置可分为上传动和侧传动两种形式。上传动是指电动机及减速装置都布置在剪切机的机架上面，具有结构紧凑、占地面积小、坯料及料头等运输条件好的优点。单独使用的中小型剪切机多为上传动形式。

电动机和减速装置布置在剪切机的一侧称为侧传动。对于大型钢坯剪切机，因其电动机和传动装置的重量很大，不宜装在机架上部，故采用侧传动形式。在生产作业线上的剪切机多采用侧传动。轧件由辊道运输，工人在作业线一侧操作，另一侧装电动机及传动装置，在这种情况下，采用侧传动是合理的。

4. 机架型式

剪切机的机架型式有闭式和开式两种。闭式机架通常做成门形的，位于剪刃的两侧，具有刚性好、剪切断面大的优点，但操作人员不易观察剪切情况，不便于设备的维护和事故处理。一般大型钢坯剪切机多采用闭式机架，有些斜刃剪也采用闭式机架。

开式机架位于剪刃的一侧，与闭式机架相比，其刚性较差，剪切断面小，但便于检修维护和事故处理。在保证必要的刚性条件下，现场常采用开式机架。一些单独使用的剪板机多采用开式机架。

剪切机的机架有铸件和焊件两种。近年来采用焊接机架越来越多。采用焊接机架，既可省去与铸造有关的许多工序，缩短了制造周期，又因采用了箱形、薄壁加筋板的结构，能在保证足够刚度的前提下，减轻设备重量，节约钢材，降低成本。

7.4.2 平行刃剪切机

1. 浮动轴式平行刃剪切机

这种型式的剪切机目前有三种：双偏心上驱动带机械联动压板装置的剪切机（见图7-25a）、双偏心下驱动带机械联动压板装置的剪切机（见图7-25b）和单偏心下驱动带液压压板装置的剪切机（见图7-25c）。现以剪切力为16MN的双偏心下驱动带机械联动压板装置的剪切机为例，简要介绍其结构特点和剪切原理。

该剪切机的最大剪切力为16MN；剪刃行程为500mm；剪刃重叠量为15mm；偏心轴偏心距为2×125mm；剪切钢坯最大尺寸：方坯400mm×400mm，板坯250mm×1500mm；剪切次数为8.7~16次/min。

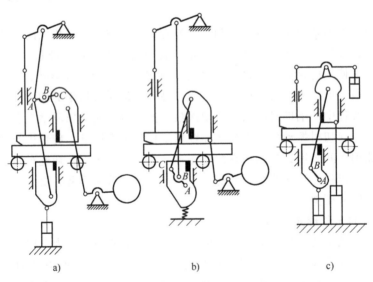

图 7-25 浮动轴式平行刃剪切机
a) 双偏心上驱动带机械联动压板装置 b) 双偏心下驱动带机械联动压板装置
c) 单偏心下驱动带液压压板装置

图7-26为该剪切机示意图。主要结构包括下刃台1、上刃台2、压板3、机架4、平衡重锤14、双偏心轴5及其传动装置。下刃台和压板在上刃台滑槽中滑动，而上刃台又在机架中滑动。主传动轴为双偏心曲轴，由两台510kW直流电动机经减速器和万向联轴器驱动。

主传动轴通过大拉杆 6 与上刃台 2 的心轴铰接，又通过小拉杆 7 来带动压板杠杆 8 一端和固定铰链 9 相连，另一端和小方轴 10 铰接，小方轴可在压板连杆 11 的滑槽中滑动，并由四组缓冲弹簧 12 联系起来，压板 3 和压板连杆 11 铰接。

为了实现剪切机构确定的运动和防止剪切时由于连杆两端中存在间隙产生的冲击力，上刃台采用过平衡的平衡重锤，下刃台采用欠平衡，下刃台的底座上装有液压弹簧联合缓冲器 13。

该剪切机的剪切过程是：电动机起动后，压板和上刃台下移，直到压板压住钢坯；下刃台和压板夹着钢坯抬离辊道面进行剪切；剪切完成，下刃台下降，上刃台和压板抬起，恢复到原始位置，等待下一次剪切。

显然，这种剪切机属于下切式平行刃剪切机，剪切时，剪切力由连接上下刃台的大拉杆承受，机架不承受剪切力，只承受由扭转产生的倾翻力矩，因此机架滑道磨损小。又因主传动轴为双偏心并同下刃台相接，压板是通过小拉杆联动的，故这种剪切机称为双偏心下驱动带机械联动压板的平行刃下切式剪切机。

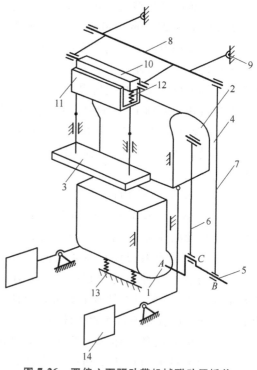

图 7-26 双偏心下驱动带机械联动压板剪切机示意图

1—下刃台 2—上刃台 3—压板 4—机架 5—双偏心轴
6—大拉杆 7—小拉杆 8—压板杠杆 9—固定铰链
10—小方轴 11—压板连杆 12—缓冲弹簧
13—液压弹簧联合缓冲器 14—平衡重锤

2. 六连杆式剪切机

六连杆式剪切机在国内外应用得比较广泛。图 7-27 所示为剪切力为 4MN 的六连杆式剪切机。

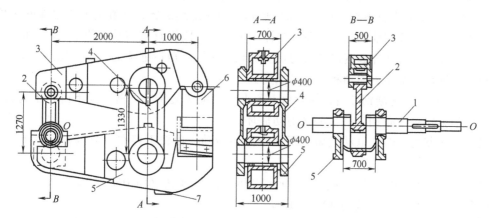

图 7-27 4MN 六连杆式剪切机

1—曲轴 2—连杆 3—上剪段 4—拉杆 5—下剪段 6—上刃台 7—下机架

该剪切机的结构型式为开口下切式，剪切机构为六连杆式，剪切时机架不承受剪切力，最大剪切断面为 240mm×240mm 和 21mm×300mm 的钢坯，剪切次数为 5~12 次/min，传动电动机功率为 200kW，转速为 500~1200r/min。

该剪切机由主机座和附属设备组成。主机座包括机架、剪切机构、传动系统、上刃台导向套定位调节机构及压板装置等。附属设备有剪切机构前后辊道、定尺挡板等。

剪切机构由曲轴 1、连杆 2、上剪段 3、拉杆 4、下剪段 5 和可调整上剪刃行程的上刃台 6 组成。机架中的整个机构只有曲轴的 O 点是唯一的固定支点。全部机构的重量由支点 O 及下机架承受。剪切过程中，上剪刃的下降行程可以预先调整，调整的依据是被剪切钢坯的断面高度。

上刃台的调整机构如图 7-28 所示。电动机传动蜗杆 1、蜗轮 2，蜗轮只能转动不能沿轴向移动，故使用与螺旋副连接的导向套 3（限位轴套）带动上剪刃移动，使上剪刃停止在要求的位置上，限制其下降行程。在导向套中心孔内，穿有可上下移动的拉杆 4，拉杆下端挂有上剪刃，拉杆上端装有起缓冲作用的板型弹簧 5 和止推筒。

该剪切机有两种工作制：循环工作制和摆动工作制。前者的开口度为 290mm，后者的开口度分别为 100mm 和 150mm。

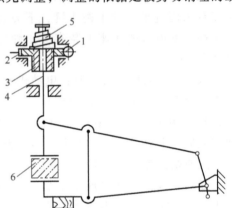

图 7-28　上刃台的调整机构
1—蜗杆　2—蜗轮　3—导向套　4—拉杆
5—板型弹簧　6—钢坯

循环工作制的剪切过程如下：

1）原始位置。曲轴在下死点位置，如图 7-29a 所示，拉杆 4 处于铅垂位置，下剪段 5 处于最低位置，上剪刃 6 处于最高位置，机构全部重量通过下剪段传到下机架 7 上。

2）上剪刃下降，如图 7-29b 所示。起动电动机，曲轴由原始位置开始绕 O 点按图示位置转动。由于自重，下剪段不动，曲柄轴通过连杆 2，推着上剪段 3 左端上升，上剪段在 C 点受拉杆 4 的约束，迫使上剪段右端压上剪刃 6 下降，直到与钢坯的距离为 15mm 时，上剪刃被预先调整好位置的导向套卡住而停止移动。这时辊道不承受压力。

3）下剪刃上升进行剪切，如图 7-29c 所示。曲轴继续旋转，推着上剪段尾部继续抬起，但支点由中间部位移到前端点 D，通过拉杆 4 拉着下剪段绕 O 点转动，使下剪段 5 的头部向上抬起与钢坯接触，并托起钢坯进行剪切。剪切完了，下剪段继续上升至上死点位置。这时整个机构与钢坯的重量由曲轴和导向套承受。

4）机构复位。剪断钢坯后，曲轴由上死点位置继续旋转，下剪刃先下降，上剪刃后上升。在曲柄轴转过 360°时，完成一次剪切循环。

摆动工作制剪切时，电动机做正反两个方向转动，曲轴不停在下死点，只在小于 360° 角内摆动。

剪刃尺寸为 720（500）mm×210mm×70mm。材质为 6CrNiMo、6CrW2Si、3CrW8V、5CrMnMo 等，经热处理硬度为 40~60HRC。

这种剪切机结构比较简单，操作方便，工作可靠，剪切质量好，很受工人欢迎。其缺点是设备重量大，剪切次数低，检修时间较长，拆装麻烦。

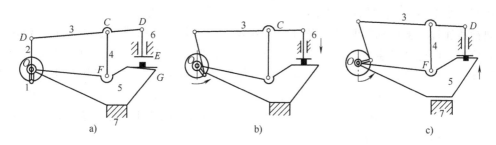

图 7-29 循环工作制的剪切过程
a）原始位置 b）上剪刃下降 c）下剪刃上升进行剪切
1—曲轴 2—连杆 3—上剪段 4—拉杆 5—下剪段 6—上剪刃 7—下机架

3. 曲柄活连杆式剪切机

现在国内使用的小型钢坯剪切机，多属于曲柄连杆上切式剪切机。其曲轴、连杆和滑块三者设计成不可分离的，靠牙嵌离合器进行剪切，但此种离合器限制了剪切次数的提高，最高为 15 次/min。为适应生产发展的需要，提高剪切次数，我国某钢厂研制了一台 0.7MN 钢坯热剪切机。这种剪切机取消了牙嵌离合器和曲轴上的制动器，具有设备结构简单、重量轻、生产率高（实际剪切次数可达 22.5 次/min）等特点。

ϕ630mm×3mm 轧钢车间通常采用的 2MN 热剪切机，就是在总结和改进 0.7MN 钢坯热剪切机的基础上，经过多次改进后设计成功的。最大剪切断面为 150mm×150mm，剪刃开口度为 230mm，剪切长度为 500mm，剪切次数为 15 次/min，其结构如图 7-30 所示。电动机和减速机安装在机架上方，曲轴穿过机架用两个滑动轴承支承，尾部装有直径为 1900mm 的大齿轮，曲轴端与连杆铰接。上刃台装在机架的垂直导轨中，并可沿导轨上下移动。在上刃台

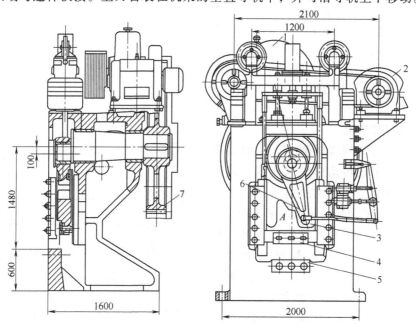

图 7-30 2MN 曲柄活连杆式热剪切机
1—减速机 2—电动机 3—凹槽 4—上剪刃 5—下剪刃 6—活连杆 7—大齿轮

中部留有一个平台 A，在平台 A 的右侧有一凹槽，下部固定有剪刃。

曲柄活连杆式剪切机的剪切过程如图 7-31 所示。剪切前，操纵气缸 1 使上刃台快速升到原始位置，因电动机连续运转，这时连杆在上刃台凹槽中上下空程摆动（图 7-31a）。当剪切钢坯时，操纵气缸 1 使上刃台快速下降压住钢坯（图 7-31b），然后操纵小气缸 9 把连杆推到上刃台上面的平台 A 处。上刃台在曲柄-连杆的作用下，向下移动剪切钢坯（图 7-31c）。剪切完毕，操纵小气缸 9 把连杆拉到上刃台的凹槽中，并操纵气缸 1 使上刃台快速上升到原始位置，以备下次剪切。

这种剪切机的缺点是活连杆与上刃台上表面频繁接触和冲击，磨损较快，寿命较短。为了克服上述缺点，采用耐磨材料进行堆焊，而使耐磨性能大为提高，并要求操作技术熟练，使上刃台的升降及连杆的离合配合得当，这样方能发挥这种剪切机的优越性。

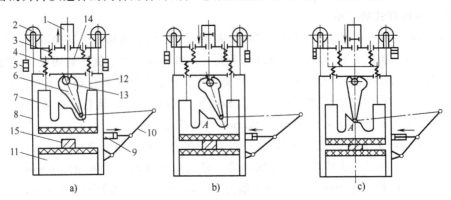

图 7-31 曲柄活连杆式剪切机的剪切过程
a）剪切前 b）压住钢坯 c）剪切钢坯
1—气缸 2—链轮 3、4—弹簧 5—平衡重 6—活连杆 7—上刃台 8—机架 9—小气缸 10—杆
11—下刃台 12—吊杆 13—偏心主轴 14—横梁 15—轧件

7.4.3 斜刃剪切机

1. 电动斜刃剪切机

电动斜刃剪的结构型式较多，一般均由电动机，经减速装置传动曲轴式或偏心式剪切机构，带动剪刃上下移动进行剪切，剪切动作的进行靠离合器与传动轴接通来实现。

（1）Q11-20×2000 型剪切机 该剪切机是剪切厚度为 20mm、宽度为 2000mm 钢板的上切式电动斜刃剪切机。最大剪切力为 1MN，上剪刃的倾斜角为 4°15′，剪切次数为 18 次/min，喉头深度为 588mm。机架采用钢板焊接结构。图 7-32 为其传动系统简图。

（2）下切式电动斜刃剪切机 图 7-33 所示

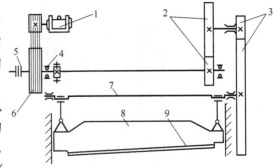

图 7-32 Q11-20×2000 型剪切机传动系统简图
1—电动机 2、3—减速齿轮 4—滚动轴承
5—摩擦离合器 6—带轮 7—曲轴
8—上刃台 9—剪刃

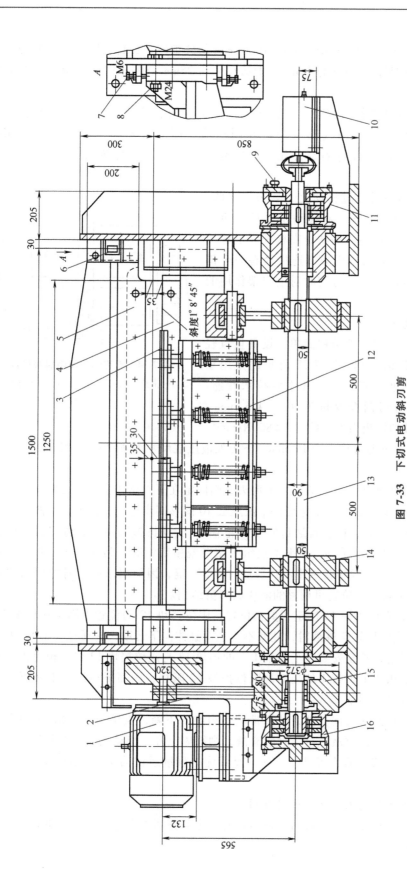

图 7-33 下切式电动斜刃剪

1—电动机 2—V带 3—压板 4—下刀架 5—上刀架 6—导向链 7—推拉螺栓 8—固定螺栓 9—快速安全阀 10—凸轮控制器 11—制动器 12—螺旋弹簧 13—长轴 14—曲柄 15—带轮 16—离合器

的斜刃剪用来剪切（0.28~0.5）mm×（750~1000）mm的硅钢带。最高剪切次数为40次/min，下剪刃倾斜角为1°8′45″，开口度为70mm，剪刃尺寸为25mm×80mm×1250mm，电动机功率为3.7kW。

该斜刃剪同其他电动斜刃剪一样，由机架、上下刀架、传动系统、压板及离合器组成。其机架为焊接结构，采用气动离合器和制动器，而离合器和制动器的结构相同，只是固定方法不同。法兰若与固定件相连，则起制动作用，若与转动件相连，则起离合器作用。

剪刃侧向间隙调整是通过移动上刀架来实现的。如图7-34所示，上刀架4的左右移动是由每边两个M16的推拉螺栓1进行调整。为防止在松开固定螺栓3时上刀架下滑，在上刀架与机架2连接处有一个横向的导向键，该键也同时承受剪切时对上刀架作用的切向力。

2. 液压斜刃剪切机

近年来，液压斜刃剪由于结构简单、设备重量轻等优点，得到了广泛的应用。图7-35所示的是用于1700mm平整机组的液压斜刃剪。其主要技术性能：剪切力为0.2MN，剪切钢板规格为（1~4.5）mm×（680~1550）mm，被切钢板强度极限$R_m \leq 800\text{N}/\text{mm}^2$，

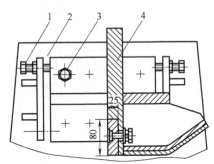

图7-34 剪刃侧向间隙调整机构
1—推拉螺栓 2—机架 3—固定螺栓
4—上刀架

上剪刃倾角为1°30′，下剪刃行程为190mm，下刀架液压缸尺寸为φ170mm×220mm，液压缸工作压力为500N/mm²。

上剪刃1固定在机架4的上横梁上，下剪刃2则固定在下刀架3上，下刀架3的上下移动是由两个液压缸10驱动的。为了保证两个液压缸10能够同步运动，在下刀架两侧设有齿条5，它与小齿轮6相啮合，这就可通过同步齿轮轴11实现机械同步。此剪切机还设置了压料辊8、送料装置7和摆动台9。在平整机组平整薄规格带钢时，为保证所需张力，带钢要通过"S"辊，而平整厚规格带钢则不需要通过"S"辊，因而要求剪切时的剪切位置能够调整。图7-36所示为剪切位置可调整的液压斜刃剪结构。

如图7-36所示，限位挡块12决定了剪切位置，限位挡块12的位置由固定在机架14的液压缸10来调整。当液压缸7供液时，柱塞不运动而缸体向下运动，它通过横梁8、拉杆3带动上刀架1向下运动，直至安装在上刀架1上的挡块13与限位挡块12相接触为止。此时液压缸7继续充液，由于上刀架1的运动被限位挡块12阻挡，因而下刀架6由液压缸7的柱塞带动向上运动并进行剪切。

剪切完毕后，液压缸7反向充液，柱塞带动下刀架6下降，直至与和滑槽11固定在一起的挡块9相接触为止，此时液压缸7继续充液，则缸体上升，带动上刀架1上升回复至原始位置，等待下一次剪切。不剪切时，上下刀架系统的重量通过挡块9、滑槽11及液压缸10支承在机架14上。

下刀架液压缸通过齿轮齿条4实现机械同步。

与浮动偏心轴剪切机相似，此种剪切机剪切时产生的剪切力由连接上下刀架的拉杆3来承受，机架不受剪切力。

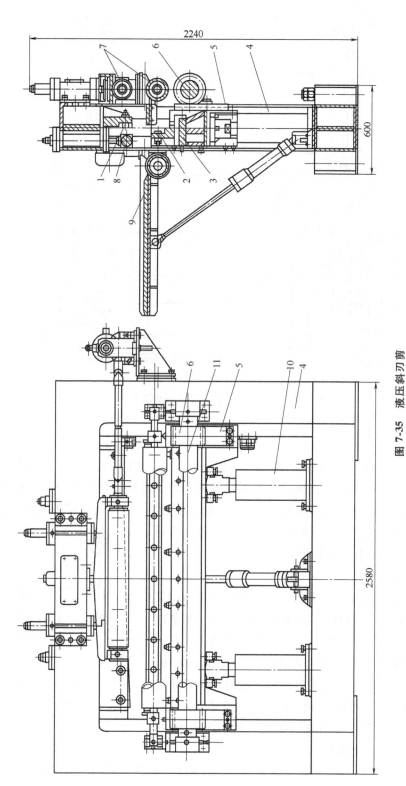

图 7-35 液压斜刃剪

1—上剪刃 2—下剪刃 3—下刃架 4—机架 5—齿条 6—小齿轮 7—送料装置 8—压料辊 9—摆动台 10—液压缸 11—同步齿轮轴

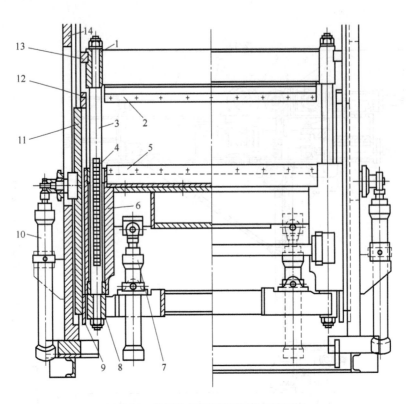

图 7-36　剪切位置可调整的液压斜刃剪

1—上刃架　2—上剪刃　3—拉杆　4—齿轮齿条　5—下剪刃　6—下刃架
7、10—液压缸　8—横梁　9、13—挡块　11—滑槽　12—限位挡块　14—机架

液压剪多数采用两个液压缸同时驱动,在设计中必须考虑同步措施。目前同步措施有机械同步和液压同步回路两种。机械同步多采用齿轮齿条,这种方法简单可靠,得到广泛应用。液压同步回路有流量调节阀同步回路、分流阀同步回路、双油马达同步回路、液压缸串联同步回路、用特殊的同步液压缸同步回路、伺服机构同步回路,以及可变伺服同步回路等。

3. 摆式斜刃剪切机

摆式斜刃剪的特点是上刃架在剪切过程中围绕一固定点做圆弧摆动。图 7-37 为 Q12-12×2000 型摆式斜刃剪的原理图。摆式斜刃剪的优点:提高了剪切断面的质量;减少了剪刃后面的摩擦,提高了剪刃的寿命;结构简单紧凑,剪刃间隙调整方便。调整时将锁紧螺母 5 松开,转动手轮 6,通过蜗杆副带动偏心轴 4 转动,使刃架前后移动,从而调整剪刃侧间隙。另外,采用液压压板装置,压板力大,而且可以调整,提高了剪切精度。

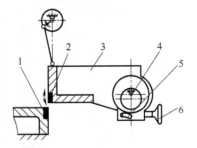

图 7-37　Q12-12×2000 型摆式斜刃剪的原理图

1—下剪刃　2—上剪刃　3—摆动刀架
4—偏心轴　5—锁紧螺母　6—手轮

必须指出的是,多种摆式斜刃剪的剪刃运动轨迹为一曲线,因此,剪切出来的轧件端面呈舌形,影响轧件的剪切质量,应采取措施弥补这一缺陷。

7.4.4 滚切式剪切机

1. 滚切剪及其分类

剪切机是中厚板精整线的重要设备，它要完成中厚板剪切加工的切头、切尾、切定尺、切边、剖分和切试样等工作。中厚板的剪切设备有斜刃剪、圆盘剪和滚切剪。斜刃剪的上剪刃是倾斜的，倾斜角度为 2°~6°，它的缺点是剪后的钢板弯曲变形大，同时也不能用来进行剖分剪切。原有的圆盘剪主要用于剪切厚板小于 30 mm 的两边。随着用户对中厚板的板形和剪切断面质量要求的不断提高，对厚板需求量的增加，传统的斜刃剪和圆盘剪已不能满足要求。20 世纪 70 年代初，德国研制的滚切剪用于工业生产，从此滚切剪成为中厚板生产的主要剪切设备。

根据用途和结构的不同，滚切剪可分为三类：滚切式双边剪、滚切式剖分剪和滚切式定尺剪。

滚切式双边剪用于钢板两边的剪切。固定剪和移动剪分别装在剪切线两侧，为调整剪切宽度，移动剪的位置可以调整，出口设有碎边剪，将切下的板边碎断。滚切剪的入口和出口有夹送辊道，入口前有磁力对中装置，辊道两侧有激光划线。

滚切式双边剪的传动形式有三轴三偏心和单轴三偏心两种。所谓三轴三偏心是指传动的三轴为上剪刃的两个传动偏心轴和碎边机的一个偏心轴，三个轴的偏心度不同。三轴三偏心可使剪切力分配到三个轴上，且互不干扰。单轴三偏心传动则在一根轴上加工出三段不同的偏心，两个偏心传动上剪刃，一个偏心传动碎边剪。这种单轴三偏心传动形式结构简单、造价低，但传动轴负荷大。

滚切式剖分剪用于双倍宽度钢板的剖分剪切，传动上剪刃的两个偏心轴有双轴双偏心和单轴双偏心两种，在使用时剖分剪和双边剪是组合在一起的，其目的是一次剪切过程同时完成剖分和双边剪切，减少操作时间和步骤。因此，在设计上这两种剪切机剪切钢板尺寸、剪切次数和剪切步长等参数是一致的。

滚切式定尺剪用于钢板的定尺剪切。其结构型式也有双轴双偏心和单轴双偏心两种，其剪刃长度要大于钢板的宽度。

2. 滚切剪的剪切过程及其特点

滚切式剪切机的剪切过程用图 7-38 所示的 5 个位置表示。安装圆弧形上剪刃的上刀架由两个偏心半径相同、转向相同、转速相同、偏心相位角不同的偏心轴带动。位置 1 为上剪刃的起始位置，两个偏心轴转动，圆

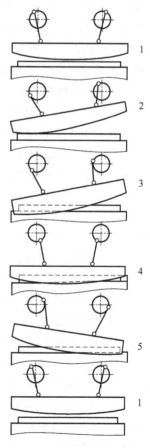

图 7-38 滚切式剪切机的剪切过程
1—起始位置 2—剪切开始 3—左端相切
4—中部相切 5—右端相切

弧剪刃的出口端（图示左端）首先下降，另一端相差一个相位下降，直到前缘（图示左端）下降到与下剪刃相切，即位置 2，然后上剪刃沿假想线滚动。位置 4 是上剪刃滚动到与假想线中部相切，一直到入口端（图示右端）相切，即位置 5，之后升起恢复到原位置 1，完成一次剪切。

滚切式双边剪和剖分剪的剪切过程与滚切式定尺剪有些差异，在位置 5 时，上剪刃与假想线的相切点距离端点还有一定距离，在钢板尚未被全部剪断时，就停止剪切，上剪刃抬起，送进钢板，进行下一个循环的剪切过程。

为实现上剪刃相对于下剪刃做滚动剪切运动和克服剪切钢板时产生的侧推力，滚切剪必须设置上刀架的侧推装置。滚切剪的侧推装置有三种形式。第一种是在上刀架两侧立柱上的固定滑道和可伸缩滑道，可伸缩滑道在剪切时所需要的压力由液压缸提供。第二种为拉杆式，拉杆式有长拉杆和短拉杆两种。第三种为导轮式的，目前很少采用。

与斜刃剪相比，滚切剪具有下述特点：

1) 弧形上剪刃相对于平直的下剪刃滚动剪切，因此，上剪刃与钢板之间的滑动量小，钢板的切口规整，剪刃磨损小，提高了刀片的使用寿命。

2) 上下剪的重叠量可以根据钢板的厚度进行合理选择，可以调整为正、负或零值，而且重叠量在剪刃长度上固定不变。因此，剪切对钢板的压弯很小，剪切后的钢板弯曲变形小。对于双边剪剪切下的板边条压弯很轻，便于碎边剪切断；对于剖分剪和定尺剪，剪切厚度为 20~40mm 钢板时，压弯很小，甚至可以使钢板的压弯在弹性范围内，保证了钢板的平直度。在一般的情况下，几乎没有弯曲钢板和废边的附加力。

3) 由于采用滚动剪切法，剪切过程中剪刃的切入深度不变，这样，剪刃的最大开口度大约为最大板厚的 3 倍，即剪切行程占总行程的 30%~40%。这个开口度比斜刃剪的开口度大很多，非常有利于钢板顺利地通过。

4) 虽然滚切剪有较大的开口度，但其总行程比斜刃剪的行程减少了 30%~40%，因此，传动上剪刃的偏心轴曲柄半径减小了，传动力矩按比例地减小，电动机功率可以降低，具有节能功效。

5) 生产率大大提高。斜刃剪的理论剪切次数通常在 20 次/min 以下，滚切剪的理论剪切次数可高达 30 次/min。这对于切边滚切剪尤为重要。传统的中厚精整线，年生产能力只有几十万吨，采用滚切剪后，其年生产能力可突破百万吨。

6) 生产自动化水平大大提高。滚切剪都配备了自动对中、自动划线、自动进行剪刃间隙调整和快速换刀装置，整个剪切过程由计算机进行过程控制，自动化水平大大提高，极大地降低了工人的劳动强度。

7) 由于滚切剪的剪切厚度范围为 4~50mm，省去了圆盘剪与切边和定尺剪进行组合，大大缩短了剪切线的长度，减小了占地面积。虽然滚切剪本体造价比斜刃剪造价要高，但从整个精整线的投资来讲，采用滚切剪节省了投资。

以上为滚切剪与斜刃剪相比所具有的优点，但滚切剪也有其不足之处，主要是结构复杂，圆弧刀片和连杆球铰链加工困难，对工人操作和维护要求较高。

3. 组合式滚切剪

双边滚切剪和定尺滚切剪有两种布置形式：一种是双边滚切剪剪切完双边后，再进入定尺滚切剪切定尺，两台滚切剪相距较远；另一种是双边滚切剪与定尺滚切剪相距很近，称为组合式滚切剪。

(1) 双边滚切剪

1) 主要技术参数如下：

剪切钢板厚度：4.5~50mm。

剪切钢板宽度：1000~4150mm。

剪切钢板长度：5500~40000mm。

剪切角度：剪切40mm钢板，相当于4.5°~5°。

剪刃长度：2050mm。

送板长度：1300mm。

两曲柄相位差：53°。

曲轴偏心距：$e_i=135$mm，$e_o=82.5$mm。

剪刃开口度：160mm。

碎断剪刃开口度：80mm。

钢板移动速度：1.5m/s。

钢板移动加、减速度：3m/s²。

剪切力：6.5MN。

剪切次数：16~26.8次/min。

主电动机：DC 410kW×1080r/min。

主减速器传动比：$i=39.925$。

2) 机构简介。

① 主传动机构。双边滚切剪的主传动机构简图如图7-39所示。

主电动机经联轴器传动减速器，减速器为直齿三级减速，其传动比为

$$i=\frac{bdg}{acf}=\frac{120\times62\times51}{20\times24\times20}=39.525$$

由图7-39可知，末级传动齿轮e同时与齿轮f、g啮合，因此两曲轴同步回转且转向相同，出口侧曲轴超剪53°。

② 剪切机构。将主传动系统中曲轴偏心轮机构转化为曲柄机构，图7-40为该滚切剪的剪切机构简图。由于曲柄长度不同，它们之间的差$s=e_i-e_o=135$mm-82.5mm$=52.5$mm，并且在旋转时存在53°的相位差，所以曲轴在回转过程中上剪刃两端上下移动时也存在着时间差。因此，对于圆弧形上剪刃，可实现上剪刃沿直线形下剪刃做近似的滚切剪切。曲轴每旋转一周，完成一次剪切循环，剪切循环顺序是：准备、切进、切入、切出、切离和回复到初始位置，等待计算机指令准备下一次剪切。为了限制上剪刃在滚切过程中的水平方向移动，在上剪刃的入口侧和出口侧均安装有滚子，出口侧有一控制液压缸（$\phi200$mm×109mm，125.66kN），入口侧有一个弹性圆弧曲线挡块。剪刃两端的滚子分别装在液压缸推杆端部和弹性圆弧曲线挡块处并上下滚动。曲线挡块的半径为675mm。

③ 剪刃间隙调整装置。剪刃间隙调整装置如图7-41所示。电动机轴经等径齿轮箱改变方向后分两路输出，此时两根轴的转向相同，再经传动比$i=41$的蜗轮减速器减速。由于蜗轮安装在蜗杆两侧，因而使蜗轮的转向相反。同时蜗轮中套装有旋向相同的螺母，带动丝杠产生轴向移动，带动上剪刃两侧斜铁上下移动，致使上剪刃在水平方向移动，从而达到调整上下剪刃间隙的目的。剪刃间隙的调整量为0.3~4mm。

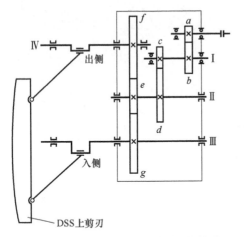

图 7-39 双边滚切剪的主传动机构简图

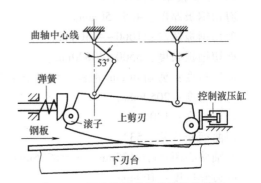

图 7-40 双边滚切剪的剪切机构简图

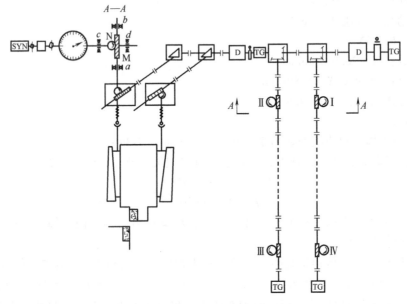

图 7-41 剪刃间隙调整装置简图

④ 剪刃回退装置。剪刃回退装置简图如图 7-42 所示。当剪刃从最低点上升时，与曲轴同轴的凸轮也连着上升，通过拉杆、杠杆使 A 点上升，B 点右移，C 点右移，D 点上升，使杆 O_3E 绕 O_3 点逆时针方向转动，这时上剪刃台在弹簧的推动下向右移动，使剪刃偏移 1.4mm，使上剪刃上升时避免与钢板产生磨损。当曲轴又转动 180°后，凸轮使上述杠杆机构反向动作，上剪刃被推动克服弹簧阻力而回复原位，以便进行下一次剪切。

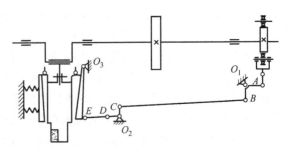

图 7-42 剪刃回退装置简图

⑤ 碎边剪。碎边剪设置在双边滚切剪剪刃出口侧，通过一个连杆与上剪刃台铰接。在上剪刃进行切边的同时，碎边上剪刃被带动下降，按夹送辊送料长度将废边切断，切断最大长度为1300mm。碎边剪的最大开口度为80mm，剪刃长度为310mm，剪刃倾斜角为2°。剪刃间隙调整采用手动方式。

⑥ 横移装置。双边滚切剪为适应剪切不同宽度的钢板，滚切剪中有一侧固定，另一侧可移动。由两台46kW×1150r/min电动机，通过两个传动比为2的锥齿轮减速器，带动螺距为20mm的丝杠转动，丝杠上有螺母，螺母带着滚切剪沿滑动导轨移动来调节两滚切剪之间的宽度，其移动速度为120mm/s。两电动机、减速器之间为机械连接，强制性地保持同步，以保证钢板剪切两个侧边的平行精度。两剪刃间距最小为1000mm，最大为4300mm+800mm，其中800mm为装卸夹送辊连接杆用。调整宽度由机械指示器进行显示。

⑦ 夹送辊。

夹送辊台数：入口侧和出口侧各两组，共8台。

夹送辊形式：电驱动，液压压下式。

驱动电动机：75kW×1790r/min，8台。

减速器：直齿三级减速，$i = 39.98$。

压下液压缸：$\phi 125mm \times 400mm$，4台。

压紧力：91440N。

夹送辊开口度：150mm。

夹送速度和加速度：$1.5m/s$，$3m/s^2$。

夹送辊尺寸：入口侧上辊，$\phi 650mm \times 350mm$，2个；出口侧上辊，$\phi 650mm \times 300mm$，2个；入、出口侧下辊，$\phi 650mm \times 300mm$，4个。

夹送辊入、出口侧下辊用一根有通长键槽的光轴连接在一起，保证了下夹送辊严格同步，防止钢板出现"走偏"现象发生。夹送辊的传动简图如图7-43所示。

⑧ 压紧机构。在入口侧、出口侧各有两组压紧机构，其液压缸参数为：内径×行程为$\phi 63mm \times 153mm$，压紧力为34280N×4。液压缸伸出，使滑块在滑道中向下滑动，滑块上安装的压紧辊就压在钢板上进行剪切。当剪刃抬起后，上升注油口进油，液压缸缩回，滑块上升，此时可以继续送板，进行下一个压紧工作循环。

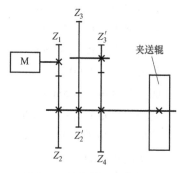

图7-43 夹送辊传动简图

⑨ 换剪刃装置。在滚切剪的移动侧和固定侧各有一台换剪刃装置，形式为台车式，由电动机驱动，链轮传动行走、回转。

换剪刃台车行走机构参数如下：

电动机：0.75kW×1800r/min。

减速器：HMT-54，$i_1 = 87$。

链轮传动比：$i_2 = 22/15 = 1.47$。

行走速度：9900mm/min。

换剪刃台车回转机构参数如下：

电动机：AC 0.2kW×1800r/min。
减速器：WMF-0.2-53，i_1=289。
链轮传动比：i_2=60/15=4。
回转速度：1.56r/min。

换剪刃台车工作过程如图7-44所示。换剪刃台车有A、B两个叉杆，新剪刃放在剪刃置台上，台车上B叉杆叉起新剪刃，往前走到液压缸处，将放置在液压缸上的旧剪刃插在A叉杆上，然后回转，将B叉杆上新剪刃放在液压缸上，再退回到初始位置，将旧剪刃放在置台上，完成一个工作循环。

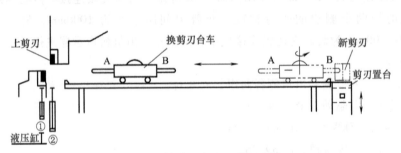

图7-44 换剪刃台车工作示意图

（2）定尺滚切剪 定尺滚切剪的作用是将经过双边滚切剪剪切边后的钢板进行切头、切定尺和切尾。定尺滚切剪由本体和摆动辊道组成。

1）主要技术参数如下：
剪切钢板厚度：4.5~50mm。
剪切钢板宽度：1000~4150mm。
剪切钢板质量：22000kg。
剪切钢板温度：300℃。
钢板切头长度：900mm。
剪刃长度：4800mm。
剪刃开口度：175mm。
曲柄偏心量：$e_1=e_2=120$mm。
曲柄相位角差：37.5°×2=75°。
剪切次数：21次/min（有负荷时）。
主电动机：560kW×(720~900)r/min，2台。
主剪减速器直齿三级变速传动比：i=29.86。

2）机构简介。

① 定尺滚切剪的主传动及剪切机构。定尺滚切剪和双边滚切剪的主传动及剪切机构基本相同。定尺滚切剪的主传动由两台电动机驱动，剪切机构的相位角不同，两曲柄偏心相等，上剪刃圆弧半径只有一个，而防止上剪刃水平横移也是采用控制液压缸将上剪刃压紧在曲线挡块上。

定尺滚切剪的间隙调整原理和双边滚切剪间隙调整原理完全相同。间隙调整范围为0.3~4mm。

② 钢板压紧装置和料头推杆装置。钢板压紧装置采用液压压下方式，液压缸为 $\phi 100\text{mm} \times 150\text{mm}$，5 台，压紧力为 15.7kN，开口度为 150mm。料头推杆传动原理如图 7-45 所示，采用液压驱动摆动杆式，液压缸 $\phi 80\text{mm} \times 520\text{mm}$，5 台，推力为 74.4kN。液压缸退出后，使 BCD 杆绕 C 点逆时针方向转动，F 点推动 G 点使板头前进，此时 EG 杆绕 F 点转动，带动 ED 杆、DC 杆转动，从而使 G 点能始终与台面保持接触。推板头结束后，液压缸回缩，BCF 杆绕 C 点顺时针方向转动，EG 杆抬起，其自重使它绕 F 点转动，直至 D 点与 I 点接触，动作完成，此时 G 点离开台面，以便使钢板通过。

③ 摆动辊道。摆动辊道的传动简图如图 7-46 所示，共有 7 根辊道，辊子直径为 $\phi 350\text{mm}$，1~6 号辊子长度为 4360mm，7 号辊子长为 3800mm。辊子转速为 81.8r/min，辊子线速度为 1.5m/s。1 号、2 号辊子的电动机为 DC 19kW×900r/min，3~7 号辊子的电动机为 DC 42kW×655r/min。水平移动装置的液压缸，内径为 $\phi 125\text{mm}$，行程为 800mm，2 组；车轮为 $\phi 260\text{mm} \times 4$ 组；试样片停止缸为 $\phi 80\text{mm} \times 40\text{mm}$，5 个，压力为 0.6MPa。

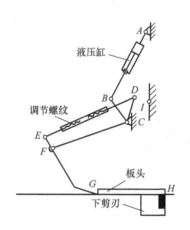

图 7-45 料头推杆传动原理图

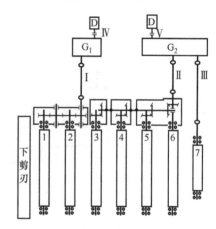

图 7-46 摆动辊道传动简图

摆动辊道的摆动机构如图 7-47 所示。曲柄偏心距为 30mm。该机构为偏心圆，偏心圆转动，使摆动辊道产生摆动，辊道产生的摆动量为 82.4mm。

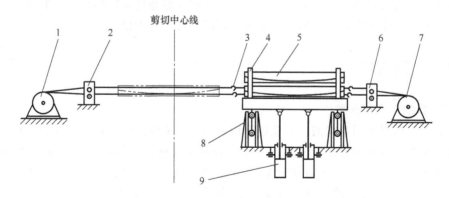

图 7-47 摆动辊道升降、移动系统简图

1—曲轴　2—滑块　3—调节螺纹　4—升降辊　5—导向辊　6—移动缸
7—摆动辊子　8—摆动辊道　9—试样片停止缸

摆动辊道的水平移动机构采用液压缸推动、车轮走行式。液压缸内径为 φ125mm，行程为 800mm，2 台，压力为 14MPa。液压缸推动摆动辊道水平右移，使切下的板头落入下面的废钢溜槽，然后回复原位。在进行右移时，升降辊必须降低，给后面的 1～6 号辊床让出位置，当辊床左移回复时，升降辊升起回到原位。

④ 换剪刃装置。该定尺滚切剪的换剪刃装置如图 7-48 所示，采用剪刃台液压升降和卷扬机驱动式。剪刃移动距离为 6150mm，剪刃移动速度为 5.8m/min，剪刃台升降量为 526mm，钢丝绳卷筒为 φ300mm×455mm，2 台，钢绳为 φ12.5mm×12600mm，2 条。卷扬减速器为二级摆线针轮式，2 台，传动比 $i_1 = i_2 = 289$，钢绳压辊为 φ90mm×350mm。剪刃升降液压缸为 φ180mm/φ100×540mm，压力为 19.352kN，2 台。

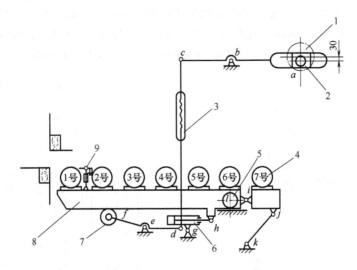

图 7-48 换剪刃装置简图

1、7—卷扬机 2、6—滑轮架 3—挂钩 4—升降剪刃台 5—剪刃 8—向导轮 9—升降液压缸

更换剪刃的操作程序是：换剪刃时，先将新剪刃放在换剪刃台架上面位置；将台架升起；将钢绳上的挂钩穿过剪刃台架下部挂到剪刃上；开动右侧卷扬机将旧剪刃拉出到剪刃台架下面位置；将台架落回原位；摘下右侧挂钩，并将左侧卷扬机挂钩挂在新剪刃上；开动左侧卷扬机将新剪刃拉入定尺滚切剪中，并摘下钢绳；打开剪刃台架活动压板。

7.4.5 圆盘剪

1. 圆盘剪的用途和分类

圆盘剪上下剪刀是圆盘状的，刀盘连续地旋转，用来纵向剪切长的钢板和带钢。圆盘剪按其用途可分为切边剪和分条剪两种，按其传动形式又有拉剪和动力剪之分。所谓拉剪就是圆盘剪本身无传动装置，其剪切靠后面的拉力辊或卷取机拉着。动力剪则有自己的传动装置。有些动力剪的传动装置中还装有离合器，可以根据情况打开离合器，当作拉剪使用。

剪切薄板用的圆盘剪，一般上下刀盘的直径是相等的，且上下刀盘的中心都在同一垂线上。而剪切厚板时，为使剪后的钢板保持平直，板边向下弯曲，易于送入碎边机碎边，一般都使上刀盘的中心向前偏移一定的距离，或把上刀盘的直径做得比下刀盘的直径小一些（图7-49）。采用这些措施后，进口侧钢板会向上弯曲，因此在刀盘前须装置压辊。

2. 厚板圆盘剪的结构

图7-50为用来剪切板厚为4~25mm厚板的圆盘剪的传动系统图。

该圆盘剪的主要机构如下：

1) 机架移动装置。当剪切的板材宽度改变时，必须移动机架，改变两对刀盘之间的距离，保证被剪钢板的宽度。在中厚板加工线上，由于可以不对准辊道中心线，所以调整时只需要移动一个机架。左机架是由电动机通过蜗轮减速器和丝杠螺母来移动的。

2) 刀盘侧向间隙调整机构。如图7-50所示，手轮通过蜗轮传动，使固定刀盘的轴沿轴向移动，即可调整刀盘间的侧向间隙。

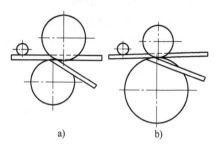

图7-49 保持钢板剪切后平直的方法
a) 刀盘轴错开 b) 采用不同直径的刀盘

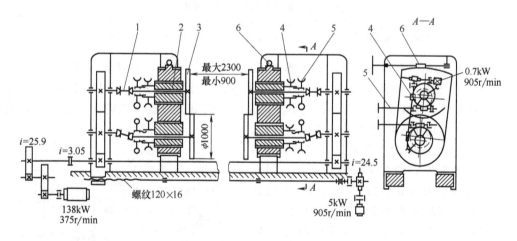

图7-50 厚板圆盘剪传动系统图
1—万向联轴器 2—偏心套 3—刀盘 4—刀盘中心距调整机构 5—刀盘侧向间隙调整机构 6—上刀盘偏移机构

3) 刀盘中心距调整机构。调整刀盘中心距的作用是补偿刀盘磨损后的重车，并根据板材厚度调整刀盘的重叠量，以保证剪切质量。其调整机构由0.7kW的电动机通过蜗轮来传动上下两个偏心套2，即可改变刀盘的中心距。由于偏心套转动，刀盘的轴要产生轴向移动，但因上下刀盘轴是一起移动的，故不改变刀盘的侧向间隙。

4) 刀盘的传动装置。由于圆盘剪是连续地进行剪切，中厚板剪切线通常不要求调速，故一般都采用交流电动机传动。如图7-50所示，主电动机通过减速器、齿轮机座和万向联轴器分别带动两对刀盘。这种传动形式使得每个刀盘可以单独进行调整，同时还允许为了减少金属与刀盘的摩擦，每个刀盘相对板材运动方向转一角度，即 $\alpha = 22'$（见图7-51）。

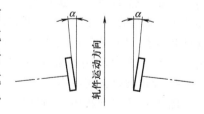

图7-51 刀盘相对板材运动方向的倾角简图

3. 薄板圆盘剪的结构

图7-52为薄板圆盘剪的结构示意图。该圆盘剪装在横切机组上用来剪切厚度为0.6~2.5mm、宽度为700~1500mm的带钢。剪刃线速度为1~3m/s。

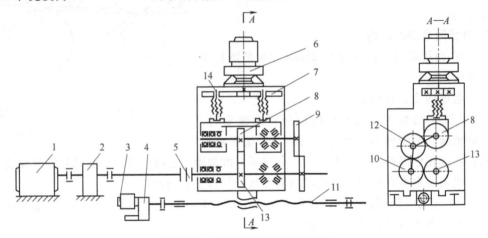

图7-52　薄板圆盘剪结构示意图
1、3—电动机　2、4—减速器　5—离合器　6—摆线针轮减速器（带电动机）
7—径向调整减速齿轮　8、10、12、13—齿轮　9—刀盘　11—丝杠　14—调整螺丝

如图7-52所示，电动机1通过减速器2同时传动两对刀盘，上刀盘与齿轮8相连，下刀盘与齿轮13相连；齿轮8、10、12、13直径相等，而且齿轮12与8、12与10及10与13之间用连杆相连，以保持各齿轮中心距不变，因而在调整上刀盘（径向）时各齿轮仍能很好地啮合。在剪切机下部设置了机架横移机构，它由功率为1kW的电动机3通过行星减速器4传动丝杠。丝杠左右两端螺纹方向相反，因而可带动左右两机架沿导轨做相同或相反方向的移动，从而达到调整剪切带钢宽度的目的。

刀盘径向调整是通过带电动机的减速器6、径向调整减速齿轮7及调整螺丝14带动上刀盘轴的轴承座沿架体内滑道上下移动。

图7-53所示为右下刀盘侧向间隙调整机构。侧向间隙的调整是通过下刀盘的轴向移动来实现的。调整时，首先将手轮4从螺纹套筒上旋出，并向后拉使圆销3插入挡环1的圆孔中，转动手轮，带动挡环与螺纹套筒一起转动，从而使下刀盘轴做轴向移动。调整好以后，将手轮

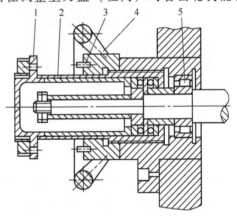

图7-53　右下刀盘侧向间隙调整装置
1—挡环　2—螺纹套筒　3—圆销　4—手轮
5—圆柱滚子轴承

前推并旋紧，则将下刀盘轴锁紧。下刀盘轴支承在允许有少量轴向移动的圆柱滚子轴承5上，由于侧间隙调整量很小（最大0.24mm），故轴承允许的轴向移动量能满足调整量的要求。

4. 分条圆盘剪的结构

图7-54为纵剪机组上的分条圆盘剪总图。

机架1左右两个对称布置，刀盘2、刀盘轴3和刀盘轴调整机构4都安装在机架上。机架是采用工字钢和钢板焊接而成的，其结构为框架式。

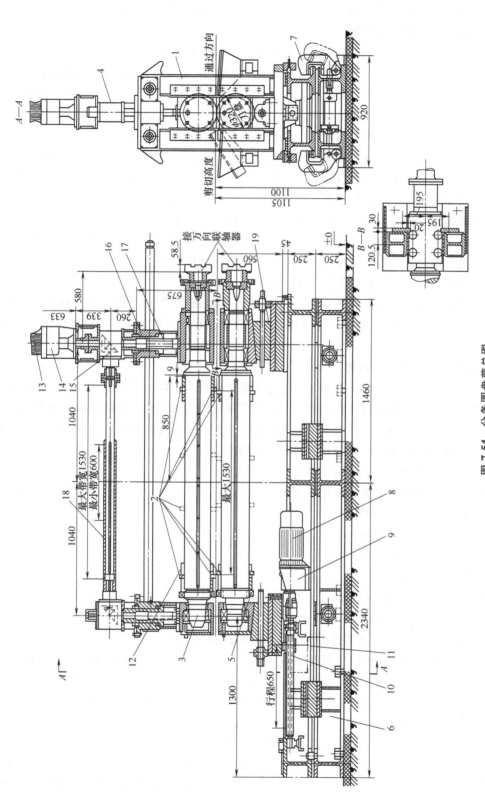

图7-54 分条圆盘剪总图

1—机架 2—刀盘 3—刀盘轴 4—刀盘轴调整机构 5—液压锁紧螺母 6—固定底座 7—机架锁紧爪 8—电动机
9、14—减速器 10—丝杠 11—螺母 12—隔环 13—立式电动机 15—锥齿轮 16—螺套 17—螺杆 18—伸缩轴 19—斜楔机构

上下刀盘轴是用来固定刀盘的,每个刀盘轴有两个滚动轴承支承着。刀盘装在刀盘轴上,两端用液压锁紧螺母5锁紧。

为了提高机组的作业率,该分条圆盘剪采用了两套机架轮流交替使用。作业线上装有固定底座6和传动装置(图中未示出)。在作业线以外的一个地方则放着两个同样的底座。一套机架在作业线上工作,而另一套机架在作业线外的底座上拆装刀盘并进行调整。刀盘更换是这样进行的:先将作业线上的机架锁紧爪7松开,拆开万向联轴器上的离合器,然后将机架吊走放在作业线外的空底座上,再将已装配好的机架吊来装在作业线上。

更换刀盘时,将左机架通过机架移动机构(电动机8、减速器9、丝杠10、螺母11)把机架移开,使机架与轴承脱离刀盘轴3(刀盘轴轴承与轴端为滑动配合,容易脱离)。然后拧下液压锁紧螺母5,就可拆下刀盘2和隔环12。根据工艺操作要求,换上新刀盘和隔环,拧上液压锁紧螺母,检查无误后,移动机架,套上轴承,卡紧机架,以备装回作业线使用。

刀盘的转动是由电动机、减速器和两根万向联轴器,通过离合器分别传动上下刀盘轴来实现。离合器为电磁离合器,在穿带和喂料时,由传动装置带动刀盘工作。在带材已经咬入卷取机而形成张力后,电磁离合器打开变为拉剪。

刀盘重叠量的调整是由立式电动机13、减速器14、锥齿轮15、螺套16、螺杆17和伸缩轴18组成。刀盘重车后要调整作业线高度。它是用在下刀轴轴承下的斜楔机构19来调整的。

5. 双刀头机架旋转式圆盘剪

双刀头机架旋转式圆盘剪是上海宝菱冶金设备工程技术有限公司借鉴三菱重工的技术和经验自行研制的。该圆盘剪具有在线将工作位和备用位的刀刃进行切换的功能,当工作位的刀刃处于生产状态时,备用位的刀刃可进行更换、维护,十分方便安全,实现了机组不停换刃,对提高连续作业机组生产能力具有十分重要的作用。

(1)主要性能参数 该圆盘剪的主要性能参数如下:

剪切材质:普通冷轧钢板和高强度钢板。

剪切钢板强度:$R_m \leq 600MPa$。

剪切钢板厚度:0.5~2.0mm。

剪切速度:30~320m/min。

剪边宽度:5~30mm。

刀刃:$\phi(350~310)mm \times 30mm$(最小为26mm)。

主电动机:AC 2kW×600r/min,2台(VVF)。

(2)设备组成及特点 该圆盘剪的设备组成如图7-55所示。

1)开口度调整装置。开口度调整装置安装在固定底座上,主要由变频调整齿轮电动机、联轴器、轴承座,以及左、右滚珠丝杠和左、右螺母等组成。左、右螺母分别与左、右大滑动底座连接,通过电动机传动滚珠丝杠螺母驱动大滑动底座移动,实现刀刃开口度的调整。其锁紧方式采用电动机抱闸。

2)主传动装置。主传动装置如图7-56所示,由变频调速电动机、制动器、减速器、离合器组成。主传动装置安装在小滑动底座上,小滑动底座由安装在大滑动底座内的液压缸驱动。当圆盘剪要进行工作位和备用位刀刃的切换时,液压缸将小滑动底座拉回到后退位置,离合器脱开,使机架与主体传动装置脱开,这样就可以进行工作位和备用位的切换。当换刀

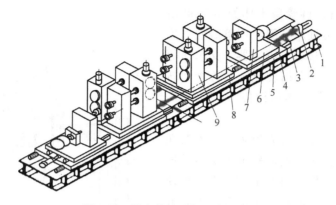

图 7-55 圆盘剪的设备组成示意图
1—固定底板 2—开口度调整装置 3、4—LM 导轨 5—大滑动底座 6—小滑动底座
7—主传动装置 8—回转盘 9—圆盘剪本体

完成后,液压缸再将小滑动底座推至原位,离合器合上。离合器的端部为锯齿形,这种离合器与拉钢形和方块形牙嵌离合器相比,啮合极为方便,不需要人工调整。

3)机架回转装置。机架回转装置如图 7-57 所示,由回转机构、回转盘等组成。回转机构由液压缸、齿轮、齿条组成,回转轴承的外圈固定在大滑动底座上,内圈支承着回转盘,通过液压缸驱动齿条,齿条带动齿轮转动,使回转盘转动 180°,与回转盘固连的圆盘剪本体也回转 180°,这样就完成了工作位和备用位刀刃的切换。在底座上设置固定刚性定位块,实现圆盘剪本体的定位,旋转完后,液压缸锁定机架。

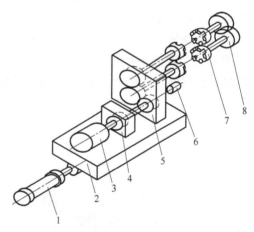

图 7-56 主传动装置简图
1—液压缸 2—小滑动底座 3—变频调速电动机
4—制动器 5—减速器 6—PLC 7—离合器 8—刀刃

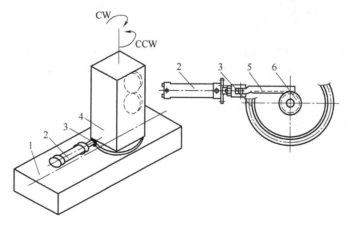

图 7-57 机架回转装置简图
1—大滑动底座 2—液压缸 3—回转盘 4—机架 5—齿条 6—齿轮

4）圆盘剪本体。圆盘剪本体如图 7-58 所示，由机架、上下刀轴箱、侧隙调整装置、重叠量调整装置、球笼接轴、离合器、支承座等组成。圆盘剪本体安装在回转盘上，每个回转盘上安装两套完全相同的本体设备，平行布置，方向相反。

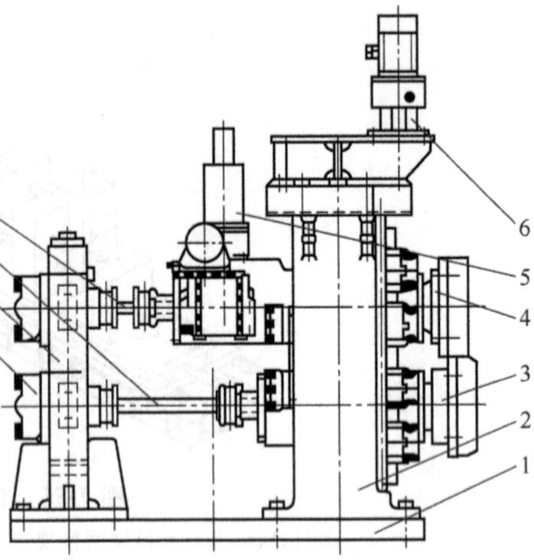

刀刃侧隙调整装置如图 7-59 所示，安装在上刃轴箱上，通过变频调速齿轮电动机传动滚珠丝杠螺母升降机，带动斜楔上下移动，可使上刀轴产生水平移动，调整刀刃侧隙。侧隙调整方式为上刀轴轴向移动，下刀轴固定。当更换刀刃时，以固定刀刃为基准，重新调整侧隙的"0"位。复位弹簧用于消除轴向间隙和斜楔上升后刀轴的复位。

刀刃重叠量调整装置如图 7-60 所示，安装在机架盖上，通过伺服电动机传动高精度左、右滚珠丝杠螺母，可使上、下刀轴同时开闭，实现重叠量的调整，并保证带线水平标高不变。

图 7-58 圆盘剪本体
1—回转盘 2—机架 3—下刀轴 4—上刀轴
5—重叠量调整装置 6—侧隙调整装置
7、8—球笼接轴 9—离合器支承座 10—离合器

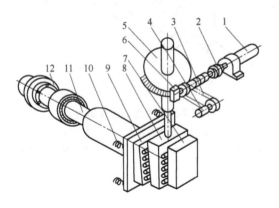

图 7-59 刀刃侧隙调整装置简图
1—变频调速齿轮电动机 2—联轴器 3—同步带
4—PLC 5—滚珠丝杠螺母升降机 6—螺旋输送机
7—固定侧直线轴承 8—斜楔 9—移动侧直线轴承
10—复位弹簧 11—刀轴 12—刀刃

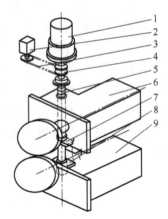

图 7-60 刀刃重叠量调整装置简图
1—伺服电动机 2—螺旋输送机 3—同步带 4—联轴器
5—丝杠 6—上刀轴箱 7—滚珠丝杠螺母（左旋）
8—滚珠丝杠螺母（右旋） 9—下刀轴箱

思考题

7-1 轧钢生产中为什么要设置剪切机？剪切机的用途是什么？剪切机是如何分类的？

7-2　平行刃剪切机、斜刃剪和圆盘剪的结构参数如何确定？

7-3　钢板剪切机的剪切力计算应考虑哪些因素？请收集本书之外钢板剪切力计算公式，并加以分析比较。

7-4　圆盘剪在结构方面包括哪几部分？如何提高圆盘剪的生产率和剪切质量？

7-5　圆盘剪切下的废边应该如何处置？有哪些方法？

7-6　滚切剪与斜刃剪相比有何特点？滚切剪剪切质量好的根本原因是什么？

7-7　单轴双偏心非对称负偏置结构有何特点？

第 8 章　飞剪机

8.1　概述

1. 国内飞剪机发展现状

随着我国钢铁工业的升级，对飞剪机提出了更高的要求，如更低的剪切温度、更多的剪切规格和更大的剪切速度范围。国产飞剪机技术在不断进步，在剪切能力、起动性能和转换剪切模式方面表现出优良的特点。由于国内飞剪机技术的提升和市场的需要，国内生产的飞剪机已经能够满足大部分钢铁企业的需求，并且开始替代进口设备，飞剪机已广泛应用于金属加工、钢铁制造等行业，为企业的生产提供了高效、精确的剪切解决方案。图 8-1 所示为曲臂飞剪机。

图 8-1　曲臂飞剪机

2. 飞剪的用途

横向剪切运动的轧件的剪切机称为飞剪机，本书简称飞剪。飞剪与一般剪切机一样，主要用来剪切定尺、切头、切尾、切取试样，以及处理事故等。飞剪是在运动中进行剪切，因而飞剪的结构、调整及控制比一般剪切机要复杂，对设计和制造的要求也高。飞剪通常是安装在连续式轧机的轧制线上和连续式独立加工机组的作业线上。

3. 飞剪设计应满足的基本要求

1）满足轧机或机组生产率的要求。

2) 能够剪切所要求的断面尺寸及定尺长度。
3) 剪切的长度公差和断面质量要符合国标。
4) 满足剪切同步性的要求。
5) 上下剪刃中至少有一个剪刃的运动轨迹为封闭曲线，以保证剪刃返回时不阻碍轧件继续运动。
6) 剪切过程中，剪刃最好做平面运动，使剪切断面垂直于轧件轴线。
7) 剪切过程中，上下剪刃应保证所要求的侧向间隙。
8) 飞剪必须严格按照一定的工作制度进行工作，以保证切头和切定尺的要求。
9) 尽量减小飞剪运动件的质量和加速度，以减小飞剪的动负荷，提高飞剪的剪切能力。
上述各条并非是每台飞剪必须严格遵守的。

4. 飞剪的组成及分类

飞剪主要由飞剪本体、送料系统、传动系统、控制系统和一些辅助机构几大部分组成。飞剪本体包括剪切机构、空切机构、均速机构及剪刃间隙调整机构等。上述各机构并非在任何一台飞剪上都必须同时具备。这要根据工艺要求，结合具体情况而定。

飞剪的种类很多。按剪切机构的构件组成及运动特点，飞剪可分为平面机构和空间机构两大类。绝大部分飞剪属于平面机构。平面机构的飞剪可分为杆式、凸轮式、行星式、圆盘式等。图 8-2~图 8-11 为各种飞剪原理图。

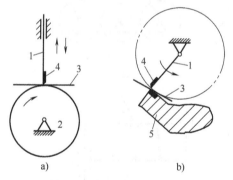
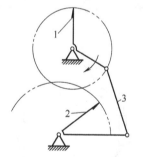

图 8-2 冲击式飞剪原理图
a) 主动杆做直线运动 b) 主动件做旋转运动
1—主动杆 2—滚筒 3—轧件 4—上剪刃 5—固定的下刃架

图 8-3 四连杆式飞剪原理图
1—上剪刃 2—下剪刃 3—连杆

各种飞剪模型动画

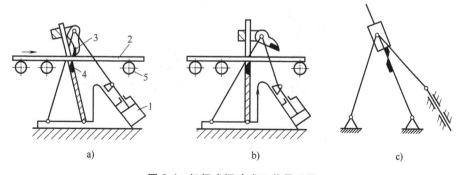

图 8-4 杠杆式摆动式飞剪原理图
a) 剪切开始 b) 剪切后返回原始位置 c) 原理图
1—液压缸 2—被剪轧件 3—上剪刃 4—下剪刃 5—辊道辊子

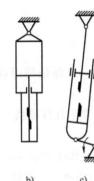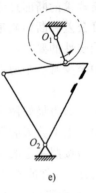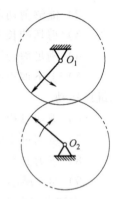

图 8-5　具有一个主动杆的摆式飞剪原理图　　　　　图 8-6　双轴旋转式
a) 剪切钢坯的摆式飞剪　b) 液压摆式飞剪　c) 具有偏心轴的剪切钢坯头部的飞剪　　　飞剪原理图
d) IHI 摆式飞剪　e) 曲柄摆式飞剪

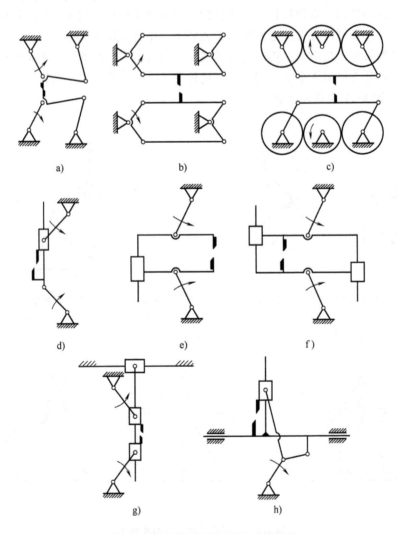

图 8-7　剪刃做平行运动的飞剪原理图
a) 四连杆机构　b) 平行四边形四连杆机构　c)~g) 滑块连杆机构　h) 双曲柄连杆机构

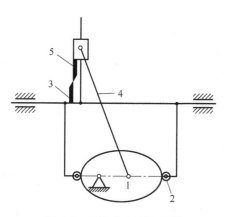

图 8-8 凸轮式飞剪原理图
1—凸轮 2—滚子 3—下剪刃
4—连杆 5—上剪刃

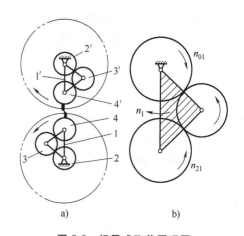

图 8-9 行星式飞剪原理图
a) 原理图 b) 简单轮系
1、1'—主导架 2、2'—太阳轮
3、3'—中间齿轮 4—行星轮

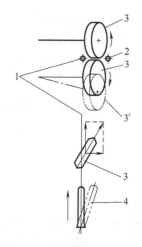

图 8-10 圆盘式飞剪原理图
1—剪切前位置 2—剪切后位置 3—圆盘飞剪 4—入口导管
3'—轧件恢复至剪切前位置,下圆盘可倾斜位置

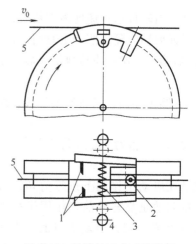

图 8-11 单轴转动式飞剪简图
1—剪刃 2—剪刃与杠杆的铰接轴 3—弹簧
4—接合辊 5—钢材

8.2 飞剪机定尺长度调整

8.2.1 飞剪机工作制度

飞剪定尺长度基本方程式是把飞剪剪切定尺长度与有关参数用数学公式表示出来,以便按照它进行定尺长度的调整。飞剪剪切定尺长度是相邻两次剪切时间内轧件所走过的距离。显然,定尺长度与轧件运行速度和相邻两次剪切间的时间有关。轧件运动速度是由送料装置

或最后一架轧机的轧辊递送速度决定的。

飞剪定尺长度的基本方程式为

$$L = \int_0^t \mathrm{d}s = \int_0^t v_0 \mathrm{d}t = \frac{\pi D_0}{60} \int_0^t n_0 \mathrm{d}t \qquad (8\text{-}1)$$

式中，v_0 是轧件运行速度（m/s）；n_0 是送料装置的转速（r/min）；D_0 是送料装置辊子的直径（mm）；t 是相邻两次剪切间的时间（s）。

此方程式还可表示为

$$L = \int_0^t \mathrm{d}s = \int_0^t v_0 \frac{D_0}{2} \mathrm{d}\varphi_0 = \frac{D_0}{2} \varphi_0 \qquad (8\text{-}2)$$

式中，φ_0 是相邻两次剪切间送料装置辊子转过的角位移（rad）。

由式（8-1）和式（8-2）知，定尺长度为相邻两次剪切间送料装置辊子的转速或角位移的函数。若轧件运行速度 v_0 为常数，则定尺长度可简单地表示为

$$L = v_0 t = \frac{\pi D_0 n_0}{60} t \qquad (8\text{-}3)$$

因此，当轧件运行速度为常数时，定尺长度仅是相邻两次剪切之间的时间 t 的函数。

为保证剪切间隔，使一定时间进行一次剪切，飞剪可采用两种工作制度。

1）启动工作制：飞剪剪切完后停止在一定位置，经过一定时间后再起动飞剪进行下一次剪切。

2）连续工作制：飞剪连续运转，用各种方法保证间隔一定的时间进行一次剪切。

8.2.2 启动工作制定尺

飞剪在启动工作制下进行剪切，每次剪切前飞剪的起动是靠轧件前端作用于行程开关或光电管（见图 8-12）自动进行的。当轧件的运行速度 v_0 为常数时，定尺长度可表示为

$$L = L_0 + v_0 t_1 \qquad (8\text{-}4)$$

式中，L_0 是从行程开关（光电管）至飞剪中心线的距离（mm）；t_1 是飞剪从起动到剪切的时间（s）。

由式（8-4）可知，定尺长度的调整与 L_0 和 t_1 有关。通常调整定尺长度不是改变 L_0，而是改变 t_1，这可用专门的时间继电器来控制，即光电管给出信号后，时间继电器按照不同的定尺要求，经过不同时间延时，再使飞剪起动进行剪切。

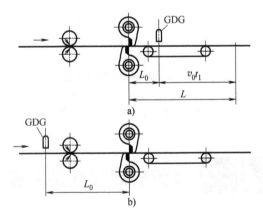

图 8-12 光电管布置简图
a) 光电管（GDG）放在飞剪后面
b) 光电管（GDG）放在飞剪前面

采用启动工作制切头时，若剪切长度小于式（8-4）中最小可能数值，则必须把光电管放置在飞剪前面，此时 L_0 为负值，式（8-4）变为

$$L = v_0 t_1 - L_0 \tag{8-5}$$

启动工作制必须是相邻两次剪切时间足够使飞剪完成起动和制动的条件下才能采用。因此，当速度高、定尺短和飞剪的 GD^2 大时，不能采用启动工作制来剪切定尺。

在相邻两次剪切时间足够使飞剪完成起动和制动的条件下，飞剪的剪刃运动一般可以简单地采用图 8-13a 所示的方案，即飞剪剪切完后停止在位置 1，剪切时由位置 1 起动至位置 2 进行剪切。

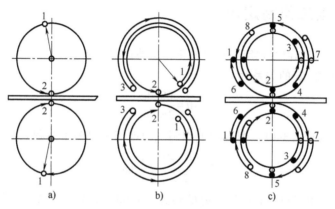

图 8-13　启动工作制下滚筒式飞剪剪刃运动线路图
a）简单情况　b）、c）复杂情况

当飞剪的 GD^2 很大，剪切速度又很高时，剪刃来不及在很短时间内加速到剪切速度或制动到停止位置。此时，剪刃的运动可采用图 8-13b 所示的方案，即飞剪起动后，剪刃由位置 1 加速到位置 2 达到剪切速度，然后在位置 2 至位置 3 的行程内进行制动，制动后再重新起动回到原始位置 1 而准备下次剪切。若此方案还不能满足要求，可采用空切机构，使加速行程和制动行程在飞剪转一转、两转或更多转的时间内进行。

图 8-13c 为 1700mm 热连轧板厂双滚筒式（转鼓式）切头飞剪剪刃运动轨迹示意图。每个滚筒上装有两把刀，一把刀用于切头，另一把刀用来切尾。飞剪起动时，切头剪刃（以"●"示之）在位置 1，切尾剪刃（以"○"示之）在位置 7。飞剪起动后切头剪刃到达位置 2，飞剪加速到剪切速度进行切头。切头后，飞剪开始减速到位置 3 才能停止下来。从工艺上要求应停在位置 7，即剪刃冷却位置，故飞剪必须从位置 3 反转到位置 7，这时切尾剪刃停到对应的位置 1。

因切尾速度比切头速度大，所以在切尾时，切尾剪刃必须从位置 1 先返回到位置 8，再加速到位置 2 才能达到剪切速度。切尾后，飞剪开始减速，飞剪到位置 3 停止下来，再反转到剪刃冷却位置 7，切头剪刃又恢复到位置 1，等待下次剪切。

上述的启动工作制是指起动电动机的。另外，还有的是电动机连续运转，依靠离合器-制动器和复位装置来实现启动工作制下的剪切。采用电动机连续运转，由离合器-制动器使剪刃执行启动工作制的飞剪比直接起动电动机的电动机功率可选择得小些，但对离合器-制动器要求较高。

为保证启动工作制飞剪的剪切精度，在设计中应注意下列问题：
1）应选择合适的传动比，以保证最快的加速过程。
2）电动机应具有硬的起动特性，以保证一定的加速时间。

3）时间继电器的延时调整必须准确。

4）飞剪的控制系统应使每次剪切后，剪刃能严格地停止在起始位置上，即剪刃的复位要准确。

随着轧制速度的提高，启动工作制的飞剪采用得越来越少了。目前，除了单独用于剪切轧件头尾和剪切长的冷床定尺，大部分飞剪都采用连续工作制剪切定尺。

8.2.3 连续工作制定尺

连续工作制的飞剪如何实现定尺长度调整，从剪切定尺基本方程式中不难导出。式（8-1）中时间 dt 与飞剪转角 $d\varphi$ 的关系为

$$dt = \frac{60}{2\pi} \frac{d\varphi}{n}$$

把此关系式代入式（8-1），则连续工作制飞剪剪切定尺基本方程式为

$$L = \frac{D_0}{2} \int_0^{2\pi k} \frac{n_0}{n} d\varphi \tag{8-6}$$

式中，φ 是飞剪的转角（rad）；n 是飞剪的转速（r/min）；k 是飞剪的空切系数，即两次剪切间飞剪的转数。

当 k 按整数变化时，飞剪每转一转剪切一次，$k=1$，每转两转剪切一次时，$k=2$。依此类推，则运动轧件被切断长度将按照基本定尺长度成倍增加。当 k 按分数变化时，即飞剪在几分之一转剪切一次，若 n_0 为常数，则定尺为

$$L = \frac{D_0 n_0}{2} \int_0^{2\pi k} \frac{d\varphi}{n} \tag{8-7}$$

若用 n_p 表示飞剪转过 $2\pi k$ 的时间内的平均转速，则式（8-7）可写成

$$L = k\pi D_0 \frac{n_0}{n_p} \tag{8-8}$$

若 n_0 和 n_p 都不变化，则飞剪定尺长度为

$$L = k\pi D_0 \frac{n_0}{n} \tag{8-9}$$

若轧件运行速度恒定，改变相邻两次剪切间的时间间隔 t，则定尺长度为

$$L = \frac{\pi D_0 n_0}{60} t \tag{8-10}$$

由上述剪切定尺长度方程式可以看出，当送料速度为常数时，调整定尺有三种基本方法：改变 k 的空切方法、改变飞剪转速 n 的调速方法及改变时间 t 的方法。

8.2.4 空切定尺

用空切的方法可以得到一定倍尺数的定尺长度。空切方法通常有两种。

（1）改变剪刃回转半径间的比值　双滚筒式就是采用这种空切的方法调整定尺长度的，如图 8-14 所示，改变滚筒半径比值有四种方案。

（2）采用空切机构使剪刃在剪切位置时相互分开　各种飞剪的空切机构原理如图8-15所示。空切机构按其构件组成可分为杆式、齿轮式和凸轮式三种。

具有一个主动杆的飞剪空切机构如图8-15a所示。当主动曲柄2的角速度 ω_1 和剪切机构的主动曲柄1的角速度 ω 为一定的比值 $\omega_1/\omega=1/2$ 时，就可得到一次空切，即 $k=2$，图中表示的是剪切位置。当从剪切位置开始，曲柄2转过半转而曲柄1转一转，杆件3处在最低位置，剪刃在剪切区相对垂直线摆开而达到空切目的（见图8-16）。

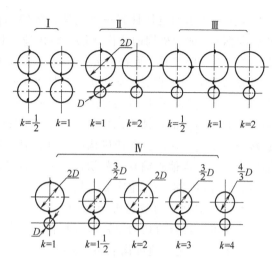

图 8-14　改变滚筒半径比值示意图

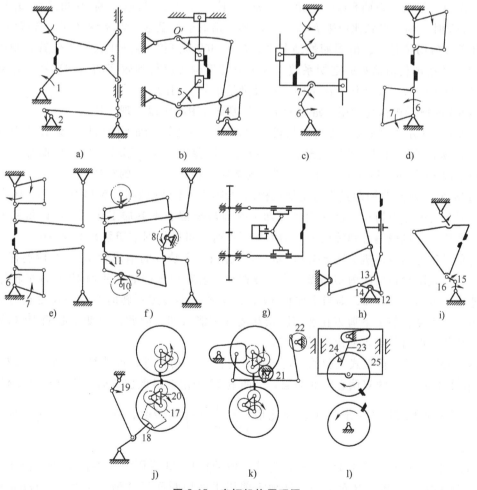

图 8-15　空切机构原理图

1、2—主动曲柄　3、9—杆件　4—空切机构曲柄　5—剪切机构曲柄　6—主动杆偏心轴　7—剪切机构主动杆　8—双偏心轴　10—偏心轴　11—剪切机构主动杆曲柄　12—内偏心套　13—外偏心套　14—主曲柄轴　15—机械偏心　16—液压偏心　17—太阳轮　18—扇形轮　19—主曲柄　20—行星轮导架　21、22—曲柄　23—杠杆　24—挡板　25—框架

图 8-15b 所示的也是具有一个主动杆的空切机构。当空切机构曲柄 4、剪切机构的曲柄 5 以一定角速度比值 $\omega_1/\omega = 1/2$，$1/3$，$1/4$ 旋转时，而得到 $k=2$，3，4 的空切系数。

具有两个主动杆的偏心空切机构如图 8-15c~e 所示。图 8-15d、e 所示的偏心空切机构与图 8-15c 所示机构的区别是：空切机构的主动杆偏心轴 6 的旋转中心和剪切机构主动杆 7 的旋转中心相同。这样，剪切机构的主动杆就不需要用万向联轴器来传动。当偏心轴 6 和剪切机构主动杆 7 以一定速比旋转时，同样可以得到一定次数空切。

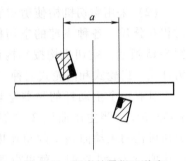

图 8-16 斯米特曼斯飞剪空切剪刃位置图

具有三个主动杆的空切机构如图 8-15f 所示。若双偏心轴 8 固定在可以进行剪切的位置时（杆件 9 的左端处在最高位置），偏心轴 10 和剪切机构主动杆曲柄 11 以一定角速度比值 $\omega_1/\omega = 1/2$，$1/3$，$1/4$ 旋转时，则得到空切系数 $k=2,3,4$。若双偏心轴 8 固定在不可进行剪切的位置时（双偏心轴相对可能剪切位置转过 180°），则空切是无限次的。若双偏心轴 8 以一定角速度 ω_2 旋转，并且 ω_2 与偏心轴 10 角速度 ω_1 的比值 $\omega_1/\omega = 1/2$ 时，则可得到比原来 $k=2,3,4$ 增加一倍的空切系数，即 $k=4,6,8$。若双偏心轴 8 停止在不可剪切位置上，但周期性地起动，旋转 360° 之后，再停止在原来位置，则可得到比 $k=2,3,4$ 增加任何倍数的空切系数。这种空切机构可以得到较多的空切次数，这对于剪切定尺长度相差大以及剪切冷床上的长定尺量是十分有利的。

图 8-15g 所示机构是利用气缸改变上下剪刃旋转中心距以实现空切。

图 8-15h 所示为 IHI 摆式飞剪空切机构原理图。当飞剪主轴上的内偏心套 12 和外偏心套 13 与主曲柄轴承以相同速度转动时，飞剪每转一转剪切一次，当改变内、外偏心套 12、13 与主曲柄轴 14 的角速度比时，可以分别得到空切系数 $k=2,4,8$ 的空切。

图 8-15i 所示是曲柄摆式飞剪空切机构的原理图。当机械偏心 15 和液压偏心 16 均不参加工作时，飞剪无空切；当机械偏心参加工作而液压偏心不参加工作时，可以得到 $k=2,4$ 的空切系数；当机械偏心和液压偏心均参加工作时，可以得到空切系数 $k=8,16$。

行星式飞剪的空切机如图 8-15j 所示。与太阳轮 17 啮合的扇形轮 18 在曲柄连杆机构的带动下，使太阳轮在两次剪切间做一次往复摆动。若空切机构的主曲柄 19 和行星轮导架 20 的角速度比值 $\omega_1/\omega = 1/2$，则当主曲柄 19 转过半转导架转过一转时，行星齿轮相对剪切位置转过一定角度，使上下剪刃在剪切区相互离开不能剪切，因此，改变主曲柄 19 和导架的角速度比值，即可得到不同次数的空切。

图 8-15k 所示的行星式飞剪的空切机构具有两个主动杆件，即曲柄 21 和曲柄 22。曲柄 22 的作用同图 8-15f 的双偏心轴 8 类似。当曲柄 22 固定在最低位置时，则空切是无限次的；当曲柄 22 和曲柄 21 以一定的角速度比值 $\left(\dfrac{1}{2}, \dfrac{1}{3}, \cdots\right)$ 旋转时，则可得到比原来的 k 值大 $2,3,\cdots$ 倍的空切系数。

凸轮式空切机构如图 8-15l 所示，连接凸轮的杠杆 23 靠固定在滚筒上的挡板 24 带动，使框架 25 和滚筒一起上升而空切。这种飞剪用于剪切断面尺寸为 $(0.25 \sim 1.0)\,\text{mm} \times 30\,\text{mm}$ 的带钢，剪切速度达 30m/s。

空切机构主动杆件和剪切机构的主动杆件间所要求的一定角速度比值，一般采用机械联系来保证。其传动比决定空切次数,不同的空切次数对应于不同的传动比。除了机械联系,也可用电气联系来保证一定的角速度比值。采用电气联系既可省去一个结构复杂的空切变速器,又可用改变空切机构主动杆件的相对位置来实现多次空切,以满足剪切冷床上的长定尺要求。

8.2.5 调整转速定尺

1. 简单调速法

所谓简单调速法,即仅改变飞剪的转速 n。这种调速法使剪刃的圆周速度在轧件运行方向上的投影只在剪切某一定尺时才能与轧件的速度一致,而剪切其他定尺时都不一致。

剪刃同轧件能保证同步性所剪切的定尺称为基本定尺。对应于剪切基本定尺时的飞剪转速称为基本转速。当 $k=1$ 时,基本定尺为

$$L_j = \pi D_0 \frac{n_0}{n_j} \tag{8-11}$$

式中,L_j 是基本定尺(mm);n_j 是基本转速(r/min)。

当 $k \neq 1$ 时,基本定尺为

$$L_{j,k} = k\pi D_0 \frac{n_0}{n_j} = kL_j \tag{8-12}$$

改变飞剪转速 n 来调整定尺时,定尺长度为

$$L = \frac{n_j}{n} L_j k = \frac{n_j}{n} L_j K \tag{8-13}$$

简单调速法一般都采用在基本转速以上调速,即 $n > n_j$,而不采用在基本转速以下调速,因为,当 $n < n_j$ 时,由于轧件的速度比剪刃的速度快,会使轧件弯曲,甚至剪切时可能产生缠刀事故。

采用增大剪刃速度进行剪切时,在轧件中会产生拉力,并由此拉力而产生对飞剪的冲击载荷,因此,其调速范围不允许过大。一般允许增大的飞剪调速范围为 $n = (1\sim2)n_j$,相应的定尺调整范围为 $L = (0.5\sim1)L_j k$。

定尺调整范围可由图 8-17 中射线 OA 和 OC 之间(Ⅰ)的线段来表示。OA 线相当于 $n = n_j$,OC 线相当于 $n = 2n_j$。从图中可以看出,当飞剪按基本转速运转时,所剪的定尺长度等于基本定尺长度乘以空切系数。当飞剪转速大于基本转速时,所剪的定尺长度 $L = (0.5\sim1)L_j k$。从图中可以看出,$k = 2$ 和 $k = 4$ 的定尺可以包括 $k = 3$ 的定尺,因此,空切系数 $k = 3$ 可以省去,这对于双滚筒式飞剪就可以省去一对滚筒直径。

采用简单调速法时,飞剪是做等速转动,飞

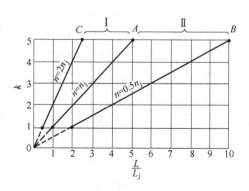

图 8-17 轧件剪切长度调整范围

剪结构简单，但由于除剪切基本定尺外，剪刃的速度和轧件的速度不一致，限制了它的应用范围。目前这种方法主要用于热轧薄板和小型型钢及线材轧机的双滚筒式飞剪。此时，轧件断面小、剪切时间短，产生的拉力不至于过大。

2. 均速机构法

所谓均速机构法，就是采用使飞剪不等速运动的均速机构来调整飞剪的转速，以达到既改变飞剪的平均转速 n_p（改变定尺），又使剪刃的速度在剪切瞬时仍和轧件的速度一致。

如图 8-18 所示，当飞剪等速转动时，其转速等于基本转速，剪切长度等于基本定尺长度。当飞剪做不等速转动时，其平均转速小于基本转速，则剪切长度大于基本定尺长度。虽然飞剪的平均转速降低了，但剪切时，飞剪的瞬时速度仍然等于基本转速。在一定的剪切周期内，改变飞剪运动的不均匀程度就改变了飞剪的平均转速，从而可以剪切不同的定尺长度。

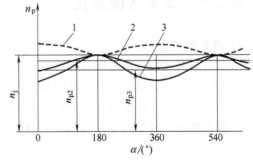

图 8-18　剪刃速度与曲柄转角的关系
1—$e=0$ 及 $n=n_j$，剪切在最小瞬时速度下进行
2、3—$e>0$ 及 $n>n_j$

平均转速的调整范围为

$$n_p = (1 \sim 0.5) n_j$$

式中，n_j 是剪切的基本转速。

对应的定尺范围是 $L = (1 \sim 2) L_j k$。

显然，用这种方法来调整定尺与简单调速法相反，定尺往长的方面调整，即对应于图 8-17 中 OA 线和 OB 线间的范围（Ⅱ）。

虽然这种方法的定尺长度也可往短的方面调整，即 $n_p > n_j$，但在剪切时将在最低速度下进行（见图 8-18 中的虚线）。然而，这样调整是不好的，在生产中不采用它。因为飞剪在剪切过程中的剪切功主要靠飞剪放出动能来保证，当剪切在最低速度下进行时，由于剪切过程放出动能而使飞剪降速，剪切完后会使飞剪加速的动负荷增加。

使飞剪做不等速运动的均速机构和剪切机构连接，其主动构件由原动机经传动装置带动做等速运动，与剪切机构连接的从动构件则做不等速运动。对均速机构的一般要求是：必须保持回转性，即从动构件应和主动构件一样，做整转的回转运动。

图 8-19 所示为各种均速机构原理图。偏心均速机构是广泛采用的一种均速机构，属于这种机构的四连杆机构（见图 8-19a）和摇杆机构，包括曲柄主动的（见图 8-19b）和摇杆主动的（见图 8-19c）两种。四连杆机构保持回转性的条件是 $a>d$，$c>d$，$b>d$；摇杆主动的摇杆机构的条件是 $c>d$。

为增大从动杆运动的不均匀性，可以采用上述三种基本型式的组合型式（图 8-19d~h），即所谓的双曲柄均速机构。双曲柄均速机构从动杆运动的不均匀程度可以靠改变偏心距进行调整。

图 8-20 所示的是图 8-19h 所示双曲柄均速机构飞剪简图。主动摇杆 3 由电动机 6 通过减速器 5 带动做等速旋转运动，从动摇杆 4 与飞剪的剪切机构连接。偏心量 e 是可以调节的，当 $e=0$ 时，飞剪做等速运动，剪切长度等于基本定尺长度。减小主动杆的转速 n，即减小从

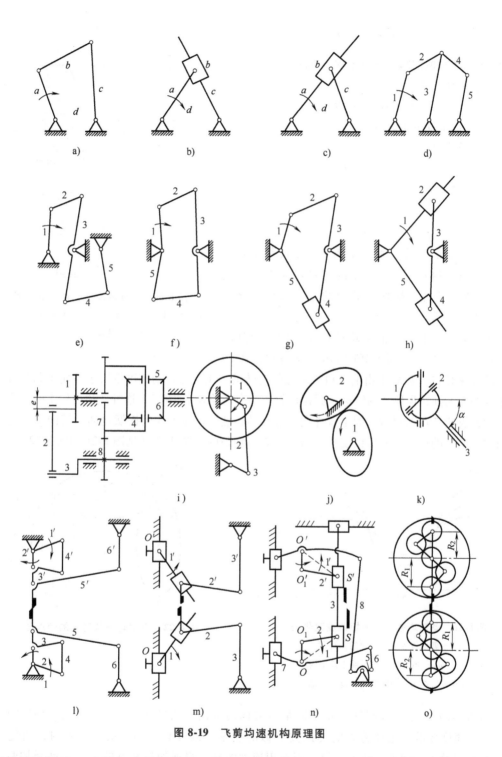

图 8-19 飞剪均速机构原理图

动杆的平均转速 n_p，而相应地调节偏心量 e 就可增加定尺长度，并使剪切瞬时剪刃水平方向的速度仍同轧件速度保持同步（见图 8-18 中曲线 2、3）。

对应于某一定尺长度的偏心量 e 可用下面的方法求出。

由于从动杆剪切瞬时的转速应为 $e=0$ 时的基本转速，故对从动杆可得

$$n_j(R-e) = n_{sh} R$$

式中，n_{sh} 是曲柄的瞬时转速；R 是曲柄半径。

对于主动杆则为

$$n(R+e) = n_{sh} R$$

式中，n_{sh} 是主动杆的转速。

由上两式可得

$$\frac{R+e}{R-e} = \frac{n_j}{n} = \frac{L}{L_j}$$

$$e = \frac{L-L_j}{L+L_j} R \tag{8-14}$$

对于一定的飞剪，曲柄 R 和基本定尺都是确定的。由式（8-14）可知，一定的定尺对应确定的偏心量 e。换句话说，根据所剪切的定尺长度，就能按式（8-14）算出偏心量。

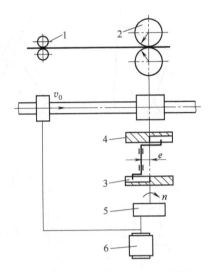

图 8-20 双曲柄均速机构飞剪简图
1—送料辊 2—飞剪 3、4—主动和从动摇杆
5—多级减速器 6—电动机

差动均速机构与双曲柄均速机构不同，但其均速原理是类似的。如图 8-19i 所示，飞剪通过差动锥齿轮 6 来传动。齿轮 1 由电动机带动做等速转动，飞剪的转动速度取决于齿轮 1 和装有行星齿轮 4 和 5 的圆柱齿轮 7 的转速。圆柱齿轮 7 经由齿轮 8、曲柄 3、连杆 2 和齿轮 1 的凸块相连接。圆柱齿轮 7 在剪刃转一周中首先向一边转动，然后由曲柄 3 的摇摆运动而转向另一边。由于圆柱齿轮 7 的运动方向可以变化，剪刃将有不均匀的旋转速度（见图 8-21 和图 8-22）。

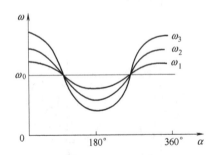

图 8-21 差动均速机构剪切速度变化图
ω_0—剪刃做等速运动时的角速度
ω_1，ω_2，ω_3—当差动机构的偏心量不同时，
飞剪剪刃做变速运动时的角速度变化曲线

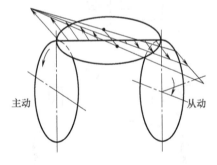

图 8-22 主动轮与从动轮的速度图

如图 8-19i 所示，当圆柱齿轮 7 向某一方向转动时，齿轮 1 和齿轮 7 的运动速度相加，反之，两速度相减。这样剪刃的转速按近似的正弦曲线变化。当 e 值等于零时，齿轮 7 不动，而剪刃做等速运动。改变 e 值，则剪刃速度波动，当剪切机轧件的定尺长度增加时，偏心量 e 值大些，并减小电动机的转速，调整速度变化的近似正弦曲线的峰值与被剪轧件运动速度相等。当剪切短轧件时，飞剪的转速增加，偏心量减小。调整转速及偏心量 e 值，与双曲柄均速机构一样，可以得到不同的定尺长度。

图 8-19j 所示是非圆齿轮的均速机构原理图。当主动轮 1 做等速转动时，由于这对齿轮为非圆形，故从动轮 2 必然做变速运动。由于再现函数的种类不同，所以使用了多种不同类型的非圆齿轮。下面以椭圆齿轮为例加以说明。

如图 8-23 所示，椭圆齿轮的节圆曲线方程为

$$R_1 = \frac{a(1-e^2)}{1+e\cos\varphi_1} \tag{8-15}$$

$$e = \frac{c}{a} = \sqrt{\frac{a^2-b_2}{a}}$$

式中，a 是椭圆齿轮的长半轴（mm）；e 是椭圆齿轮的偏心率；c 是椭圆对称中心到焦点的距离（mm）；b 是椭圆的短半轴（mm）；φ_1 是椭圆齿轮主动轴转角（rad）。

因 $R_1 + R_2 = 2a$，则

$$R_2 = \frac{1+2e\cos\varphi_1+e^2}{1+e\cos\varphi_1} \tag{8-16}$$

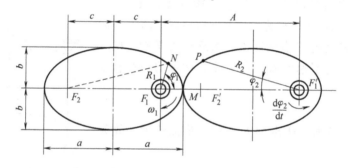

图 8-23 两个相同的椭圆齿轮共轭

其传动比函数 $i_{21} = \frac{R_1}{R_2}$，将式（8-15）、式（8-16）代入得

$$i_{21} = \frac{1-e^2}{1+2e\cos\varphi_1+e^2} \tag{8-17}$$

椭圆齿轮的位置函数可将传动比函数进行积分求得

$$\varphi_2 = \int_0^\varphi i_{21}\,\mathrm{d}\varphi_1$$

$$\tan\frac{\varphi_2}{2} = \frac{1+e}{1-e}\tan\frac{\varphi_1}{2} \tag{8-18}$$

式中，φ_2 是椭圆齿轮从动轴转角（rad）。

当主动齿轮按已知的等角速度 ω_1 旋转，则从动齿轮的瞬时角速度为 ω_2，并有

$$\omega_2 = \frac{\mathrm{d}\varphi_2}{\mathrm{d}t} = \omega_1 \frac{R_1}{R_2} = \omega_1 \frac{1-e^2}{1+2e\cos\varphi_1+e^2} \tag{8-19}$$

当 $\varphi_1 = 0$ 时，ω_2 为最小，并有

$$\omega_{2\min} = \omega_1 \frac{a-c}{a+c} \tag{8-20}$$

当 $\varphi_1 = 180°$ 时，ω_2 为最大，并有

$$\omega_{2max} = \omega_1 \frac{a+c}{a-c} \tag{8-21}$$

以 y 表示从动齿轮角速度变化系数，则

$$y = \frac{\omega_{2max}}{\omega_{2min}} = \left(\frac{a+c}{a-c}\right)^2 \tag{8-22}$$

在大多数情况下，y 取值小于 4。在一对共轭的椭圆齿轮中，每一个椭圆齿轮的齿数均为奇数。

非圆形齿轮均速机构的原理比较简单，但非圆形齿轮本身加工却比较困难。

万向铰链的均速机构如图 8-19k 所示。这种机构属于空间均速机构。主动轴 1 做等速转动，因主动轴与从动轴 3 成一交角 α，故从动轴做变速运动。改变主动轴 1 和从动轴 3 之间的夹角 α，可以改变从动轴运动的不均匀程度。只因万向铰链允许的倾角很小，故其调速范围很小。

偏心空切机构同时也可作为均速机构（见图 8-19l）。如图 8-24 所示，连杆 ECH 在剪切位置近似地做平面平行运动，故剪刃 H 的速度近 C 点的速度。由理论力学知，C 点速度等于偏心 O' 点绝对速度和 C 点相对于 O' 点的相对速度的矢量和，即

$$\bar{v}_c = \bar{v}'_{o'} + \bar{v}'_{o'c}$$

由于在剪切位置时，O' 点和 C 点均在最低位置，故矢量和等于代数和，即

$$v_c = \omega_1 e + \omega_2 R \tag{8-23}$$

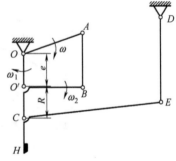

图 8-24 偏心空切机构同时作为均速机构的飞剪简图

式中，ω_1 是偏心的角速度（rad/s）；ω_2 是曲柄的相对角速度（rad/s）；e 是偏心距（mm）；R 是曲柄半径（mm）。

在图 8-24 所示的剪切位置，根据速度投影定理，曲柄的相对角速度 ω_2 等于导架的角速度 ω，故式（8-23）可写为

$$v_c = \omega_1 e + \omega R = \omega_2(R+ie) \tag{8-24}$$

$$\omega_2 = \frac{v_c}{R+ie} \tag{8-25}$$

式中，i 是偏心与导架的速比，$i = \frac{\omega_1}{\omega}$。

由式（8-25）可知，改变速比 i 可以保证 v_c 不变，即在剪刃的速度不变的条件下使飞剪的转速 n 改变，从而改变剪切定尺的长度。

本来改变速比 i 是用来改变空切次数的，但对于一定的空切次数，可以采用不同的速比，即 $i = \frac{1}{k}, 1\frac{1}{k}, 2\frac{1}{k}$。因此，对一定的空切次数，改变速比时可以相应地使转速 ω 变化（即飞剪的转速 n 变化），从而改变了剪切定尺长度，并使剪刃的速度 v_c 仍然保持不变。由于改变速比 i 具有双重作用，故偏心空切机构同时又是均速机构。

偏心空切机构虽然同时可作为均速机构，但与其他均速机构的方法不同点如下：

1) 不能得到连续变化的定尺。一般的均速机构可以得到 $L=(1\sim2)L_j$ 之间的任一定尺，即定尺是连续的。而采用偏心空切机构同时作为均速机构时则不能得到连续变化的定尺。这是因为速比不能有任意数值。对应于某一种空切次数，在整个速比的数列 $i=\frac{1}{k},1\frac{1}{k},2\frac{1}{k},\cdots,n\frac{1}{k}$ 中，只能采用前面几种速比的数值。某初轧厂的钢坯电动飞剪，对应一种空切次数，只采用两种速比的数值，即 $i=\frac{1}{k},1\frac{1}{k}$，其他速比都不采用，因为其余速比在一定结构尺寸和一定轧件断面尺寸的条件下都不能保证空切时轧件自由通过。因此，当采用 $k=2,3,4$ 三种空切系数时，就有六种速比，即 $i=\frac{1}{2},1\frac{1}{2},\frac{1}{3},1\frac{1}{3},\frac{1}{4},1\frac{1}{4}$，故对应有六种定尺长度。

2) 由式（8-25）知，改变空切系数时速比 i 发生变化，若要保证剪刃速度不变，必须使飞剪的转速 ω 相应地改变。这样，改变 k 时定尺长度不是成倍地变化。若改变 k 时要求定尺成倍地变化，则从一种 k 值变到另一种 k 值时，可使飞剪的转速 ω 保持不变，剪刃速度 v_c 就相应地发生了变化。因此，当要求定尺成倍地变化时，只能对某一个 k 值，剪刃与轧件同步，而其他 k 值就不能保持同步了。

某初轧厂的钢坯电动飞剪就是采用此种方法来调整定尺的。对同一 k 值，由于采用两种速比 $\frac{1}{k}$ 和 $1\frac{1}{k}$，故相应地有两种转速 ω' 和 ω'' 以及两种基本定尺 L_j' 和 L_j''（见表8-1）。改变空切系数时，由于要求定尺成倍地改变，转速 ω 对不同的 k 值保持不变，即剪刃速度虽然对同一种 k 值是相同的，但 k 值改变时，v_c 则是变化的。

表 8-1 钢坯电动飞剪 L_j、k、i、v_c 的关系

	k			
	1	2	3	4
ω	v_c			
	v_{c1}	v_{c2}	v_{c2}	v_{c4}
	i			
ω'	$\frac{1}{k}$	$2L_j'$	$3L_j'$	$4L_j'$
ω''	$1\frac{1}{k}$	$2L_j''$	$3L_j''$	$4L_j''$

上述各种机械均速机构虽然能够达到均速目的，但都存在共同的缺点，即由于不均匀运动引起很大的动载荷。因此，采用均速机构自然增大了电动机功率，增大了飞剪的惯性力矩及零件强度，使飞剪结构庞大，严重地限制了飞剪剪切速度的提高。此外，要将轧件前端剪切成一定长度也很困难，故要求飞剪能很快地加速和减速。

除了机构均速，还有一种电气均速的办法。电气均速法同样以比飞剪基本转速低的平均转速，达到调节飞剪剪切定尺长度的目的。这就是具有程序控制的快速切运动的飞剪，即飞剪的主传动电动机按照给定的程序转动，保证剪刃在剪切时与轧件的运动同步，在非剪切区外，剪刃速度变慢，获得规定的剪切定尺长度。

3. 径向均速法

所谓径向均速法，是通过改变剪刃的回转半径，在飞剪等速运动的条件下改变飞剪转速 n，从而改变剪切定尺长度，并能保证剪刃和轧件同步。

如图 8-25 所示，剪刃的回转半径可以在 R_{max} 和 R_{min} 之间调节，当要求减小定尺长度时，飞剪的转速 n 增大，回转半径 R 减小，就可使剪刃的速度 $v_x = R\omega$ 保持不变，并仍然做等速运动。因此，这种方法既集中了上述两种方法的优点，又克服了它们的缺点，是一种比较理想的方法。

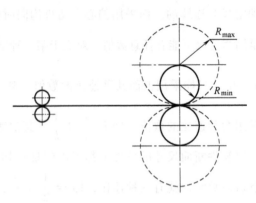

图 8-25 径向均速机构简图

采用这种方法调整定尺时，所有的定尺长度实际上都是基本定尺长度。但为分析方便，可以认为 $R = R_{max}$ 时的转速为基本转速，则得

$$n_j = \frac{60v}{2\pi R_{max}} \tag{8-26}$$

式中，v 是剪刃的圆周速度（m/s）。

或 $R = (0.5 \sim 1) R_{max}$，则 $n = (1 \sim 2) n_j$，故对应的定尺调节范围为

$$L = (1 \sim 0.5) L_j k$$

图 8-19m 就是改变剪刃回转半径的滑块式径向均速机构的原理图。滑块可沿曲柄 1 的径向移动，当改变回转半径时，同时相应地改变了曲柄回转中 O 和 O' 间的距离。

图 8-19n 是偏心式径向均速机构的原理图。改变偏心轴 OO_1 和曲柄 O_1S 间的相对位置，就可改变回转半径 OS 的大小。若偏心轴 OO_1 与曲柄 OS 间的夹角为 α（见图 8-26b），回转半径 OS 的大小为

$$R = \sqrt{r^2 - e^2 \sin^2 \alpha} + e\cos\alpha \tag{8-27}$$

式中，e 是偏心距（mm）；r 是曲柄半径（mm）。

当 $\alpha = 0$ 时，R 达到最大值（见图 8-26a），即

$$R = R_{max} = r + e$$

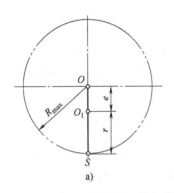 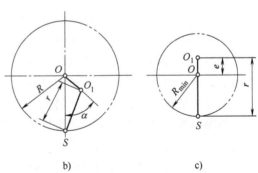

图 8-26 偏心轴与曲柄不同相互位置时剪刃的回转半径

a) $\alpha = 0$ b) $\alpha \neq 0$ c) $\alpha = 180°$

当 $\alpha = 180°$ 时，R 为最小值（见图 8-26c），即
$$R = R_{max} = r - e$$

图 8-27 所示为具有径向均速机构的曲柄式飞剪。当曲柄 2 不转动时，旋转偏心套 4 就可改变偏心轴与曲柄的相对位置（即改变 α），从而改变回转半径的大小。当回转半径调整完后，飞剪工作时，偏心套 4 和由万向联轴器传动的曲柄 2 必须以相同的角速度旋转，才能保证偏心轴和曲柄间的相互位置不改变，即图 8-19n 中偏心轴 OO_1 和曲柄 O_1S 可看作是刚体绕固定中心旋转。与滑块式径向均速机构相同，当改变回转半径时，必须相应地调整中心距。转动带左、右旋螺纹的螺杆 6 时，就可改变上下回转中心距离。

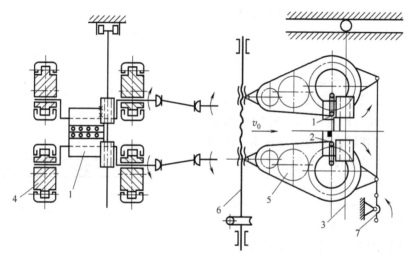

图 8-27　具有径向均速机构的曲柄式飞剪
1—剪刃　2—曲柄　3—导杆　4—偏心套　5—刀架　6—螺杆　7—双曲柄轴

行星式飞剪径向均速方法如图 8-19o 所示，在行星轮架上装置两对外行星轮，由于两对外行星轮中心、半径不同（分别为 R_1 和 R_2），故两对剪刃的速度也不同。每对剪刃对应一种剪切定尺，当改变剪切定尺时，必须使太阳轮转过 180°。此时，另一对剪刃就相对了，而原来相对着的剪刃就相离了。

对于此种径向均速的方法，当改变剪切定尺时，不需要调整中心距，因为虽然行星轮中心至太阳轮中心的半径是不同的，但剪刃至太阳轮中心的半径是相同的。

这种均速方法不能得到连续变化的定尺，两对行星轮只能得到两种定尺长度。

8.3　飞剪机的设计计算

8.3.1　基本参数的选择

当确定了飞剪的型式和定尺调整方法之后，为了结构的设计，必须选择飞剪的主要运动学参数。这些参数包括飞剪的基本转速、剪刃圆周速度、剪刃的回转半径、剪刃重叠量、剪

刃回转中心距、剪刃侧向间隙及其调整范围、剪切角等。

1. 确定剪刃的基本转速

剪刃的基本转速是剪切基本定尺长度的转速，它由基本定尺长度决定，即

$$n_j = \frac{60v_0}{aL_j} \tag{8-28}$$

式中，v_0 是轧件的运动速度（m/s）；L_j 是基本定尺长度（mm）；a 是金属冷却后收缩系数，热状态剪切时 $a = 1.015$，冷剪时 $a = 1$。

2. 确定剪刃的圆周速度

在基本转速下工作的剪刃圆周速度选取原则可采用剪刃在轧件运动方向的分速度 v_x 略大于轧件运动速度，则

$$v_x = (1.0 \sim 1.03)v_0 \tag{8-29}$$

3. 确定剪刃的回转半径

剪刃的回转半径 R 的选择，使得飞剪在基本转速运转时，剪刃的速度与轧件的速度同步。为保证整个剪切区内剪刃速度在水平方向投影都不小于轧件的速度，必须满足条件（见图 8-28）：

$$v\cos\varphi_1 = v_0 \tag{8-30}$$

式中，φ_1 是剪刃开始剪切角（rad）。

当剪刃做正圆周运动时，其速度为

$$v = R\omega_j = \frac{2\pi R n_j}{60} \tag{8-31}$$

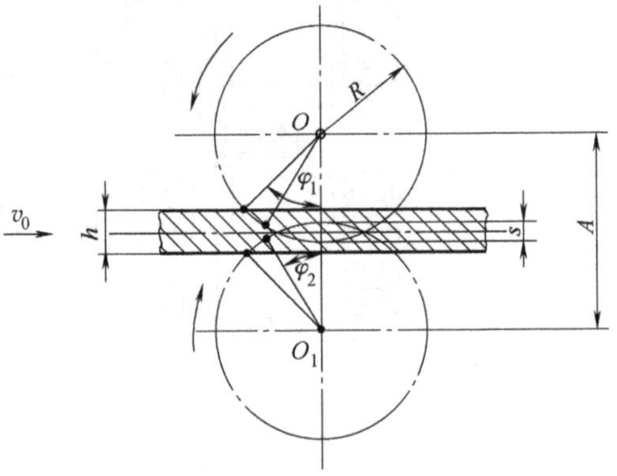

图 8-28 飞剪的剪切过程

将式（8-28）代入式（8-31），得

$$v = \frac{2\pi R v_0}{aL_j} \tag{8-32}$$

由图 8-28 知

$$\cos\varphi_1 = \frac{A-h}{2R} = 1 - \frac{h+s}{2R} \tag{8-33}$$

式中，A 是上下剪刃回转中心矩（mm）；h 是被剪切轧件的厚度（mm）；s 是剪刃重叠量（mm）。

将式（8-33）、式（8-32）代入式（8-30），则得

$$R = \frac{aL_j}{2\pi} + \frac{h+s}{2} \tag{8-34}$$

若按式（8-34）计算得出的回转半径 R 的数值很大，为使飞剪的结构尺寸减小，基本定尺可以不在 $k=1$ 时剪切，而采用空切来剪切基本定尺，此时基本转速和回转半径计算公式如下：

$$n_j = \frac{60v_0 k}{aL_j} \tag{8-35}$$

$$R = \frac{aL_j}{2\pi k} + \frac{h+s}{2} \qquad (8\text{-}36)$$

反之，若按式（8-34）计算得到的 R 值太小，不能满足飞剪结构的强度要求，对双滚筒式飞剪，可以把 R 增大，在滚筒上安装两对剪刃，此时相当于 $k = \frac{1}{2}$。

从式（8-36）可以看出，轧件厚度 h 不同时，回转半径 R 也不同，为保证剪切所有轧件时剪刃水平方向的速度都不小于轧件的运动速度，应按最大轧件厚度来计算 R 值。

当剪刃的运动轨迹为非正圆时，R 的计算就复杂得多，这需要根据飞剪的剪切机构特点进行具体分析计算。

4. 确定剪刃重叠量及剪刃回转中心距

为了使轧件顺利地剪断，要正确地选择剪刃重叠量。若选得过大，对剪刃做非平行运动型时机构可能造成打刀事故。一般平行刃飞剪重叠量可取 $1 \sim 12$mm。当剪切 $0.18 \sim 0.35$mm 的薄板时，剪刃重叠量在 $0.05 \sim 0.2$mm 范围内。实际生产中，剪刃重叠量也有取负值的。

在剪切钢板时，为减小剪切力，剪刃有时做成斜刃的。在滚筒式飞剪上采用人字圆弧形剪刃则更好。例如：1700mm 热连轧机组的切头切尾飞剪的剪刃倾斜度为 $1:52$；斯米特曼斯飞剪上下剪刃都是斜刃的，每边倾斜度为 $1:140$。对于斜刃剪的剪刃重叠量应满足不等式：

$$s > nB\tan\alpha \qquad (8\text{-}37)$$

式中，B 是被切轧件的宽度；n 是倾斜剪刃的个数；α 是剪刃倾斜角。

剪刃倾斜角不宜过大，否则会破坏轧件平直度，影响剪切质量。

剪刃回转中心距 A 与剪刃在剪切时回转半径及剪刃重叠量有关。

$$A = (R_1 + R_2) - s \qquad (8\text{-}38)$$

当 $R_1 = R_2$ 时，则

$$A = 2R - s \qquad (8\text{-}39)$$

5. 确定剪刃侧向间隙及其调整范围

剪刃间隙大小直接影响到剪切力的大小与剪切质量的好坏，剪刃间隙过大，则不能剪断轧件。由于被剪轧件断面厚度不同，要求剪刃间隙也不同，对于剪刃做非平面平行运动的飞剪，在剪切过程中剪刃间隙是变化的。这可根据作图法确定其变化范围，设计时必须保证其最小值，否则将造成顶刀与卡刀事故。在剪切厚轧件时应尽量保持在剪切区内剪刃间隙不变。

在剪切薄板时，剪刃间隙一般可在 $\Delta = (0.03 \sim 0.05)h$ 间选取。某工厂的数据是：当轧件厚度为 $1 \sim 2$mm、$2 \sim 5$mm、$5 \sim 8$mm 时，剪刃间隙分别为 0.05mm、0.15mm、0.25mm。当剪切 $0.18 \sim 0.35$mm 薄板时，剪刃在滚筒空切时相互稍有接触为宜（现场称"碰响"）。有的剪刃间隙只有 0.01mm。

由于剪刃间隙同被剪轧件厚度等因素有关，故剪刃间隙应有一定范围，并在结构上考虑间隙调整的方便。

6. 确定剪切角

当剪刃轨迹形成后，便可以根据作图法求得剪切时的剪切角。

当剪刃运动轨迹为两个相等正圆时（见图 8-28），剪切开始瞬时剪刃的角度 φ_1 满足：

$$\cos\varphi_1 = \frac{A-h}{2R} \tag{8-40}$$

将式（8-39）代入式（8-40），得

$$\cos\varphi_1 = 1 - \frac{h+2}{2R} \tag{8-41}$$

剪切终了瞬时的角度 φ_2 满足

$$\cos\varphi_2 = 1 - \frac{(1-\varepsilon_d)h+s}{2R} \tag{8-42}$$

式中，ε_d 是剪断轧件时相对切入深度（mm）。

对于四连杆剪切机构的飞剪（见图 8-29）剪切开始瞬时角度 φ_1 满足：

$$\cos\varphi_1 = \frac{R-b}{R} = \frac{R-\frac{2c+h+s}{2}}{R} = 1 - \frac{2c+h+s}{2R} \tag{8-43}$$

式中，R 是曲柄半径（mm）；b 是剪切轧件宽度（mm）；h 是剪切轧件的厚度（mm）；s 是剪切终了时，轧件边缘处剪刃的重叠量（mm）；c 是剪切开始瞬时，剪刃相对轧件的距离（mm）。

剪切终了瞬时角度 φ_2 可根据式（8-42）计算。

对于圆盘飞剪，由于圆盘剪刃曲线与轧制线安装成一定角度，在剪切圆钢时，轧件以椭圆截面与圆盘剪刃相切，用计算法比较复杂，常用作图法或近似计算，将轧件的椭圆截面视作以 r_0 为半径的圆截面（见图 8-30）。这样圆盘飞剪开始剪切角 φ_1 满足

$$\cos\varphi_1 = \frac{R-\frac{s}{2}}{R+r_0} \tag{8-44}$$

式中，s 是剪刃的重叠量（mm）；r_0 是轧件截面半径（mm）。

剪切开始角 φ_1 对剪切力矩、剪切质量和剪刃的寿命都有影响，选择不宜过大。

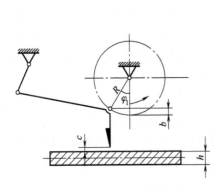

图 8-29 四连杆飞剪的剪切角

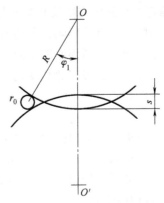

图 8-30 圆盘式飞剪的剪切角

8.3.2 剪切力计算

飞剪是轧件在运动中进行剪切的，故剪刃的运动除在竖直方向运动外，尚有水平方向的

运动。飞剪在竖直方向的运动和一般剪切机一样,是为完成剪断轧件的任务。故该剪切力可近似按剪刃形状不同,按第 7 章中平行刃剪或斜刃剪剪切力的计算方法进行计算。

现代飞剪的剪切速度不断提高,故在剪切时所产生的冲击力是很大的,剪切力计算中必须考虑剪切冲击力。武汉科技大学刘海昌等人在大量实例、分析计算的基础上,提出一个简单计算公式:

$$P = K_1 K_2 0.6 A R_m \frac{h^2}{\tan\alpha} \tag{8-45}$$

式中,K_1 是考虑诺萨里斜刃剪剪切力计算公式中的第二项、第三项即刀钝系数,$K_1 = 1.8 \sim 2.1$;K_2 是动载系数;$v<1\text{m/s}$ 时,$K_2 = 1.65 \sim 1.85$;$v>1\text{m/s}$ 时,$K_2 = 1.85 \sim 2.80$,v 是剪切水平速度;A 是被剪切轧件材料伸长率(%);R_m 是被剪切轧件材料的强度极限(MPa);h 是被剪切板带的厚度(mm);α 是刀片倾角(°)。

飞剪在剪切过程中除了克服剪切变形所需的剪切力,在水平方向尚有侧压力、拉力和动载荷。

关于侧压力 T 目前研究较少。对于一般剪切机,在第 7 章中给出了参考数据。对于飞剪来说,侧压力 T 主要与剪切的同步性有关。图 8-31 所示为在钢坯电动飞剪 $T=f(t)$ 实测曲线,t 为剪切时间(单位为 s)。根据实测数据,最大侧压力为最大剪切力的 17%~34%。

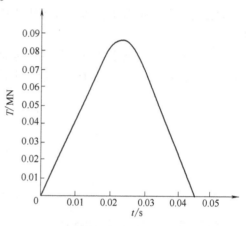

图 8-31 钢坯电动飞剪 $T=f(t)$ 实测曲线

飞剪剪刃在水平方向上运动若严格和轧件同步,则剪刃在水平方向是不受力的。然而,这是很难保证的,特别是飞剪没有均速机构而采用简单调速法来调整定尺时,轧件中会产生很大的拉力。准确计算此水平拉力,对考虑轧件产生拉应力是否超过该剪切温度下的弹性极限,以及准确计算飞剪的结构强度和电动机功率都是非常必要的。

要计算水平拉力,首先要求出轧件截面内产生的拉应力 σ,要计算拉应力 σ,只要求出其拉伸变形 ΔL 就很容易了。

当剪刃的运动轨迹为正圆时,在剪切时间内,剪刃在水平方向的位移(见图 8-28)为

$$\Delta L_1 = R(\sin d\varphi_1 - \sin d\varphi_2) \tag{8-46}$$

φ_1、φ_2 可按式(8-41)、式(8-42)计算。

轧件在剪切时间内的位移为

$$\Delta L_0 = v_0 t \frac{(\varphi_1 - \varphi_2)R}{v} \tag{8-47}$$

剪切终了轧件伸长量为

$$\Delta L = \Delta L_1 - \Delta L_0$$

根据胡克定律,有

$$\sigma = \varepsilon E = \frac{\Delta L}{L} E \tag{8-48}$$

式（8-48）中 E 为该剪切温度下轧件的弹性模量，当剪切温度为 800℃ 时，$E = 45000 \sim 55000\text{N}/\text{mm}^2$。

水平拉力为

$$Q = F\sigma = \frac{\Delta L}{L} EF \tag{8-49}$$

式中，F 是轧件横截面积（mm^2）；L 是剪切终了时，飞剪与送料装置间的轧件长度（mm）。

事实上计算出的拉力比实际拉力要大，这是因为：①式（8-42）中 ε_d 是采用一般剪切机的试验数值，但对飞剪来说，由于拉力和剪切力的联合作用，切断要更早些，即 ε_d 减小，φ_2 增大，ΔL 减小，水平拉力 Q 自然减小；②剪切时由于载荷增加，系统放出能量，飞剪速度下降，这就使 ΔL 比按不变时所计算的值要小些。

值得提出的是，对于剪切小截面轧件或薄板的双滚筒式飞剪，一般采用式（8-49）计算水平力是合适的，但对于剪切大截面轧件其他结构型式的飞剪，水平力计算要进行具体分析研究。

此外，在水平方向上还有使轧件加速而产生的动载荷 u。当轧件速度由 v_0 增加到剪刃速度 v 时，轧件被加速的时间以 t_n 表示，则根据动量与冲量的关系可得

$$u = m \frac{v - v_0}{t_n} = \frac{G}{g} \frac{v - v_0}{t_0} \tag{8-50}$$

$$t_0 \approx \frac{15\varphi_0}{\pi n} \tag{8-51}$$

$$\varphi_0 = \arccos \frac{v_0}{v} \tag{8-52}$$

将式（8-51）代入式（8-50）得

$$u = \frac{\pi G n (v - v_0)}{15 \varphi_0 g} \tag{8-53}$$

式中，G 是被加速轧件的质量（kg）；g 是重力加速度（m/s^2）；n 是飞剪的转速（r/min）。

在水平方向的总力为各水平力的代数和，即

$$P_2 = T + Q + u \tag{8-54}$$

应当指出，由于水平力作用在上下剪刃的方向不同，所以上下剪刃所承受的水平合力数值不同，因此应分别求之。

8.3.3　电力功率计算

1. 电力功率计算的任务和要求

根据飞剪的结构和操作条件不同，飞剪的电动机采用启动工作制或连续工作制。由于工作制度的不同，确定电动机功率的准则也不同。在启动工作制的情况下，电动机的功率是由飞剪的加速条件来确定；在连续工作制的情况下，电动机的功率由剪切轧件总能量消耗确定。此外，由于飞剪结构中采用均速机构，致使在剪切过程中，剪切机构做变速运动引起飞轮力矩的变化，故在飞剪的电力传动计算中，除选择电动机的功率外，还要确定飞剪的总飞轮力矩值。

在电力传动计算中应满足如下要求:
1) 保证飞剪的单个循环严格不变的延续时间,此循环与规定的轧件剪切长度相适应。
2) 保证飞剪在负载最大的工作条件下,电动机的发热正常。
3) 防止电动机在轧件剪切瞬时短期过载。

因此,选择电动机功率,确定飞剪的总飞轮力矩,校验电动机的发热与过载便是飞剪电力传动计算的任务。

在确定电动机功率时主要根据飞剪的静力矩 M_j 值计算,静力矩与转角的关系由图 8-32 所示的曲线形式给出,即

$$M_j = f(\varphi)$$

在飞剪换算飞轮质量变化的情况下,尚需给出飞剪换算飞轮质量 GD^2 与转角 φ 的关系曲线,如图 8-33 所示。

$$GD^2 = f(\varphi)$$

通常以电动机特性曲线形式给出飞剪电动机力矩 M_d 与转速 n 的关系曲线(见图 8-34)。

$$M_d = f(n)$$

当校验电动机功率与飞剪的飞轮力矩时,首先进行电力传动的动力计算,画出如图 8-35、图 8-36 所示的曲线。在此基础上校验电动机的发热及工作时间。

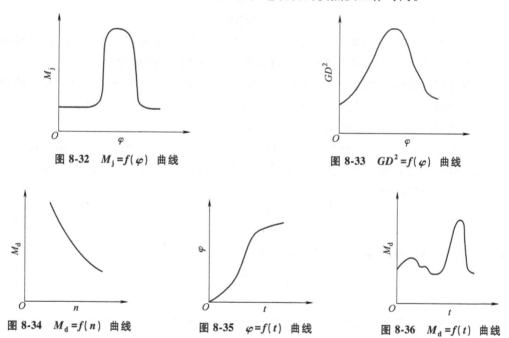

图 8-32 $M_j = f(\varphi)$ 曲线　　　　　图 8-33 $GD^2 = f(\varphi)$ 曲线

图 8-34 $M_d = f(n)$ 曲线　　图 8-35 $\varphi = f(t)$ 曲线　　图 8-36 $M_d = f(t)$ 曲线

2. 启动工作制下飞剪的电力功率计算

在启动工作制下的飞剪电动机功率仅由飞剪运动质量的加速条件确定,因为通常飞剪的加速时间很短。根据飞剪的结构与工作条件不同,加速需在 0.1~5s 范围内完成。在指定的时间间隔内,加速飞剪所必需的电动机在加速时间内的平均力矩,即

$$M_p = \frac{GD^2 n}{375t} \tag{8-55}$$

式中，M_p 是在加速时间内电动机的平均力矩（N·m）；GD^2 是换算到电动机轴上的飞剪传动装置的飞轮力矩（N·m²）；n 是电动机的转速（r/min）；t 是加速时间（s）。

式（8-55）中忽略了飞剪的空转力矩，工作在滚动轴承上的飞剪，其摩擦力矩较小。

飞剪电动机的功率预先这样选择：使电动机的额定力矩等于在规定的时间间隔内加速到这种飞剪的最大转速所必需的平均力矩，求出电动机的额定功率为

$$N_H = \frac{M_p n_H}{9750} \tag{8-56}$$

式中，N_H 是电动机的额定功率（kW）；n_H 是电动机的额定转速（r/min）。

对这样选取的电动机作出起动特性曲线，按照它们来验算飞剪的加速时间，同时按照均方力矩校核电动机的发热。

3. 连续工作制下飞剪的电力功率计算

连续工作制下的飞剪传动部分大多数装有飞轮，其目的是防止减速机与电动机承受冲击负荷。在此情况下通常用具有硬特性曲线的直流电动机驱动，借助专门的同步方法可以保证恒定的轧件剪切长度。

带飞轮工作的飞剪电动机预选功率可按照剪切功的秒耗量确定，即

$$N = \xi \frac{A}{1020 t} \tag{8-57}$$

式中，N 是电动机的功率（kW）；A 是总剪切功（N·m）；t 是相邻两次剪切间的时间间隔（s）；ξ 是修正系数，考虑在飞剪机构中消耗在轴承上的摩擦等附加功。

对于传动装置结构简单的飞剪，系数 ξ 可取 5。在飞剪中具有主电动机带动复杂的减速机与一些辅助机械时，电动机的功率通常超过剪切功平均秒耗量的 15~20 倍。这在具有专门机构来形成剪刃不均匀运动的飞剪上更为适用。

在飞剪上剪切的持续性与整个循环的时间相比不大，因此，当预先计算飞剪的传动装置时，忽略在剪切期间电动机的工作，在轧件进行剪切时仅仅由飞轮放出的能量来确定 GD^2 的数值。飞剪的剪切功为

$$A = \frac{GD^2}{720}(n_1^2 - n_2^2) \tag{8-58}$$

按照方程式（8-58）可以预选飞剪的飞轮力矩为

$$GD^2 = \frac{720}{n_1^2 - n_2^2} \tag{8-59}$$

式中，GD^2 是电动机轴上的飞剪总飞轮力矩（N·m²）；A 是飞剪的总剪切功（N·m）；n_1、n_2 分别是剪切开始与终了时，电动机的转速（r/min）。

若近似认为开始剪切时转速 n_1 等于电动机的理想空载转速，则 n_2 可以近似地表示为电动机允许的转差率，即

$$s \approx \frac{n_1 - n_2}{n_1} \tag{8-60}$$

式中，s 是电动机的转差率。

电动机的力矩取决于传动装置工作的每一瞬间的转差率值，即

$$M = \frac{M_H}{s_H} s \tag{8-61}$$

式中，M_H 是电动机的额定力矩；s_H 是电动机的额定转差率。

在电动机的特性曲线图上，转差率的值以特性曲线倾角的正切表示。

如果在剪切终了时的转速 n_2 通过剪切终了的许用转差率 s 来表示，则式（8-59）可变为

$$GD^2 = \frac{720A}{n_1^2(2s-s^2)} \tag{8-62}$$

按照此方程式求出传动装置的总飞轮力矩，而且在剪切终了时电动机的转速不应低于按转差率确定的转速。用此飞轮力矩时，在剪切期间电动机的负荷不超过允许值［式（8-61）］。

在飞剪机构的飞轮力矩不是恒定的情况下，传动装置的总飞轮力矩值应选得比按式（8-62）算出的高一些。这对防止减速机和电动机承受当改变飞剪机构的飞轮力矩对此产生的动负荷是必要的。

在具有形成剪刃不均匀运动机构的飞剪中，取得的传动装置的飞轮力矩值比按照式（8-62）算出的值大 20~25 倍。

总剪切功 A 由五部分组成，即

$$A = A_1 + A_2 + A_3 + A_4 + A_5 \tag{8-63}$$

A_1 为剪切轧件所需的剪切功。可按平行刃剪或斜刃剪有关公式计算。

A_2 为剪切过程中水平方向拉力所做的功。假设剪切过程中拉力不变，其水平方向拉力所做的功为

$$A_2 = QR \frac{\pi(\varphi_1 - \varphi_2)}{180} \tag{8-64}$$

式中，Q 是剪刃在水平方向上所受的拉力，可按式（8-49）计算；R 是剪刃回转半径；φ_1、φ_2 是飞剪剪刃在剪切开始和终了的位角。

A_3 为剪切时剪刃与轧件的摩擦功。

$$A_3 = P_2 \mu \varepsilon_d h \tag{8-65}$$

式中，μ 是轧件与剪刃的摩擦系数，可取 $\mu = 0.6$；ε_d 是被剪切轧件断裂时的相对切入深度；P_2 是剪刃在水平方向上的总拉力，可按式（8-54）计算。

A_4 为剪切时滚动轴承中的摩擦功。

$$A_4 = 2P_p \mu_1 \frac{1}{2}(d_1 + d_2) \frac{1}{2}(\varphi_1 - \varphi_2) = 0.5 P_p \mu_1 (d_1 + d_1)(\varphi_1 - \varphi_2) \tag{8-66}$$

式中，P_p 是平均剪切力；μ_1 是滚动轴承摩擦系数；d_1、d_2 是滚动轴承内、外径。

A_5 为剪切时加速轧件所需的功，有

$$A_5 = \frac{1}{2} m (v^2 - v_0^2) \tag{8-67}$$

式中，m 是轧件的质量；v、v_0 分别是剪刃与轧件的速度。

预选好电动机功率和飞轮力矩之后，应进行下列校验：

1）校核所选择电动机的传动特性能否保证剪切周期一定，即校验飞剪能否在下一次剪

切之前恢复到所要求的速度,以保证相邻两次剪切间飞剪的平均转速 n_p 不变,即定尺长度不变。

2) 校验剪切头部时,飞剪能否在规定的时间内(即轧件从走出轧机到开始切头的时间内)加速或减速到所要求的位置,以保证切去一定的切头长度。

3) 校验在整个剪切循环中(即一根轧件总的剪切周期)电动机是否满足发热和短期过载的条件。

8.4 飞剪机的结构

8.4.1 切头飞剪机

轧件经过轧制以后,由于变形不均匀,对于板材使轧件头部和尾部出现"舌形"和"燕尾形",对于型材和线材将出现劈头、弯头等不规则形状。为了防止卡钢事故及保证成品有良好的头部和尾部,故在精轧之前必须把轧件的头尾切去。

目前,广泛使用的切头飞剪有圆盘式、曲柄式和滚筒式三种。圆盘式是用于小型型材和线材的切头;曲柄式和滚筒式主要用于热连轧板的切头切尾。圆盘式和曲柄式切头飞剪可参阅文献。这里仅对武钢 1700mm 热连轧板厂的滚筒式切头飞剪简介如下。

1. 技术性能

滚筒式切头飞剪的技术性能如下:

剪切带钢规格:40mm×1570mm。

剪切温度:普通碳素钢为 900℃,低合金钢($R_m \leqslant 650MPa$)为 970℃。

剪刃长度:1700mm。

剪刃弧形半径:19329.4mm。

剪刃重叠量:3mm。

剪刃间隙:0.76~1.26mm。

剪切速度:切头 100m/min,切尾 180m/min。

转鼓中心距:970mm。

传动装置传动比:12.254。

电动机:$N=280$(560)kW,$n=360(270)r/min$,共 2 台。

2. 结构及特点

滚筒式切头飞剪也称为转鼓式切头飞剪,由电动机经减速器传动两转鼓旋转。图 8-37 为该飞剪本体的结构图。两片机架 1 为闭式空心钢板焊接结构,上下转鼓 3、4(锻钢件)各装一对剪刃 2,切头切尾剪刃是分开布置的,而上下转鼓却组装在同一轴承座 5(铸钢件)中。换剪刃时,上下转鼓同轴承座整体由液压缸从机架中抽出,经液压横移小车移开机架中心线,同时新转鼓即与飞剪中心线对正,再由液压缸将其推入飞剪机架内,在轧线外更换剪刃,可大大增加轧制线工作时间。

转鼓与转鼓轴承移出轧线的操作,首先需将锁紧楔 6 打开,然后将轴承座轴向压紧装置 7(卡板)打开,两者皆由液压缸 8 操作,借此实现快速更换剪刃。

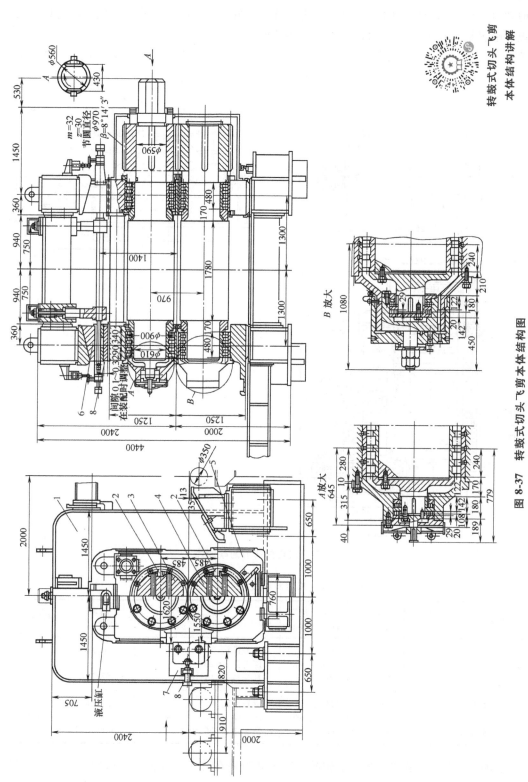

图 8-37 转鼓式切头飞剪本体结构图

1—机架　2—剪刃　3、4—转鼓　5—轴承座　6—锁紧楔　7—压紧装置　8—液压缸剪切时，机架承受较大的倾翻力矩，故用横梁与精轧机组第一架轧机做成刚性连接。飞剪前设有喂料辊，其辊径为380mm，辊身长1480mm。

传动飞剪的减速器（见图8-38）为二级减速器，总传动比为12.254。其传动参数见表8-2。

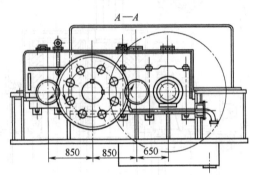

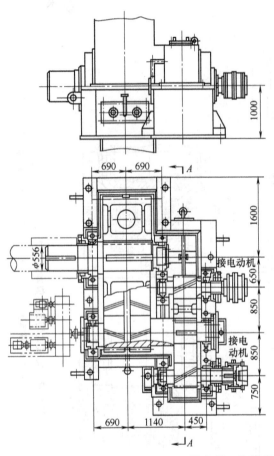

图8-38 转鼓式切头飞剪的减速器

表8-2 减速器的传动参数

位置		模数/mm	齿数	节圆直径/mm	齿宽/mm	齿形	转速/r·min^{-1}	传动比
第一级	电动机小齿轮	20	19	393.902	500	单斜齿轮 压力角 $\alpha=20°$ 螺旋角 $\beta=15°16'04''$	360/720	$i_1=3.316$
	大齿轮		63	1306.098			108.57/217.14	
第二级	小齿轮	25	23	638.889	980	双斜齿轮 压力角 $\alpha=20°$ 螺旋角 $\beta=25°50'31''$	108.57/217.14	$i_2=3.696$
	大齿轮		85	2361.111			29.378/58.756	

剪刃侧间隙调整：沿轴向调整下转鼓，则下转鼓便在传动分配齿轮上做轴向滑动，从而改变剪刃侧间隙。调整螺母上有20个孔，螺距为5mm，每转一孔，下转鼓前进0.25mm，下转鼓最大横移量为±10mm时，剪刃间隙调整量为±1.4mm。切头剪刃重叠量、切尾剪刃间隙和

剪刃重叠量的调整是采用加减垫片的方法来实现的。由上述可知，该切头飞剪的特点如下：

1) 结构为转鼓双切式。转鼓上各装两组剪刃，一组剪刃用来切头，另一组剪刃用来切尾和分切。上下转鼓轴承箱为一整体结构，剪切时的剪切力和冲击力由轴承箱承受。

2) 机架与减速箱均为钢板焊接结构，重量轻、便于制造。

3) 剪刃为圆弧形，减小了剪切力，改善了咬入条件。

4) 上下转鼓传动采用加大齿宽的斜齿圆柱齿轮，以消除齿隙影响，而不采用副齿轮消除齿间隙办法，使结构简单。

5) 更换剪刃采用液压滑块和横移小车式方法，上下剪刃同时更换，简便、迅速。

6) 剪切时机架受一定的倾翻力矩，故将飞剪机架与精轧机架相接，以增加飞剪机架的稳定性。

8.4.2 IHI 摆式飞剪机

1. 概述

IHI 摆式飞剪是日本某公司设计制造的，我国某厂 1700mm 热连轧板厂横切机组的飞剪是属于 IHI-R636-R1-L 型，如图 8-39 所示。该飞剪包括飞剪本体、送料矫直机、传动系统、液压系统、气动系统、电气系统及润滑系统等。

飞剪本体包括剪切机构、空切机构、均速机构及剪刃间隙调整机构。送料矫直机为 13 辊，在入口侧和出口侧分别装有一对夹送辊。

传动系统包括飞剪主轴、均速机构、空切机构、送料矫直机分配箱及 PIV 无级变速器的传动。

液压系统包括九个液压缸、一台叶片泵（15L/min）、一个油箱（120L）和一套管式冷却器。九个液压缸中，有六个用于空切齿轮换档及变速齿轮换档，两个用于均速机构锁紧，一个用于微调电动机离合器操作。

气动系统有三个气缸。一个用于飞剪主轴传动侧制动，以防止空切齿轮换档时主轴转动；一个用于送料矫直机分配箱进轴悬臂外伸端制动，以防止分配箱进轴上的电磁离合器断电时带钢落入活套，将带钢保持在机组线上；还有一个用于升降飞剪本体与矫直机间的带钢端部送料上辊。

电气系统包括各部分所用的电气设备。该飞剪所用的电动机的性能见表 8-3。

润滑系统采用下列三种润滑方式：

1) 循环润滑，分为两个管路：一个管路用来润滑飞剪本体，该管路中设有油箱及中间沉淀油箱，油箱容积为 1200L；另一个管路用来润滑传动齿轮，主传动箱下部当作油箱使用，容积为 4500L。在这两个管路中，均装有油压、油量、油温控制仪器。

2) 油枪给油润滑，用于飞剪主轴轴承、矫直机矫正辊轴承及矫直机压下机构的润滑。

3) 飞溅润滑，用于无级变速器 PIV。

2. IHI 摆式飞剪的工作原理

该飞剪的剪切机构如图 8-40 所示。上刀架 1 借连杆 3 及 12、摇杆 9 及 10、摇杆轴 11，绕主轴 8 的偏心 e_1 往复摆动。而下刀架 2 借连杆 12、摇杆 10、套式连杆 4、内偏心套 5、外偏心套 6，通过偏心销轴 7，绕主轴 8 的偏心 e_2，随上刀架 1 往复摆动，同时在上刀架 1 的

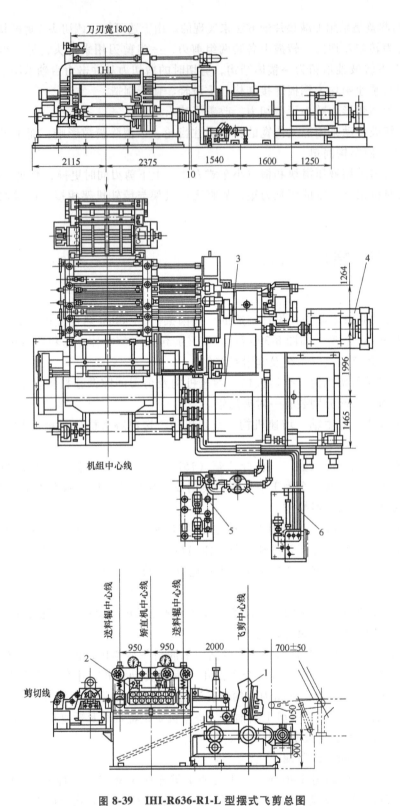

图 8-39 IHI-R636-R1-L 型摆式飞剪总图

1—飞剪本体 2—送料矫直机 3—传动系统 4—主电动机 5—液压系统 6—润滑系统

表 8-3　IHI-R636-R1 摆式飞剪电动机的性能

名称	台数	类别	功率/kW	转速/r·min^{-1}	备注
主电动机	1	直流	200(180)	850/1200	行星摆线针轮减速器
矫直机压下电动机	2	交流	2.2	100	行星摆线针轮减速器
均速机构调整电动机	1	交流	5.5	300	行星摆线针轮减速器
无级变速器电动机	1	交流	0.4	50	行星摆线针轮减速器
微调电动机	1	交流	1.5	1000	行星摆线针轮减速器
飞剪本体润滑电动机	2	交流	1.5	1000	齿轮泵(0.3MPa,56L/min)
传动系统润滑电动机	1	交流	11	1000	齿轮泵(0.3MPa,315L/min)

滑槽内滑动，实现剪切。在剪切瞬间，A 点、B 点及偏心 e_1 的轴线 $C—C$ 应在同一平面内，上下剪刃才相遇，实现剪切。当空切时，主轴每转一圈，完成一次剪切，当要空切时，主轴每转两圈、四圈或八圈才剪切一次。剪刃的运动轨迹如图 8-41 所示。

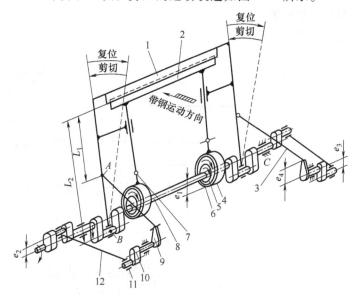

图 8-40　IHI 摆式飞剪剪切机构简图

1—上刀架　2—下刀架　3、12—连杆　4—套式连杆　5—内偏心套　6—外偏心套
7—偏心销轴　8—主轴　9、10—摇杆　11—摇杆轴

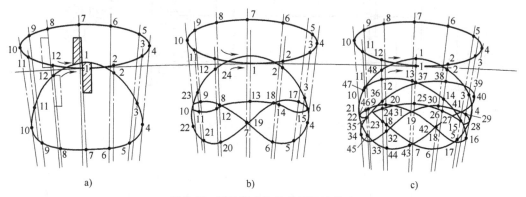

图 8-41　IHI 摆式飞剪剪刃运动轨迹

a) 单次剪切　b) 二倍尺剪切　c) 四倍尺剪切

由上述可知，这种飞剪属于曲柄滑块摆式飞剪。

3. IHI 摆式飞剪的特点

从上述分析可以看出，IHI 摆式飞剪的主要特点如下：

1）可以剪切各种长度的定尺，满足用户定尺长度的要求。剪切定尺长度的精度高，在速度平稳和钢板无油污的情况下，剪切长度为 2000mm 的钢板时，公差为 0~6.4mm。

2）具有自动的长度控制，剪切长度能在运行中调整。

3）运行可靠，维护简便。

4）由于采用双曲柄的均速机构，加之飞剪进行往复摆动，产生较大的动载荷，限制了剪切速度的提高。

5）由于飞剪与送料矫直机采用机械联系，由一个主电动机拖动，故传动系统复杂，设备重量大。

4. IHI 摆式飞剪的传动系统

该飞剪的传动系统如图 8-42 所示。

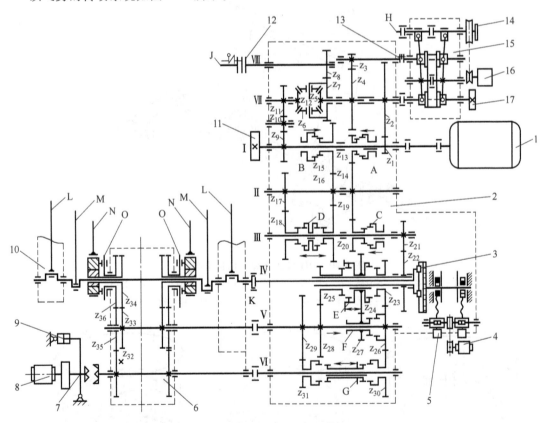

图 8-42 IHI 摆式飞剪传动系统

A、B、C、D—变速换档离合器　E、F、G—空切换档离合器　H—接定尺指示装置　J—接送料矫直机分配箱
K—气动制动器　L—接连杆　M—接上刀架　N—接下刀架　O—十字沟槽离合器
1—主电动机　2—传动箱　3—均速（同步）机构　4—齿轮电动机　5—锁紧液压缸　6—空切传动箱
7—齿形离合器　8—微调电动机　9—液压缸　10—飞剪本体　11—飞轮　12—电磁离合器　13—安全联轴器
14—手轮　15—无级变速器　16—齿轮电动机　17—飞轮

1) 飞剪主轴的传动。主轴Ⅳ通过变速换档离合器 A、B、C、D 及均速机构来传动，可调六种速度。均速机构是双曲柄机构（双导杆机构）。均速机构的调速是由带行星摆线针轮减速器的电动机通过链条传动两对蜗杆蜗轮，进而拖动同步滑槽轴盘，最终支承轴承座，使它相对于主轴具有适当的偏心距，以达到均速的目的。在偏心距调好之后，用液压缸锁紧。

2) 飞剪空切机构的传动。空切轴Ⅴ是飞剪主轴上内偏心套的传动轴，轴Ⅵ的左端借液压缸操作的齿形离合器与微调电动机连接。为了对定尺长度进行粗调，当主电动机不能准确停到所需换档位置时，用微调电动机进行微调定位。该微调电动机还可用来进行空切换档。飞剪正常工作时，微调电动机与轴Ⅵ脱开。

3) 送料矫直机的传动。送料矫直机的分配箱是通过一台齿链式无级变速器 PIV 和差动轮系统传动，送料矫直机的速度可无级调整。可不可以用无级变速器直接传动送料矫直机以达到无级调速的目的呢？答案是不能，因为无级变速器的输出扭矩有限，采用差动轮系可以加大传送扭矩。

5. 定尺长度调整

该飞剪的定尺长度为

$$L = kL_j = k\frac{60v_0}{n}$$

由于飞剪本体与送料矫直机采用机械联系共用一台电动机拖动，故上式变为

$$L = k\pi D_0 \frac{i_1}{i_2} = k\pi D_0 \frac{n_0}{n} \tag{8-68}$$

式中，k 是空切系数，$k = 1, 2, 4, 8$；D_0 是送料矫直辊直径（mm）；n_0 是送料矫直辊转速（r/min）；n 是飞剪主轴转速（r/min）；i_1 是电动机轴与飞剪主轴之间的速比；i_2 是电动机轴和矫直机之间的速比。

由式（8-68）知，带材运行速度一定时，定尺长度调整可以改变速比 $i = \frac{i_1}{i_2}$ 的值和空切系数 k。

对于 i_1 有固定的六种速比，而 i_2 则通过 PIV 进行无级调整，两者结合起来，便可实现基本定尺长度 800～1600mm 范围内的无级调整。

飞剪主轴的转速有六种，即

$$n = n_\text{Ⅳ} = \frac{n_\text{Ⅰ}}{i_1} = \frac{n_2}{i_\text{Ⅰ-Ⅳ}} \tag{8-69}$$

表 8-4 中列出了速比 $i_\text{Ⅰ}$（$i_\text{Ⅰ-Ⅳ}$）和主轴转速 n（n_N）的六种搭配关系。从该表中可以看出，调节离合器 A、B、C、D 的位置，靠齿轮的相互搭配，便可得到六种速比 i_1。

表 8-4 $i_\text{Ⅰ-Ⅳ}$ 和 $n_\text{Ⅳ}$ 的搭配关系

速度线	调 $i_\text{Ⅰ-Ⅳ}$				参加工作的齿轮	轴Ⅰ至轴Ⅳ的传动参数			
	A	B	C	D		$i_\text{Ⅰ-Ⅳ}$		$n_\text{Ⅳ}$	
						计算式	数值	计算式	数值
1	N	→	←	N	15→16	$\frac{z_{22}}{z_{21}}$	7.9515	$\frac{z_{22}}{z_{21}} \frac{z_{14}}{z_{20}} \frac{z_{15}}{z_{16}} n_1$	$0.1257 n_1$
					14→20	$\frac{z_{20}}{z_{14}}$			
					21→22	$\frac{z_{16}}{z_{15}}$			

（续）

速度线	调 i_{I-IV}				参加工作的齿轮	轴I至轴IV的传动参数			
	A	B	C	D		i_{I-IV}		n_{IV}	
						计算式	数值	计算式	数值
2	N	→	N	←	15→16 17→18 21→22	$\dfrac{z_{22}}{z_{21}}$ $\dfrac{z_{18}}{z_{17}}$ $\dfrac{z_{16}}{z_{15}}$	8.93506	$\dfrac{z_{22}}{z_{21}}\dfrac{z_{17}}{z_{18}}\dfrac{z_{15}}{z_{16}}n_I$	$0.11192n_I$
3	N	→	N	→	15→16→19 21→22	$\dfrac{z_{22}}{z_{21}}$ $\dfrac{z_{19}}{z_{15}}$	10.0699	$\dfrac{z_{22}}{z_{21}}\dfrac{z_{15}}{z_{19}}n_I$	$0.0993n_I$
4	←	N	←	N	13→14→20 21→22	$\dfrac{z_{22}}{z_{21}}$ $\dfrac{z_{20}}{z_{13}}$	11.1818	$\dfrac{z_{22}}{z_{21}}\dfrac{z_{13}}{z_{20}}n_I$	$0.08943n_I$
5	←	N	N	←	13→14 17→18 21→22	$\dfrac{z_{22}}{z_{21}}$ $\dfrac{z_{18}}{z_{17}}$ $\dfrac{z_{14}}{z_{13}}$	12.565	$\dfrac{z_{22}}{z_{21}}\dfrac{z_{17}}{z_{18}}\dfrac{z_{13}}{z_{14}}n_I$	$0.0796n_I$
6	←	N	N	→	13→14 16→19 21→22	$\dfrac{z_{22}}{z_{21}}$ $\dfrac{z_{19}}{z_{18}}$ $\dfrac{z_{14}}{z_{13}}$	14.1608	$\dfrac{z_{22}}{z_{21}}\dfrac{z_{16}}{z_{19}}\dfrac{z_{13}}{z_{14}}n_I$	$0.07061n_I$

注：N 表示离合器处于中间空档位置；→、← 表示离合器向右或向左合上。

在差动轮系中有

$$n_7 = \frac{1}{2}(n_{12}+n_5) = \frac{1}{2}\left(\frac{z_9}{z_{11}} + \frac{z_1 z_3}{z_2 z_4}\frac{1}{i_{PIV}}\right)n_I$$

$$i_{I-VII} = \frac{n_I}{n_{VII}} = \frac{2}{\dfrac{z_7 z_9}{z_8 z_{11}} + \dfrac{z_1 z_3 z_7}{z_2 z_4 z_8}i_{PIV}} \tag{8-70}$$

$$i_2 = i_{I-VII}i_3 = \frac{2}{\dfrac{z_7 z_9}{z_8 z_{11}} + \dfrac{z_1 z_3 z_7}{z_2 z_4 z_8}i_{PIV}}i_3 \tag{8-71}$$

式中，i_{PIV} 是无级变速器 PIV 的使用速比；i_3 是矫直机分配箱速比。

由式（8-71）知，i_3 为一固定值，i_{PIV} 为一变量，i_2 在给定范围内可进行无级调整。实际上，i_{PIV} 应有一个合理的取值范围，在式（8-70）中，令

$$\alpha = \frac{z_7 z_9}{2z_8 z_{11}}, \quad b = \frac{z_1 z_3 z_7}{2z_2 z_4 z_8}$$

则

$$\frac{n_{\text{Ⅷ}}}{n_{\text{Ⅰ}}} = a + b\frac{1}{i_{\text{PIV}}} \tag{8-72}$$

根据式（8-72）可以作出 $\frac{n_{\text{Ⅷ}}}{n_{\text{Ⅰ}}} = f(i_{\text{PIV}})$ 的关系曲线（见图 8-43）。该曲线表明，i_{PIV} 取值既不宜过大，也不宜过小。通常使用范围为 0.5~2，因为该速比范围内线性关系较好。

如果将齿数比用对应的速比来代替，根据式（8-70）、式（8-72）则

$$i_{\text{PIV}} = \frac{i_{9,11}}{i_{1,2}i_{3,4}\underbrace{L_j i_3 i_{7,8} i_{9,1}}_{\pi R i_{\text{Ⅰ-Ⅳ}}}} \tag{8-73}$$

式中，R 是送料矫直机半径（mm）。

依表 8-4 的数值作曲线族 $i_{\text{PIV}} = f(L_j, i_{\text{Ⅰ-Ⅳ}})$ 示于图 8-44 中。

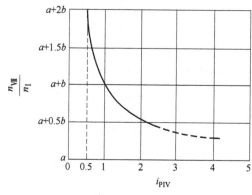

图 8-43 $\frac{n_{\text{Ⅷ}}}{n_{\text{Ⅰ}}} = f(i_{\text{PIV}})$ 关系曲线

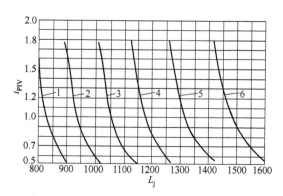

图 8-44 曲线族 $i_{\text{PIV}} = f(L_j, i_{\text{Ⅰ-Ⅳ}})$

1—$i_{\text{Ⅰ-Ⅳ}} = 7.9515$　2—$i_{\text{Ⅰ-Ⅳ}} = 8.93506$　3—$i_{\text{Ⅰ-Ⅳ}} = 10.0699$
4—$i_{\text{Ⅰ-Ⅳ}} = 11.1818$　5—$i_{\text{Ⅰ-Ⅳ}} = 12.565$　6—$i_{\text{Ⅰ-Ⅳ}} = 14.1608$

上述为基本定尺长度的调整。当所要剪切的定尺长度大于基本定尺长度时，可采用空切机构进行倍尺剪切。该飞剪可实现二倍尺、四倍尺及八倍尺的剪切，故最大剪切定尺为 12800mm。参看图 8-42，将离合器 E、F、G 放到适当位置，便可实现上述各种空切换档调整。

8.4.3 曲柄摆式飞剪机

1. 概述

曲柄摆式飞剪是德国施罗曼公司（SCHLOMANN）设计、西马克重机厂（SIEMAG）制造的，也称施罗曼飞剪。某冷轧板厂精整线上安装有五台这种飞剪。这五台飞剪中又可分为 K 型和 D 型两种。表 8-5 所列为某 1700mm 冷轧板厂曲柄摆式飞剪技术性能。这里仅对 K 型曲柄飞剪简介如下。

表 8-5 某 1700mm 冷轧板厂曲柄摆式飞剪技术性能

序号	性能名称	横切机组 1	横切机组 2	横切机组 3	镀锌机组	重卷机组
1	材料强度/MPa	280~420	280~420	280~420	—	280~420

(续)

序号	性能名称		横切机组1	横切机组2	横切机组3	镀锌机组	重卷机组
2	带钢厚度/mm		0.2~1	0.5~2	0.5~3	0.2~3	0.4~3
3	带钢宽度/mm		600~1530	700~1530	700~1530	—	700~1530
4	带钢速度/m·s^{-1}		3.3	2.0	2.0	3.0	0.76
5	定尺长度/m		1~4	1~4	1~6	1~6	2
6	飞剪传动电动机	功率/kW	0~40	0~45	0~85	0~75	0~80
		转速/r·min^{-1}	0~600/1500	0~600/1550	0~600/1550	0~550/1550	0~1000/1200
7	机架内齿轮	速比	3.781	6.285	6.285	3.781	16.0705
		齿数	121/32	132/21	132/21	121/32	101/19,66/21
		模数/mm	8	8	8	8	5.5,11
8	夹送矫直机电动机	功率/kW	0~64	0~53	0~53	0~64	—
		转速/r·min^{-1}	0~750~1200/1300	0~750~1200/1300	0~750~1200/1300	0~750~1200/1300	—
9	上刀架曲轴偏心/mm		145±0.02	145±0.02	145±0.02	145±0.02	118±0.05
10	上刀架轴颈(带孔)圆盘偏心/mm		60±0.02	60±0.02	60±0.02	60±0.02	—
11	曲柄半径	最大/mm	176.074	176.074	176.074	176.074	—
		最小/mm	102.271	102.271	102.271	102.271	—
12	下刀架机械偏心/mm		30	30	30	30	—
13	下刀架液压偏心/mm		15	15	15	15	30

图 8-45 和图 8-46 分别为 K 型曲柄摆式飞剪的外形图和原理图。

该飞剪主要由下列部分组成：

1) 飞剪本体。

2) 夹送矫直机。矫直机为带有支承辊的六辊矫直机。靠近飞剪侧有一对夹送辊，故称夹送矫直机。夹送矫直机由一台电动机经分配箱驱动。在剪切较厚带材时，矫直辊自身可以完成送给任务；在剪切较薄带材时，夹送辊才真正起夹送作用。上夹送辊上装有脉冲发生器，用来测定带材运行长度。

3) 导板台。导板台位于夹送矫直机与飞剪本体之间，用于将带钢喂入飞剪，其通过夹送矫直机的电动机来传动。

4) 液压系统。液压系统是由液压站、各类液压块控制的液压缸和液压马达组成的。所有的控制阀都装在一个阀架上（液控台）。液压系统分高压和中压两个系统。高压系统专供电液步进马达用油。中压系统供给矫直辊和夹送辊的升降、曲柄调节系统、机构偏心变速离合器、液压偏心的旋转液压缸用油。

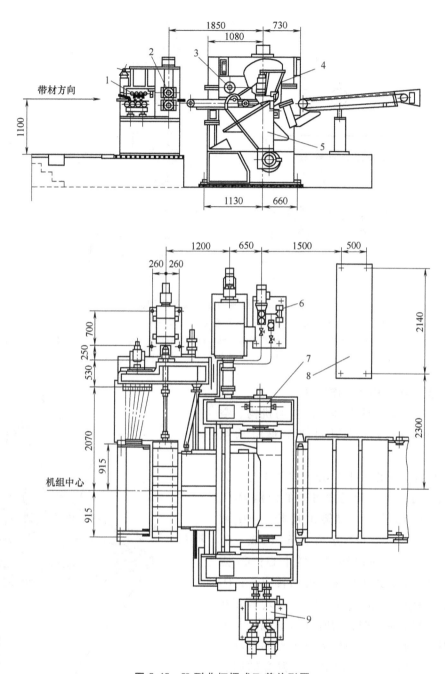

图 8-45 K 型曲柄摆式飞剪外形图
1—矫直机 2—夹送辊 3—主轴 4—上刀架 5—下刀架 6—液压站
7—曲柄定位 8—液控台 9—空切变速箱

5) 润滑系统。所有重要润滑点均采用稀油集中润滑。

6) 电气控制系统。该飞剪具有很高的自动化性能。飞剪本体与夹送矫直机由单独电动机驱动，其间靠电气联系，备有数字式传动比调节装置、剪切长度调整装置和全部自动化剪切长度变换装置。

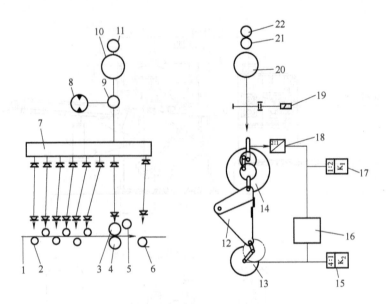

图 8-46 K 型曲柄摆式飞剪原理图

1—带钢 2—矫直机 3—上夹送（测量）辊 4—下夹送辊 5、22—脉冲发生器 6—导板台 7—齿轮分配箱 8—电液步进马达 9—差动器 10—夹送矫直机电动机 11、21—测速发电机 12—飞剪本体 13—偏心轴 14—孔颈盘 15、17—旋转凸轮开关 16—空刀变速器 18—曲柄轴 19—制动器 20—飞剪主电动机

2. 飞剪本体结构及工作原理

K 型曲柄摆式飞剪本体是由剪切机构、空切机构、均速机构及剪刃间隙调整机构组成的。

剪切机构（见图 8-47）分上刀架 1 与下刀架 2 两大部分。上刀架是由可调的曲柄 O_1O_7 和连杆 O_5O_7 构成。下刀架由摇杆 O_3O_5 或 O_4O_3 及机械偏心 E_j 和液压偏心 E_y 构成。O_1 点铰接在机架上，是曲柄的回转中心；O_2 点也铰接在机架上，是机械偏心的回转中心；O_3 点是将摇杆 O_3O_5 与机械偏心 $E_j = O_2O_3$ 铰接在一起，完成基本定尺的剪切时（机械偏心与液压偏心均不参加工作），O_3 为下刀架的摆动中心；O_4 点是构成空切机构中液压偏心的回转中心；O_5 是将连杆 O_5O_7 与摇杆 O_3O_5 铰接在一起；O_6 是调整剪刃间隙的偏心 E_m 的回转中心；O_1O_7 是曲柄最大值，O_1O_7' 是曲柄的最小值；O_8 是曲柄调节时的回转中心。

图 8-48 为该飞剪本体的传动机构简图。主电动机 1 通过 z_1 齿轮带动通轴旋转，又通过 z_2、z_3 齿轮轴带动上刀架 7 以 O_1 轴旋转，通过

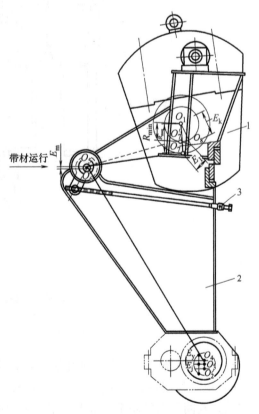

图 8-47 K 型曲柄摆式飞剪的剪切机构

1—上刀架 2—下刀架 3—侧隙调整

曲柄连杆 11 带动下刀架 8 进行摆动实现剪切。故把这种飞剪称为曲柄摆式飞剪。

该飞剪的空切机构是通过机械偏心 E_j 和液压偏心 E_y 来实现倍尺剪切的。当机械偏心与液压偏心均不参加工作时，飞剪剪切 500~1000mm 的基本定尺长度，这时飞剪属于曲柄摇杆机构（见图 8-49a），机构有一个自由度，主动杆件为曲柄 O_1O_7；当机械偏心参加工作时，可以剪切二倍尺和四倍尺定尺（2000~4000mm），这时飞剪属于曲柄偏心五杆机构（见图 8-49b），机构仍然为一个自由度，主动杆件为曲柄 O_1O_7。机械偏心 O_2O_3 的转动（见图 8-48）是由主电动机经 z_4、z_5、z_6、z_7 齿轮，通过机械偏心变速器 13 来传动的。由于机械偏心变速器 13 中有 $i=1,2$ 两种速比，靠离合器 16 来实现二倍尺和四倍尺的剪切（由旋转凸轮开关 14 控制），当液压偏心也参加工作时，则飞剪的剪切定尺为八倍尺和十六倍尺（4000~16000mm），这时飞剪属于曲柄双偏心六杆机构（见图 8-49c）其自由度为 2，主动杆件除曲柄 O_1O_7 外，还有液压偏心 O_3O_4，驱动液压偏心转动是由旋转活塞缸 17（见图 8-48）来完成的。

该飞剪的均速机构为径向均速机构，即采用调整曲柄的半径长度来达到均速的目的。曲柄半径的调整（见图 8-48）由液压马达 5 带动蜗轮减速器 6，经十字万向联轴器，带动齿轮 z_{14}、内齿轮 z_{15} 旋转（以 O_8 为中心），从而带动 O_7O_8 旋转（见图 8-50），其调整转角范围为 0°~75°。这时径向齿离合器分开，如图 8-51 所示柱塞圆盘 1 与带孔圆盘 2 之间连接轴合上。曲柄半径的调整在电子程序控制下按以下步骤进行：

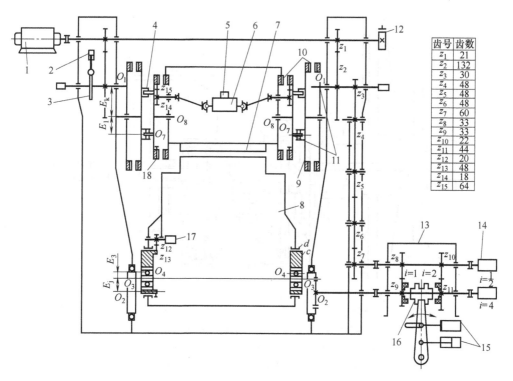

齿号	齿数
z_1	21
z_2	132
z_3	30
z_4	48
z_5	48
z_6	48
z_7	60
z_8	33
z_9	33
z_{10}	22
z_{11}	44
z_{12}	20
z_{13}	48
z_{14}	18
z_{15}	64

图 8-48 飞剪本体传动机构简图

1—主电动机 2—定位液压缸 3—定位凸轮 4—柱塞圆盘与带孔圆盘连接销 5—液压马达 6—蜗轮减速器 7—上刀架 8—下刀架 9—带孔圆盘 10—径向齿离合器 11—曲柄连杆 12—制动器 13—机械偏心变速器 14—旋转凸轮开关 15—液压缸 16—离合器 17—旋转活塞缸 18—柱塞圆盘

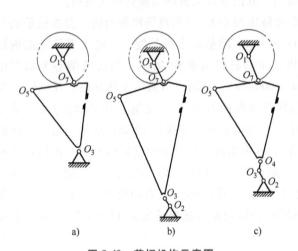
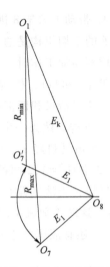

图 8-49　剪切机构示意图
a）四杆机构　b）五杆机构　c）六杆机构

图 8-50　曲柄半径调整示意图

1）飞剪左侧和右侧的定位液压缸 2（见图 8-48）的活塞推入曲柄轴圆盘的缺口内，使曲柄定位。

2）液压管路 a 接通，推动柱塞圆盘 1 往左靠（见图 8-51）。

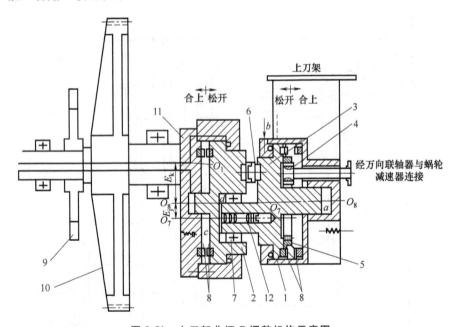

图 8-51　上刀架曲柄 R 调整机构示意图
1—柱塞圆盘　2—带孔圆盘　3—曲柄环　4—小齿轮　5—内齿轮　6—柱塞圆盘与带孔圆盘连接销
7—流动轴承　8—径向齿轮离合器　9—定位凸轮　10—传动大齿轮　11—曲柄　12—弹簧

3）液压管路 c 接通，推动带孔圆盘 2 往右靠，这时带孔圆盘与柱塞圆盘由连接销 6 连接为整体，径向离合器脱开。

4）液压马达 5 经蜗轮减速器 6 和万向联轴器（见图 8-48），带动带孔圆盘和柱塞圆盘

以 O_8 为中心转动,改变 O_7 位置,使曲柄 R 调到所要求的值。

5) 液压管路 b、d 接通,带孔圆盘和柱塞圆盘分开,径向齿离合器合上。

6) 定位液压缸的活塞抬起。

3. 剪切定尺调整

该飞剪的剪切定尺基本方程为

$$L = kL_j = k\pi D_0 \frac{n_0}{n}$$

式中,L 是定尺长度(mm);k 是空切系数;L_j 是基本定尺长度(mm);D_0 是送料辊直径(mm);n_0 是送料辊转速(r/min);n 是曲柄的转速(r/min)。

当送料辊转速(n_0)不变时,定尺调整靠改变曲柄的转速 n 和空切系数 k 来实现。

在剪切基本定尺时,送料速度不变,靠改变曲柄的转速 n 来达到调整定尺的目的,飞剪速度改变后,为保证剪刃速度与轧件速度的同步性,必须相应地改变曲柄半径的长度。显然,剪切定尺长度长,飞剪转速慢,曲柄半径应增大。基本定尺长度的范围是 500~1000mm。通常,空切系数取 2 为佳,因为当其取得太大时,会给飞剪结构上带来困难。另外,空切系数通常为整数,如果不是 2,则有些定尺长度就无法剪到。

在剪切倍尺时,利用空切机构来实现。该飞剪的空切机构是采用机械偏心和液压偏心的双偏心机构,用改变飞剪主曲柄与空切机构角速度之比来实现空切。当机械偏心参加工作时,可剪切二倍和四倍尺长度;当机械偏心和液压偏心均参加工作时,可剪切八倍和十六倍尺长度。液压偏心是在 0°~150° 范围内摆动。其剪切的条件是,当上剪刃在最低位置,机械偏心和液压偏心均在上死点。因此,从理论上讲,这种飞剪可以永远空切。

由于该飞剪是采用的径向均速机构,所以定尺调整中关键是要正确地确定曲柄的角速度和长度。曲柄角速度 ω_1 同剪切定尺长度 L 的关系如下:

$$L = 2\pi K \frac{v_0}{\omega_1}$$

式中,v_0 是轧件的运行速度;ω_1 是曲柄的角速度。

v_0、K 为常数,ω_1 的改变可以调整定尺长度,但 ω_1 的改变会引起剪刃的速度变化。为了保证在剪切过程中剪刃水平方向速度和轧件运行速度的同步性,在 ω_1 变化的同时,要相应地改变曲柄半径 R 的大小。

曲柄线速度 v 和上剪刃水平速度 v_x 之间的关系,可简单表示为

$$W = \frac{v}{v_x}$$

W 值反映了曲柄线速度与上剪刃在水平方向的转换关系。若在剪切区所选择的最佳同步点处 $v_x = v_0$,因 $v = \omega_1 R$,于是有

$$L = 2uK \frac{R}{W}$$

式中,u 是飞剪的速度。

上式称为该飞剪同步工作状态下的基本方程式。这表明了定尺长度 L 与曲柄半径 R 的关系。但影响 W 的因素很多,且飞剪在不同的工作状态下 W 值不同,所以要得到剪切定尺长度 L 与曲柄半径 R 的一一对应关系,就必须正确地计算 W 值,这是该飞剪径向均速机构

的设计和指导现场生产的关键技术。

关于 W 值的确定,可根据飞剪的结构尺寸,建立上剪刃的运动方程式,然后求出它的水平速度与曲柄线速度之比。

某厂横切机组和镀锌机组上的四台飞剪,除电动机功率不一样外,机械设备及性能完全一样,都属于上述的 K 型曲柄摆式飞剪。重卷机组上那台飞剪属于 D 型曲柄摆式飞剪。D 型与 K 型的主要差别是:飞剪本体与夹送矫直机由一台主电动机驱动,属于机械联系;曲柄 R 是不可调的;空切机构只有液压偏心而无机械偏心,所以其性能也不一样。

4. 曲柄摆式飞剪的特点

从上述介绍可以看出,曲柄摆式飞剪是一种结构新颖、技术先进的飞剪,它的主要特点如下。

1)剪切技术性能好。从表 8-5 中知,这种飞剪剪切厚度范围为 0.2~3mm,宽度为 600~1530mm,定尺长度为 1~16m。实际上这种飞剪可剪切 500~16000mm 的任何定尺长,而且剪切精度高,断面质量好。剪切速度的高低是衡量飞剪技术性能的主要指标之一。与一般摆式飞剪相比较,曲柄摆式飞剪的剪切速度较高,而且工作平稳。这种飞剪能在高速下进行剪切,其原因如下:

首先,限制飞剪速度提高的主要原因是动载荷,而做变速运动的均速机构是产生动载荷的主要根源。曲柄摆式飞剪采用的是径向均速机构,飞剪的回转部分是在等速下转动,能量波动小。飞剪多是用钢板焊接而成,设备重量轻。

其次,飞剪曲柄速度最大时,选用小半径,有利于减少离心力的影响,且离心力基本上由装在曲柄主轴上的平衡重所抵消。

另外,从机构原理上分析,一般摆式飞剪,由于往复摆动,水平惯性力较大,曲柄摆式飞剪下刀架虽然也做往复摆动,但由于摆动的下刀架与做回转运动的上刀架相连,上下刀架能量波动可以互相补偿,使飞剪的能量波动较小。如图 8-52 所示,E_1 为上刀架的动能曲线,E_2 为下刀架的动能曲线,单从上下刀架来看,其动能波动还是很大的,但从飞剪整体来看,其总能量 E 就波动得很小了。

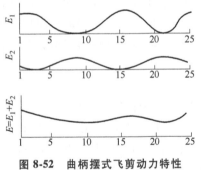

图 8-52 曲柄摆式飞剪动力特性

2)全部自动化操作。曲柄摆式飞剪的主电动机为直流电动机,其转速可按照机组速度和定尺长度的函数进行自动调节。

飞剪中装有旋转凸轮开关作为发送器,用于各种控制,如飞剪的停转、剪切长度变换、空刀等功能的控制。由于采用了先进的电子设备,它的自动化程度很高。电子设备由一台剪切长度数控器和一套剪切长度自动调节装置组成。

曲柄摆式飞剪采用剪切长度和齿轮速比连续数控器。为此,配置了两台脉冲发送器,一台用于夹送辊装置,另一台则用于飞剪。两台脉冲发送器相互配合工作,来控制剪切定尺长度。

剪切长度的调整是在飞剪停止运转时进行的。当剪切长度输入后,运算器自动算出有关参数,各个参数的调整都是按一定程度自动进行的。因此,该飞剪的操作非常简便。

3)由于飞剪与送料系统由各自的电动机驱动,属于电气联系,省去了庞大的联合减速器,整个飞剪设备结构紧凑、重量轻。

4) 曲柄摆式飞剪的结构是复杂的,零件加工精度要求高,装配和油的密封要求严格。

该飞剪经过生产使用以后,也暴露出一些问题,如上刀架横梁上的焊缝开裂、蜗轮减速器的固定螺钉拉断、O_7铰接处磨损严重、有时剪刃划伤钢板表面等。经过测试计算,原设计的上刀架横梁及蜗轮减速器的固定螺钉强度不够,现场已更换上改进后的新的上刀架。

5. 存在的问题及改进

图 8-53 所示的飞剪在现场使用中曾出现一些故障和问题,在后续设计中可做以下改进。

1) 飞剪与送料辊的驱动由各自的电动机驱动改为由同一台电动机驱动。图 8-53 所示飞剪的送料辊 2 是通过电动机 5 经差动齿轮箱 7,以及矫直机 1 的分配齿轮箱 6 驱动的(图 8-53a)。在差动齿轮箱一端还装有液压马达 8,用来精确微调送料辊速度。飞剪 3 则由电动机 4 进行驱动。在送料辊 2 和飞剪 3 上分别装设了脉冲发生器 9 和 10,这两个脉冲信号输入自动控制系统进行比较,以此来保证送料辊与飞剪主轴转速之间的关系。但由于自动控制系统中电气元件多、特性较软等因素,造成了送料辊与飞剪主轴转速的关系不能安全匹配,经常出现产品堆钢或拉钢现象,影响剪切定尺的精度和质量。当送料辊与飞剪由同一台电动机 12 驱动后,通过一个主齿轮箱 11 来实现送料辊与飞剪主轴速度的匹配,由于采用机械传动链的机械连接方式,就简化了电气控制系统,提高了剪切定尺的精度。当然,其机械传动系统的结构复杂了一些。

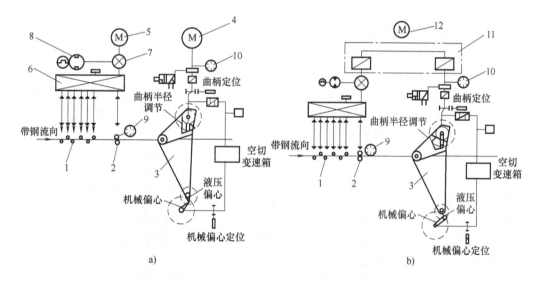

图 8-53 曲柄摆式飞剪的驱动系统简图

a) 送料辊和飞剪由各自的电动机驱动 b) 送料辊与飞剪由同一台电动机驱动

1—矫直机 2—送料辊 3—飞剪 4—飞剪电动机 5—送料辊电动机 6—分配齿轮箱
7—差动齿轮箱 8—液压马达 9、10—脉冲发生器 11—主齿轮箱 12—电动机

2) 刀架结构的改进。在生产实践中,上刀架结构曾发生多次断裂事故。对此,做了某结构上的改进,即改变了上刀架横断面的形状,采用弧形断面结构代替棱角形断面结构(见图 8-54),焊接方式也由角焊改为对接焊,所采用钢板厚度由 6~8mm 增加为 8~12mm。改进后的上刀架仍出现过开裂和扭曲等故障,但比原有设计还是前进了一步。

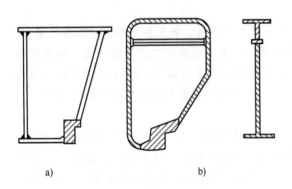
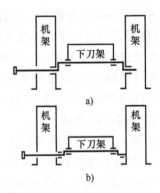

图 8-54 曲柄摆式飞剪上刀架结构的改进
a) 改进前的横断面 b) 改进后的横断面

图 8-55 曲柄摆式飞剪机械偏心支点的改进
a) 改进前 b) 改进后

3) 机械偏心支点的改进。机械偏心的支点原设置在两侧机架内（见图 8-55a），改进后其靠近下刀架处（见图 8-55b），缩短了支架距离，可使机械偏心轴的弯矩下降。同理，还将机械偏心上死点的角度由 75°改为 88°的位置，使其受力更合理和稳定。

此外，对空切机构及上下刀架连接处结构等方面也有所改进，可参见有关文献。

应该指出，曲柄摆式飞剪虽有机构复杂、维护性差，并具有某些薄弱环节等缺点，但尚能满足连续高速生产的要求，剪切质量能满足用户需要，故在生产中得到了一定的应用。

8.4.4 热轧薄带高速飞剪机

1. 高速飞剪结构简介

传统热轧带钢生产是一卷一卷地进行，这样不仅生产率低，而且影响钢的质量和成材率。为此出现了半无头或无头轧制新生产工艺，这种新的生产工艺要求在地下卷取机前增设高速飞剪，将精轧连续轧出的热带剪成一定重量的带卷。

用于热轧薄带钢连铸连轧线的高速飞剪为转鼓型偏心飞剪，其结构如图 8-56 所示，主要由上下转鼓、偏心套组成。飞剪的剪切机构是由装着剪刃的两个相对转动的转鼓组成，在转鼓上装有一组圆弧方向相反的弧形剪刃，剪刃分别由楔块、压板和螺栓固定在转鼓上。上下转鼓用四列圆锥滚子轴承支承并装在偏心套内，偏心套也由滚子轴承支承在轴承座内。偏心套外圈为齿轮。当飞剪接到剪切指令，准备剪切时，由伺服电动机通过传动轴上齿轮驱动偏心套上齿轮，使偏心套旋转，改变转鼓的中心位置，使上

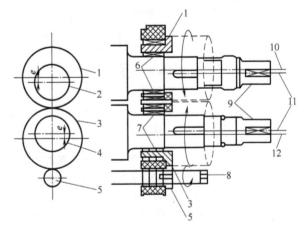

图 8-56 高速飞剪结构示意图
1—上偏心套（齿轮） 2—上转鼓 3—下偏心套（齿轮）
4—下转鼓 5—驱动齿轮 6—上转鼓轴承
7—下转鼓轴承 8—偏心套驱动轴 9—转鼓驱动轴
10—上偏心套中心 11—转鼓中心 12—下偏心套中心

下剪刃重合。转鼓的旋转是由主电动机通过万向联轴器传动的，转鼓两端装有连体双齿轮，以保证剪切时上下转鼓同步，从而使上下剪刃对位准确。

2. 高速飞剪主要技术参数

剪切钢板厚度：0.8~4.0mm。

剪刃最大线速度：18m/s。

最大正常剪切力：100t。

最大事故剪切力：300t。

上、下转鼓直径：730mm，750mm。

剪刃圆周直径：751.5mm。

剪刃间隙：0.1mm。

剪刃重叠量：1.5mm。

3. 高速飞剪的剪切过程

该飞剪的整个剪切过程分为四个阶段。以上转鼓为例，偏心套在剪切过程中的转动如图 8-57 所示：第一阶段，从等待位置到剪切指令发出点，偏心套回摆 120°；第二阶段，从剪切指令发出点到剪切位置，偏心套转动 300°，此时转鼓转动了 9 圈；第三阶段，偏心极点越过剪切位置后，开始转动，并使偏心极点停止在剪切结束点；第四阶段，从剪切结束点到等待位置，偏心套回摆 120°。

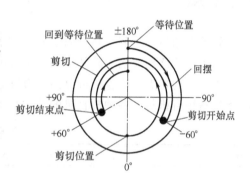

图 8-57 偏心套旋转图

这种高速飞剪为了获得满意的剪切效果，飞剪转鼓的旋转和剪切是分开的，它不同于传统的"开始—结束"型转鼓飞剪。因为转鼓始终与带钢保持同步运动，可保证同步剪切，保证带钢定尺长度，而且消除了一般转鼓飞剪经常起动、制动时转鼓产生的惯性力，大大提高了飞剪的使用寿命。

思考题

8-1 飞剪定尺长度和哪些因素有关？它们之间是什么关系？

8-2 连续工作制的飞剪定尺长度调整的方法是什么？

8-3 飞剪设计的基本参数如何确定？

8-4 飞剪电力传动计算的任务和要求是什么？

8-5 曲柄偏心式钢坯飞剪的结构有何特点？

8-6 滚筒式切头飞剪的结构有何特点？

8-7 简述 IHI 飞剪的工作原理及其特点。

8-8 简述 K 型曲柄摆式飞剪的工作原理。

第 9 章 矫直机

9.1 矫直机的用途及分类

轧件在加热、轧制、热处理、运输过程中,由于各种因素的影响,往往会产生形状缺陷。为了消除这些缺陷,轧件需要在矫直机上进行矫直。

根据结构特点,矫直机可分为压力矫直机、辊式矫直机、管材棒材用矫直机、张力矫直机和拉弯矫直机等。各种矫直机的结构及其用途见表 9-1。

表 9-1 各种矫直机的结构及其用途

类型	结构	用途	类型	结构	用途
压力矫直机	立式	矫直大断面钢梁和型材	辊式矫直机	上辊整体平行调整	矫直中厚板
	立式(压头升降齿条机构,动压头)	矫直大断面钢梁和钢管		上辊整体倾斜调整	矫直薄中板
				上辊局部倾斜调整	矫直薄板带
辊式矫直机	上辊单独调整	矫直型材和钢管	管材棒材用矫直机	一般斜辊式	矫直管棒材

(续)

类型	结构	用途	类型	结构	用途
管材棒材用矫直机	(313)型	矫直薄壁管材	张力矫直机	张力平整机组 平整机 张力辊	粗矫带材
	偏心轴式 偏心辊心棒	矫直薄壁管材		连续拉伸机组	矫直有色金属带材
	二斜辊式	矫直管棒材	拉伸弯曲矫直机	拉伸弯曲矫直机组 弯曲辊 矫直辊	矫直薄带材

9.2 矫直理论

9.2.1 弯曲矫直理论

弯曲矫直方式广泛用于压力矫直机、平行辊矫直机、斜辊矫直机和拉弯矫直机，主要是通过轧件产生弹塑性弯曲变形达到矫直的目的。

对于轧件横断面高宽比值很小和轧件高度与支点间距比值很小的矫直过程，轧件产生弯曲变形时，平行于中性层的纤维的伸长和缩短，是由弯矩引起的正应力在起主要作用，切应力的影响很小，可忽略不计。因而，材料力学中关于弹性弯曲的平面假设对塑性弯曲仍然适用。弹塑性弯曲变形时，与其对应的弹塑性弯曲应力分布规律如图 9-1 所示。

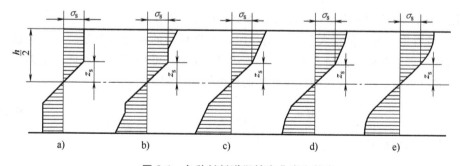

图 9-1 各种材料弹塑性弯曲应力状态
a) 理想材料　b)、c)、d)、e) 非理想材料
h—轧件厚度　z_s—弹性层厚度之半

弹塑性弯曲的变形过程

1. 压力矫直

压力矫直采用"三点"弯曲的矫直方法。轧件首先产生弹性弯曲，以中性层为分界线，凸弯侧的纤维受拉变长，凹弯侧的纤维受压变短。当弯曲力矩增大到一定的数值时，轧件表面纤维开始达到塑性变形，此时为弹性弯曲极限状态（见图9-2a）；若弯曲力矩继续增加，则塑性变形由表面向中性层扩展，即形成一定厚度的塑性层，此时为弹塑性弯曲状态（见图9-2b）；对于理想材料，整个断面都达到塑性变形状态时，为弹塑性弯曲极限状态（见图9-2c）。

在弹性变形范围内，σ 与 ε 的关系符合胡克定律：$\sigma = E\varepsilon$；屈服状态下，$\sigma_s = E\varepsilon_s$；弹塑性变形范围内，若 $\sigma = E\varepsilon_s$，称为理想材料，若 $\sigma > E\varepsilon_s$，则称为非理想材料。对于非理想性材料，当出现塑性层时，材料产生硬化。非理想材料弹塑性弯曲变形如图9-3所示。

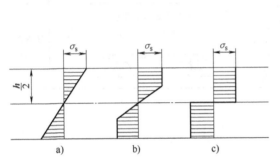

图9-2 理想材料轧件弯曲应力状态图
a) 弹性弯曲极限状态　b) 弹塑性弯曲状态
c) 弹塑性弯曲极限状态

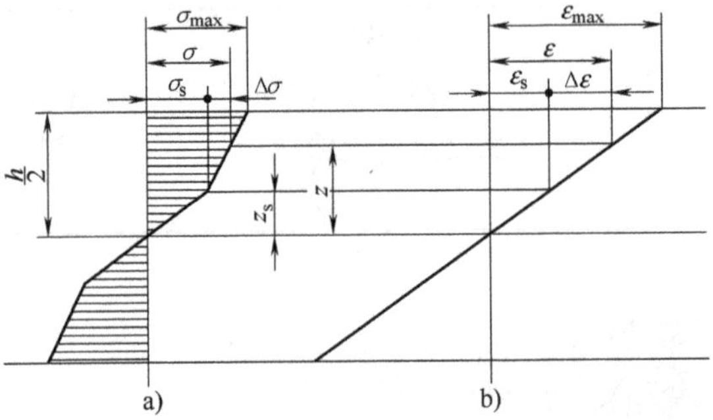

图9-3 非理想材料弹塑性弯曲变形
a) 应力状态　b) 应变状态

轧件弯曲变形时，内力矩为

$$M = 2\int_0^{z_s} \sigma z \mathrm{d}F + 2\int_{z_s}^{\frac{h}{2}} (\sigma_s + \Delta\sigma) z \mathrm{d}F$$

因为 $\sigma = \dfrac{z}{z_s}\sigma_s$，$\Delta\sigma = \left(\dfrac{z}{z_s}-1\right)\dfrac{E'}{E}\sigma_s$，宽度为 b 的矩形断面有 $\mathrm{d}F = b\mathrm{d}z$，所以有

$$M = \left[\frac{1-n}{2}(3-k^2) + \frac{n}{k}\right]\frac{bh^2}{6}\sigma_s \tag{9-1}$$

式中，n 是强化系数，$n = E'/E$；k 是弹性层厚度系数，$k = z_s/(h/2)$。

从式（9-1）可看出，当 k 值很大和 n 值很小时，忽略材料的硬化所引起的误差是很小的，可近似地看作为理想弹塑体。矫直时，一般 $k > 0.12 \sim 0.3$，可将碳素钢和低合金钢看作理想材料。根据式（9-1），矩形截面的理想材料的弯曲力矩方程为

$$M = (3-k^2)\frac{bh^2}{12}\sigma_s \tag{9-2}$$

$k = 1$ 时为弹性弯曲极限状态：

$$M = \frac{bh^2}{6}\sigma_s = W\sigma_s = M_W$$

式中，M_W 是弹性弯矩极限值；W 是弹性断面系数。

$k=0$ 时为弹塑性弯曲极限状态：

$$M = \frac{bh^2}{4}\sigma_s = S\sigma_s = M_s$$

式中，M_s 是弹塑性弯矩极限（N·m）；S 是塑性断面系数。

采用压力矫直方法，对于轧件某一点的弯曲曲率，可以一次得到完全矫直。为简化问题的研究，以理想材料为例进行说明。如图 9-4 所示，将原始曲率为 $1/r$ 的轧件向相反方向弯曲至曲率为 $1/\rho$。此时截面内的应力和应变状态如图 9-5 所示。当外力去除后，在内力作用下产生弹复，各层纤维弹复的能力与其至中性层的距离不完全成正比，而截面又必须保持平面（平面假设），则截面就不能弹回原始位置，只能停止在残余内力对点 E 之矩达到平衡（$M_{CD} = M_{A_3C}$）的位置上。若此时恰好残余曲率为零，则轧件为平直状态，即得到了矫直。

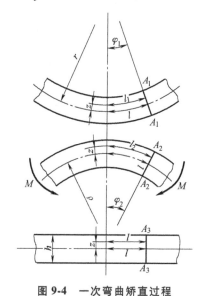

图 9-4 一次弯曲矫直过程

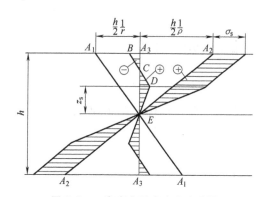

图 9-5 一次弯曲矫直应力应变图

一次弯曲矫直的总弯曲曲率为

$$\frac{1}{R} = \frac{1}{r} + \frac{1}{\rho} \tag{9-3}$$

据材料力学公式，轧件的弹复曲率为

$$\frac{1}{\rho} = \frac{M}{EI} \tag{9-4}$$

弹性弯曲弹复曲率极限值为

$$\frac{1}{\rho_W} = \frac{M_W}{EI} = \frac{2\sigma_s}{hE} \tag{9-5}$$

弹塑性弯曲弹复曲率极限值为

$$\frac{1}{\rho_s} = \frac{M_s}{EI} = \frac{3\sigma_s}{hE} \tag{9-6}$$

式中，I 是截面惯性矩。

显然，弹塑性弯曲弹复曲率变化范围为

$$\frac{1}{\rho} = \frac{1}{\rho_W} \sim \frac{1}{\rho_s}$$

$$\frac{\frac{1}{\rho_s}}{\frac{1}{\rho_W}} = \frac{\rho_W}{\rho_s} = \frac{M_s}{M_W} = \frac{S}{W}$$

弹塑性弯曲力矩值取决于塑性层的深度，即取决于 z_s 值的大小。z_s 与弯曲曲率又有一定关系，可按轧件纤维的相对变形量 ε 求得。据图 9-4 可知

$$\varepsilon = \frac{l_2 - l_1}{l_1} \approx \frac{l_2 - l_1}{l} = \frac{(\rho+z)\frac{1}{\rho} - (r-z)\frac{1}{r}}{l} = z\left(\frac{1}{r} + \frac{1}{\rho}\right) \tag{9-7}$$

$$\varepsilon_s = z_s\left(\frac{1}{r} + \frac{1}{\rho}\right) \tag{9-8}$$

$$z_s = \frac{\varepsilon_s}{\frac{1}{r} + \frac{1}{\rho}} \tag{9-9}$$

据式（9-5）可得

$$\varepsilon_s = \frac{h}{2}\frac{1}{\rho_W} \tag{9-10}$$

将式（9-10）代入式（9-9），得

$$z_s = \frac{h}{2}\frac{\frac{1}{\rho_W}}{\frac{1}{r} + \frac{1}{\rho}} \tag{9-11}$$

将式（9-11）代入式（9-2），整理得

$$M = \left[3 - \left(\frac{\frac{1}{\rho_W}}{\frac{1}{r} + \frac{1}{\rho}}\right)^2\right]\frac{M_W}{2} \tag{9-12}$$

式（9-12）与式（9-4）联立，可得

$$\frac{1}{\rho} = \left[3 - \left(\frac{\frac{1}{\rho_W}}{\frac{1}{r} + \frac{1}{\rho}}\right)^2\right]\frac{1}{2\rho_W} \tag{9-13}$$

式（9-13）为 $1/\rho$ 的三次方程式，为应用方便起见，可采用作图法表示。对于一定的轧件选取若干 $1/r$ 值，按式（9-13）得 $1/r$ 与 $1/\rho$ 关系曲线（见图 9-6）。当 $1/\rho_W$ 和 $1/r$ 为已知时，可从图 9-6 中查得所对应的 $1/\rho$ 值，即为矫直该轧件所需要的反向弯曲曲率。

压力矫直时，轧件相当于中点受集中力作用的简支梁（见图 9-7）。根据材料力学公式有

$$P = \frac{4M}{l} = \frac{4EI}{l\rho} \qquad (9\text{-}14)$$

$$f = \frac{Pl^3}{48EI} = \frac{l^2}{12\rho} \qquad (9\text{-}15)$$

式中，P 是压头压力（MPa）；l 是支点跨距（mm）；f 是反弯挠度，即压头行程的调整量（mm）。

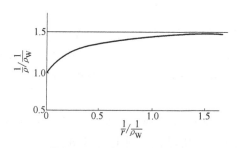

图 9-6　$1/r$ 与 $1/\rho$ 关系曲线

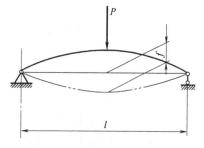

图 9-7　压力矫直机计算简图

压力矫直虽然为间断作业的"三点"矫直方法，生产率较低，矫直精度不高，但对于各种局部弯曲状态，调整灵活，都具有矫直的可能性。并且，多半用来矫直大断面的轧件，如大型钢梁、钢轨、钢管、圆钢（其他矫直机由于能力所限，矫直困难），或用来矫直要求慢速加载的合金钢，或作为其他矫直方法的辅助矫直（选择性的附加矫直）。

2. 多辊弯曲矫直

为克服压力矫直不能连续矫直的缺点，可采用多辊矫直机（见图 9-8）。若轧件为具有单值曲率 $1/r_0$ 的圆弧，则用 3 个辊子使其反弯至曲率为 $1/\rho$（$1/\rho$ 恰好等于弹复曲率），且连续通过，即可完全矫直（见图 9-9）。实际上，轧件的原始曲率沿长度方向往往是变化的，不仅是多值的，而且弯曲方向也不同，所以仅用上述 3 个辊子的矫直方法是不行的，必须采用辊数大于 4 的多辊矫直机。

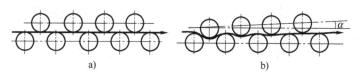

图 9-8　多辊矫直机示意图

a）平行排列　b）倾斜排列

（1）上下辊平行排列的矫直方案　上排辊相对下排辊平行排列，集体升降，矫直时所有上排辊子的压下量相同，除首尾辊外，其余各辊子处轧件弯曲至相同的曲率 $1/\rho_f$。

当 $1/\rho_f \leqslant 1/\rho_W$ 时，矫直原始曲率为 $\pm 1/r_0 \sim 0$ 的轧件，若第 2 辊使 $+1/r_0$ 变为 $+1/r_1$，第 3 辊使 $-1/r_0$ 变为 $-1/r_1$，由于弹塑性变形不足和残余应力的影响，后面的辊子作用不大，轧件的残余曲率会接近于 $\pm 1/r_1 \sim 0$。为了提高矫直精度，较彻底地消除残余曲率，必须使 $1/\rho_f > 1/\rho_W$。

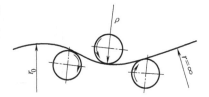

图 9-9　三辊矫直方式

如图9-10所示，轧件的原始曲率为$\pm 1/r_0 \sim 0$。通过第2辊子后，$\pm 1/r_1$变为$-1/r_1$，残余曲率为$-1/r_0 \sim -1/r_1$；通过第3辊子后，$-1/r_0$变为$+1/r_1$和$-1/r_1$变为$+1/r_2$，残余曲率为$+1/r_1 \sim +1/r_2$；通过第4辊子后，$+1/r_1$变为$-1/r_2$和$+1/r_2$变为$-1/r_3$，残余曲率为$-1/r_2 \sim -1/r_3$。依此类推，残余曲率范围逐渐缩小，经若干辊子后，残余曲率趋于定值。若矫直机出口辊的压下量可单独调整，则可完全消除该定值的残余曲率，即轧件得到完全矫直。实际上辊数是有限的，只能达到限定的矫直精度。若使轧件反复通过矫直机，则起到增加辊数的作用，即可提高矫直精度。

（2）上下辊倾斜排列的矫直方案　矫直机的入口端辊子压下量大，出口端辊子压下量小，所有上排辊子的压下量按一定规律分布。轧件承受的弯曲变形是由大到小变化的。上排辊子装在可倾斜调整的上横梁上，集体调整压下量，或上排辊子为单独调整的。前者结构简单，后者矫直方案调整灵活。

同平行排列的矫直方案一样，当$1/\rho_f \leq 1/\rho_W$时，前面几个辊子可使原始曲率范围有小量缩小，后面的辊子作用不大，轧件基本上得不到矫直。所以，必须$1/\rho_f > 1/\rho_W$。

为解析轧件的矫直过程，分为两种矫直方案：小变形矫直方案和大变形矫直方案。

1）小变形矫直方案。如图9-11和图9-12所示，轧件原始曲率为$\pm 1/r_0 \sim 0$，调整第2辊子的压下量使轧件弯曲至$-1/\rho_2$，恰好能使$+1/r_0$变为0（即得到矫直），使$+1/r_0 \sim 0$间的曲率由于过分弯曲而变为凸向下的曲率，原$-1/r_0 \sim 0$间的曲率为凸向下的曲率，此时残余曲率范围为$-1/r_0 \sim 0$。第3辊子的调整与第2辊子的道理相似，$1/\rho_3 = 1/\rho_2$，仅符号相反，使$-1/r_0$变为0，残余曲率范围变为$+1/r_3 \sim 0 (1/r_3 < 1/r_0)$。

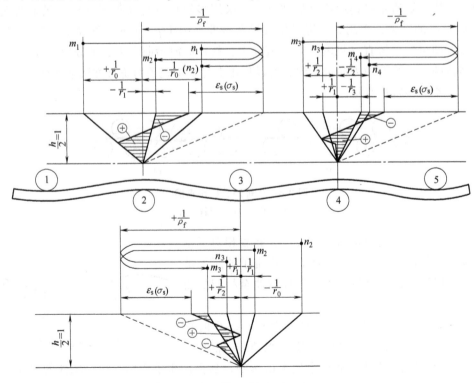

图9-10　上下辊平行排列的矫直方案

调整第 4 辊子，$1/\rho_4<1/\rho_3$，使 $1/r_3$ 变为 0，残余曲率范围为 $-1/r_4\sim 0$（$1/r_4<1/r_3$）。依此类推，以后各辊子调整为：$1/\rho_i<1/\rho_{i-1}$，使 $1/r_{i-1}$ 变为 0，残余曲率范围为 $-1/r_i\sim 0$（$1/r_i<1/r_{i-1}$）。直至 $1/\rho_{n-1}$，使 $1/r_{n-2}$ 变为 0，最终残余曲率为 $1/r_{n-1}\sim 0$。当 n 值足够大时，$1/r_{n-1}\approx 0$。

所谓小变形矫直方案，就是每个辊子采用的压下量恰好能完全矫直前面相邻辊子处的最大残余曲率，使残余曲率逐渐减小的矫直方案，如图 9-12 所示。增加辊数，可进一步减小残余曲率，提高矫直精度，但不能完全消除残余曲率。理论上，小变形矫直方案不能完全矫直具有多值曲率的轧件。该方案适用于矫直理想材料、近于理想材料和具有明显屈服平台的材料，既能保证较高的矫直精度，又不至于功率消耗过多。

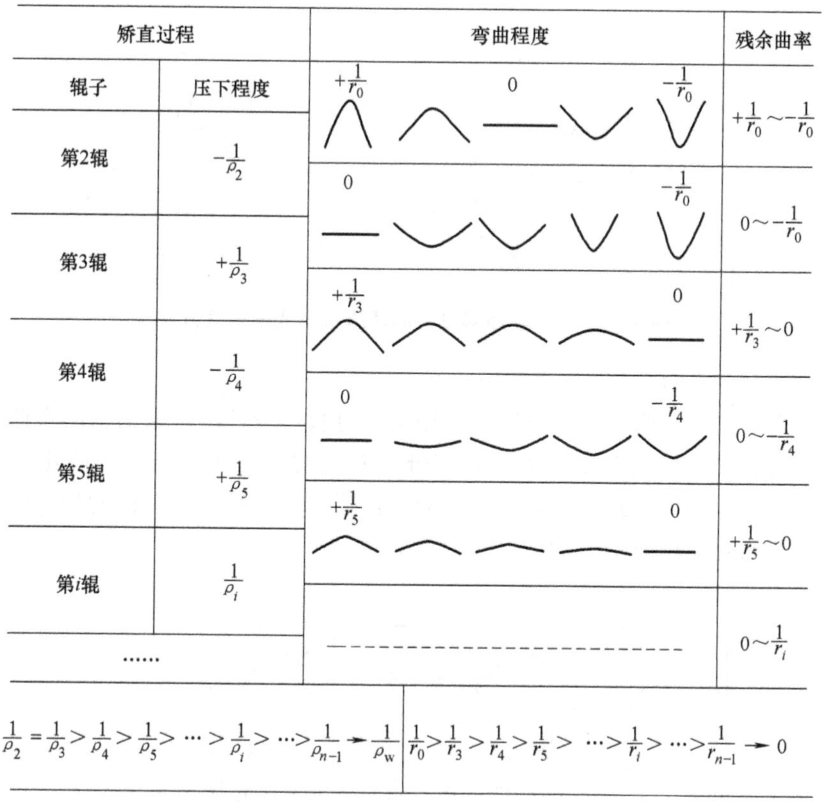

矫直过程		弯曲程度	残余曲率
辊子	压下程度		
第2辊	$-\dfrac{1}{\rho_2}$	$+\dfrac{1}{r_0}\quad 0 \quad -\dfrac{1}{r_0}$	$+\dfrac{1}{r_0}\sim -\dfrac{1}{r_0}$
第3辊	$+\dfrac{1}{\rho_3}$	$0\quad\quad -\dfrac{1}{r_0}$	$0\sim -\dfrac{1}{r_0}$
第4辊	$-\dfrac{1}{\rho_4}$	$+\dfrac{1}{r_3}\quad\quad 0$	$+\dfrac{1}{r_3}\sim 0$
第5辊	$+\dfrac{1}{\rho_5}$	$0\quad\quad -\dfrac{1}{r_4}$	$0\sim -\dfrac{1}{r_4}$
第i辊	$\dfrac{1}{\rho_i}$	$+\dfrac{1}{r_5}\quad\quad 0$	$+\dfrac{1}{r_5}\sim 0$
……			$0\sim -\dfrac{1}{r_i}$
	$\dfrac{1}{\rho_2}=\dfrac{1}{\rho_3}>\dfrac{1}{\rho_4}>\dfrac{1}{\rho_5}>\cdots>\dfrac{1}{\rho_i}>\cdots>\dfrac{1}{\rho_{n-1}}\rightarrow\dfrac{1}{\rho_w}$	$\dfrac{1}{r_0}>\dfrac{1}{r_3}>\dfrac{1}{r_4}>\dfrac{1}{r_5}>\cdots>\dfrac{1}{r_i}>\cdots>\dfrac{1}{r_{n-1}}\rightarrow 0$	

图 9-11 小变形矫直方案残余曲率变化规律示意图

2）大变形矫直方案。大变形矫直方案（见图 9-13）就是前几个辊子采用比小变形矫直方案大得多的压下量，使轧件得到足够大的弯曲，很快缩小残余曲率范围，后面的辊子接着采用小变形矫直方案。第 2 辊子压下挠度曲率为 $-1/\rho_2$，使 $+1/r_0$ 变为 $-1/r_2$，残余曲率范围为 $-1/r_2\sim -1/r_2'$。同理，第 3 辊子压下挠度曲率为 $+1/\rho_3$，使残余曲率范围变为 $+1/r_3'\sim +1/r_3$。这样经过几个辊子后，残余曲率很快缩小为 $1/r_i'\sim +1/r_i$，接着采用小变形矫直方案，很容易得到矫直（图中仅表示第 2、3 辊子采用大变形）。

采用大变形矫直方案之所以残余曲率快速接近，是由轧件的弹塑性变形性质所决定的。式（9-13）或图 9-6 表明总的弯曲曲率与弹复曲率为非线性关系。在同一辊子的压下挠度曲率条件下，原始曲率差值一定，总弯曲曲率值越大，弹复曲率差值越小，即残余曲率越接近，越容易得到较高的矫直精度。尤其是对于没有明显屈服平台或屈服极限附近曲线斜率较

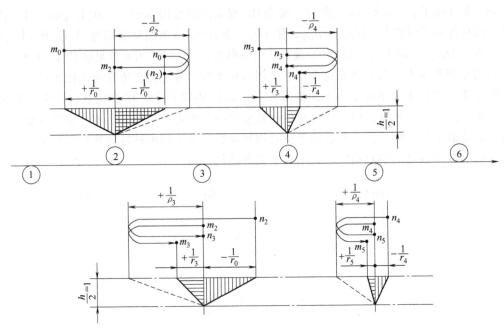

图 9-12 上排辊倾斜排列的矫直机小变形矫直方案

大的非理想材料（如合金钢），矫直效果较好。

单就板材来讲，上述两种矫直方案仅适用于矫直板形较好的板材的纵向弯曲。至于瓢曲或浪形部分的矫直，应增大其相邻的平直部分所对应的辊身压下挠度，使轧件平直部分伸长，则瓢曲和浪形部分可得到展平。瓢曲部分、浪形部分和平直部分间的相互影响，将出现局部拉弯或压弯联合作用的变形状态（见拉弯矫直部分）。

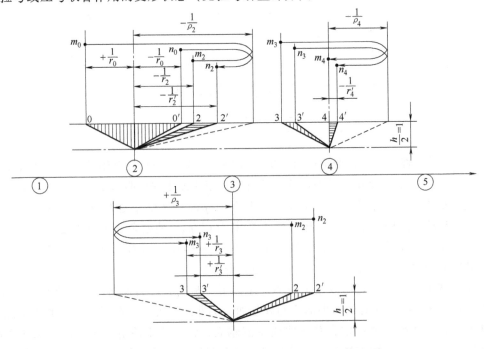

图 9-13 上排辊倾斜排列的矫直机大变形矫直方案

3. 斜辊弯曲矫直

斜辊矫直机用于矫直圆断面的轧件，又如图 9-14 所示，在矫直辊的传动下，轧件既转动又轴向移动，近似于螺旋前进运动。轧件通过由交错布置的矫直辊所构成的几个弹塑性弯曲矫直单元，各个断面得到多次弯曲，达到一定程度的矫直。同时，轧件得到不同方向的弯曲，也就能够消除多方向的弯曲曲率。

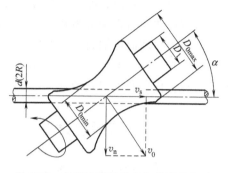

图 9-14 斜辊矫直时轧件与辊子的关系

据图 9-14 可得

$$v_s = v_0 \sin\alpha$$

式中，v_s 是轧件前进速度（矫直速度）。

$$v_n = v_0 \cos\alpha$$

式中，v_n 是轧件转动速度。

$$v_0 = \frac{\pi D_0 n_0}{60}$$

式中，v_0 是矫直辊的传动速度。

$$D_0 = \frac{2D_{0\max} + D_{0\min}}{3}$$

式中，D_0 是矫直辊的传动直径。

轧件通过弹塑性弯曲段（长为 l_{ni}）所得到的弯曲次数（每转半周弯曲一次），即

$$m_i = \frac{2l_{ni}}{s} \tag{9-16}$$

据图 9-15 中的几何关系，可有

$$\frac{0.5l_i - 0.5l_{ni}}{0.5l_i} = \frac{M_W}{M_s}$$

$$l_{ni} = \left(1 - \frac{M_W}{M_s}\right) l_i \tag{9-17}$$

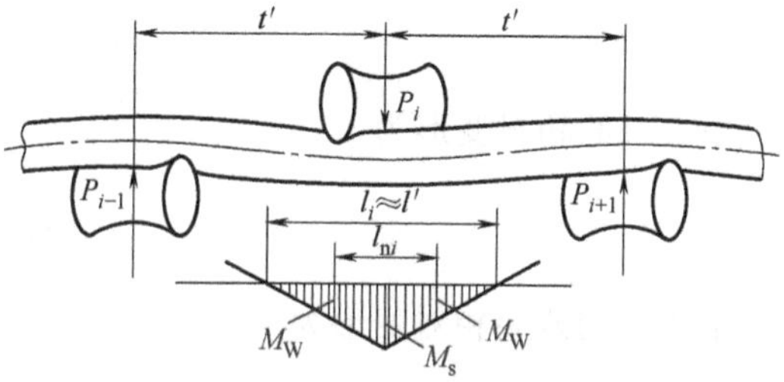

s 为轧件每转动一周轴向移动的距离（螺距），表达式为

$$s = \pi d \tan\alpha \tag{9-18}$$

图 9-15 斜辊矫直单元

将式 (9-17) 和式 (9-18) 代入式 (9-16)，得

$$m_i = \frac{2l_i}{\pi d \tan\alpha}\left(1 - \frac{M_W}{M_s}\right) \tag{9-19}$$

所有 l_{ni} 处总的弯曲次数为

$$m = \sum_{i=2}^{n-1} m_i = \sum_{i=2}^{n-1} \frac{2l_i}{\pi d \tan\alpha}\left(1 - \frac{M_W}{M_s}\right) \tag{9-20}$$

从式 (9-20) 可以看出，适当调整 l_i、α 和 d 等参数，轧件容易得到多次弹塑性弯曲，所以一般斜辊矫直机的辊子不多，构成 1~3 个弹塑性弯曲单元，就能达到所要求的矫直精度。

对于管材，除沿长度方向上弯曲的曲率得到消除或减小外，断面形状也同时得到矫直。不仅管材弯曲使与辊子接触处断面被压扁，而且可将每对辊子之间的距离调得比管材直径稍小些，使管材断面更加扁，从而造成沿圆周方向管壁的应力与变形分布不同，即构成方向不同的弹塑性弯曲变形部分。随着管材的转动，沿断面圆周上的变形发生连续交变，形成反复弯曲过程，使椭圆度得到矫直。

9.2.2 拉弯矫直理论

拉弯矫直是拉伸与弯曲联合作用的矫直方法。下面以矩形断面的理想材料为例进行研究。由于其中的拉伸作用，弯曲变形的同时中性层必须发生移动。

如图 9-16 所示，当断面中拉伸区和压缩区都存在塑性层时 $[e<(h/2)-z_s]$，移动量 e 由水平方向外力与内力的平衡条件求得：

$$\left[\left(\frac{h}{2}+e\right)-\left(\frac{h}{2}-e\right)\right]b\sigma_s = hb\sigma_1 \quad (9\text{-}21)$$

$$e = \frac{h}{2}\frac{\sigma_1}{\sigma_s} = \frac{h}{2}k \quad (9\text{-}22)$$

$$k = \frac{\sigma_1}{\sigma_s}$$

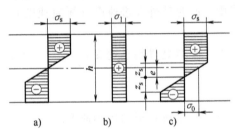

图 9-16 拉弯矫直应力图
a) 弯曲 b) 拉伸 c) 拉弯联合作用

式中，σ_1 是平均单位外拉力，$\sigma_1 = \frac{T}{bh}$；T 是总的外拉力；b 是被矫直金属的宽度。

中心层的拉应力为

$$\sigma_0 = \frac{e}{z_s}\sigma_s = \frac{\sigma_1}{k} \quad (9\text{-}23)$$

中心层的相对变形为

$$\varepsilon_0 = \frac{\sigma_1}{kE} \quad (9\text{-}24)$$

中心层的残余相对变形为

$$\varepsilon_0' = \frac{\sigma_1}{E}\left(\frac{1}{k}-1\right) \quad (9\text{-}25)$$

拉伸区的相对变形为

$$\varepsilon = \frac{z}{z_s}\varepsilon_s + \varepsilon_0 \quad (9\text{-}26)$$

压缩区的相对变形为

$$\varepsilon' = \frac{z}{z_s}\varepsilon_s - \varepsilon_0 \quad (9\text{-}27)$$

弯曲矫直时，弯矩按式（9-1）计算：

$$M_0 = (3-k^2)\frac{bh^2}{12}\sigma_s$$

拉弯矫直时，采用类似式（9-1）的推导方法，弯矩计算公式如下：

$$M = \left[3\left(1-\frac{\sigma_1^2}{\sigma_s^2}\right)-k^2\right]\frac{bh^2}{12}\sigma_s = M_0 - k^2 M_s \qquad (9\text{-}28)$$

显然，$M<M_0$，可有

$$\frac{1}{r} = \frac{M}{EI} < \frac{M_0}{EI} = \frac{1}{r_0} \qquad (9\text{-}29)$$

式（9-29）表明，拉力影响的结果，使拉弯矫直时的弯矩及其弹复曲率比单纯弯曲矫直的小，有利于提高矫直精度，适用于矫直弯曲矫直困难的薄带材。

当压缩区内不存在塑性层时，如图 9-17 所示，拉伸与弹性弯曲联合作用。根据水平方向外力与内力的平衡条件，中性层移动量 e 为

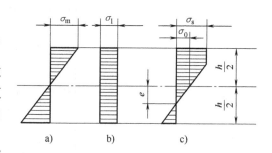

图 9-17　拉伸与弹性弯曲应力图
a）弹性弯曲　b）拉伸　c）拉伸与弯曲

$$e = \frac{h}{2}+\varepsilon_s\rho - \sqrt{2\varepsilon_s\rho\left(1-\frac{\sigma_1}{\sigma_s}\right)} = \frac{h}{2}+\frac{\sigma_s\rho}{E}-\sqrt{\frac{2h\rho}{E}(\sigma_s-\sigma_1)} \qquad (9\text{-}30)$$

式中，ρ 是轧件的弯曲半径，$\rho = \dfrac{hE}{2\sigma_m}$。

中心层的拉应力为

$$\sigma_0 = \sigma_m + \sigma_s - 2\sqrt{\sigma_m(\sigma_s-\sigma_1)} = (\sqrt{\sigma_m}-\sqrt{\sigma_s-\sigma_1})^2 + \sigma_1$$

或

$$\sigma_0 = (\sqrt{\sigma_s-\sigma_1}-\sqrt{\sigma_m})^2 + \sigma_1 \qquad (9\text{-}31)$$

中心层的相对变形为

$$\varepsilon_0 = (\sqrt{\varepsilon_m}-\sqrt{\varepsilon_s-\varepsilon_1})^2 + \varepsilon_1$$

或

$$\varepsilon_0 = (\sqrt{\varepsilon_s-\varepsilon_1}-\sqrt{\varepsilon_{ml}})^2 + \varepsilon_1 \qquad (9\text{-}32)$$

中心层的残余相对变形为

$$\varepsilon_0' = \varepsilon_0 - \varepsilon_1 = (\sqrt{\varepsilon_m}-\sqrt{\varepsilon_s-\varepsilon_1})^2$$

或

$$\varepsilon_0' = (\sqrt{\varepsilon_s-\varepsilon_1}-\sqrt{\varepsilon_m})^2 \qquad (9\text{-}33)$$

上式表明：轧件的长度变化取决于材质（ε_s）、拉伸变形（ε_1）和弯曲变形（ε_m）。

9.3　辊式矫直机力能参数计算

9.3.1　平行辊矫直机

1. 矫直力计算

在平行辊矫直机上轧件的矫直状态如图 9-18 所示，作用在辊子上的压力可根据各断面

力矩平衡条件求得，结果如下：

$$\begin{cases} P_1 = \dfrac{2}{t} M_2 \\ P_2 = \dfrac{2}{t}(2M_2 + M_3) \\ P_3 = \dfrac{2}{t}(M_2 + 2M_3 + M_4) \\ P_4 = \dfrac{2}{t}(M_3 + 2M_4 + M_5) \\ \quad \vdots \\ P_i = \dfrac{2}{t}(M_{i-1} + 2M_i - M_{i+1}) \\ \quad \vdots \\ P_n = \dfrac{2}{t}(M_{n-1} + 2M_n - M_{n+1}) \end{cases} \tag{9-34}$$

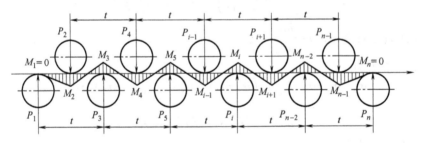

图 9-18 作用在矫直辊子上的压力

作用在上下辊子上的压力之和为

$$\sum_{i=1}^{n} P_i = \frac{8}{t}(M_2 + M_3 + M_4 + \cdots + M_i + \cdots + M_{n-2} + M_{n-1}) = \frac{8}{t} \sum_{i=2}^{n-1} M_i \tag{9-35}$$

式（9-34）和式（9-35）表明，欲求得作用在辊子上的压力，必须事先确定各辊子处轧件的弯矩值。弯矩值取决于弯曲变形量的大小，即取决于原始曲率与压下挠度曲率（反弯曲率）之和。相对一定条件而精确计算出弯矩值是困难的，通常采用一些简化方法。

(1) 倾斜排列辊式矫直机矫直力的计算

1) 算法一。这是一种最简单的计算方法，各辊处轧件断面的弯矩分配方案如下：

$$\begin{cases} M_2 = M_3 = M_4 = M_s \\ M_{n-3} = M_{n-2} = M_{n-1} = M_W \\ M_5 = M_6 = \cdots = M_{n-4} = \dfrac{M_s + M_W}{2} \end{cases} \tag{9-36}$$

式中，M_s、M_W 分别是轧件弹塑性弯矩和弹性弯矩的极限值。

实际上，这种分配方案相当于 M_2 至 M_{n-1} 是从 M_s 至 M_W 按线性递减变化的分配规律。

将式（9-36）代入式（9-35），得

$$\sum_{i=1}^{n} P_i = \frac{8}{t}\left[3M_s + \frac{M_s + M_W}{2}(n-8) + 3M_W\right] = \frac{4}{t}(1+m)(n-2)M_s \qquad (9\text{-}37)$$

$$m = \frac{M_W}{M}$$

2) 算法二。这是适用于辊子较多的薄板矫直机的矫直力计算方法。各辊子处轧件断面弯矩的分配方案为：$M_2 = M_s$，$M_{n-1} = M_W$，从第 2 辊至第 $n-1$ 辊，轧件弹性层厚度按线性递增变化的分配规律，依此确定 M_i 的分配规律。如图 9-19 所示，弹性层厚度系数为

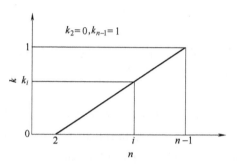

图 9-19 k_i 值的分布规律

$$k_i = \frac{i-2}{n-3}k_{n-1} = \frac{i-2}{n-3}(k_{n-1}=1) \qquad (9\text{-}38)$$

对于矩形断面的理想材料，将式（9-38）代入式（9-1）中得

$$M_i = \left[1 - \frac{1}{3}\left(\frac{i-2}{n-3}\right)^2\right]M_s$$

$$\sum_{i=2}^{n-1} M_i = \sum_{i=2}^{n-1}\left[1 - \frac{1}{3}\left(\frac{i-2}{n-3}\right)^2\right]M_s = \left[(n-2) - \frac{1}{3(n-3)^2}\sum_{i=1}^{n-3} i^2\right]M_s \qquad (9\text{-}39)$$

$$= (n-2)\left[1 - \frac{2n-5}{18(n-3)}\right]M_s$$

将式（9-39）代入式（9-35）中得

$$\sum_{i=1}^{n} P_i = \frac{8(n-2)}{t}\left[1 - \frac{2n-5}{18(n-3)}\right]M_s \qquad (9\text{-}40)$$

3) 算法三。对于辊子单独调整的型钢矫直机，前面几个辊子采用大变形矫直方案，其余各辊子采用小变形矫直方案。各辊子处轧件断面弯矩的分配方案为

$$\begin{cases} M_2 = M_3 = M_4 = M_s \\ M_5 = M_6 = \cdots = M_{n-1} = M_W \end{cases} \qquad (9\text{-}41)$$

将式（9-41）代入式（9-35）中得

$$\sum_{i=1}^{n} P_i = \frac{8}{t}[3M_s + (n-5)M_W] = \frac{8}{t}[3 + (n-5)m]M_s \qquad (9\text{-}42)$$

(2) 平行排列辊式矫直机矫直力的计算　这种矫直机主要用于矫直中厚板。通常是第 1 辊和第 n 辊为单独调整，其余的为集体调整。因此，除第 2 辊和第 $n-1$ 辊外，中间各辊的弯曲力矩可认为是相同的，故弯曲力矩之和为

$$\sum_{i=2}^{n-1} M_i = M(n-4) + M_{n-1}$$

考虑到原始曲率较大，第 2 辊的弯曲力矩 M_2 可按 M_s 计算，令 $M = aM_s$，$M_{n-1} = a_{n-1}M_s$，故矫直力之和为

$$\sum_{i=1}^{n} P_i = \frac{8}{t}[1 + a(n-4) + a_{n-1}]M_s \qquad (9\text{-}43)$$

a 与 a_{n-1} 分别为中间各辊弯曲力矩与 M_s 的比值和第 $n-1$ 辊弯曲力矩与 M_s 的比值，二者数值的大小取决于中间各辊所调整的弯曲程度，一般取值为 $a = 0.88$，$a_{n-1} = 0.84$。

2. 矫直功率计算

矫直功率计算公式如下：

$$N = M \frac{2v}{D\eta} \tag{9-44}$$

式中，M 是作用在辊子上的总传动力矩（kN·m）；v 是矫直速度（m/s）；D 是矫直辊直径（m）；η 是传动效率。

$$M = M_b + M_h + M_m \tag{9-45}$$

式中，M_b 是轧件弯曲变形所需力矩（kN·m）；M_h 是克服轧件与辊子间滚动摩擦所需力矩（kN·m），矫直型材时还需考虑滑动摩擦；M_m 是克服辊子轴承的摩擦及支承辊与工作辊间的滚动摩擦所需力矩（kN·m）。

M_b 可根据矫直时外力所做功与内力所做功相等的条件求得。矫直长度为 L 的轧件外力矩 M_b 所做功为

$$A = \frac{2M_b L}{D} \tag{9-46}$$

根据图 9-20，矫直长度为 dS 的轧件，内力矩 M 做功为

$$dA = Md\varphi = M(\varphi_2 - \varphi_1) = M\left(\frac{dS}{R_2} - \frac{dS}{R_1}\right) = MdSd\frac{1}{R}$$

当总的弯曲曲率为 $1/R_i$ 时，对全长轧件内力做功为

$$A_i = \int dA = \iint MdSd\frac{1}{R}$$

在辊式矫直机条件下，可以认为，轧件通过每个辊子时，沿轧件长度上各个断面 M 值的大小取决于弯曲曲率，而与轧件长度无关，故上式可写为

$$A_i = \int_L dS \int_{\frac{1}{R_i}} Md\frac{1}{R} = L \int_{\frac{1}{R_i}} Md\frac{1}{R}$$

式中，$\int_{\frac{1}{R_i}} Md\frac{1}{R}$ 部分的数值应等于图 9-21 中曲线 $ABDE$ 所包围的面积，则

$$A_i = LM_i\left(\frac{1}{r_{i-1}} + \frac{1}{r_i} + \frac{1}{2\rho_i}\right)$$

该式所表示的变形功中，包括弹复功部分 $LM_i \frac{1}{2\rho_i}$ 在内，考虑到在矫直过程中弹复功恢复的程度不同，故上式改写为

$$A_i = LM_i\left(\frac{1}{r_{i-1}} + \frac{1}{r_i} + \frac{k_y}{2\rho_i}\right)$$

式中，k_y 是弹复功恢复系数，由试验测得，一般 $k_y = 0 \sim 1$。

所有辊子做功的总和为

$$A = \sum A_i = L \sum M_i\left(\frac{1}{r_{i-1}} + \frac{1}{r_i} + \frac{k_y}{2\rho_i}\right) \tag{9-47}$$

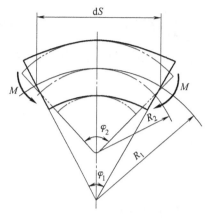

图 9-20 力矩做功计算简图

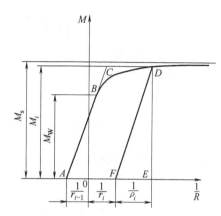

图 9-21 弯矩与曲率关系

式（9-46）与式（9-47）联立，得

$$M_b = \frac{D}{2} \sum M_i \left(\frac{1}{r_{i-1}} + \frac{1}{r_i} + \frac{k_y}{2\rho_i} \right)$$

按上式计算变形力矩时，应考虑轧件的原始曲率。轧件的原始曲率分单向的（如钢轨和槽钢）和变向的（如钢板）。单向曲率又分为凹向下和凹向上的。

矫直原始曲率凹向下的轧件时，残余曲率与弹复曲率按图 9-22 所示的折线规律分布，故变形力矩可写为

$$M_b = \frac{D}{2} \sum_{i=2}^{n-1} M_i \left(\frac{1}{r_{i-1}} + \frac{1}{r_i} + \frac{k_y}{2\rho_i} \right)$$

$$= \frac{D}{2} \left(M_2 \frac{1}{r_0} + \sum_{i=3}^{n-1} M_i \frac{1}{r_{i-1}} + \sum_{i=2}^{n-1} M_i \frac{1}{r_i} + \sum_{i=2}^{n-1} M_i \frac{k_y}{2\rho_i} \right)$$

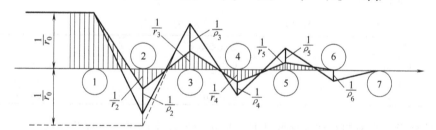

图 9-22 多辊矫直时轧件曲率的变化

为简化计算，可近似地认为

$$\sum_{i=3}^{n-1} M_i \frac{1}{r_{i-1}} \approx \sum_{i=3}^{n-1} M_{i-1} \frac{1}{r_{i-1}} = \sum_{i=2}^{n-2} M_i \frac{1}{r_i}$$

且一般 $\frac{1}{r_{n-1}} \approx 0$，故可有

$$M_b = \frac{D}{2} \left(M_2 \frac{1}{r_0} + 2 \sum_{i=2}^{n-2} M_i \frac{1}{r_i} + \frac{k_y}{2} \sum_{i=2}^{n-1} M_i \frac{1}{\rho_i} \right) \tag{9-48}$$

当原始曲率凹向上时，轧件的弹塑性弯曲是从第 3 辊开始，则此时变形力矩为

$$M'_b = \frac{D}{2}\left(M_3 \frac{1}{r_0} + 2\sum_{i=3}^{n-2} M_i \frac{1}{r_i} + \frac{k_y}{2}\sum_{i=3}^{n-1} M_i \frac{1}{\rho_i}\right) \tag{9-49}$$

比较式（9-48）和式（9-49），可知 $M_b > M'_b$。对于变向原始曲率的轧件，应按二者平均值计算，但是考虑到各种原始曲率的可能性，变形力矩均以式（9-48）计算。

令

$$M_2 = M_s, \quad M_i = m_i M_s, \quad \frac{1}{\rho_i} = m_i \frac{1}{\rho_s}, \quad \frac{1}{r_i} = K_i \frac{1}{\rho_s}$$

式中，m_i 是相对力矩或相对弹复曲率；K_i 是相对残余曲率。

则式（9-48）可变为

$$M_b = \frac{D}{2} M_s \left[\frac{1}{r_0} + \left(2\sum_{i=2}^{n-2} m_i K_i + \frac{k_y}{2}\sum_{i=2}^{n-1} m_i^2\right)\frac{1}{\rho_s}\right]$$

由于 $\dfrac{1}{\rho_s} = \dfrac{1}{m_0 \rho_w} = \dfrac{2\sigma_s}{m_0 hE}$，所以上式又可写为

$$M_b = \frac{D}{2} M_s \left[\frac{1}{r_0} + k_n \frac{(n-2)\sigma_s}{hE}\right] \tag{9-50}$$

式中，

$$k_n = \frac{2}{m_0(n-2)}\left(2\sum_{i=2}^{n-2} m_i K_i + \frac{k_y}{2}\sum_{i=2}^{n-1} m_i^2\right) \tag{9-51}$$

k_n 称为矫直方案系数，实际生产中可以根据所用的矫直方案按式（9-51）计算，设计矫直机时可参考表 9-2 的数值选取。

按式（9-50）计算变形力矩时，必须已知轧件的原始曲率。根据文献资料，轧件最小原始曲率半径在以下数值范围内选取：钢板 $r_{0\max} = (15 \sim 30)h$；型钢 $r_{0\max} = (25 \sim 50)h$（大截面取大值，小截面取小值）

表 9-2 矫直方案系数 k_n 的参考数值

材料	强化系数 η	k_n
碳素钢	0.01~0.03	1.4~1.6
铝合金	0.1 左右	1.8~2.0
合金钢	0.10~0.25	2.0~2.8

矫直具有变向曲率的对称断面轧件时，应按原始曲率的平均值计算，即

$$\frac{1}{r_0} = \frac{0 + \dfrac{1}{r_{0\min}}}{2} = \frac{1}{2r_{0\min}}$$

$$M_K = f\sum_{i=1}^{n} P_i \tag{9-52}$$

式中，f 是轧件与辊子间滚动摩擦系数，冷矫钢板取 $f = 0.1$mm，热矫钢板取 $f = 0.2$mm，有色板材取 $f = 0.2$mm，矫直型材考虑滑动摩擦的影响时取 $f = 0.2 \sim 0.6$mm。

摩擦力矩为

$$M_m = \mu \frac{d}{2}\sum_{i=1}^{n} P_i \tag{9-53}$$

式中，μ 是矫直辊轴承的摩擦系数；d 是矫直辊辊颈直径（mm）。

对于具有支承辊的矫直机，当支承辊为竖直布置时（见图9-23），摩擦力矩为

$$M_m = \alpha \sum_{i=1}^{n} Q_i + \rho \sum_{i=1}^{n} F_i$$

$$\alpha = 2R\sin\gamma - \rho_1 = \rho_1 + 2f_1\cos\gamma \quad (9\text{-}54)$$

式中，R 是矫直辊的半径；ρ、ρ_1 分别是工作辊及支承辊轴承处摩擦圆半径。

一般 γ 角很小，可近似得

$$\alpha = \rho_1 + 2f_1 = \mu_1 \frac{d_1}{2} + 2f_1$$

同理可近似认为以下平衡条件。

作用在矫直辊上的竖直分力 P_i 为

$$P_i = Q_i + F_i$$

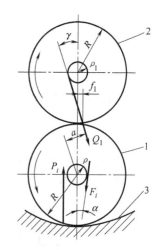

图 9-23 支承辊竖直布置时摩擦力矩计算图
1—工作辊 2—支承辊 3—被矫直轧件

式中，Q_i 是支承辊的支座反力，$Q_i = CP_i$；F_i 是矫直辊轴承的摩擦阻力，$F_i = (1-C)P_i$；C 是压力分配系数（其值为 0~1），视支承方式和支承辊压下量而定。

因此，摩擦力矩为

$$M_m = \left[C\left(\mu_1 \frac{d_1}{2} + 2f_1\right) + (1-C)\mu \frac{d}{2} \right] \sum_{i=1}^{n} P_i \quad (9\text{-}55)$$

式中，μ、μ_1 分别是工作辊和支承辊轴承摩擦系数，滚动轴承 $\mu = \mu_1 = 0.004 \sim 0.005$，滑动轴承 $\mu = \mu_1 = 0.05 \sim 0.07$；$d$、$d_1$ 分别是工作辊和支承辊的辊颈直径；f_1 是工作辊与支承辊间的滚动摩擦系数，一般取值为 0.05mm。

当支承辊为交错布置时（见图9-24），摩擦力矩近似地按下式计算：

$$M_m = \left[C\left(\mu_1 \frac{d_1}{2} + \frac{2f_1}{\cos\varphi}\right) + (1-C)\mu \frac{d}{2} \right] \sum_{i=1}^{n} P_i \quad (9\text{-}56)$$

$$\sin\varphi = \frac{t}{D_g + D_z}$$

式中，t 是矫直机辊距；D_g、D_z 分别是工作辊和支承辊直径。

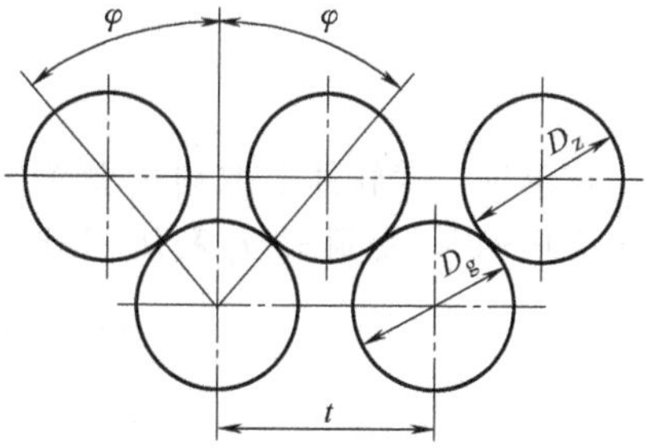

图 9-24 支承辊交错布置时 φ 角的确定

9.3.2 斜辊矫直机

斜辊矫直机矫直力的计算，以七辊矫直机为例，如图9-25所示，P_i 为矫直辊的矫直力，P_i' 为辅助辊的压紧力。计算时通常不考虑压紧力，计算方法与平行辊矫直机的基本相同，所不同的是除首尾辊子处弯矩 M 为 0 外，其余各矫直辊处轧件的最大弯矩皆取值为 M_s。可有

$$\begin{cases} P_1 = P_4 = \dfrac{M_s}{t'} \\ P_2 = P_3 = \dfrac{3M_s}{t'} \end{cases} \quad (9\text{-}57)$$

传动功率按下式计算：

$$N = (N_b + N_k + N_m)\dfrac{1}{\eta} \quad (9\text{-}58)$$

式中，N_b 是矫直轧件所需功率；N_k 是克服轧件与辊子间的滚动摩擦所需功率；N_m 是克服辊子轴承摩擦所需功率。

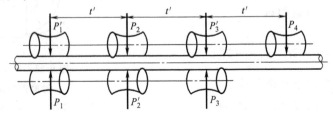

图 9-25　七辊矫直机示意图

计算矫直轧件所需的功率部分时，借助于矫直模型：如图 9-26 所示，矫直过程中轧件的旋转可看作半径为 R 的轧件在弯曲半径为 r_i 的固定不动的圆管中无摩擦地旋转。试求轧件达到完全塑性弯曲状态时，加在单位长度轧件上的扭转力矩 M_0（以理想材料为例，且忽略弹复功部分）。

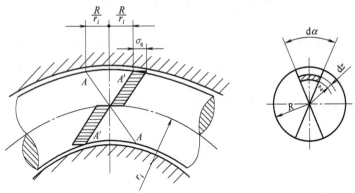

图 9-26　旋转弯曲模型

在单位长度轧件上取扇形角为 $d\alpha$ 的双扇形体，旋转半周时，断面 A—A 转到 A'—A'，其曲率从 $+1/r_i$ 变到 $-1/r_i$ 和从 $-1/r_i$ 变到 $+1/r_i$。内力矩 dM_s 所做功为

$$dA = dM_s d\varphi = dM_s \left(\dfrac{1}{r_i} + \dfrac{1}{r_i}\right) = dM_s \dfrac{2}{r_i}$$

$$dM_s = 2\int_0^R z\sigma_s dF = 2\sigma_s d\alpha \int_0^R z^2 dz = \dfrac{2}{3}R^3 \sigma_s d\alpha = M_s \dfrac{d\alpha}{2}$$

所以

$$dA = M_s \dfrac{d\alpha}{r_i}$$

整个断面旋转半周时，内力矩做功为

$$A = \mathrm{d}A \frac{2\pi}{2\mathrm{d}\alpha} = M_s \frac{\pi}{r_i}$$

整个断面旋转半周时，外力矩做功为

$$A' = M_0 \pi$$

根据外力矩做功与内力矩做功相等条件（$A=A'$）得

$$M_0 = M_s \frac{1}{r_i}$$

根据图 9-14 和图 9-15 可知

$$N_b = \sum_{i=2}^{n-1} M_0 \frac{v_n}{R} l_{ni} + M_s v_s \left(\frac{1}{r_0} + 2 \sum_{i=2}^{n-2} \frac{1}{r_i} \right) \tag{9-59}$$

由式 (9-17) 可知，$l_{ni} = \frac{M_s - M_W}{M_s} l_i = \left(1 - \frac{1}{1.7}\right) t' = 0.4 t'$

$$v_n = \frac{v_s}{\tan\alpha}$$

将 M_0、l_{ni} 和 v_n 各表达式代入式 (9-59)，而且认为 $\frac{1}{r_{n-1}} \approx 0$，整理得

$$N_b = M_s v_s \left[\frac{1}{r_0} + \left(2 + \frac{0.8 t'}{D \tan\alpha} \right) \sum_{i=2}^{n-2} \frac{1}{r_i} \right] \tag{9-60}$$

$$N_k = f \sum_{i=1}^{n} P_i \frac{2 v_s}{D_0 \sin\alpha} = \frac{8 f v_s}{t' D_0 \sin\alpha} \sum_{i=2}^{n-1} M_i \tag{9-61}$$

$$N_m = \mu \frac{d}{2} \sum_{i=1}^{n} P_i \frac{2 v_s}{D_0 \sin\alpha} = \frac{4 \mu d v_s}{t' D_0 \sin\alpha} \sum_{i=2}^{n-1} M_i \tag{9-62}$$

式中，f 是轧件与辊子间的滚动摩擦系数；μ 是辊子轴承的摩擦系数；D 是轧件直径（mm）；d 是辊颈直径（mm）；D_0 是矫直辊的传动直径（mm），如图 9-14 所示，$D_0 = (2D_{0\max} + D_{0\min})/3$。

将式 (9-60)~式 (9-62) 代入式 (9-58)，得出传动功率的计算式为

$$N = \left\{ M_s \left[\frac{1}{r_0} + \left(2 + \frac{0.8 t'}{D \tan\alpha} \right) \right] \sum_{i=2}^{n-2} \frac{1}{r_i} + (2f + \mu d) \frac{4}{t' D_0 \sin\alpha} \sum_{i=2}^{n-1} M_i \right\} \frac{v_s}{\eta} \tag{9-63}$$

七辊矫直机实质上相当于四辊矫直机，其传动功率计算式为

$$N = \left[\frac{1}{r_0} + \left(2 + \frac{0.8 t'}{D \tan\alpha} \right) \frac{1}{r_2} + (2f + \mu d) \frac{8}{t' D_0 \sin\alpha} \right] \frac{M_s v_s}{\eta} \tag{9-64}$$

斜辊矫直机的结构型式较多，矫直方式有所差别，这就决定了在传动功率的计算上也要有所差别。因此，对于具体情况要做具体分析。

9.4 辊式矫直机的基本参数

辊式矫直机的基本参数包括：辊径 D、辊距 t、辊数 n、辊身长度 L 和矫直速度 v。设计

矫直机时,根据轧件品种、材质、矫直精度、生产率及给定结构方案等条件来确定上述各参数。

9.4.1 钢板矫直机的基本参数

1. 辊径 D

辊径与辊距具有直接关系,经理论分析和生产实践,有

$$D = \psi t \tag{9-65}$$

式中,ψ 是比例系数,取值为薄板 $\psi = 0.9 \sim 0.95$,中厚板 $\psi = 0.7 \sim 0.94$。

2. 辊距 t

一定用途的矫直机的辊距值可在一定的适用范围内选取,不能过大或过小。辊距过大,轧件塑性变形不足,保证不了矫直质量,同时轧件有可能打滑,满足不了咬入条件;辊距过小,由于矫直力过大,可能造成轧件与辊面的快速磨损或辊子和接轴等零件的破坏。所以认为,最大允许辊距值 $t_{\max}$ 取决于矫直质量和咬入条件,最小辊距 $t_{\min}$ 取决于接触应力或扭转强度条件。最终在二者之间选取合适的辊距值。

(1)$t_{\max}$ 值的确定 为保证矫直质量,对于理想材料,若采用小变形方案,其最大允许辊距值为

$$t_{\max} = \frac{D_{\max}}{\psi} = \frac{2hE}{3\psi\sigma_s} \tag{9-66}$$

若采用大变形方案,其最大允许辊距值为

$$t_{\max} = \frac{hE}{3\psi\sigma_s} \tag{9-67}$$

在相同原始条件下,非理想材料所需的 $t_{\max}$ 值要比理想材料所需的值小,才能保证矫直质量。也就是说,矫直非理想材料比矫直理想材料更困难。

通过分析计算表明,限制最大辊距的因素是咬入条件,而不是矫直质量,所以,应按咬入条件来确定 $t_{\max}$ 值。但是,对于矫直厚度较小的薄板矫直机,由于受到零件强度的限制,$t_{\max}$ 值不允许太小,有时达到 $t_{\max} = (180 \sim 200)h$,即不按咬入条件确定,而咬入条件靠送料辊来保证。一般导向辊是单独调整的,当咬入困难时,可通过调整导向辊来改善咬入条件。

(2)$t_{\min}$ 值的确定 轧件对矫直辊的压力随着辊距的减小而增大。若压力值过大,会加速辊面的磨损,降低板面质量。所以辊距不能太小,故接触应力成为辊距最小值 $t_{\min}$ 的限制条件。

矫直辊辊身的弯曲强度一般不能成为最小辊距的限制条件,因为弯曲强度不够时,可增设支承辊。辊颈的扭转强度和连接轴的强度往往是最小辊距的限制条件。

通过分析计算表明,对于薄而光的钢板,强度条件是限制最小允许辊距的因素。此外,在一般情况下,连接轴的强度比辊颈的扭转强度影响更大,即 $t_{\min}$ 主要受连接轴强度的限制。

最终,应在上述四方面因素所决定的 $t_{\max}$ 和 $t_{\min}$ 值的范围内,选取一个合适的辊距 t。

一般情况下,薄板矫直机的辊距的选取范围为

$$(25 \sim 40)h_{\max} < t < (80 \sim 130)h_{\min} \tag{9-68}$$

厚板矫直机的辊距的选取范围为

$$(12\sim20)h_{\max}<t<(40\sim60)h_{\min} \tag{9-69}$$

要更准确地确定辊距的数值，必须根据具体条件进行计算。

3. 辊数 n、辊身长度 L 和矫直速度 v

增加辊数可提高矫直精度，但同时会增大结构尺寸和重量，也会增加能量消耗。所以，在达到矫直质量要求的前提下，力求减少辊数。此外，辊子过多时，不仅明显加重前面提到的缺点，而且矫直精度提高得并不显著，经济效果很差，故辊子不宜过多。

对于薄板矫直机，由于钢板 b/h 值很大，原始弯曲曲率较大，以及瓢曲和浪形缺陷严重，又往往是冷矫材料，强化系数也较大，则矫直困难，但是受到强度条件限制，辊距不得不加大。因此，就需要增多辊数，以保证矫直质量，故薄板矫直机的辊子较多。对于厚板矫直机，则相反，辊子较少。一般选取辊数可参见表 9-3。

表 9-3 辊数与钢板厚度的关系

钢板厚度 h/mm	0.20~1.5	1.5~5.0	>5.0
辊数 n	29~17	17~11	9~7

矫直辊辊身长度要比钢板的最大宽度大一定的数值，通常是等于轧机工作辊的辊身长度。一般选取辊身长度时可参见表 9-4。

表 9-4 矫直辊辊身长度与钢板最大宽度的关系

钢板最大宽度 $b_{\max}$/mm	400	540	800	1000	1250	1550	1800	2000	2500	3200	4000
辊身长度 L/mm	500	700	1000	1200	1450	1700	2000	2300	2800	3500	4200

矫直速度的大小，首先要满足生产率的要求，要与轧机生产能力相协调，要与所在机组的速度相一致。这样，对于薄板矫直机，辊径的减小将导致轴承承载能力减小和转速的提高，所以在较高的矫直速度条件下应考虑轴承寿命的限制。一种矫直机所矫直的轧件品种规格具有一定的范围，则矫直速度必相应进行调整。钢板矫直速度的选择可参见表 9-5。

表 9-5 钢板矫直速度

钢板厚度 h/mm	矫直速度 v/m·s^{-1}	
	冷矫	热矫
0.5~4	6.0~0.5	1.0~0.3
4~30	0.5~0.1	

9.4.2 型钢矫直机的基本参数

型钢矫直机的辊径与辊距也有一定的比例关系，即

$$D=\psi t \tag{9-70}$$

式中，ψ 是比例系数，$\psi=0.75\sim0.90$。

与钢板矫直机相同，最大允许辊距 $t_{\max}$ 取决于矫直质量条件和咬入条件，最小允许辊距 $t_{\min}$ 取决于接触应力条件和强度条件。

1. 矫直质量条件

不考虑材料强化时,用与式(9-6)相同的推导方法,即

$$D_{\max} \approx \rho_s = \frac{EI}{M_s} = \frac{EI}{kM_W} = \frac{Eh}{2k\sigma_s}$$

式中,k 是塑性断面系数与弹性断面系数的比值,$k=S/W$。

$$t_{\max} = \frac{Eh}{2\psi k\sigma_s} \tag{9-71}$$

2. 咬入条件

由咬入条件所推导出的 $t_{\max}$ 公式与钢板矫直机的公式形式相同。

所有辊子都为传动时:

$$t_{\max} = 8r_0\left(\mu_1 - \frac{2f}{D}\right)$$

式中,r_0 是原始曲率半径。

型钢矫直机由于咬入条件较好,故一般只传动一排辊子,此时可有

$$t_{\max} = 8r_0\left[\mu_1 - \frac{2f}{D} - \left(\mu_1 + \mu\frac{d}{D}\right)\alpha_m\right] \tag{9-72}$$

式中,α_m 是合力作用点的位角。

当采用其他传动方案时,应按具体情况进行计算。

3. 接触应力条件

用与式(9-55)相同的推导方法,得出由接触应力条件所决定的最小允许辊距计算式为

$$t_{\min} = \frac{2.36}{[p]}\sqrt{\frac{\sigma_s S}{b\psi}\frac{E_1 E_2}{E_1+E_2}} \tag{9-73}$$

式中,$[p]$ 是许用挤压强度;b 是辊子与轧件的接触宽度;E_1 是矫直辊的弹性模量;E_2 是钢板的弹性模量。

4. 强度条件

同样,用钢板矫直机的推导方法,得出由辊颈扭转强度所决定的最小允许辊距计算式为

$$t_{\min} = \frac{2.72}{C}\sqrt[3]{\frac{\mu_1 \sigma_s S}{\psi^2 [\tau]}} \tag{9-74}$$

式中,$[\tau]$ 是许用切应力。

由连接轴叉头强度所决定的最小允许辊距计算式为

$$t_{\min} = \frac{5.19}{\lambda}\sqrt[3]{\frac{\mu_1 \sigma_s S}{\psi^2 [\sigma]}\left(\frac{1}{1-\dfrac{d_c}{D_c}}\right)^{1.25}} K \tag{9-75}$$

$$K = 1 + 0.05\alpha^{\frac{1}{3}}$$

式中,α 是连接轴倾角;D_c 是叉头外径;d_c 是叉头镗孔内径;$[\sigma]$ 是许用应力,此处通常按照材料屈服强度来取值。

当 $\alpha=8°$,$\dfrac{d_c}{D_c}=0.5$ 时,式(9-75)可变为

$$t_{min} = \frac{7.36}{\lambda} \sqrt[3]{\frac{\mu_1 \sigma_s S}{\psi^2 [\sigma]}} \tag{9-76}$$

由于型钢的宽高比值很小,故强度条件一般不限制最小辊距,即最小允许辊距由接触应力确定。

t_{max}值应按高度小的产品计算,t_{min}值应按高度大的,即按 S 大的产品计算。

由于接触应力是限制最小允许辊距的主要因素,允许辊距与轧件高度的比值取得小些,即 $t=(5\sim20)h$。这就使得型钢矫直机具有很好的咬入条件。

型钢矫直机的辊数一般为下列数值:对大型型钢,$n=7\sim8$;对中小型型钢,$n=7\sim11$。

悬臂式型钢矫直机(开式)的矫直辊辊身长度较小,仅能布置 1~2 个孔型;闭式矫直机的矫直辊辊身长度较大,类似于型钢轧辊,可布置若干孔型。

型钢矫直机的矫直速度决定生产率,一般在 0.8~3.0m/s 的范围内,有的小型型钢矫直速度更高些。

9.5 矫直机的结构

9.5.1 板材辊式矫直机

1. 普通板材辊式矫直机

在金属材料中板材所占比重最大,所以板材辊式矫直机得到广泛应用,不仅成为板带车间的重要精整设备,而且广泛用于板材制品车间内,如锅炉厂、造船厂、车辆厂等。

板材辊式矫直机的设备组成如图 9-27 所示。其中分配减速器,除改变转速外,还要把电动机转矩分配到齿轮机座的输入轴上,以便使载荷均匀。矫直机通常都带有送料辊,与机架共用一个齿轮机座,与机架安装在同一地脚板上。送料辊直径一般比矫直辊直径大些,机前送料辊可改善咬入条件,机后送料辊用来承受后面传来的各种冲击负荷,保证工作辊及轴承部件和连接轴的正常工作。机后送料辊对于与飞剪相连的矫直机非常必要。

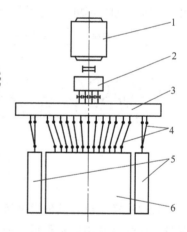

图 9-27 板材辊式矫直机的设备组成
1—电动机 2—分配减速器 3—齿轮机座
4—连接轴 5—送料辊 6—矫直辊部分

按工作辊的调整方法和排列方式不同,板材辊式矫直机的结构可分下列几种基本型式:

1)每个上辊可单独调整高度的矫直机(见图 9-28a)。每个上辊都具有单独的轴承座和压下调整机构,保证任意调整高度。此外,通常还可以移动机架的上部分相对下部分进行集体调整。这种矫直机能够得到较高的矫直精度,但结构复杂,所以在实际中一般辊数较少。

2)上排辊集体平行调整高度的矫直机(见图 9-28b)。上排辊子固定在一个可平行升降的横梁上,只能集体上下平行调整,所有辊子的压下量相同,结构比较简单。但这种调整方式只能用较小的（甚至是最小的）有效弯曲变形，才能得到较高的矫直精度，否则将出现较大的残余曲率。为解决上述问题，通常出入口上辊为单独调整的。这种矫直机广泛用于中厚板的矫直。

3）上排辊集体倾斜调整的矫直机（见图9-28c）。上排辊子安装在一个可倾斜调整的横梁上，由入口至出口轧件弯曲变形逐渐减小，可以实现大变形、小变形两种矫直方案。这种矫直机能得到较高的矫直速度，调整也很方便，所以得到广泛采用。

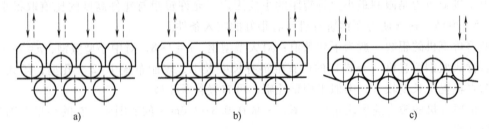

图9-28 板材辊式矫直机上辊调整方案
a）每个上辊单独调整 b）上排辊集体平行调整 c）上排辊集体倾斜调整

4）平行和倾斜混合排列的矫直机。一种是入口段为平行排列，出口段为倾斜排列（见图9-29a），增加了入口段轧件的大变形过程，可提高矫直质量。另一种是中间为平行排列，两端为倾斜排列（见图9-29b），它不仅能提高矫直质量，而且可改善咬入条件和用于可逆矫直。

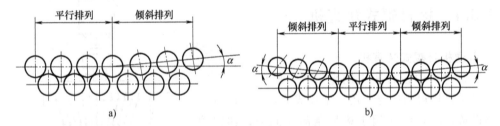

图9-29 混合排列的辊式矫直机
a）入口平行、出口倾斜 b）中间平行、两端倾斜

板材辊式矫直机与其他类型矫直机的主要区别之一在于辊径与辊身长度之比很小，工作辊辊身弯曲强度和刚度都很低。所以，不仅必须采用闭式机架，而且大多数都具有支承辊，用来承受工作辊的弯曲。也有的用多段支承辊调整工作辊长度方向的挠度，以便消除轧件局部瓢曲或浪形。支承辊的布置形式，常见的有以下几种：

1）垂直布置（图9-30a）。支承辊仅承受工作辊的垂直方向的弯曲。这种布置形式仅用于辊径与辊身长度之比较大的矫直机。

2）交错布置（图9-30b）。支承辊承受工作辊垂直方向和水平方向的弯曲，矫直过程中工作辊比较稳定。与垂直布置的相反，这种布置形式多用于工作辊辊径与辊身长度比值较小的矫直机。

3）垂直和交错混合布置（见图9-30c）。下排支承辊采用垂直布置形式，可漏掉辊间的氧化皮和其他物质，从而减轻辊面磨损，提高辊子寿命。这种布置形式多半用于矫直带氧化皮的热轧钢板。

4）双层支承辊（见图9-31）。随着板材厚度的减小，矫直机工作辊辊径和辊距相应减

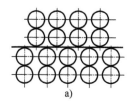 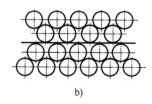 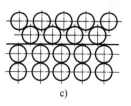

图 9-30　板材矫直机支承辊的布置形式
a）垂直布置　b）交错布置　c）垂直和交错混合布置

小，则支承辊直径可能受到限制，为加强支承作用和扭转能力，增设大直径的外层支承辊和改为内层支承辊（中间支承辊）传动。目前这种矫直机用于铝及铝合金薄带的拉弯矫直机组。

板材，尤其是薄板，不仅在纵向（长度方向）上具有弯曲变形，而且在横向（宽度方向）上也具有弯曲变形，如瓢曲和浪形，严重影响板形质量。因此，根据不同的矫直工艺要求，支承辊又分一段的、二段的、三段的和多段的若干种。图 9-32 所示为三段式支承辊矫直方案，其各段支承辊可单独调整压下，沿工作辊长度方向可使带材产生不同的变形，能够消除两边或中间或一边的板形缺陷。上下支承辊的规格和布置形式可相同，也可不同，上下各段可对称布置和交错布置，选择哪种形式取决于设备和工艺方面的具体条件。

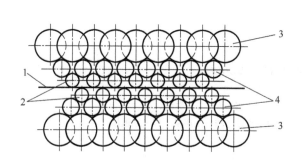 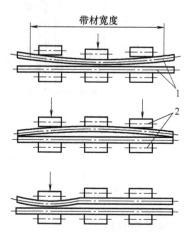

图 9-31　双层支承辊的矫直机示意图
1—板材　2—工作辊　3—外层支承辊
4—中间支承辊（传动辊）

图 9-32　三段式支承辊矫直方案
1—工作辊　2—支承辊

2. 中厚板矫直机

4200mm×9 辊中厚板矫直机由太原重型机器厂制造，安装在舞阳钢铁公司。其主要技术性能如下：

矫直钢板尺寸：(8~40)mm×(1500~4000)mm×(4000~18000)mm。

矫直温度：600~800℃。

屈服极限 σ_s：118~147MPa。

矫直速度：0.3~0.8m/s。

辊数×辊距：9×360mm。
辊径×辊长：φ320mm×4200mm。
上横梁开口度：240mm。
支承辊列数×辊数：2×7=14。
传动比：$i=22$。
主电动机：125kW。

该矫直机主体简图及辊系构造如图9-33所示。

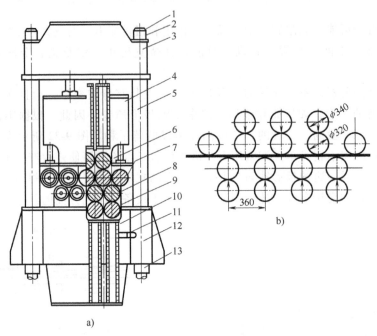

图 9-33　4200mm×9 辊中厚板热矫机
a）主体简图　b）辊系图
1—螺杆　2—上螺母　3—上横梁　4—动横梁　5—立柱　6—上支承辊　7—上工作辊
8—下工作辊　9—下支承辊　10—下横梁　11—楔键　12—下座梁　13—下螺母

3. 中薄板矫直机

1700mm×11 辊中薄板矫直机用于矫直厚度为 2.5~16mm 的板材，其规格根据板宽及板厚来确定，其工作范围以板厚比来表示，所矫板材板厚变化比为 1∶3~1∶5。但从理论上讲，矫直机的受力与板厚的二次方成正比，即板厚为 1∶5 时，矫直机结构受力可达 1∶25，波动范围很大，机器很难充分发挥其作用，甚至造成较大浪费。因此不宜盲目追求工作范围的扩大。

现以 1700mm×11 辊钢板矫直机为例来讨论其结构与技术性能。其剖面图如图9-34所示。机架为钢板焊接结构，机架内装有上、下横梁，矫直辊及支承辊成组地装在横梁上。入口处装有导向板 11，出口处装有滑道辊 4。上横梁 6 活动地吊装在平衡液压缸 7 的下面，上横梁的升降由 4 根压下螺丝 12 来完成。下横梁装在四轮小车 10 上，车轮下面有水平轨道，轨道装在活动框架 8 上，平时车轮与轨道之间留有间隙。换辊时框架 8 被液压缸顶起，轨道顶到车轮上与外侧的临时轨道同高对接。然后上辊组下落到下辊组上并脱开压下装置。接着由牵引钢绳将托有上辊组、滑道辊及下辊组的小车由机架窗口拉出。换好新的辊组再推入机架并将原来的接合点连好、锁紧，重新进入运转状态。滑道辊为空转辊，用于减小板头的冲击并可将翘头压下。

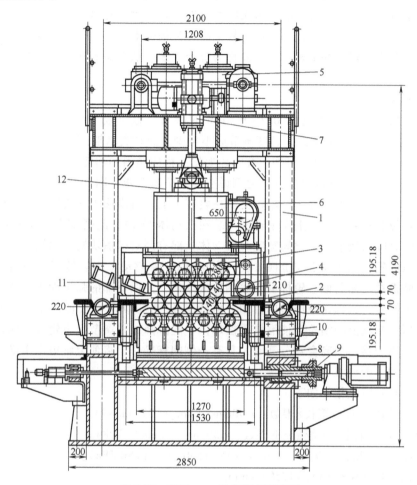

图 9-34 1700mm×11 辊钢板矫直机

1—机架 2—矫直辊 3—支承辊 4—滑道辊 5—压下装置 6—上横梁 7—平衡液压缸
8—活动框架 9—电动辊形（凸度）调整装置 10—四轮小车 11—导向板 12—压下螺丝

该矫直机的技术特性如下：

矫直辊 辊径×辊长：$\phi140mm\times1890mm$。
辊数×辊距：$11\times155mm$。

支承辊 直径×辊长：$\phi280mm\times144mm$。
上辊数/下辊数：27/32。
上、下辊间最大开距：210mm。
滑道辊直径×辊长：$\phi210mm\times1900mm$。

钢板 厚×宽：$(4.5\sim12.7)mm\times1500mm$。
$R_t\leq500MPa$。

主电动机（直流）：$1\times300kW\times(650\sim1500)r/min$。
压下电动机（交流）：$2\times11kW\times1000r/min$。

矫直速度：0.58~1.25m/s。

前面介绍的中厚板矫直机所采用的支承辊对于工作辊是一对一的支承法，而在中薄板矫直机上，由于辊径变细，一对一的支承法因稳定性不好而改为交错支承法。同时支承辊也由圆柱形改为盘形，盘径约为辊径的2倍，故又简称为倍径支承。至于前面看到的一对一支承法中工作辊径与支承辊径基本相同者就简称为等径支承。这台矫直机的支承辊为上、下各3排，共59个。

4. 薄板矫直机

薄板矫直机用于矫直厚度为0.2~6.5mm的板材。这类矫直机的特点是：辊径很小（<75mm），辊数很多（>17辊），凸度调节必不可少，而且支承辊的排数要增多（矫宽板时增到7排），上横梁除能纵向倾斜外，有的还要增加横向倾斜的功能。

现在以1700mm×21辊薄板矫直机为例说明其结构与性能。图9-35所示，矫直机本体装在横移框架3上，框架下面有4个车轮支承在轨道1上，由横移驱动机构2推动框架移入工作位置后用定位装置4定位。上支承辊组7装在摆动体18内，此摆动体与滑块19铰接在一起，由滑块的升降来调节上下辊间宽度。摆动体上部有两对摩擦块装在两侧，每对摩擦块中间夹着一个偏心轮。该轮固定在上横梁上，由电动机14驱动，当它转到某一角度时，摆动体上部随同摩擦块一起受偏心轮推动产生相应的倾斜，并以下部的弧形面为导轨，使上矫直辊组产生纵向倾斜，达到递减压弯的目的。电动机12可带动两根长轴，并通过轴两端的蜗杆传动4根压下螺丝上的蜗轮，使滑块同摆动体一起升降，以调节上下辊缝。两根横向长轴中间装有一套离合器，当离合器分开时，只有一侧蜗杆工作，将使上辊组产生横向倾斜，以便于矫直板形的单侧波浪弯和镰刀弯。

矫直机的技术特性指标如下：

矫直辊　直径×辊距×辊长×辊数：ϕ50mm×52mm×1750mm×21。

支承辊　直径×辊长×上辊数/下辊数：ϕ50mm×115mm×77/84。

钢板　厚×宽（R_t）：（0.5~2）mm×（700~1530）mm（280MPa）。

主电动机：160kW×（1500~1750）r/min。

下支承辊凸度调节电动机：0.35kW×1500r/min，7台。

压下及横向倾斜调节电动机：$\dfrac{1.5\text{kW}\times(153\sim590)\text{r/min}}{4.5\text{kW}\times(930\sim2840)\text{r/min}}$。

纵向倾斜调节电动机：0.25kW×700r/min。

机座横移电动机：2.2kW×1420r/min。

在薄板矫直机中，有一种新型六重式精密矫直机，它用于矫直光面不锈钢板、双金属板、涂、镀表面的钢板及有色金属板等，可以保持表面光亮，以避免普通四重式矫直机支承辊压痕对板面的影响。这种矫直机在传动及调整方法方面与上述21辊矫直机基本相同，故只将其辊系布置示于图9-36中。由图中看到，在工作辊与倍径支承辊中间夹着一排细辊，它们是浮动辊，设有轴颈，用周围的粗辊包围着只能随转而不能移位。它们把盘形支承辊与工作辊隔开，避免对工作辊造成压痕，而这些中间辊容易修磨和更换。六重式矫直机可用于矫直1.5~3mm板材，板材的屈服极限为280MPa，最大矫直速度为2m/s，工作辊参数为ϕ65mm×1840mm×17个，中间辊参数为ϕ35mm×1700mm×19个，支承辊参数为ϕ66mm×1520mm×105个。

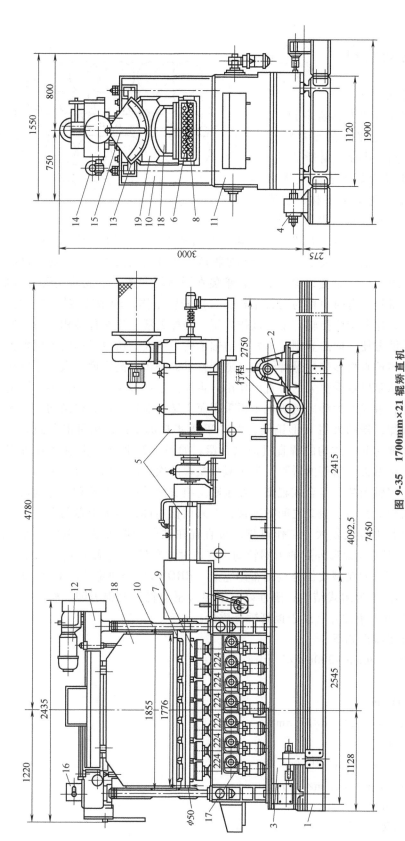

图 9-35 1700mm×21 辊矫直机

1—轨道 2—横移驱动机构 3—横移框架 4—定位装置 5—主传动装置 6—上矫直辊组 7—上支承辊组 8—下矫直辊组 9—下支承辊组 10—机架 11—底座 12—矫直辊的开度及横向倾斜调整用电动机 13—开度显示刻度 14—矫直辊纵向倾斜调整用电动机 15—纵向倾斜显示刻度 16—横向倾斜显示刻度 17—下支承辊组调整装置 18—摆动体 19—滑块

291

9.5.2 型材矫直机

1. 普通型材矫直机

普通型材矫直机在这里专指辊距相等、上下两行交错排列、辊轴平行的型材矫直机。它也是过去普遍使用的型材矫直机。这类矫直机常用辊距及辊数来表示其规格及性能,所矫直的型材包括工字材、槽形材、角形材、方材、圆材、扁材及钢轨等。

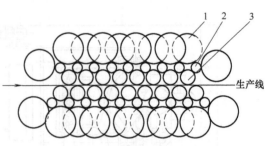

图 9-36　六重式 17 辊矫直机辊系示意图
1—支承辊　2—中间辊　3—工作辊

由于型材规格很多,而矫直机的适用范围又有限,每台矫直机的适用范围都应有科学的划分。目前常用划分法是按轨梁、大型、中型及小型把矫直机分为四大类。型材矫直机在机架结构上基本分为两大类:一是简支结构,辊子轴承装在矫直辊两侧,形成简支梁受力状态,这种机架刚性好、重量轻,有时也称为门式结构;二是悬臂结构,轴承装在矫直辊的一侧,形成悬臂梁受力状态,这种结构换辊容易、操作方便、调整灵活。这两种结构,前者换辊困难,调整和操作都不够方便,而后者刚性不好,前轴承受力偏大。所以早期的大型矫直机多采用简支结构,中小型矫直机多采用悬臂结构。随着技术的进步,高强度、大尺寸滚动轴承的研制成功,新型轴承足以承受更大的矫直力作用。再加上生产节奏的加快,缩短换辊时间显得更加重要。因此,近代的大型矫直机也不再采用简支结构而代之以悬臂结构。考虑到技术发展的螺旋上升规律,新的大型 H 形钢梁、大型 W 形护栏的生产,仍可能用到简支结构的矫直机。因此有必要对简支结构的矫直机加以介绍。如图 9-37 所示,此种矫直机用于钢轨、工字钢、大型角钢及大型槽钢的矫直。为了减少换辊的次数和时间,首先采用一辊多线制矫直工艺,在矫直辊轴上装有组合式辊圈,在辊圈上组成两种以上的孔型,达到换孔不换辊的目的。其次是机架立柱与上盖 2 之间的连接杆 5 采用铁连接,可使上盖与立柱之间快速脱开和快速装紧。预紧力也比较大,工作可靠。矫直辊在轴向的位置是可调的,如大螺母 12 可通过手摇小齿轮带动大螺母外周的齿圈转动,并通过大螺母 12 来使辊轴左右移动。

作为悬臂结构矫直机的典型实例是英国布朗克斯(BRONX)公司生产的 RS31/2 型矫直机,如图 9-38 所示。机架为闭式结构,刚性好,下辊为驱动辊,上辊为随动辊,入口端装有送料辊 10,可改善咬入条件并有助于提高矫直质量。

这种矫直机的技术特性如下。

辊距×辊径×辊数:330mm×300mm×7 个。

工件规格:

圆钢:$\phi(16\sim60)$mm。

方钢:16mm×16mm~57.5mm×57.5mm。

六角钢:16~60mm。

角钢:25mm×25mm~90mm×90mm。

工字钢:80mm×42mm~100mm×50mm。

矫直速度:35m/min。

电动机功率:22kW。

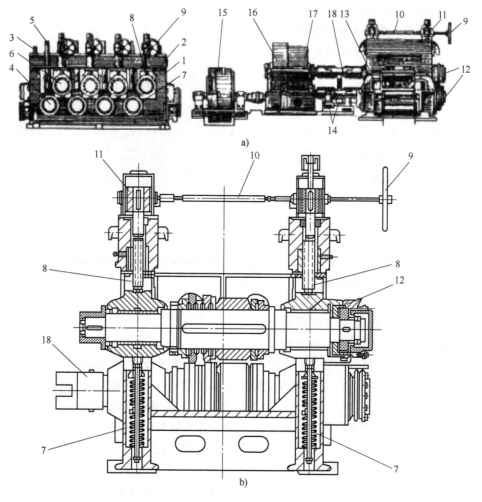

图 9-37 八辊大型矫直机(原苏制 Y3TM)
a) 总图　b) 机座剖视图
1—机架　2—可拆卸上盖　3—连接螺栓　4—下辊　5—连接杆　6—上辊　7—上辊平衡弹簧　8—压下螺丝
9—手轮　10—分配轴　11—螺旋齿轮　12—大螺母　13—立式导向辊　14—导向辊电动机
15—主电动机　16—减速器　17—齿轮座　18—万向联轴器

质量：8250kg。

这种矫直机的缺点主要有：矫直小断面型材时由于辊数偏少而质量不高，矫直速度偏低。

我国大连重型机器厂生产的 400mm×10 辊矫直机，由于辊数增多而矫直质量提高，尤其矫直速度增加到 1~2m/s，另外还增加了自备吊车，使换辊及维修速度明显加快。

2. 异辊距和变辊距型钢矫直机

异辊距矫直机是一种不等辊距的矫直机，其辊距不相等的形式有多种，如辊距递减式、先增后减式、先等后增式以及均负荷等强度式。辊距增减方式的不同反映了设计者追求的目标不同。如辊距递减的辊系正好与压弯递减方式相匹配，压弯量小其矫直力必小，矫直力小就可以将辊距适当缩小。这样既不会造成机器部件的超负荷，也有利于减小出口侧空矫区的长度。又如先增后减式辊系是有意地把压弯量较大的第3或第4辊的辊距加大，形成第2到第4辊的递增辊距，以后各辊采用递减辊距，看来比单纯递减辊距更合理些。再如先等后增式辊系，基本上是加大最后一辊的辊距，其目的是随时调节最后一个辊的压弯量，因为人工调节压弯量在有负荷条件下很费力，加大辊距后才能省力。均负荷等强度式辊系，减小头尾第1辊与头尾等2辊之间的距离，增大头尾第2辊与头尾第3辊之间的距离，可使矫直力间差距大为缩小，并达到缩小空矫区长度、提高矫直质量的目的。

以H型钢为代表的建筑用钢的产品规格多，对其进行矫直的型钢矫直机要求具备一机多用的功能，如变

图9-38　330mm×7辊型材矫直机外形图（RS31/2型）
1—矫直辊　2—底座　3—机架　4—主传动装置　5—压下机构
6—压下指示盘　7—压下手轮　8—送料辊
9—入口导向辊　10—导辊移动手轮

辊距型钢矫直机。目前，国内外矫直机生产厂家已开发出多种规格的变辊距型钢矫直机，如住友系列变辊距型钢矫直机、日立系列的变辊距型钢矫直机、布朗克斯（BRONX）系列变辊距型钢矫直机等，它们的共同特点为：①上辊驱动、下辊随动；②除中心辊外各辊都可移位，以改变辊距；③下辊可升降，以改变压弯量；④机架采用悬臂结构。日本住友公司生产的系列变辊距型材矫直机简图如图9-39所示。以中央辊为分界左右对称的矫直辊由一根丝杠带动来改变其辊距，前后两根丝杠由针摆式减速电动机通过同步机构带动。辊距调定之后，用液压楔块将各辊座锁紧在导轨上。出入口两个引导辊皆为驱动辊，以保证工件平稳出

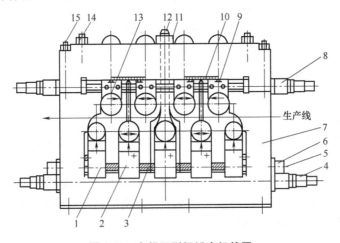

图9-39　变辊距型钢矫直机简图
1—出入口引导辊　2—下矫直辊　3—辊距移动丝杠罩　4—下辊辊距移动机构　5—防护罩
6—下辊辊距移动用前后丝杠同步机构　7—机架立柱　8—上辊辊距移动机构　9—辊距指示针
10—辊距刻度尺　11—楔块　12—中央连接立柱　13—上矫直辊　14—连接螺母　15—连接螺杆

入。辊圈及轴承皆采用高强度耐磨材料,工作寿命很长。传动系统配有安全防护装置,保证设备不受意外损伤。引导辊可调节倾斜度,以适应工件扭曲部位矫直的需要。4 个上辊采用单轴驱动,矫直不再缩尺,噪声明显降低。

9.5.3 拉弯矫直机

拉弯矫直机相当于在连续拉伸矫直机的拉矫段增设弯曲矫直装置而构成,经过拉伸和弯曲联合作用,实现带材的连续矫直。所以说这类矫直机大体上由两部分组成,即张力辊单元和矫直辊单元。张力辊数量和布置形式主要取决于要求的最大拉伸力,基本上与连续拉伸矫直机相同。矫直辊单元中,矫直辊的数量和布置形式(见图 9-40)主要取决于带材的厚度、材质及所要求的矫直精度。由于拉弯联合矫直,改变了辊式弯曲矫直机必须辊子较多和辊距很小的条件,所以有可能采用小直径的工作辊,具有类似于多辊轧机支承辊那样的矫直辊系统,甚至可采用辊径很小的浮动工作辊(见图 9-40e),它没有轴承,可以沿带材运动方向做少量移动,故称浮动辊。

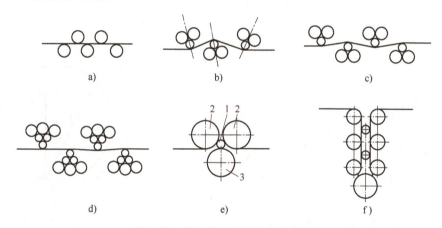

图 9-40 拉弯矫直机的矫直辊单元
a) 多辊二重式 b) 三元四重式 c) 四元四重式 d) 四元六重式 e) Y 形浮动式 f) U 形浮动式
1—工作辊(即浮动辊,没有轴承) 2—转向辊 3—支承辊

式(9-29)已表明,拉弯矫直比弯曲矫直具有更好的矫直效果,同时又避免了单纯拉伸矫直的某些缺点,因此广泛用于带材的加工线,酸洗、热处理、涂层、剪切及重卷等机组中。

图 9-41 所示为安装在冷轧带钢车间酸洗机组中的拉弯矫直机,用来矫直带材和去除氧化皮。矫直机具有三元四重式矫直辊单元和 S 形张力辊单元。每个张力辊都有气动压辊,以便调整张力。

下面以图 9-42 所示拉弯矫直方案为例进行力能参数的计算。图中张力辊为主传动辊,矫直辊为被动辊。根据带材在水平方向外力的平衡条件,可近似得

$$\begin{cases} T_1 + F_1 = F_2 + F_3 + T_0 \\ T_2 = F_2 + T_3 \\ T_3 = F_3 + T_0 \end{cases} \quad (9\text{-}77)$$

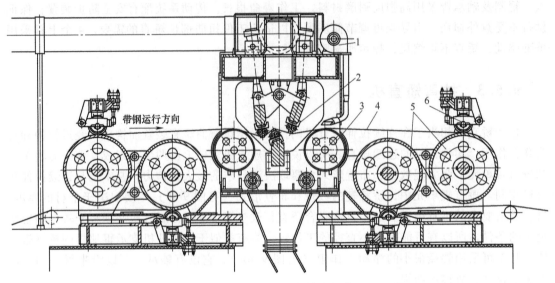

图 9-41 酸洗机组中的拉弯矫直机

1—矫直辊的压下液压缸 2—三元四重式矫直辊 3—导向辊 4—带钢 5—S 形张力辊 6—气动压辊

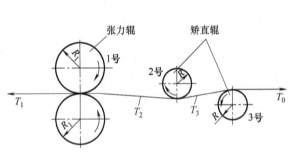

图 9-42 拉弯矫直方案

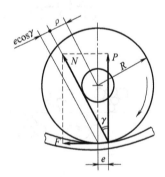

图 9-43 矫直辊受力图

式中，F_i 是辊子对带材的水平作用力（N）。

根据图 9-43，F 取决于辊子与带材间作用力 N 在水平方向的投影值，即

$$F = P\tan\gamma \tag{9-78}$$

式中，P 是辊子的垂直作用力（N）。

$\tan\gamma$ 由图中几何关系确定，即

$$\tan\gamma = \frac{e\cos\gamma + \rho}{R\cos\gamma} \approx \frac{e + \rho}{R} \tag{9-79}$$

式中，e 是力 P 的作用臂（mm）；ρ 是辊子轴承摩擦圆半径（mm），$\rho = \mu d/2$；R 是辊子半径（mm）。

力臂 e 可按能量法确定，即认为矫直力矩 M_j 由变形力矩 M_b 和滚动摩擦力矩 $M_h = Pf$ 两部分组成，即

$$M_j = Pe = M_b + Pf \tag{9-80}$$

式中，f 是滚动摩擦系数。

一个辊子的变形力矩为

$$M_b = RM\left(\frac{1}{r} + \frac{k_y}{2\rho}\right) \tag{9-81}$$

将式（9-81）代入式（9-80），整理得

$$e = f + \frac{RM}{P}\left(\frac{1}{r} + \frac{k_y}{2\rho}\right) \tag{9-82}$$

由式（9-78）、式（9-79）和式（9-82）得到矫直辊水平力的一般公式为

$$F = P\frac{f+\rho}{R} + M\left(\frac{1}{r} + \frac{k_y}{2\rho}\right) \tag{9-83}$$

第二矫直辊可有

$$F_2 = P_2\frac{f+\rho}{R} + M_2\left(\frac{1}{r_3} + \frac{1}{r_2} + \frac{k_y}{2\rho_2}\right) \tag{9-84}$$

同理，第三矫直辊有

$$F_3 = P_3\frac{f+\rho}{R} + M_3\left(\frac{1}{r_0} + \frac{1}{r_3} + \frac{k_y}{2\rho_3}\right) \tag{9-85}$$

式中，$1/r_0$ 是原始曲率，凹向下时为负值，凹向上时为正值。

从式（9-84）和式（9-85）可看出，必须首先确定垂直力、弯曲力矩和弯曲曲率，才能计算水平力 F_2 和 F_3 的数值（T_1 和 F_1 为已知）。

如图9-44所示，把第二辊处的带材截开，以左边为平衡对象，由力矩平衡条件得

$$P_1 t_1 - M_1 - M_2 - (T_1 + F_1)f_2 = 0$$

$$P_1 = \frac{M_1 + M_2 + (T_1 + F_1)f_2}{t_1} \tag{9-86}$$

式中，t_1 是第一辊与第二辊的间距（mm）；f_2 是第二辊相对第一、三辊的弯曲挠度（mm）。

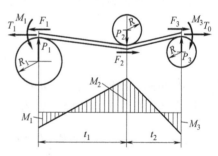

图9-44 水平力与垂直力作用图

同理，以右边为平衡对象得

$$P_3 = \frac{M_2 + M_3 + (T_0 + F_3)f_2}{t_2} \tag{9-87}$$

式中，t_2 是第二辊与第三辊的间距（mm）。

据垂直方向力平衡条件得

$$P_2 = P_1 + P_3 \tag{9-88}$$

由式（9-77）和式（9-88）解得

$$T_0 + F_3 = T_1 + F_1 - (P_1 + P_3)\frac{f+\rho}{R} - M_2\left(\frac{1}{r_3} + \frac{1}{r_2} + \frac{k_y}{2\rho_2}\right) \tag{9-89}$$

将式（9-89）代入式（9-87）中，整理得

$$P_3 = \frac{M_2 + M_3 + \left[T_1 + F_1 - P\frac{f+\rho}{R} - M_2\left(\frac{1}{r_3} + \frac{1}{r_2} + \frac{k_y}{2\rho_2}\right)\right]f_2}{t_2 + \frac{f+\rho}{R}f_2} \tag{9-90}$$

在一般情况下 T_i 为已知时，各辊处带材断面的弯矩 M_i 应按式（9-39）计算（断面压缩区内存在塑性层，否则应另行计算）。而在本例题中 M_i 和 $1/r_i$ 都必须根据所采用的矫直方案，各辊所应达到的变形程度进行选定。在保证矫直质量和具有充分能力的前提下，取值为

$$M_1 = M_W \sim \frac{M_W + M_s}{2}, M_2 = M_3 \approx M_s$$

$$\frac{1}{r_1} \approx 0, \frac{1}{r_2} = \frac{1}{\rho_s} \sim \frac{2}{\rho_s}, \frac{1}{r_3} \approx \frac{1}{\rho_s};$$

$$\frac{1}{\rho_1} \approx \frac{1}{\rho_2} \approx \frac{1}{\rho_3} \approx \frac{1}{\rho_s}$$

张力辊的总传动力矩为

$$M = M_\tau + M_b + M_h + M_m \tag{9-91}$$

产生张力所需力矩按下式计算：

$$M_\tau = R_1 F_1 \tag{9-92}$$

计算变形力矩 M_b 时，只考虑张力辊处弯曲变形，不应考虑矫直辊处的弯曲，因为矫直辊处弯曲变形的摩擦损耗所需要的能量已包括在 M_τ 中，故得

$$M_b = R_1 M_1 \left(\frac{1}{r_2} + \frac{k_y}{2\rho_1} \right) \tag{9-93}$$

计算滚动摩擦力矩 M_h 和轴承摩擦力矩 M_m 时，应考虑张力辊的压紧力 Q，则有

$$M_h = f(P_1 + 2Q) \tag{9-94}$$

$$M_m = \mu_1 \frac{d_1}{2}(P_1 + 2Q) \tag{9-95}$$

式中，d_1 是张力辊辊颈直径（mm）；μ_1 是张力辊轴承摩擦系数。

将式（9-92）~式（9-95）代入式（9-91），得

$$M = R_1 \left[F_1 + M_1 \left(\frac{1}{r_2} + \frac{k_y}{2\rho_1} \right) \right] + \left(f + \mu_1 \frac{d_1}{2} \right)(P_1 + 2Q) \tag{9-96}$$

张力辊传动功率为

$$N = \frac{Mv}{R_1 \eta} \tag{9-97}$$

式中，v 是带材运行速度；η 是张力辊传动效率。

9.5.4 斜辊矫直机

斜辊矫直机用于矫直管材和圆棒料，使轧件在螺旋前进过程中各断面受到多次弹塑性弯曲，最终消除各方面的弯曲和截面的椭圆度。目前，可矫直的产品尺寸范围如下：管材的直径为 $\phi1 \sim \phi700$mm，壁厚为 $0.1 \sim 100$mm（直径与壁厚之比达 150）；圆棒料直径为 $\phi1 \sim \phi300$mm。矫直精度：轧件的残余弯曲程度为 $0.3 \sim 0.8$mm/m，在较精密的矫直条件下（如由凸凹辊所构成的二辊矫直机）为 0.1mm/m。最高矫直速度：矫直管材时为 8m/s，矫直圆棒料时为 5m/s。对于圆截面的轧材，斜辊矫直是最有效的矫直方式，所以斜辊矫直机被广泛用于轧制、拉拔、焊管及其他车间。

斜辊矫直机按辊子数量可分为二辊、三辊和多辊矫直机，其中 2-2-2-1 型七辊矫直机、2-2-2 型六辊矫直机（见图 9-45）数量较多，应用较广。随着管材生产的发展，尤其石油用管的增多，二辊矫直机（见图 9-46）和 3-1-3 型矫直机（见图 9-47）也得到了大量应用，有效地消除了管子接头部分的弯曲和椭圆度。

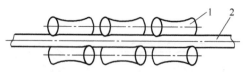

图 9-45 2-2-2 型六辊矫直机辊子工作示意图
1—矫直辊 2—被矫直的轧件

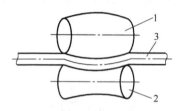

图 9-46 二辊矫直机辊子工作示意图
1—凸形矫直辊 2—凹形矫直辊 3—被矫直的轧件

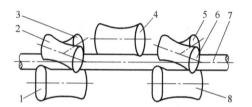

图 9-47 3-1-3 型矫直机辊子工作示意图
1、8—主动辊 2、3、5、6—空转辊
4—中间压力辊 7—被矫直的轧件

根据图 9-15 可得出一般斜辊矫直机辊子与轧件的转速，分别如下：

$$n_D = \frac{v_s}{\pi D \sin\alpha} \tag{9-98}$$

$$n_d = \frac{v_s}{\pi d \tan\alpha} \tag{9-99}$$

式中，v_s 是矫直速度（m/s）；D 是辊子传动直径（m）；d 是轧件直径（m）；α 是辊子倾斜角度（rad）。

从式（9-99）可以看出，当 d 值减小而其他条件不变时，n_d 值会增大。同时，为保证一定的生产率（以重量计），n_d 值将进一步增大。当 n_d/d 值超过一定数值时，轧件会加剧振动，撞击设备，将产生轧件擦伤和扭曲的现象。所以，当矫直直径很小的轧件时，应采用滚筒式矫直机（见图 9-48）。滚筒内装有多对倾斜布置的行星辊，构成几个弯曲单元。矫直时，滚筒旋转，轧件从滚筒的行星辊对孔型中通过（轧件被拉出而不转动），使轧件受到各方面的多次弯曲矫直，同时又克服了前面所提到的普通矫直机矫直细轧件时出现的缺点。但是，若用它矫直粗轧件，由于滚筒的离心力与其半径的三次方成正比，则旋转速度将受到限制而不宜采用，故滚筒式矫直机仅适用于矫直直径小的轧件，一般 $d<150$mm。

另外生产实践也证明：对于管材的矫直，斜辊矫直机的适用范围为 $d/h<100$（d 为管子外径，h 为壁厚）；对于 $d/h>100$ 的薄壁管，在斜辊矫直机上矫直时，可能局部丧失稳定，产生塑性折皱或塑性压扁。因此，薄壁管多采用对管子内部施加某种作用方式的矫直方法。采用无偏心的多列辊子心棒的矫直方法，已取得了良好的矫直效果。如图 9-49 所示，心棒是由几列辊子组成的，每一列上安装有 6 个辊子，辊子的倾斜角度和径向位置都是可调的。心棒在固定不动的管材内部做螺旋前进运动，在辊子的作用下管壁产生多次弹塑性弯曲和拉伸变形，最终消除轴向弯曲和横向椭圆度，即管材得到矫直。

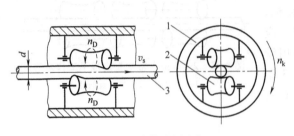
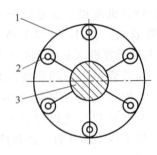

图 9-48 滚筒式矫直机
1—滚筒 2—行星矫直辊 3—轧件

图 9-49 无偏心多列辊子心棒示意图
1—薄壁管 2—辊子 3—心棒轴

斜辊矫直机的结构（见图 9-50）包括：

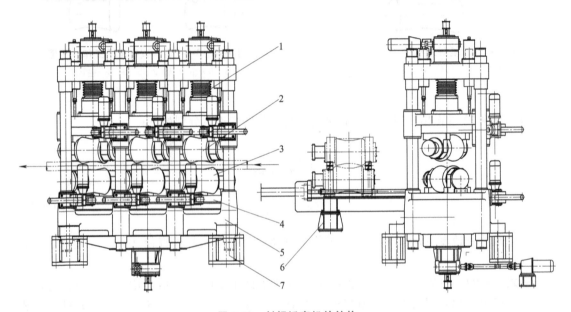

图 9-50 斜辊矫直机的结构
1—上辊压下装置 2—上工作辊装置 3—下工作辊装置 4—下辊压上装置
5—机架装配 6—换辊装置 7—支座

1）上辊压下装置，用于调整上矫直辊的位置，适应矫直过程中压下量的需要。驱动方式可分为单独压下和集体压下两种，驱动形式可采用手动、电动或液压结构。

2）上（下）工作辊装置，用于安装矫直辊轴承、轴承座，一般采用滚动轴承。

3）机架装配，用于安装上、下压下装置和矫直辊装配，承担矫直力、力矩。

4）换辊装置，用于快速换辊，加快换辊节奏。

5）立柱预紧装置，用于上下机架的连接。由于上下机架是通过立柱连接的，为提高整个机座的刚度和连接强度，采用对立柱施加预紧力的结构。预紧力可采用螺栓预紧和液压缸预紧的方式进行作用。

6）下辊压上装置，用于调整矫直的中心线与轧制线一致，通常采用电驱动方式。

7）支座，用于安装整个机座。

8) 主传动，用于驱动矫直辊，一般采用集体传动的形式。

图 9-51 所示为钢管直径为 400mm 的七辊钢管矫直机。机架是由底座 1 与上盖用 8 个立柱 2 连接起来而构成的。在底座与上盖之间上下布置两排辊子。下排两端的辊子 4 为传动辊，是通过电动机 5、一级联合减速器 6 和连接轴 7 传动的。与辊子 4 成对的上排辊子 8 也是传动辊，它是通过电动机 9、减速器 10 和连接轴 11 传动的。中间的辊子对和出口的辊子 12 为空转辊。转动手轮 13、14，通过蜗杆蜗轮对 15 旋转辊子支座 16，可调整辊子的倾斜角度，角度的大小由带刻度盘的指示器 17 来表示。上排所有辊子和下排中间辊子的高度是可调的。每个上辊都安装在横梁 18 上，横梁可沿立柱移动。螺母 19 也固定在横梁上。由安装在横梁凸台上的电动机 20，通过蜗轮减速器 21 和蜗杆 22（蜗轮同时也是压下螺母）实现横梁的升降。每个辊子的高度位置用指示器 23 指示。

图 9-52 所示为 3-1-3 型 ϕ180mm 钢管矫直机，其主要技术性能如下。

钢管规格：

外径：ϕ(57~180)mm。

壁厚：2~15mm。

材料力学性能：σ_s<1100MPa。

矫直速度：0.3~1.15m/s。

辊子数量及尺寸：

传动辊：2 个，ϕ320mm×600mm。

中间辊：1 个，ϕ320mm×400mm。

侧压辊：4 个，ϕ280mm×300mm。

辊距：650×2mm。

辊子倾角：17°~26°。

主传动：

电动机：ZD_2-132-2B，320~1200r/min。

传动比：i=5.42。

该矫直机结构组成包括：机架、传动辊部分、侧压辊部分、中间辊部分、液压控制系统及主传动系统。

整个机架由一个 C 形架 5 和 4 个侧压辊摆动架 11 所组成。两个传动辊 8 和一个中间辊 14 安装在 C 形架上，4 个侧压辊 10 分别安装在 4 个摆动架 11 上。通过电动机、行星减速器和丝杠机构所组成的侧压传动装置 12，使侧压辊 10 随摆动架 11 合拢或分开，调整侧压辊与传动辊所构成的孔型，最后摆动架 11 用平衡液压缸 2 平衡，消除配合间隙。通过与摆动架 11 相连的侧压辊倾角连杆调整机构 4，转动辊子支座，调整辊子的倾角。通过由电动机、蜗杆蜗轮减速器和压下螺丝所组成的中间辊压下装置 13，调整中间辊 14 的压下高度，改变轧件 9 的挠度。通过手动蜗杆机构，转动中间辊支座，调整辊子倾角。大直径的轧件，采用大的孔型和辊子倾角，随着轧件直径的减小，孔型与辊子倾角也要相应减小。中间辊的倾角要比传动辊的大 1°，避免辊端划伤轧件表面。各辊子倾角调定后，辊子用液压缸锁紧固定。中间辊的压下装置采用重锤平衡，以消除间隙、减轻冲击。所有液压缸都由气动液压控制系统控制。

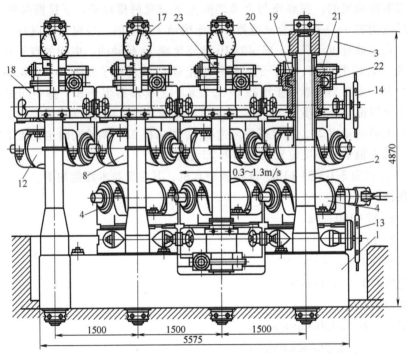
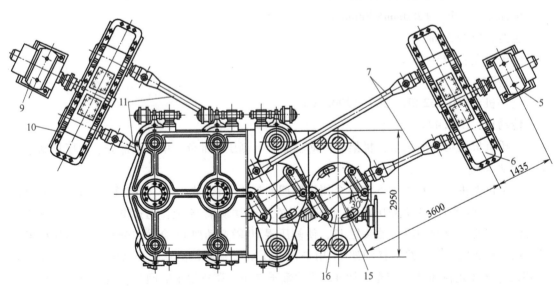

图 9-51 七辊钢管矫直机

1—底座 2—立柱 3—上盖 4—下排两端辊子 5、9、20—电动机 6、10、21—减速器 7、11—连接轴 8、12—上排辊子 13、14—手轮 15—蜗轮蜗杆对 16—辊子支座 17、23—指示器 18—横梁 19—蜗轮兼压下螺母 22—蜗杆

第9章 矫直机

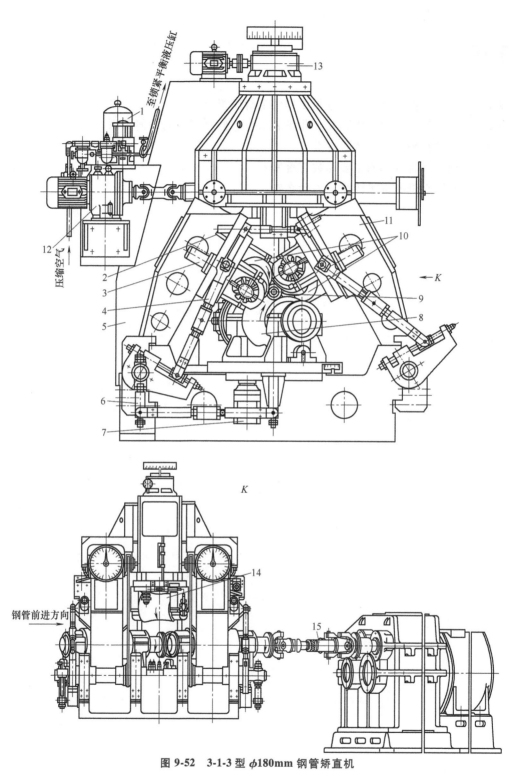

图 9-52 3-1-3 型 φ180mm 钢管矫直机

1—气动液压站 2—侧压辊摆动平衡液压缸 3—侧压辊锁紧液压缸 4—侧压辊倾角连杆调整机构
5—C 形架 6—传动辊倾角连杆调整机构 7—传动辊锁紧液压缸 8—传动辊 9—轧件（钢管） 10—侧压辊
11—侧压辊摆动架 12—侧压传动装置 13—中间辊压下装置 14—中间辊 15—主传动装置

思考题

9-1 轧件的弹塑性弯曲变形过程由哪两个阶段组成？
9-2 轧件的弯曲过程可用哪几个曲率表示？它们互相之间有何关系？
9-3 简述什么是大变形矫直方案。
9-4 钢板辊式矫直机的主要参数有哪些？
9-5 斜辊矫直机的辊子较少，为什么？

第 10 章 卷取机与开卷机

卷取机的用途是收集超长轧件,将其卷取成卷以便于贮存和运输,主要用于带材和线材的轧制生产。根据轧件温度,可分为热卷取机和冷卷取机;根据轧件种类,可分为带钢卷取机和线材卷取机等。

开卷机的用途是将成卷的轧件开启,为后续生产线连续提供超长坯料。它的设备结构型式与冷卷取机基本相同,在某些单、双机架带钢可逆轧制生产线上二者可以相互转化。

卷取机与开卷机是长轧件轧制生产线的关键设备,对生产的稳定性、生产线的长度都有较大的影响。

10.1 热带卷取机

热带卷取机是热连轧机、炉卷轧机和行星轧机的配套设备,按照卷取机位于运输辊道标高之上、下而分为地上式、地下式。地下式卷取机具有卷取速度快、钢卷密实、可卷取带钢范围广等特点,因此在现代热连轧生产线上得到了广泛应用。

10.1.1 地下式卷取机的布置及卷取工艺

为保证连轧机组的生产节奏,一般依次布置 3 台以上卷取机。2 台交替使用,1 台备用检修。为使带钢温度在卷取前冷却到金属相变点以下,卷取机与末架精轧机之间的距离要求保持在 120~150m。近年来,随着轧机速度的提高、卷重的增大和带钢厚度范围的扩大,要求卷取机的布置具有更强的工艺适应性。在有些高生产率且产品厚度范围大的热连轧线上,要求距末架轧机 60~70m 处安装 2 台卷取机,用来卷取冷却速度快的薄带钢;距末架轧机 180~200m 处安装 2~3 台卷取机,用来卷取冷却速度慢的厚带钢。图 10-1 所示为 1700mm 三辊卷取机的结构图。

卷取机的设备组成一般包括卷筒部分、喂料辊部分、助卷辊部分及卸卷装置等。此外,在卷取区域还须配置一些其他辅助设施,如过桥辊道、事故剪切机、带卷输出运输链、运输车、翻卷机、打捆机等。

卷取机卷取带材时,首先应以 8~12m/s 的低速咬入卷取,然后随轧机加速到正常轧制速度。为使卷取机顺利咬入带材和建立张力卷取,卷取机各部分与轧机必须具有一定的速度关系。首先,喂料辊与卷筒的线速度应分别比精轧机座出口速度高 10%~15% 和 15%~20%,

助卷辊的线速度应比卷筒的速度高5%。待卷取3~5圈后，上喂料辊抬起，助卷辊打开，精轧机座与卷筒直接建立张力并升速到最高卷取速度。当带材尾部将要离开精轧机座时，上喂料辊重新压下并和卷筒建立张力。带材尾部将要离开喂料辊时，助卷辊又重新合拢，压紧带卷，降速卷取，直至卷完（或不降速，一直高速卷完）。有时卷取较厚的带材或难变形的带材时，助卷辊可自始至终压紧带卷，直到卸卷时才打开。卷取速度控制过程如图10-2所示。

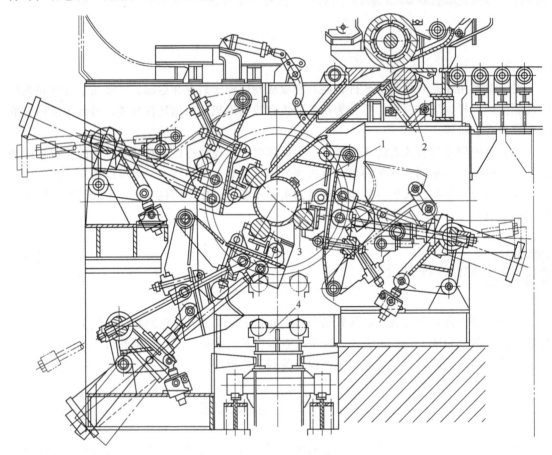

图 10-1　1700mm 三辊卷取机结构图

1—卷筒　2—喂料辊　3—助卷辊　4—卸卷小车

10.1.2　地下式卷取机的设备构成

热带卷取机结构型式的发展，主要表现为助卷辊数量及其布置形式的变化，如较早出现的八辊式和六辊式，后来出现的两辊式、三辊式及四辊式。现在的卷取机大多使用结构简单的三辊式。

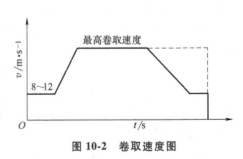

图 10-2　卷取速度图

1. 喂料辊

喂料辊除用于咬入带材头部并使其向下弯曲进入卷取机外，当带材尾部离开轧辊时还可代替轧辊与卷筒建立卷取张力，故也称张力辊。喂料辊由上喂料辊、下喂料辊、上辊升降装置、辊缝调节装置及喂料辊传动装置等组成，如图10-3所示。

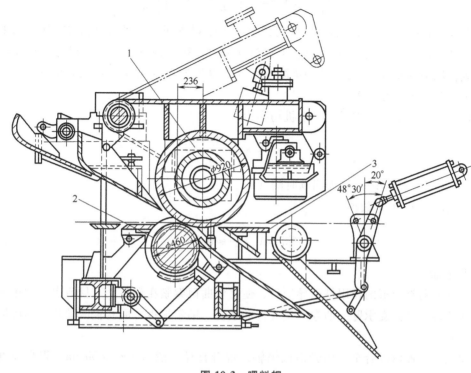

图 10-3 喂料辊
1—上喂料辊 2—下喂料辊 3—切换导板

为使带材顺利喂入卷取机，上喂料辊直径大于下喂料辊直径，一般上喂料辊直径为800~950mm，下喂料辊直径为400~500mm。喂料辊辊身长度等于或略大于轧辊辊身长度。上喂料辊相对下喂料辊沿带材前进方向偏移，偏移值为50~300mm，或偏移角为20°左右。偏移角过大，上喂料辊咬入困难，过小则卷筒咬入困难。

上喂料辊辊身中部可具有小的凸度，呈鼓形辊面，用来补偿辊身中部的快速磨损。但凸度不利于带材的对中，因此也有做成平辊身的。一般上喂料辊为堆焊硬质合金层的辊面与锻钢芯轴构成的复合式空心辊，有利于散热并减轻重量。下喂料辊为辊面堆焊硬质合金层的锻钢实心辊，可在张力作用下承受很大压力。

当给定咬入速度时，应根据带材厚度、材质、温度、喂料辊的偏移值和压力等因素确定合适的辊缝值，以便保证喂料辊处于既不弹跳也不打滑的稳定喂料状态。一般辊缝值比带钢厚度小0.5~2mm（厚带取大值）。辊缝值的调整通过改变喂料辊轴承座的位置高度或改变喂料辊的定位装置高度进行，目前常用的辊缝调整机构由两对蜗轮蜗杆机构（又称螺旋千斤顶）组成。

喂料辊的传动方式分两种：一种是采用电动机、联合减速器和万向联轴器等部分的集体传动方式，为保证两个喂料辊速度一致，二者必须始终保持确定的直径比；另一种是采用两个电动机分别传动喂料辊的单独传动方式，用电气同步控制，保持上、下辊速度匹配，因此对辊径比无严格要求。

喂料辊的传动功率计算公式如下：

$$N = \left[T - \frac{P_1}{R_1}\left(f+\mu \frac{d_1}{2}\right) - \frac{P_2}{R_2}\left(f+\mu \frac{d_2}{2}\right) \right] \frac{v}{\eta} \tag{10-1}$$

式中，T 为卷取张力（N）；P_1、P_2 分别为上、下喂料辊压力（N）；R_1、R_2 分别为上、下喂料辊半径（m）；d_1、d_2 分别为上、下喂料辊辊颈直径（m）；f 为喂料辊与带材间的滚动摩擦系数，取值为 0.2；μ 为滚动轴承摩擦系数，取值为 0.008；v 为最大卷取速度（m/s）；η 为传动效率，取值为 0.9。

当两台卷取机交替工作时，电动机功率为

$$N_H \geq N \sqrt{\frac{t_j}{t_j + t_0}} \tag{10-2}$$

式中，t_j 为卷取时间（s）；t_0 为间歇时间（s）。

一般情况下 $t_j = t_0$，故得

$$N_H \geq N \sqrt{\frac{1}{2}} \approx 0.7N \tag{10-3}$$

2. 助卷辊

助卷辊和助卷导板的作用是引导带材，使之弯曲而卷紧在卷筒上。目前常用的单独位置控制的助卷辊一般由支承臂、助卷辊及其传动系统、助卷导板、助卷辊压紧装置和辊缝控制机构等组成。

助卷辊可为镀以硬合金层的光面锻钢辊，辊身直径一般为 300～400mm，辊身长度与卷筒长度相等。

各助卷辊由电动机单独传动，传动轴多为十字轴或鼓形齿联轴器。各助卷辊之间由助卷导板衔接，助卷导板的弯曲半径略大于卷筒半径且呈偏心布置。各助卷导板与卷筒之间形成一楔形通道，以使带钢顺利卷上卷筒。

助卷辊与卷筒间辊缝值的大小对卷取质量有很大影响。辊缝值过大，卷得不紧，头几圈可能打滑；辊缝值过小，会产生冲击，引起辊子跳动而打滑。所以应根据带材和助卷辊的压紧力来选定辊缝值，其值应比带材厚度小 0.5～1mm。

传统的助卷辊为气缸压紧，现在的卷取机助卷辊常为液压缸压紧。采用液压伺服控制系统，动作灵敏、准确、缸径小、压力大、建立张力迅速，带钢头部冲击小，有利于厚带钢的卷取。

2050mm 卷取机助卷辊的布置及结构如图 10-4 所示。三个助卷辊之间的夹角，依次按顺时针方向为 110°、110°和 140°，1 号助卷辊至卷筒中心线为 35°。助卷辊液压伺服系统的位置控制是在带钢头部到达助卷辊之前的瞬间进行的，即伺服阀按计算机的设定值操纵助卷辊向后退一步，以让开带钢头部厚度；压力控制是在位置控制之后，使带钢紧贴于卷筒上，即当带头越过这一助卷辊之后，该助卷辊便转入压力控制。这种由位置控制与压力控制组成的复合控制方法就是助卷辊的踏步控制。该种控制方法常用于卷取厚带钢，而薄带卷取时一般用压力控制。踏步控制显著减轻了助卷辊对卷筒的冲击和引起的带卷松动，带钢无压痕，构件寿命长。

助卷辊相对于卷筒的位置可由位置传感器发出信号。液压缸下边的伸缩套筒内有位置传感器，缸内盛满油液，有利于外伸套筒活动灵敏。液压缸活塞密封为组合式，活塞杆密封为

V形，工作压力大，摩擦阻力小。助卷辊弧形导板的固定，采用预应力螺栓，生产时受冷热影响也不易松动。助卷辊液压回路所用的液压元件均装设于液压缸的底盖上，外部用罩子盖上，以防冷却水溅上。

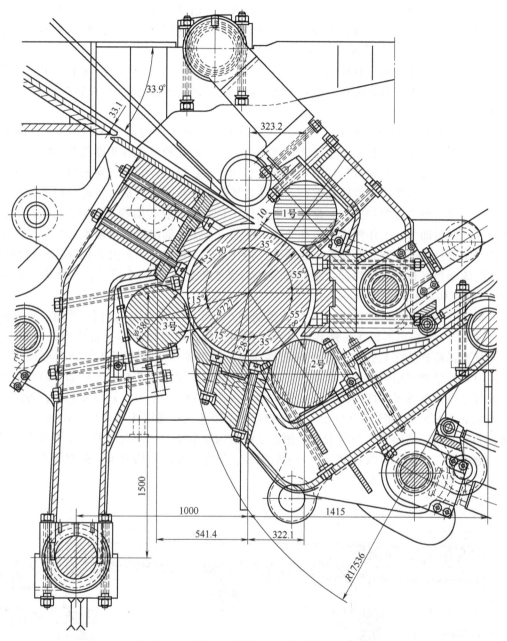

图 10-4　2050mm 卷取机助卷辊的布置及结构

3. 卷筒

卷筒是卷取机的核心部件。带钢借助助卷辊和助卷导板卷绕于卷筒上，使带钢卷取成卷。卷筒由主轴、扇形板、芯轴、胀缩缸等组成。卷筒要在热状态下高速卷取重达 45t 的带卷，需要冷却和润滑，并要在较大的带卷压紧力作用下缩小直径，以便卸卷。

这就要求卷筒具有足够的强度、刚度和良好的使用性能，也就决定了卷筒结构的高度复杂性。

卷筒结构参数直接影响着卷取机的技术性能，应根据带材的品种规格和带卷的重量来确定。为保证卷筒的强度和刚度，并减少弯曲带材的能量消耗，卷筒直径不宜过小；为避免带卷自身刚度小，因自重会变扁，卷筒直径又不宜过大。一般卷筒直径为400~850mm，其胀缩量为20~60mm；卷筒长度略大于轧辊辊身长度。

卷筒的结构型式多采用斜楔式（斜面柱塞式）和柱楔式（棱锥式）。其中柱楔式卷筒的扇形板与柱楔之间不是斜面接触，芯轴装在主轴中间，因而主轴与扇形板结构简单、加工方便、便于更换。

斜楔（柱塞）式卷筒如图10-5所示，4个扇形板6布置在传动轴3的周围，两端有护圈1和径向压力弹簧2使其压在柱塞式斜楔4上。在传动轴的尾部有花键段和与胀缩液压缸相连接的刚性连接器。胀缩液压缸带动棱锥式芯轴5左右移动，通过柱塞式斜楔实现卷筒的胀缩。花键段与减速器的大齿轮相配合，刚性连接器脱开，卷筒可从大齿轮中抽出，更换卷筒。为减小卷筒轴的弯曲和摆动，提高卷取质量，卷筒端部装有轴端支承套7。棱锥式芯轴中装有4根润滑油管，工作侧端头装有4个干油嘴，可注入润滑油润滑棱锥与柱塞间的摩擦面。冷却水通过尾部旋转式胀缩液压缸活塞杆内孔进入芯轴内孔，流经芯轴与传动轴间的间隙，最终流到扇形板处进行冷却。卷筒轴端活动支承装置如图10-6所示，支承架摆动角度为60°，轴向移动距离为300mm。

棱锥式卷筒头部结构如图10-7所示，传动轴6上套有3个锥套7，用键固定。锥套间用间隔环8隔开。4块扇形板5与锥套间有燕尾槽相连接，扇形板间为交错排列的连接方式，使卷筒柱面保持连续完整性。当芯杆向右移动时，通过销板3和滑套4带动扇形板向右移动，同时必须沿燕尾槽斜面做径向胀开，卷筒直径增大；反之，芯杆向左移动，卷筒直径减小。芯杆是由传动轴尾部的胀缩液压缸带动的（见图10-8），卷筒共分四级胀缩，各级所对应的液压缸活塞位置如图10-9所示。卷取前处于一级胀径；卷取头几圈后，改为二级胀径，消除带卷与卷筒间的间隙，胀紧带卷以便建立稳定的卷取张力；卸卷时的正常缩径为一级缩径；卸卷困难时，利用事故收缩量，为事故缩径。棱锥式卷筒结构简单，强度和刚度大，工作可靠，广泛用于宽带轧机。

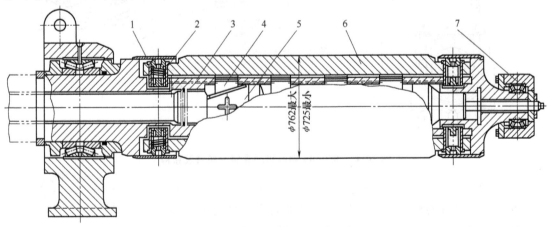

图10-5 斜楔（柱塞）式卷筒

1—护圈　2—径向压力弹簧　3—传动轴　4—柱塞式斜楔　5—棱锥式芯轴　6—扇形板　7—轴端支承套

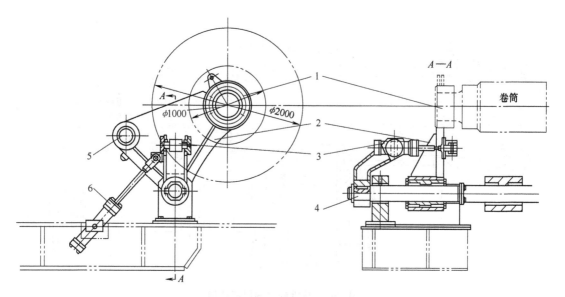

图 10-6　卷筒轴端活动支承装置

1—卷筒轴端支座　2—活动支承架　3—轴向移动液压缸　4—支承轴　5—定位支承销轴　6—摆动液压缸

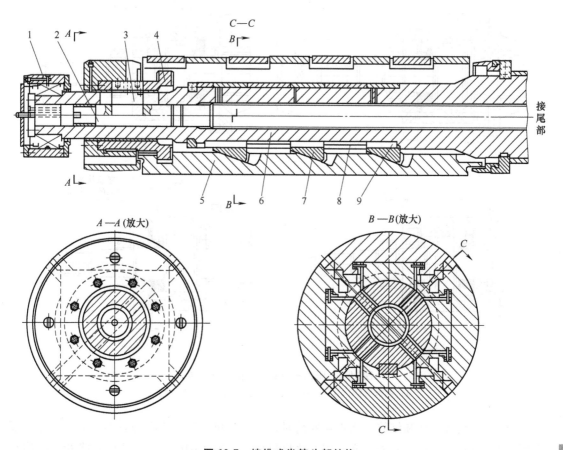

图 10-7　棱锥式卷筒头部结构

1—活动支承端　2—芯杆　3—销板　4—滑套　5—扇形板　6—传动轴　7—锥套　8—间隔环　9—键

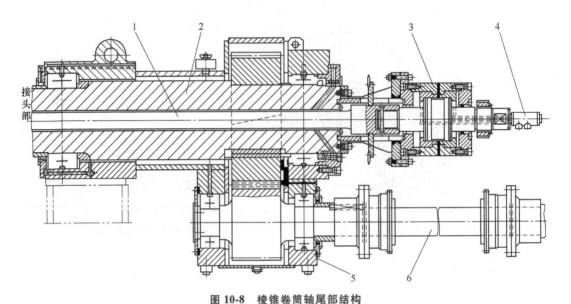

图 10-8 棱锥卷筒轴尾部结构

1—芯杆 2—传动轴 3—胀缩液压缸 4—给油轴头 5—传动减速器 6—传动接触

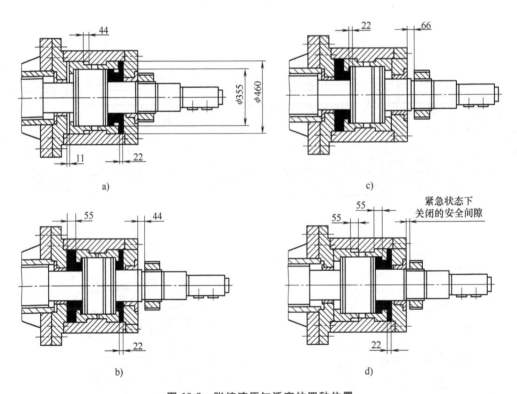

图 10-9 胀缩液压缸活塞的四种位置

a) 正常缩径 b) 一级胀径 c) 二级胀径 d) 事故缩径

卷筒需要经常更换和维修。当更换卷筒时,有的是将卷筒固定在卸卷小车上,打开尾部锁紧机构,将卷筒拖出;有的具有专用的移出机构,如图 10-10 所示,液压缸将卷筒向传动侧拉出。卷筒的传动方式有两种:一种是电动机直接传动,另一种是通过齿轮减速器进行传动。前者省略了机械传动部分，机械设备投资减少且维修量少，但需要低速电动机，电气造价增加。此外，与卷筒连接的齿式联轴器，由于安装调整比较困难，卷筒装卸不便。后者与此相反，并可将卷筒胀缩机构设置在减速器外侧传动轴的尾部，使胀缩机构简单且尺寸减小。总之，当卷取速度较高时，电气方面的造价增加得并不显著，而对齿轮传动精度要求很高，此时采用前一种传动方式较为合适。当卷取速度较低时，应采用后一种传动方式。

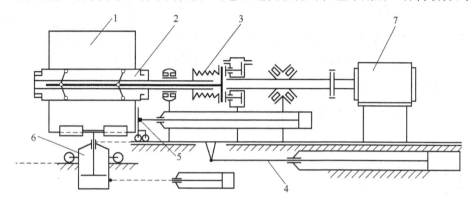

图 10-10　卷筒及卸卷装置传动简图
1—钢卷　2—卷筒　3—卷筒胀缩机构　4—卷筒移出机构　5—推卷机构　6—卸卷小车　7—电动机

10.1.3　卷筒传动功率的计算及电动机功率的选择

卷筒传动功率计算公式如下：

$$N = \left(M_b + TR + \mu \frac{d}{2} \sum F_i \right) \frac{v}{R\eta} \tag{10-4}$$

式中，M_b 为带材弯曲变形力矩（N·m）；T 为带材张力（N）；R 为卷取半径（m），开始时为卷筒半径；μ 为轴承摩擦系数；d 为轴承平均直径（m）；$\sum F_i$ 为轴承受的总压力（N）；v 为最大卷取速度（m/s）；η 为传动效率。

$$M_b = M_W \left[\frac{3}{2} - \frac{1}{2} \left(\frac{2\sigma_s}{Eh} \Big/ \frac{1}{R} \right) \right] \tag{10-5}$$

式中，M_W 为矩形截面理想材料弹性弯曲力矩极限值（N·m），$M_W = \frac{bh^2}{6} \sigma_s$；$h$、$b$ 分别为带材厚度和宽度（m）；R 为总变形曲率半径（m），以卷筒半径计算；σ_s 为带材屈服强度（Pa）；E 为带材弹性模量（Pa）。

将式（10-5）代入式（10-4），整理得

$$N = \left\{ M_W \left[\frac{3}{2} - \frac{1}{2} \left(\frac{2\sigma_s}{Eh} \Big/ \frac{1}{R} \right) \right] + TR + \mu \frac{d}{2} \sum F_i \right\} \frac{v}{R\eta} \tag{10-6}$$

若两台卷取机交替工作，则电动机功率为

$$N_H \geq N \sqrt{\frac{t_j}{t_j + t_0}} \approx N \sqrt{\frac{1}{2}} = 0.7N \tag{10-7}$$

由图 10-11 可得

$$\sum F_i = F_A + F_B = P\left(1 + \frac{2L_P}{L}\right) + Q\left(1 + \frac{2L_Q}{L}\right) \quad (10\text{-}8)$$

式中，P 为卷筒自重（N）；Q 为带卷重（N）。

开始卷取时，$Q=0$，故得

$$\sum F_{0i} = P\left(1 + \frac{2L_P}{L}\right) \quad (10\text{-}9)$$

一般 L_P 与 L 相比很小，可忽略，则式（10-9）简化为

$$\sum F_0 = P \quad (10\text{-}10)$$

卷取终了时为

$$\sum F_i = P + Q\left(1 + \frac{2L_Q}{L}\right) \quad (10\text{-}11)$$

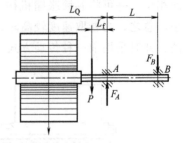

图 10-11　卷筒受力图

10.2　冷带卷取机

10.2.1　冷带卷取机的类型及工艺特点

1. 冷带卷取机的分类

目前，冷带卷取机按用途可分为大张力卷取机和精整卷取机两类。大张力卷取机主要用于可逆轧机、连轧机、单机架轧机及平整机。精整卷取机主要用于连续退火、酸洗、涂镀层及纵剪、重卷等生产机组。冷带卷取机按卷筒的结构特点可分为实心卷筒卷取机、四棱锥卷筒卷取机、八棱锥卷筒卷取机及四斜楔和弓形块卷取机。前三种强度好、径向刚度大，常用于轧制线大张力卷取；后两种结构简单、易于制造，常用于低张力各种精整线。

2. 冷带卷取机的工艺特点

1) 冷带卷取的突出特点是采用较大张力。张力直接影响产品质量及尺寸精度，因此对张力的控制有严格的要求。目前，冷带卷取机都采用双电枢或多电枢直流电动机驱动，并尽量减小传动系统的转动惯量，提高调速性能，以实现对张力的严格控制。冷带钢生产线的卷取张力见表 10-1。轧制卷取时，表 10-1 中应考虑加工硬化因素，精整卷取薄带时，张力应取大值。

表 10-1　冷带钢生产线的卷取张力的数值

机组	可逆轧机		连轧机		精整机组
带厚/mm	0.3~1	1~2	2~4	—	—
卷取张力/MPa	$(0.5\sim0.8)\sigma_s$	$(0.2\sim0.5)\sigma_s$	$(0.1\sim0.2)\sigma_s$	$(0.1\sim0.15)\sigma_s$	$(5\sim10)\sigma_s$

注：σ_s 为带钢屈服强度。

2) 冷带钢表面光洁，板形及尺寸精度要求高，因此对卷筒几何形状及表面质量的要求也相应提高。

3) 冷轧的薄带钢采用大直径卷筒卷取时，卸卷后带卷的稳定性差，甚至出现塌卷现

象。因此加工带材厚度范围大的生产线应采用几种不同直径的卷筒,小直径卷筒用于卷取薄带。

4) 带钢精整线往往要求带钢在运行时严格对中,使卷取的带卷边缘整齐,为此常采用自动纠偏控制装置。

10.2.2 冷带卷取机的结构

1. 实心卷筒卷取机

实心卷筒强度和刚度大,卷取时产生的弯曲和塌陷变形很小,可保持均匀的张力,多半用于冷轧薄带和极薄带材的多辊轧机。但实心卷筒不能胀缩,故不能卸卷,卷取后需要重卷。德国施·罗曼公司的 MKW 八辊轧机前后卷取机的卷筒都是实心的,机后卷取机为双卷筒,装在一个转盘上,其中一个卷筒作为轧制卷取用。另一个已卷好带卷的卷筒作为机后重卷机组的开卷用。通过转盘回转,两个卷筒交替使用。也可将胀缩卷筒另外装上套筒,起刚性卷筒的作用,卷取后,套筒随带卷一起卸下。

2. 带独立钳口的斜楔式胀缩卷筒

带独立钳口的斜楔式胀缩卷筒,如图 10-12 所示,主要由主体弓形块 8、两个活动弓形

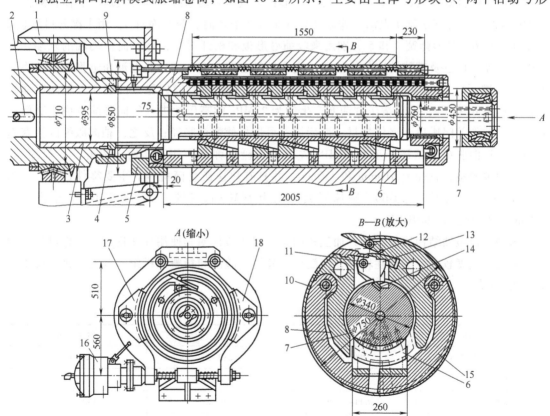

图 10-12 带独立钳口的斜楔式胀缩卷筒

1—支架 2—键 3—导套 4—两半滑动卡环 5—制动轮 6—斜楔对 7—支承轴 8—主体弓形块 9—端部咬合凸缘 10、15—弓形块 11—小轴 12—钳口牙条 13—爪子 14—凸块 16—制动器液压缸 17、18—制动块

块 10 与 15、支承轴 7、斜楔对 6 及钳口机构等部分组成。卷筒的胀缩是通过传动端的单向液压缸和碟形弹簧组（不在图中）来实现的。在碟形弹簧作用下，支承轴 7 的导套 3 向左移动，斜楔对 6 顶弓形块 10 和 15，卷筒胀径；当液压缸活塞压紧碟形弹簧时，支承轴 7 向右移动而斜楔对 6 复位，卷筒两端的拉紧弹簧拉回弓形块 10 和 15，卷筒缩径。在制动轮 5 被制动的条件下（卷取时制动器打开），通过转动支承轴 7 来拨动爪子 13，实现钳口的夹紧，它与卷筒的胀缩无关。这种卷取机用于带材较厚的可逆式冷轧机，卷取带材厚度达 6mm。斜楔式胀缩卷筒的使用和发展也由于其强度和刚度不高、加工困难而受到限制。

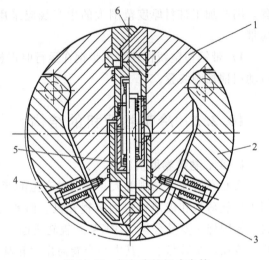

图 10-13　径向胀缩缸式卷筒
1—支承轴　2—弓形板　3—径向套筒胀缩缸
4、5—盘形弹簧　6—钳口

3. 径向胀缩缸式卷筒卷取机

径向胀缩缸式卷筒，主要由支承轴、弓形板和液压胀缩系统等部分组成。卷筒横断面如图 10-13 所示，在支承轴 1 上沿工作段布置 5 个或 7 个径向套筒胀缩缸 3，用来撑开弓形板 2 和紧闭钳口 6，盘形弹簧 4 和 5 分别用来收缩弓形板和松开钳口。在卷筒传动轴的末端，有一轴向胀缩液压缸及其旋转密封给油器，支承轴轴心孔内有一个由胀缩液压缸推动的接力式液压缸（增压缸）。在卷筒工作端都具有平衡缸，用来保持卷筒内稳定的油压。轴向胀缩缸工作油压为 6.3MPa，推动增压缸活塞产生约为 25MPa 的高压油进入径向胀缩缸内，套筒活塞伸长，首先关闭钳口，夹住带材，而后撑开弓形板使卷筒胀径；反之，轴向胀缩缸活塞返回原位，径向胀缩缸油压降至 0.70MPa 左右，在盘形弹簧作用下，钳口松开，卷筒缩径。卷筒分两种规格：直径为 610mm 和 450mm，并具有快速换卷筒机构。主要零件材料：支承轴为 42CrMo4，弓形板为 G60，减速器大齿轮为 16MnCr5（硬度 57~60HRC），小齿轮为 20MnCr5（硬度 57~60HRC）。

这种卷筒虽然结构比较复杂，加工较困难，但实践证明其使用性能良好、工作可靠。卷筒轴强度和刚度较高，平衡性较好，广泛用于轧机、酸洗和精整等机组。该卷取机的技术性能见表 10-2。

表 10-2　径向胀缩缸式卷筒卷取机的技术性能

技术性能	纵切机组	重卷检查机组	酸洗机组
材料强度/MPa	280~420	280~420	520~650
带材厚度/mm	0.2~3.0	0.4~3.0	1.5~6
带材宽度/mm	600~1530	700~1530	550~1530
带卷外径/mm	ϕ1600	ϕ1600	ϕ2550
带卷质量/kg	18000	18000	45000
卷筒直径/mm	ϕ450, ϕ610	ϕ610	ϕ610

（续）

技术性能	纵切机组	重卷检查机组	酸洗机组
卷取速度/(m/s)	4.1(带厚小于1.5mm) 2.1(带厚小于3mm)	3.3	5.5
卷取张力/kN	49	49	100
胀缩液压缸尺寸/mm （直径×长度）	$\phi 160/\phi 72 \times 890$	$\phi 200/\phi 100 \times 590$	$\phi 200/\phi 100 \times 590$
随动液压缸尺寸/mm （直径×长度）	—	$\phi 160/\phi 80 \times 570$	$\phi 160/\phi 80 \times 570$
卸卷推板液压缸尺寸/mm （直径×长度）	$\phi 160/\phi 100 \times 1900$(2个)	$\phi 125/\phi 100 \times 1700$(2个)	$\phi 140/\phi 110 \times 1700$(2个)
电动机功率/kW	0~100	0~160	415~577
电动机转速/r·min^{-1} （额定转速/最高转速）	0~500/1780	0~500/1310	360~500/1500
减速器速比	i_1 = 20.114 i_2 = 9.9733	12.3789	8.54

4. 四棱锥卷筒卷取机

四棱锥卷筒卷取机如图10-14所示，在带阶梯式斜面的棱锥支承轴4周围间隔布置四块扇形板3和四块斜楔板18，与棱锥斜面相配合。斜面斜度为12°，扇形板与支承轴间为燕尾槽连接。卷筒胀缩机构由胀缩液压缸、连杆斜块机构、拉杆及弹簧等部分组成。卷筒胀缩程度：胀缩液压缸9活塞杆伸出220mm，推动杠杆10拨动滑块11和胀缩滑套及斜块12沿传动芯轴13向左移动，四个斜块将四个胀缩连杆6推直，使胀缩连杆上装配的四组锥形弹簧7和方形架8向右移动，进而使传动芯轴13也向右移动，通过拉杆1压紧盘状弹簧2，最终带动扇形板3和斜楔板18沿棱锥斜面胀开，实现卷筒胀径；反之，胀缩液压缸活塞杆缩回，杠杆拨回滑套和斜块，盘状弹簧推动拉杆拉回扇形板和斜楔板，实现卷筒缩径。传动芯轴左端与拉杆连接，中间与棱锥支承轴为花键配合，右端与主传动联轴器14为滑键配合。盘状弹簧同时对传动芯轴和胀缩连杆起复位作用。胀缩连杆与锥形弹簧机构如图10-15和图10-16所示。当4个胀缩连杆推动芯轴和胀缩连杆起复位作用，四个胀缩连杆推动方形架时，四组锥形弹簧可使作用均衡，方形架顺利滑动。卷筒通过中间接轴由电动机直接传动，并设有卸卷推板装置、卷筒轴端活动支承装置（见图10-17）和皮带助卷机。

四棱锥卷筒部分结构简单，斜楔机构工作可靠，强度和刚度较高，可在高速下以大张力卷取重达45t的带卷（技术性能见表10-3）。胀缩液压缸与卷筒旋转部分分开，不仅改善了液压缸的工作条件，容易密封，而且大大减小旋转部分的飞轮矩，利于快速启制动，也便于采用直接传动方式。

棱锥卷筒的机架为焊接件，与底座为滑动配合，用四个大螺钉固定，作成开口式螺孔。主传动中间连接轴具有两个支座，一端是齿式联轴器与电动机连接，另一端是齿式联轴器与卷筒传动芯轴连接，装有快速装卸齿轮套，与传动芯轴连接的半齿形套可轴向移动56.6mm。主要零件的材质：扇形板为42CrMo4V，棱锥支承轴为34CrNiMo6V（锻件），传动芯轴为42CrMo4，胀缩斜块为18CrNi8（硬度为（60±2）HRC，深度为2.5~2.9mm）。

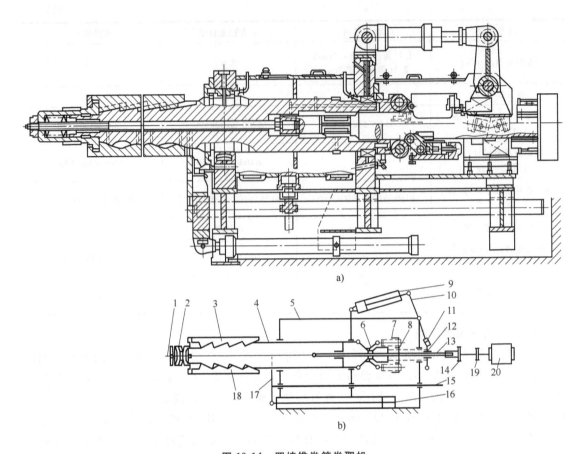

图 10-14 四棱锥卷筒卷取机

a) 结构剖视图　b) 结构示意图

1—拉杆　2—盘状弹簧　3—扇形板　4—棱锥支承轴　5—机架　6—胀缩连杆　7—锥形弹簧　8—方形架
9—胀缩液压缸　10—杠杆　11—滑块　12—胀缩滑套及斜块　13—传动芯轴　14—联轴器　15—推板导杆
16—推板液压缸　17—推板　18—斜楔板　19—中间接轴　20—电动机

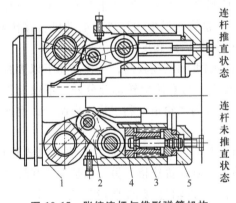

图 10-15 胀缩连杆与锥形弹簧机构

1—连杆座　2—连杆　3—锥形弹簧
4—锥形弹簧座　5—方形架

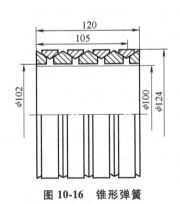

图 10-16 锥形弹簧

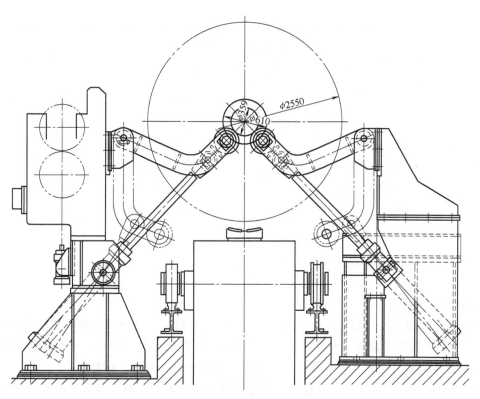

图 10-17 卷筒轴端活动支承装置

表 10-3 四棱锥卷筒卷取机的技术性能

序号	技术性能		五机架		单机架
			普通碳素钢 深冲镀锌	镀锡板	
1	带钢	厚度/mm	0.2~3	0.15~0.55	0.4~3
		宽度/mm	550~1530	550~1100	660~1530
2	带卷	内径/mm	φ610	φ450	φ610
		外径/mm	φ1000~φ2550	φ900~φ1800	φ1000~φ2550
		卷重/t	45	20	45
3	轧机速度/m·min^{-1}		1700	1800	1500
4	最高卷取速度/(m/min)		1840		1500
5	卷筒/mm(直径×长度)		φ610×1780	φ450×1780	φ610×1780
6	卷筒飞轮力矩/N·m		2950	2000	3200
7	卷筒胀缩范围/mm		24	24	24
8	卷取张力/kN		8.6~107	3.8~30	当线速度 v=1500 时,10~85
					当线速度 v=1200 时,10~120
9	胀缩液压缸尺寸/mm		φ200/φ125×220		
10	推板液压缸尺寸/mm		φ140/φ85×1760		

(续)

序号	技术性能	五机架		单机架
		普通碳素钢深冲镀锌	镀锡板	
11	主传动电动机型号	D5型 P33r 保护	D5P33r 保护	B式 P33V 保护
12	主传动电动机功率/kW	2×1640	2×975	2×800
13	活动支承液压缸尺寸/mm	$\phi200/\phi125×1240$(2个)		
14	皮带助卷机 皮带张紧液压缸尺寸/mm	$\phi160/\phi100\phi1200$(2个)		
	导板摆动液压缸尺寸/mm	$\phi200/\phi125×510$		
	移动液压缸尺寸/mm	$\phi160/\phi100×2700$		

10.2.3 冷带卷取机的设计计算

1. 基本参数选择

卷取机的基本参数：卷筒直径、卷筒工作段长度、最大带卷外径、最大卷重或最大单重（单位宽度带钢的最大重量）及卷取速度。除卷筒工作段长度等于或稍大于轧辊辊身长度及最高卷取速度应略高于最高轧制速度外，其余参数的确定应考虑下列因素：

1) 带材的弯曲程度和能量消耗。一定厚度和一定材质的带材，最大弯曲程度要限定于仅外表面达塑性变形的弯曲状态，所以卷筒直径不宜过小。为了减小弯曲能量消耗，卷筒直径也不宜过小。

2) 带卷的刚度。带卷内径过大，刚度降低，可能因自重而压扁，或出现塌陷现象。因此卷筒直径又不宜过大。

3) 卷筒的强度和刚度。卷取时，卷筒同时承受带材的径向压力、带卷重量和卷取张力，卷筒需要足够的强度和刚度。因此卷筒直径也不宜过小。

4) 提高生产率和减少金属消耗而增大带卷单重的条件下，应避免带卷外径过大，以便减小相关设备的尺寸和提高其经济指标，并且防止窄带卷因外径过大而易倒卷和出现塔形的现象。因此要求尽量减小卷筒直径。

目前，宽带卷的最大外径达 2000mm 以上，带卷最重达 40~60t。卷筒直径应根据带材厚度与材质、卷筒承受负荷和卷筒轴的临界转速来确定。当按带材的厚度和力学性能选取卷筒直径时，应以带材外表面纤维达屈服状态为限，则卷筒半径为

$$R = \frac{Eh}{2\sigma_s} \quad (10\text{-}12)$$

式中，E 为带材弹性模量 (Pa)；h 为带材厚度 (m)；σ_s 为带材屈服强度 (Pa)。

也可按 Z 线图（见图 10-18）来选取。例如：已知 $h=1$mm，$\sigma_s=400$MPa，在右、左纵坐标两点间连直线与中间 R 线相交，其交点 $R=250$mm 即为所求。

实际上，卷取工艺参数，如带材厚度和宽度及材质、带卷重量和卷取张力等都具有很大范围，这就很难得到唯一准确的卷筒直径的确定方法。一般只能通过对相近设备的分析和比较，并结合适当的计算加以确定。下面仅给出按带材最大厚度 $h_{\max}$ 粗略确定卷筒直径范围

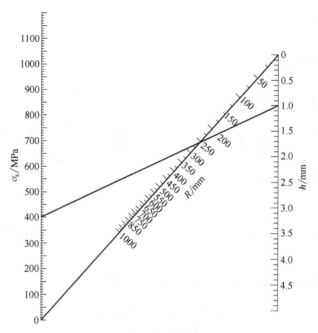

图 10-18 确定带材临界弯曲半径的 Z 线图

的计算公式。

带钢：$D = (150 \sim 200) h_{max}$。

有色带材：$D = (120 \sim 170) h_{max}$。

2. 四棱锥斜楔机构的计算

（1）扇形板对棱锥的压力　每块扇形板对棱锥的压力（见图 10-19）计算公式如下：

$$P = 2 \int_{\frac{\pi}{4}}^{\frac{\pi}{2}} rBp\sin\alpha d\alpha = \sqrt{2} rBp \tag{10-13}$$

式中，r 为卷筒半径（m）；B 为带材宽度（m）；p 为带材对卷筒的单位径向压力（Pa）。

（2）卷取时拉杆所需的最小拉力　如图 10-20 所示，卷取时，扇形板的力平衡方程式为（见图 10-20a）

$$\begin{cases} S - (\sin\alpha - f\cos\alpha)N = 0 \\ fS + (\cos\alpha + f\sin\alpha)N = P \end{cases} \tag{10-14}$$

式中，S 为拉杆对一个扇形板的压力（Pa）；N 为斜面上的正压力（Pa）；f 为滑动摩擦系数，取值为 $0.10 \sim 0.13$；α 为棱锥角（rad）。

解方程式（10-14），得

$$S = \frac{\tan\alpha - f}{2f\tan\alpha - f^2 + 1} P \tag{10-15}$$

拉杆的总拉力为

$$F = 4S + K \tag{10-16}$$

式中，K 为盘状弹簧的作用力（N）。

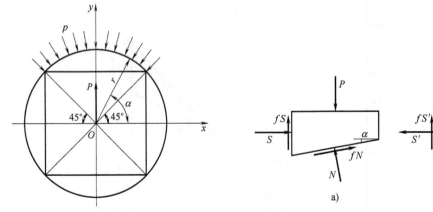

图 10-19 扇形板对棱锥的压力　　图 10-20 扇形板的斜楔受力图
a) 卷取时　b) 缩径时

将式（10-13）和式（10-15）代入式（10-16），得

$$F = \frac{4\sqrt{2}(\tan\alpha - f)}{2f\tan\alpha - f^2 + 1}rBp + K \tag{10-17}$$

（3）缩径时拉杆所需推力　卷筒缩径时扇形板的力平衡方程式（见图 10-20b）为

$$\begin{cases} S' + (\sin\alpha - f\cos\alpha)N = 0 \\ fS' + (\cos\alpha + f\sin\alpha)N = P \end{cases} \tag{10-18}$$

式中，S' 为拉杆对一个扇形板的拉力（N）。

解方程式（10-18）得

$$S' = \frac{f - \tan\alpha}{1 + f^2}P \tag{10-19}$$

拉杆的总推力为

$$F' = 4S' - K \tag{10-20}$$

将式（10-13）和式（10-19）代入式（10-20），整理得

$$F' = -\left[\frac{4\sqrt{2}(\tan\alpha - f)}{1 + f^2}rBp + K\right] = \frac{4\sqrt{2}(f - \tan\alpha)}{1 + f^2}rBp - K \tag{10-21}$$

3. 带卷对卷筒的压力

据研究结果，将卷在卷筒上的带卷看作可变的多层圆筒，带材切向变形遵守胡克定律，而径向变形则视压缩程度而定，这种压缩决定了压力与变形间的关系为

$$\psi = \frac{\sigma}{\varepsilon}$$

式中，ψ 为压缩系数，即为带层的弹塑性系数，它主要与带材厚度、带材表面状态和带层间单位压力等因素有关；σ 为带层间单位压力（Pa）；ε 为相对变形量。

根据实测结果，建议取值 $\psi = \left(\frac{1}{50} \sim \frac{1}{100}\right)E_2$，其中 E_2 为带材弹性模量。当带材较厚或单位张力较大时，应取上限值 $\left(\frac{E_2}{50}\right)$；反之，取下限值 $\left(\frac{E_2}{100}\right)$。

带卷对卷筒的压力（见图 10-21），计算公式如下：
当 $k_2<0$ 时，有

$$p=\frac{\sigma_0(1+k_2)}{k_1}\left[\frac{1}{k-1}+\frac{1}{\sqrt{-k_2}}\arctan\sqrt{-k_2}-\frac{1}{k_1-1}\left(\frac{r_2}{r_3}\right)^{k_1-1}-\frac{1}{\sqrt{-k_2}}\frac{r_3}{r_2}\arctan\sqrt{-k_2}\left(\frac{r_2}{r_3}\right)^{k_1}\right]$$

(10-22a)

当 $k_2=0$ 时，有

$$p=\frac{\sigma_0}{k_1(k_1-1)}\left[1-\left(\frac{r_2}{r_3}\right)^{k_1-1}\right]$$

(10-22b)

当 $k_2>0$ 时，有

$$p=\frac{\sigma_0(1+k_2)}{k_1}\left[\frac{1}{k-1}+\frac{1}{\sqrt{k_2}}\arctan\sqrt{k_2}-\frac{1}{k_1-1}\left(\frac{r_2}{r_3}\right)^{k_1-1}-\frac{1}{\sqrt{k_2}}\frac{r_3}{r_2}\arctan\sqrt{k_2}\left(\frac{r_2}{r_3}\right)^{k_1}\right]$$ (10-22c)

其中：

$$k_1=\sqrt{\frac{E_2}{\psi}}\approx 7\sim 10$$

$$k_2=\frac{k_1-\frac{\omega E_2}{r_2}+\mu_2}{k_1+\frac{\omega E_2}{r_2}-\mu_2}$$

式中，ω 为卷筒刚度，$\omega=\frac{r_2}{E_1}\left(\frac{r_2^2+r_1^2}{r_2^2-r_1^2}-\mu_1\right)$；$\sigma_0$ 为单位张力（Pa），$\sigma_0=\frac{T}{hB}$，T 为卷取张力（N），h 为带材厚度（m），B 为带材宽度（m）。

通常，$\sigma_0=k\sigma_s$，k 为单位张力系数，对于带钢按下式取值：

$$k=\beta(0.33-0.14h+0.02h^2)$$

式中，$\beta=1$ 为轧制，$\beta=0.6$ 为纵剪，$\beta=0.5$ 为重卷，$\beta=0.2$ 为电解清洗；对于铝及其合金，$k=0.54-0.13h+0.01h^2$；r_3 为带卷外半径（m）；r_2 为卷筒外半径（m）；r_1 为卷筒内半径（m）；E_1、E_2 为卷筒和带材的弹性模量（Pa）；μ_1、μ_2 为卷筒和带材的泊松比；p 为带卷对卷筒的压力。

按式（10-22）计算的结果表明：随着带卷层数的增加，带卷对卷筒的压力在增大，但增大的速度却显著减小，如图 10-22 所示，当带材层数达一定值后，带卷对卷筒的压力则趋向于一极限值，即很快趋近一最大压力值。

冷轧时，$\frac{r_3}{r_2}$ 值一般大于 1.2，而大部分为 $\frac{r_3}{r_2}\geq 2$，故一般卷筒的压力都已趋近一最大压力值 $p_{\max}$。再者，设计卷筒时也仅需要最大压力 $p_{\max}$，所以一般只求得 $p_{\max}$ 即可。

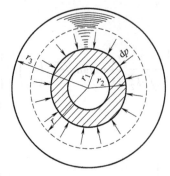

图 10-21 带卷对卷筒的压力

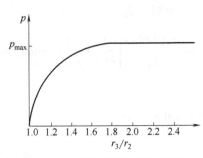

图 10-22 卷取时卷筒压力的变化

当 $r_3 \to \infty$ 时，按式（10-22）可得

$$p_{\max} = \lambda \sigma_0 \tag{10-23}$$

$$\begin{cases} \lambda = \dfrac{1+k_2}{k_1}\left(\dfrac{1}{k_1-1}+\dfrac{1}{\sqrt{-k_2}}\arctan\sqrt{-k_2}\right) & (k_2<0) \\ \lambda = \dfrac{1}{k_1(k_1-1)} & (k_2=0) \\ \lambda = \dfrac{1+k_2}{k_1}\left(\dfrac{1}{k_1-1}+\dfrac{1}{k_2}\arctan\sqrt{k_2}\right) & (k_2>0) \end{cases} \tag{10-24}$$

从式（10-24）可看出，λ 值仅与 k_1 和 k_2 有关。也可采用图表求得 λ 值（见图10-23）。当卷取带钢时，认为带钢与卷筒的材质相同，即 $E_1=E_2$，$\mu_1=\mu_2$，则

$$k_2 = \dfrac{k_1\left[1-\left(\dfrac{r_1}{r_2}\right)^2\right]-\left[1+\left(\dfrac{r_1}{r_2}\right)^2\right]}{k_1\left[1-\left(\dfrac{r_1}{r_2}\right)^2\right]+\left[1+\left(\dfrac{r_1}{r_2}\right)^2\right]} \tag{10-25}$$

可作出 $\lambda - k_1$ 图表（见图10-24）。

根据选取的 k_1 按 $\lambda - k_1 - k_2$ 图或 $\lambda - k_1$ 图查出 λ 值，再按式（10-23）求得 $p_{\max}$ 值。

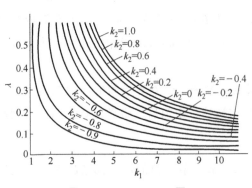

图 10-23 $\lambda - k_1 - k_2$ 图

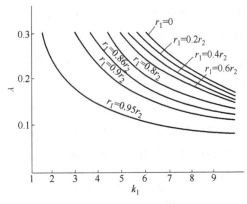

图 10-24 $\lambda - k_1$ 图

4. 卷筒传动功率

卷取机卷筒传动功率计算参照式（10-4）。

10.3 热卷箱

10.3.1 热卷箱的作用

热卷箱技术国外在 20 世纪 70 年代中期正式投入生产使用。热卷箱主要用于热连轧机组，放置在粗轧机与精轧机之间，将粗轧机轧出的厚度在 20~40mm 的中间坯利用无芯卷取方式卷绕成卷，然后立即反向开卷，送入精轧机，实现边开卷边轧制。

热卷箱技术的采用有下面几个优点：

1）减小中间坯温降，均匀带坯头尾温差。在热卷箱里面，中间坯有明显的保温作用，中间坯温降速度由原来的 1.7℃/s 减小到 0.06℃/s。

2）改善除鳞效果，提高产品质量。热卷箱在卷取和开卷过程中，可使粗轧阶段产生的二次氧化皮得以疏松，大块氧化皮从带坯表面脱落，热卷箱起到了机械除鳞作用，显著增强了精轧机组前的除鳞箱的使用效果。

采用热卷箱后，精轧机组开轧温度和终轧温度得到有效控制，仅用前馈方式即可得到较高的卷取温度控制精度，带钢全长可获得均匀细小珠光体组织，性能废品率由原来的 0.8% 下降为 0.3%。

此外，热卷箱的投入使精轧温度变化小，轧制状态稳定，带钢外形尺寸得到良好控制。在轧制 3.0mm 厚带钢时，除了带钢头部 5m 由于穿带时建立张力引起厚度偏差 0.15mm，以及尾部 8m 由于抛钢降速和失去张力引起厚度偏差 0.10~0.20mm 外，其余部分厚度偏差均控制在 0.05mm 以内，大大提高了产品质量。

3）节约能源，降低生产成本。采用热卷箱后，减少了中间坯热量的散失，且使中间坯头尾温度均匀，出炉温度由通常的 1250℃ 降为 1150~1200℃，降低煤气消耗 3%~5%。同时精轧可实现等温恒速轧制，精轧机的能耗显著降低。

4）节约工程投资，缩短工艺流程。采用热卷箱后，可缩短粗轧机组与精轧机组间距 40~70m，节约工程投资 0.5%~3.0%，尤其适合旧有热轧生产线的改造。

5）延长事故处理时间，提高成材率。热卷箱可起缓冲作用，延长精轧和卷板后部工序事故处理时间（降低中间废品率）。实践证明，中间坯在热卷箱中放置 3~5min 还可进行正常轧制；放置 5~8min，切取外层几圈后仍可进行轧制。采用热卷箱后，中间坯头尾温差减小，切头切尾量减少，综合成材率可提高 0.2%~0.5%。

10.3.2 热卷箱的工作原理及结构组成

图 10-25 为热卷箱工作原理示意图，完成无芯卷取功能的主要部件有弯曲辊、助卷辊及

托卷辊。其主要工作过程如下：最后一台粗轧机轧出的中间坯，经导向板进入由 1 号、2 号及 3 号弯曲辊组成的弯曲辊组，在弯曲辊组中，中间坯经弹塑性弯曲变形后产生第一次弯曲，形成一定的出口半径，并使带头向下，当带头撞击到助卷辊后，由于助卷辊的阻碍作用，带钢产生二次弯曲，形成所要求的卷眼半径。

现以鞍钢 1700mm 中薄板坯连铸连轧生产线的热卷箱为例，介绍其操作过程及控制。

该热卷箱的基本工艺参数如下：带坯厚度为 20~30mm，带坯宽度为 900~1550mm，带卷重 4.86~21.00t，入口带坯温度为 900~1100℃，带卷内径为 ϕ160mm，带卷外径为 ϕ1250~ϕ1950mm，卷取速度为 2.5~5.5m/s，反开卷速度为 0~2.5m/s。

（1）操作过程 热卷箱处于卷取状态时，要求助卷辊、托卷辊、入口导槽上的辊子处于上升位置，速度设定以 R_2 轧机（粗轧第二机架）出口速度为基准。带坯出 R_2 轧机后，沿辊道、入口导槽进入热卷箱。

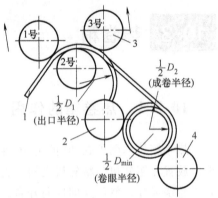

图 10-25 热卷箱工作原理示意图

中间头部经弯曲辊作用产生一次弯曲，再经助卷辊二次弯曲形成内卷，在托卷辊、弯曲辊、成形辊共同作用下，绕自身缠绕形成中间坯带卷。

R_2 轧机抛钢时，上弯曲辊抬起，托卷辊落下，实现尾部定位。此后托卷辊停转，移送臂芯轴插入内卷，起落臂下降，插入臂铲头打开带卷尾部，将带尾压入轧制线上，托卷辊及辊道反转将中间坯带卷打开，经夹送辊送入精轧机组轧制。

F_1 轧机（精轧第一机架）咬钢后，热卷箱起落臂抬起，卷径减小一半时，移送臂做弧线摆动，把带卷平移到开卷站继续开卷，开卷完毕后，移送臂芯头缩回，准备下次开卷。当带坯厚度为 30~40mm 时，热卷箱不投入，带坯经切头飞剪剪切后直接进入精轧机。

（2）控制系统 该热卷箱采用 PLC 控制，如图 10-26 所示。其主要功能有相应区域的

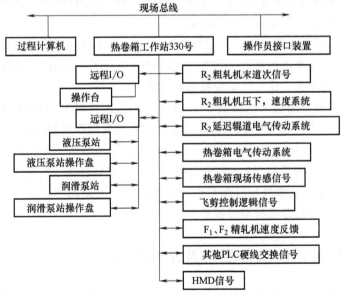

图 10-26 鞍钢 1700mm 热卷箱控制系统结构

轧件跟踪、速度控制、顺序控制、位置控制、安全联锁、液压润滑站控制、数值和数模计算及数据通信。

（3）速度控制　穿带时，输出辊道和入口导槽上辊子速度相比 R_2 轧机出口速度有 0~10% 的超前率，带尾离开 R_2 时，较下弯曲辊速度 0~10% 的滞后率，保证带坯头尾在 R_2 轧机与热卷箱之间形成一定张力。卷取过程中，为保证热卷箱与 R_2 轧机间的张力，弯曲辊、托卷辊、助卷辊速度较 R_2 轧机出口速度有 0~10% 的超前率，卷取过程中，为使弯曲辊间速度平衡，上弯曲辊速度较下弯曲辊速度有 0~5% 的超前率。

反开卷过程中，速度基准取自切头飞剪的剪切速度，托卷辊、助卷辊的速度较其有 0~5% 的滞后率。

10.4　冷带开卷机

开卷机用来开启成卷带钢，凡以带卷为坯料的机组，如连续酸洗、轧制、剪切、连续热处理及连续镀层等机组，头部必须设置开卷机。

常用的开卷机有双锥头开卷机、双柱头开卷机和悬臂筒开卷机三种。双锥头开卷机和双柱头开卷机开卷张力大，多用于热轧钢卷的开卷。悬臂筒开卷机开卷张力小，多用于冷轧钢卷的开卷。

10.4.1　双锥头开卷机

双锥头开卷机的锥头通常为胀缩式。两个锥头装在可横向移动的滑座上，在电动机传动丝杠或液压缸驱动下，分开或靠近或夹持带卷进行对中。这种开卷机结构简单、上料方便，但设备重量大，主要用于开卷较厚的带卷。

胀缩式双锥头开卷机如图 10-27 所示，左右两个锥头装在滑座 1 上，通过横移电动机 2 和丝杠螺母横移装置，移动滑座 1 改变锥头开度。开卷时，压辊 3 压住带头防止松卷。锥头的壳体中径向均布六个楔块 5，棱锥芯轴 4 在尾部单向液压缸的驱动下，向左移动，使楔块向外移动，锥头胀径。当液压缸卸压时，在返回弹簧的作用下，棱锥芯轴向右移动，楔块在径向压力弹簧的作用下而缩回，锥头缩径。锥头的主传动是通过装在滑座上的电动机 8、减速器 7 和空心传动轴 6 实现的。开卷能力：带材厚度为 2~4mm，带材宽度为 1050mm，卷重为 15t，开卷张力达 3kN，开卷速度为 5m/s。

为了适应带卷重量和开卷张力的不断增大以及带材厚度的减小，胀缩锥头有了很大改进，胀缩锥头改为长度较大的四棱锥式胀缩卷筒，提高了技术性能。

10.4.2　双柱头开卷机

双柱头开卷机，由于柱头较长，即使对带钢张力很大，也不致损伤带卷的内部。因此，这种结构适用于热轧和冷轧钢卷的开卷。

图 10-28 所示为 1700mm 冷连轧机组开卷机。它由柱头、柱头旋转和柱头移动传动装

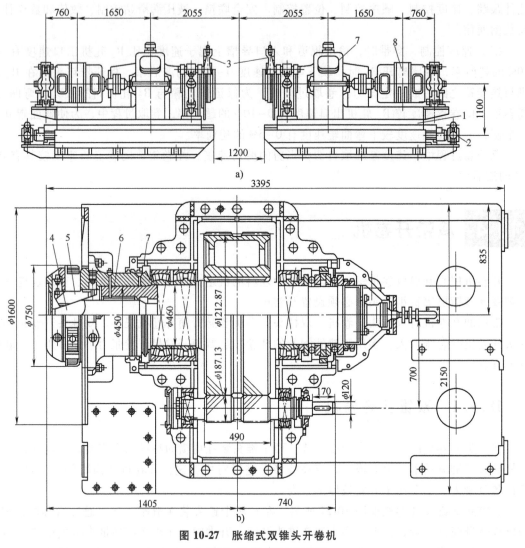

图 10-27 胀缩式双锥头开卷机
a) 总图　b) 胀缩锥头结构图
1—滑座　2—横移电动机　3—压辊　4—棱锥芯轴　5—楔块　6—空心传动轴　7—减速器　8—电动机

置,以及活动机座等组成。

柱头由扇形板、单节棱锥轴和胀缩液压缸等组成。柱头旋转的传动装置安装在固定的底座上,通过弧形齿联轴器及花键轴9进行传动。

两柱头的移动,分别由各自的液压缸1驱动。可以相对运动,也可以同向运动。运动同步控制与双锥头开卷机相似。上卷时,两柱头在收缩状态同时移开,钢卷进入并对正之后,两柱头同时插入钢卷内孔。待两柱头靠近并停止时,柱头胀开,上卷小车退出,开卷机即投入工作。

开卷机在开卷过程中,带材边缘可由边缘控制装置监视,以保证带钢沿机组中心线运行。

这种开卷机柱头的中心低,回转体的动平衡性能好,因而开卷机的允许开卷速度高、张力大、工作平稳。

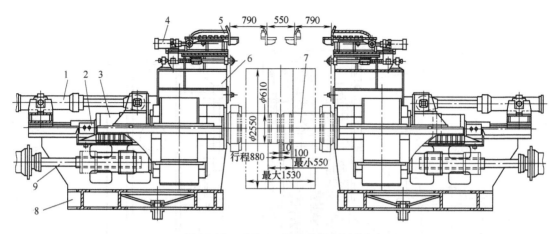

图 10-28 1700mm 冷连轧机组开卷机

1—柱头移动液压缸（φ250/φ160mm×980mm） 2—回转接头 3—柱头胀缩液压缸（φ440/φ150mm×221mm）
4—液压缸（φ150/φ100mm×300mm） 5—过桥导板 6—活动机座 7—柱头 8—机座 9—花键轴

10.4.3 悬臂筒开卷机

悬臂筒开卷机的悬臂筒结构型式分连杆式和斜楔式。应根据开卷机的用途来选择悬臂筒的结构型式。当带卷重量和开卷张力都不大时，如在横剪机组、清洗机组、退火机组和镀层机组中，带卷重 15t 以下，开卷张力为 5000~6000N 时，应采用连杆式悬臂筒开卷机。这种悬臂筒是由三块扇形板构成的。斜楔式悬臂筒具有较大的强度和刚度，能保持稳定的开卷过程，尤其是在开卷薄带末尾时，效果更为显著。为了减小悬臂筒的弯曲和摆动，一般斜楔式悬臂筒端都设置活动支承装置。

为了能顺利穿入带卷内孔并且胀紧，要求悬臂筒具有较大的胀缩量，所以连杆式悬臂筒的扇形板外圆弧面的半径应等于缩径后悬臂筒的半径。而斜楔式悬臂筒则相反，因为承受较大的开卷张力，扇形板外圆弧的半径应等于胀径后悬臂筒半径，为保证一定的胀缩量，可将扇形板边部稍加磨削。

开卷过程要求对中时，开卷机做成浮动的，在电动或液压的随动控制系统驱动下，做横向移动。

图 10-29 所示为带卷重达 15t 和开卷速度为 3m/s 的连杆式悬臂筒开卷机。悬臂筒主要由芯杆 12、传动轴 13、滑套 17、连杆 1 和三块扇形板 2 所组成。缩径液压缸活塞 8 向左移动，带动芯杆和滑套使连杆倾倒，则悬臂筒缩径；反之，液压缸卸压，由于胀径碟形弹簧 11 的作用，芯杆和滑套向右移动，连杆支起，则悬臂筒胀径。胀缩导向环 16 与扇形板滑槽配合，使扇形板只能径向移动而不能轴向移动。悬臂筒通过箱体上的主电动机、减速器和传动轴 13 来驱动。可在支架 10 上装设液压随动控制系统，成为浮动式开卷机。

图 10-30 所示为斜楔式悬臂筒开卷机，带材厚度为 2mm，宽度为 1500mm，重 45t，开卷张力为 25kN，开卷速度为 7m/s。在结构上与上述连杆式的不同之处为，四块扇形板构成斜楔式悬臂筒，在双向液压缸 5 的作用下实现胀缩，还具有一个能适应开卷机浮动的悬臂筒端部活动支承装置。

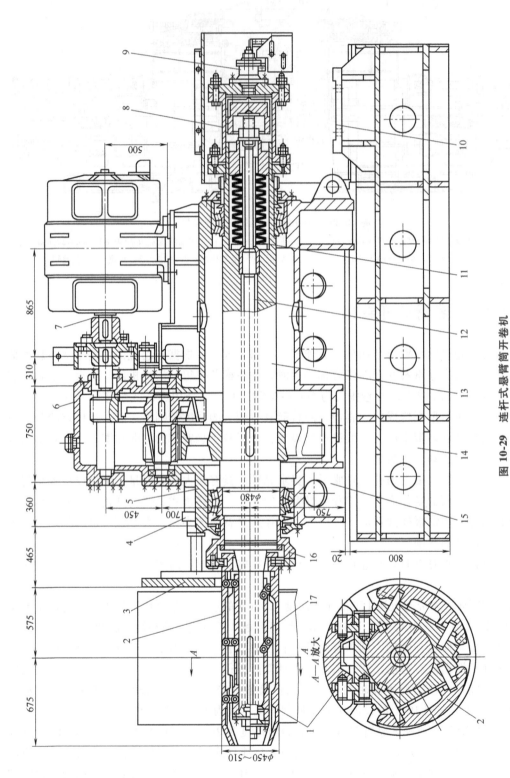

图 10-29 连杆式悬臂卷筒开卷机

1—连杆 2—扇形板 3—推板 4—推板液压缸 5—箱盖 6—箱体 7—联轴器 8—缩径液压缸活塞 9—给油轴头 10—支架
11—胀径碟形弹簧 12—芯杆 13—传动轴 14—轨座 15—箱体 16—胀径导向环 17—滑套

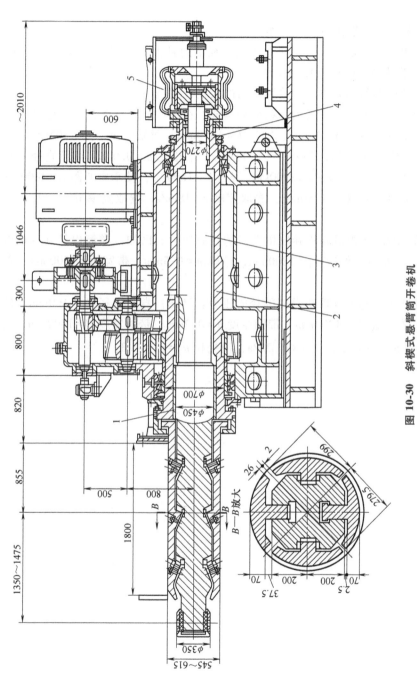

图 10-30 斜楔式悬臂筒开卷机

1—导向套 2—空心传动轴 3—芯轴 4—导向套 5—双向液压缸

思考题

10-1　热带卷取机一般由哪些部分组成？

10-2　喂料辊的作用是什么？为什么两辊直径不同且上面大辊要沿带材前进方向偏移？两喂料辊之间辊缝的确定应遵循什么原则？

10-3　卷筒常由哪些部分组成？简述卷筒的胀径、缩径原理。

10-4　冷带钢卷取机结构一般由哪些部分构成？在结构上它与热卷取机有何区别？

10-5　已知：带材厚度 $h=10$mm，宽度 $b=1550$mm，屈服强度 $\sigma_s=110$MPa，总变形曲率半径 $R=400\sim1070$mm，弹性模量 $E=95000$MPa，泊松比 $\mu=0.008$，卷筒直径 $d=500$mm，带卷重 $Q=24000$kg，卷筒自重 $P=18000$kg，张力 $T=18000$N，轴承中心距 $L=2800$mm，卷筒中心与最近轴承的中心距 $L_o=1750$mm，卷取速度 $v=18$m/s，卷取效率 $\eta=1$。计算卷取机卷筒传动功率。

10-6　计算 1700mm 铝板轧机卷取机卷筒的径向压力。已知：卷筒内径 $d_1=600$mm，外径 $d_2=750$mm，最大铝卷外径 $d_3=1800$mm，带厚 $h=0.5$mm，带宽 $B=1500$mm，卷取张力 $T=50000$N。

10-7　计算四棱锥卷筒卷取机卷筒的径向压力。已知：卷筒内径 $d_1=100$mm，外径 $d_2=500$mm，最大带卷外径 $d_3=1200$mm，带钢厚度 $h=0.3$mm，带材宽度 $B=1000$mm，卷取张力 $T=70000$N，弹性模量 $E_1=E_2=2.1\times10^5$MPa，泊松比 $\mu_1=\mu_2=0.3$。

参 考 文 献

[1] 沈茂盛,李曼云. 型钢生产知识问答 [M]. 北京:冶金工业出版社,2003.
[2] 周建男. 轧钢机 [M]. 北京:冶金工业出版社,2009.
[3] 王有铭. 型钢理论生产与工艺 [M]. 北京:冶金工业出版社,1996.
[4] 黄庆学. 轧钢机械设计 [M]. 北京:冶金工业出版社,2007.
[5] 梁爱生. 轧钢生产新技术600问 [M]. 北京:冶金工业出版社,2004.
[6] 苏世怀. 热轧H型钢 [M]. 北京:冶金工业出版社,2009.
[7] 重庆钢铁设计院《线参》编写组. 线材轧钢车间工艺设计参考资料 [M]. 北京:冶金工业出版社,1982.
[8] 潘继庆. 试谈我国线材轧机的建设 [J]. 轧钢,1986 (3):25-30.
[9] 刘金谋. 世界上线速最快的线材轧机 [J]. 冶金设备,1991 (4):59.
[10] 石长友. 线材轧机的新发展 [J]. 武钢技术,1994 (2):45.
[11] 孙决定,丁世学. 我国高速线材生产、装备、技术评述 [J]. 冶金信息导刊,2005 (2):5-13.
[12] 刘砾. 高速线材生产中吐丝质量控制 [J]. 金属制品,2008,34 (3):22-24.
[13] 马立峰. 轧钢机械设计 [M]. 2版. 北京:冶金工业出版社,2021.
[14] 周存龙. 特种轧制设备 [M]. 北京:冶金工业出版社,2020.
[15] 阳辉. 轧钢厂设计原理 [M]. 北京:冶金工业出版社,2011.
[16] 陈莹卷,钱宝华,闵建军. 高速线材减定径机最新技术特点 [J]. 钢铁技术,2011 (6):23-25.
[17] 《小型型钢连轧生产工艺与设备》编写组. 小型型钢连轧生产工艺与设备 [M]. 北京:冶金工业出版社,1999.
[18] 吴建华. 高速线材生产技术的发展趋势 [J]. 工程建设与设计,2005 (5):46-48.
[19] 于世果,李宏图. 国外厚板轧机及轧制技术的发展:二 [J]. 轧钢,1999 (6):29-32.
[20] ROBINSON J, RAHMAT-SAMII Y. Particle swarm optimization in electromagnetics [J]. IEEE Transactions on Antennas and Propagation,2004,52 (2):397-407.
[21] 杨西荣,王快社,王训宏,等. ROMETER 2000/3-7平直度仪在热轧带钢生产中的应用 [J]. 冶金设备,2005 (5):39-42.
[22] 徐宏喆,刘凯,王社昌. 基于改进激光三角测量法的动态板形图像处理的研究与应用 [J]. 西安理工大学学报,2008,24 (2):129-132.
[23] SU L H, YU L W, MA X H. Research of the technology of flatness dectction for steel strip based on linear laser [C]//2010 International Conference on Electrical and Control Engineering. [s.l.] IEEE,2010:5474-5477.
[24] PAAKKARI J. On-line flatness measurement of large steel plates using moiré topography [M]. Espoo:Vtt Publication,1998.
[25] 刘日明. 基于图像处理的冷轧中厚板轮廓检测仪研究 [D]. 杭州:浙江大学,2012.
[26] 边绍辉,蔡晋辉,周泽魁,等. 基于DSP和USB接口的视觉检测系统的设计 [J]. 计算机工程,2004,30 (20):189-190.
[27] 白威. CCD测宽仪在热轧的应用 [C]//2007中国钢铁年会论文集. 成都:中国金属学会,2007:1.
[28] 陈强. 测宽仪在热轧的应用 [C]//2008全国制造业信息化标准化论坛论文集. 西宁:全国工业自动化系统与集成标准化技术委员会,2008:2.

[29] 刑剑平. 试论轧钢机械设备的故障诊断与机械设备安全运转的重要关系 [J]. 科技资讯, 2013 (23): 80.

[30] 杨智宇. 浅谈轧钢机械振动故障的诊断 [J]. 科技创新导报, 2012 (4): 53-55.

[31] 赵会平, 陆宁云, 姜斌. 轧钢过程故障诊断研究现状及发展趋势 [J]. 轧钢, 2011, 28 (1): 48-53.

[32] 张伟. 设备故障诊断技术在轧钢生产线上的应用 [J]. 产业与科技论坛, 2011, 10 (13): 86-87.

[33] 叶晶晶. 轧钢机械设备运行监测与维护分析 [J]. 中国金属通报, 2020 (5): 82-84.

[34] 杨啸, 王翔坤, 胡浩, 等. 面向设备状态监测的可视化技术综述 [J]. 计算机科学, 2022, 49 (7): 89-99.

[35] 程烨. 基于多智能体的轧制过程协同研究 [D]. 包头: 内蒙古科技大学, 2021.

[36] 张殿华, 彭文, 孙杰, 等. 板带轧制过程中的智能化关键技术 [J]. 钢铁研究学报, 2019, 31 (2): 174-179.

[37] 刘相华, 赵启林, 黄贞益. 人工智能在轧制领域中的应用进展 [J]. 轧钢, 2017, 34 (4): 1-5.

[38] 孙照阳. 基于多智能体的中厚板轧制工艺模型优化 [D]. 沈阳: 东北大学, 2015.

[39] 朱佳童. 热连轧过程智能优化控制研究 [D]. 包头: 内蒙古科技大学, 2021.

[40] 彭艳, 石宝东, 刘才溢, 等. 板带轧制装备-工艺-产品质量综合控制融合发展综述 [J]. 机械工程学报, 2023, 59 (20): 96-118.

[41] 刘敏, 张立冬, 郑婕, 等. 智慧工厂数字孪生的设计与实现 [J]. 自动化技术与应用, 2024, 43 (5): 52-56.

[42] 高心成, 刘宏民, 王东城, 等. 冷轧铜带板形控制系统数字孪生研究 [J/OL]. 中国有色金属学报, 2024 (2024-05-23) [2024-07-07] https: //link.cnki.net/urlid/43.1238.TG.20240522.1131.013.

[43] 王晓慧, 田天弘, 覃京燕, 等. 工业数字孪生数据建模在钢铁行业中的应用研究 [J]. 包装工程, 2024, 45 (8): 11-20.

[44] 周平, 杨恒, 霍宪刚, 等. 基于数字孪生的宽厚板轧机状态智能识别技术研究 [J]. 山东冶金, 2024, 46 (1): 54-57.

[45] 何奕平, 沈亮, 蒋阳春, 等. 数字化、智能化技术在钢铁企业热轧带钢生产线的应用与发展 [J]. 中国重型装备, 2024 (1): 1-4; 52.

[46] 佚名. 《工业互联网与钢铁行业融合应用参考指南 (2021 年)》出炉 [J]. 企业决策参考, 2021 (32): 20-21.

[47] 王军生, 熊鑫, 董军. 钢铁流程工业互联网体系框架的思考 [J]. 冶金自动化, 2019, 43 (1): 37-41.